中国高等学校信息管理与信息系统专业规划教材

丛书主编：陈国青

管理信息系统
——基础、应用与方法

毛基业　郭迅华　朱岩　编著

陈国青　主审

清华大学出版社

北京

内 容 简 介

本书系统地介绍管理信息系统的基础知识、重要应用和实施与管理方法，主要特色包括：中国本土内容较多，有大量案例和实例；侧重管理，而不是信息技术本身；以《中国高等院校信息系统教程 IS 2005》中的《管理信息系统》课程大纲为蓝本；充分体现互联网技术的最新应用和未来发展趋势。

本书包含三部分内容，分成三篇：基础篇分别介绍管理信息系统相关的概念基础（两章）与技术基础（4章）；应用篇共3章，介绍重要管理信息系统的应用，包括企业资源规划（ERP）系统、客户关系管理（CRM）系统、供应链管理（SCM）系统和电子商务；方法篇共4章，主要介绍信息系统的常用开发实现方法、分析工具和管理方法。

本书可作为高等院校信息管理和信息系统专业本科生的教材，也可作为管理学院（商学院）的MBA学生或非管理信息系统专业本科生和硕士生的教材，还可作为各行各业的管理者和实践者的参考书。

图书在版编目（CIP）数据

管理信息系统：基础、应用与方法/毛基业等编著. —北京：清华大学出版社，2011.2
（中国高等学校信息管理与信息系统专业规划教材）
ISBN 978-7-302-24461-5

Ⅰ. ①管…　Ⅱ. ①毛…　Ⅲ. ①管理信息系统－高等学校－教材　Ⅳ. ①C931.6

中国版本图书馆 CIP 数据核字（2010）第 264677 号

责任编辑：索　梅　王冰飞
责任校对：梁　毅
责任印制：何　芊
出版发行：清华大学出版社　　**地　　址**：北京清华大学学研大厦A座
http://www.tup.com.cn　　**邮　　编**：100084
社 总 机：010-62770175　　**邮　　购**：010-62786544
投稿与读者服务：010-62795954，jsjjc@tup.tsinghua.edu.cn
质 量 反 馈：010-62772015，zhiliang@tup.tsinghua.edu.cn
印 装 者：清华大学印刷厂
经　　销：全国新华书店
开　　本：185×260　**印　张**：20.5　**字　数**：509千字
版　　次：2011年2月第1版　**印　　次**：2011年2月第1次印刷
印　　数：1～4000
定　　价：33.00元

产品编号：025922-01

中国高等学校信息管理与信息系统专业规划教材

编写委员会

序

在信息技术刚刚兴起的时候，信息系统还没有作为一个专门的学科独立出来，它更多的只是计算机学科的一个附属。但是，随着信息技术的跳跃式发展和计算机系统在生产、生活、商务活动中的广泛应用，信息系统作为一个独立的整体逐渐独立出来，并得到了迅速发展。由于信息系统是基于计算机技术、系统科学、管理科学以及通信技术等多个学科的交叉学科，因此，信息系统是一门跨专业，面向技术和管理等多个层面，注重将工程化的方法和人的主观分析方法相结合的学科。

早在1984年，邓小平同志就提出了要开发信息资源，服务四个现代化（工业现代化、农业现代化、国防现代化和科学技术现代化）建设。1990年，江泽民同志曾经指出，四个现代化恐怕无一不和电子信息化有着紧密的联系，要把信息化提到战略地位上来，要把信息化列为国民经济发展的重要方针。2004年，胡锦涛同志在APEC（亚洲太平洋经济合作组织）上的讲话明确指出："信息通信技术改变了传统的生产方式和商业模式，为亚太地区带来了新的经济增长机遇。为把握住这一机遇，我们应抓住加强信息基础设施建设和人力资源开发这两个关键环节。"我国的经济目前正处在迅速发展阶段，信息化建设正在成为我国增强国力的一个重要举措，信息管理人才的培养至关重要。因此，信息系统学科面临着新的、更为广阔的发展空间。

近年来，我国高等学校管理科学与工程一级学科下的"信息管理与信息系统"专业领域的科研、教学和应用等方面都取得了长足的进步，培养了一大批优秀的技术和管理人才。但在整体水平上与国外发达国家相比还存在着不小的差距。由于各所高校在相关专业的发展历史、特点和背景上的差异以及社会对人才需求的多样化，使得我国信息管理与信息系统专业教育面临着前进中的机遇和挑战。如何适应人才需求变化进行教育改革和调整，如何在基本教学规范和纲要的基础上建立自己的教育特色，如何更清晰地定义教育对象和定位教育目标及体系，如何根据国际主流及自身特点更新知识和教材体系等都是我们在专业教育和学科建设中需要探讨和考虑的重要课题。

2004年，教育部高等学校管理科学与工程类学科专业教学指导委员会制订了学科的核心课程以及相关各专业主干课程的教学基本要求（简称《基本要求》）。其中，"管理信息系统"是学科的核心课程之一，"系统分析与设计"、"数据结构与数据库"、"信息资源管理"和"计算机网络"是信息管理与信息系统专业的主干课程。该《基本要求》反映了相关专业所应构建的最基本的核心课程和主干课程系统以及涉及的最基本的知识元素，旨在保证必要的教学规范，提升我国高等学校相关专业教育的基础水平。

2004年6月，IEEE/ACM公布了"计算教程CC2004"（Computing Curriculum 2004），其中包括由国际计算机学会（ACM）、信息系统学会（AIS）和信息技术专业协会（AITP）共同

提出的信息系统学科的教学参考计划和课程设置(IS 2002)。与过去的历届教程相比,IS 2002 比较充分地体现出"技术与管理并重"这一当前信息系统学科领域的主流特点。IS 2002 中的信息系统学科也涵盖了"信息管理"(IM)、"管理信息系统"(MIS)等相关专业,与我国的信息管理与信息系统专业相兼容。

为了进一步提高我国高等学校信息系统学科领域课程体系的规划性和前瞻性,反映国际信息系统学科的主流特点和知识元素,进一步体现我国相关专业教育的特点和发展要求,清华大学经济管理学院与中国人民大学信息学院共同组织,于 2004 年秋成立了"中国高等院校信息系统学科课程体系 2005"(CISC 2005)课题组,通过对国内外信息系统的发展现状与趋势进行分析,参照 IS 2002 的模式,课题组研究探讨了我国信息系统教育的指导思想、课程体系、教学计划,确定了课程体系的基础内容与核心内容,制订出了一个符合我国国情的信息管理与信息系统学科的教育体系框架,我们希望 CISC 2005 有助于我国信息管理与信息系统学科的建设,促进我国信息化人才的培养。

2006 年,根据 CISC 2005 的指导思想编写的系列教材——《中国高等学校信息管理与信息系统专业规划教材》被列入教育部普通高等教育"十一五"国家级规划教材。同年,CISC 2005 通过了教育部高等学校管理科学与工程类学科专业教学指导委员会组织的专家鉴定。为了能够使这套教材尽快出版,课题组成员和清华大学出版社一道,对教材进行了详细规划,并组织了国内相关专家学者共同努力,力争从 2007 年起陆续使这套教材和读者见面。希望这套教材的出版能够满足国内高等学校对信息管理与信息系统专业教学的要求,并在大家的努力下,在使用中逐渐完善和发展,从而不断提高我国信息管理与信息系统人才的培养质量。

陈国青

前言

定位

管理信息系统一词可有两个字面含义：其一是面向管理的信息系统，指应用信息系统解决管理问题；其二是信息系统的管理。无论采用哪个，管理信息系统作为一个学科领域都是管理学的分支。相应地，本书比较侧重管理，而非信息技术本身。为此，本书系统性地介绍管理信息系统的基础知识、重要应用和实施与管理方法。在实践中关于信息系统成功要素的普遍共识是"三分技术、七分管理、十二分实施"，本书在定位与内容方面也与此基本相符。

目标读者

本书主要针对以下三类读者：

- 高等院校信息管理和信息系统专业本科生，此书可作为"管理信息系统"核心课或学科基础课的教科书。
- 管理学院（商学院）的 MBA 学生或非管理信息系统专业本科生和硕士生，此书可作为"管理信息系统"或"信息管理"必修课的教材，因为它偏重管理而不是信息技术。
- 各行各业的管理者和实践者，可以通过阅读此书系统地了解管理信息系统及其与组织的关系，如何利用信息技术解决管理问题，信息技术的前沿应用与趋势，以及相关概念和方法论。

本书的目的在于为本专业学生打下概念和方法基础，也为其他读者系统地了解本学科提供一个窗口。

特色

管理信息系统课程是信息管理与信息系统专业的学科基础，也是管理学院 MBA 和本科生的核心课程之一。虽然管理信息系统作为一个学科和实践已进入中国三十多年了，但特别适用的教材还是难以寻觅。具体而言，目前国内使用较多的主要有两类教科书：

- 第一类是国外流行教科书的中文译本，数量较多。它们的优点是反映国际主流和前沿，体系完整，实例丰富，通常配有较完整的案例，便于教学与自学。此外，国外流行教材一般已经过多年教学使用，历经多版反复修改，制作相对精良。但它们的缺点也非常突出，首先是完全没有中国本土化内容和特色，给国内读者以隔靴搔痒的感觉；其次，国外流行教材的主要目标是工商管理专业本科通开课和 MBA 通开课，以使市场最大化，因此内容上面面俱到但过于浅显。
- 第二类是少量国内作者编著的教科书，有一定本土化内容，但与国外教材相比通常缺乏实例因而过于抽象，而且不同教科书之间的内容差异较大缺乏共同核心，通常偏重信息技术而忽视管理相关内容。

本书试图克服现有教科书的不足，具有以下特色：

- 中国本土内容较多，尽量使用国内案例和实例，反映管理信息系统相关的本土实践。

例如，本书9个章节前导案例中的8个是基于国内企业的。

- 强调使用案例和实例来加深对概念和方法的理解，理论联系实际。借鉴国外教科书的优点，每章都有前导案例（除技术基础部分的4章以外）和具体实例，以便于教师备课、学生自学和课堂讨论。
- 侧重管理，而不是信息技术本身。
- 强调时效性和前沿性，充分体现互联网技术的最新应用和未来发展趋势。因此，对电子商务、数据挖掘与商务智能、企业资源规划（ERP）、信息系统开发方法（特别是近年来业界非常流行的敏捷模型）以及IT外包相关理论与实践等重要专题进行重点介绍。其中有些章节是独特的，其他内容的前沿性和深度在同类教科书中也相对少见。
- 强调系统性和基础性，以《中国高等院校信息系统教程IS 2005》中的《管理信息系统》课程大纲为蓝本。
- 在内容组织和写作方式上以读者为中心，尽量考虑学生兴趣和学习特点，以提高学生对本专业的兴趣和热爱。为此，本书特别注意重点介绍基本概念（what）及其背后的意义、不同内容之间的逻辑关系和不同方法的相对优势以及演变路径（例如从MRP到MRP Ⅱ到ERP，从生命周期模型到敏捷模型）。例如，第9章用一定篇幅介绍电子商务的基本特征和优势源泉；第10章则在介绍信息系统开发前，讲清与之相关的风险和挑战，以及建模的必要性。这样做的目的是侧重为什么（know-why），而把具体如何去做（know-how）留给后续课程和更加专一的教科书。原因是，读者先要理解哪些知识为什么重要，之后就可以主动学习，或在工作需要的时候有针对性地学习。
- 保持重点内容有足够的深度，但不面面俱到。管理信息系统涉及的内容多、变化快，因此本书必须做出取舍，保障基本概念和基本方法，对于重点内容尽量给出相对完整的具体例子和足够细节便于读者理解。

主要内容

本书包含三部分内容，分成三篇：

第一篇基础篇，可以分为概念基础和技术基础，分别介绍管理信息系统相关的概念、原理与技术基础。概念基础部分包括：

- 第1章主要介绍信息和信息系统等基础性概念。
- 第2章讨论信息系统的战略意义以及与组织的关系。

技术基础部分有4章（第3～6章），介绍信息化的技术基础。非信息管理和信息系统专业的学生即便今后不再上其他信息技术课程，也可以通过此学习掌握一般基础知识。

- 第3章和第4章分别介绍计算机硬件与软件，和计算机网络的基本概念和原理。这些技术是当今社会生产力提高的最重要驱动力之一，可以说是生产力中进步最快、

最活跃的因素。

- 第 5 章介绍数据管理技术，既包括基础性的 ER 模型和数据库知识，也包括数据仓库和在线分析处理等较新内容。
- 第 6 章介绍数据挖掘与商务智能，替代了传统的决策支持系统和人工智能应用等内容。

第二篇应用篇，介绍管理信息系统的重要应用，特别是企业级系统。这些系统都是当前企业信息化的焦点和影响企业核心能力的战略性应用。

- 第 7 章全面介绍企业资源规划(ERP)与流程管理系统，包括组织流程再造等重要内容，并对相关概念和技术的演变做了清晰的说明。
- 第 8 章聚焦客户关系管理(CRM)系统和供应链管理(SCM)系统，侧重组织外部的信息整合，与第 7 章的组织内部信息整合互补，相辅相成。
- 第 9 章介绍电子商务基础概念，揭示为什么电子商务具有巨大优越性、代表未来信息系统的发展方向，同时也兼顾重要应用、盈利模式和 Web 2.0 应用趋势。

第三篇方法篇，主要介绍信息系统的常用开发实现方法(模型)、分析工具和管理方法体系，代表国内外管理信息系统理论和实践的结晶。

- 第 10 章全面介绍主要信息系统开发方法、相对优劣势以及特点，从传统的生命周期模型到敏捷模型，并重点介绍结构化分析与设计和面向对象这两种使用最广泛的建模方法。
- 第 11 章从什么是管理、什么是项目入手，除介绍常规的项目管理知识体系外，比较独特的是较为详细地介绍了 PRINCE2 的项目过程管理。
- 第 12 章介绍外包这种日益流行的信息系统和服务获得方式，根据前沿理论、科研成果和典型案例，逐个介绍外包管理的主要决策及其依据。
- 第 13 章系统地介绍了系统运行维护这一重要信息管理职能，特别聚焦面向信息技术服务的 ITIL 体系。

教学指南

对于本书的使用，我们给授课教师以下建议：

- 基础篇的 6 章每章可用 3～6 课时，其余的 7 章一般每章可以使用 6 课时左右；有些内容较多的章节可根据教学需要加多课时，例如第 10 章的第 3～6 节每节都可以考虑使用 2～3 课时，总共 8～12 课时。
- 授课教师可根据课程目标和设计，对章节内容和顺序进行调整，例如技术基础部分(第 3～6 章)可以单独拿出来，最后讲或最先讲。
- 本书共有 9 章含前导案例，建议在开始这 9 章时，要求学生重点阅读前导案例。这样，学生可以充分准备参与课堂报告、讨论、总结或分组讨论，以充分发挥前导案例的引领和聚焦作用。一个比较有效的方法是，要求学生下次上课时提交各人或小组

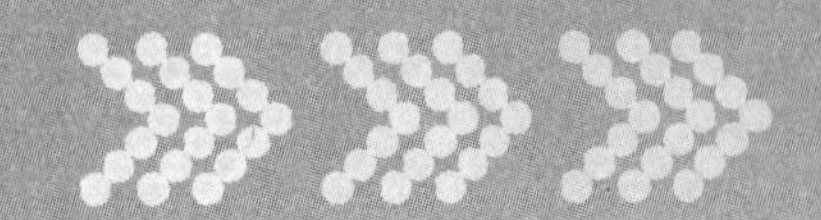

案例分析报告作为平时作业，教师抽查或给平时成绩。

- 为保障教学效果，要求学生提前阅读下次课需要讨论的内容，带着问题和个人的研究结果到课堂上来讨论，在课堂上开展问题驱动的学习。
- 在互联网时代，一切信息都可以在网上搜到，比任何个人或教科书的知识都更丰富、及时和全面，但也很容易让人迷失方向。从这个意义上讲，本书最大的价值是体系结构和背后的know-why。建议授课教师充分发挥学生的能动性和主动学习，利用网上的资源深化学习内容，例如要求学生对本书的关键章节进行具体化（搜索相关案例和实例）、更新、扩充、深化甚至批评，以此作为书面作业，在课堂或网络上分享。总之，教学方式也可以针对当前的互联网环境做些调整。

写作分工与鸣谢

完稿之后才真正体会教科书写作的不易，没有一个强有力的团队和集体努力是不可能完成的。本书由清华大学经济管理学院的陈国青教授牵头策划，大纲经过“中国高等学校信息管理与信息系统专业规划教材”编写委员会的讨论。陈教授有开阔的视野和在本领域多年耕耘的大量宝贵经验，多次组织召集此书写作组会议。此外，陈教授作为本书的策划人和主审，在为此书定方向、搭建架构等方面做出了最重要的贡献。清华大学经管学院的郭迅华老师完成了第1～6章（第6章与卫强共同完成）的编写，朱岩老师完成第7～8章的编写。中国人民大学商学院的毛基业教授负责完成第9～13章的编写，并对全书进行统稿。除此之外，张霞是第9章和第11章的合作者，李晓燕是第10章和第12章的合作者，白海青是第13章的合作者；王伟和张真昊分别协助整理了敏捷开发和面向对象方法的关键内容，王伟和李亮还分别参与了若干前导案例改写、部分章节的文字审阅和其他辅助支持工作。此外，本书部分内容的编写基于我们在相关教研领域的工作积累，得到了国家自然科学基金项目（70888001/70972029/70890080/70872059）的支持。

最后，我们还要感谢清华大学出版社给我们这个团队的信任和宝贵机会，使我们能够系统地梳理一下自己的教学心得。特别是要感谢责任编辑索梅的信任、督促、耐心和鼓励。本书从立项到完稿历时接近三年，希望我们的努力和付出对读者有益，也希望多磨的是好事。

正如我们在第10章中所表达的信息系统开发理念一样，迭代是必要的，好的事物都不是一蹴而就的。本书的第一版问题肯定不少，因此我们在此提前感谢读者的批评指正和反馈意见，帮助我们改进此书。反馈意见可以用电子邮件发给我们（jymao@ruc.edu.cn，chengq@sem.tsinghua.edu.cn，guoxh@sem.tsinghua.edu.cn，zhuyan@sem.tsinghua.edu.cn）。

编　者

2011年2月

目录

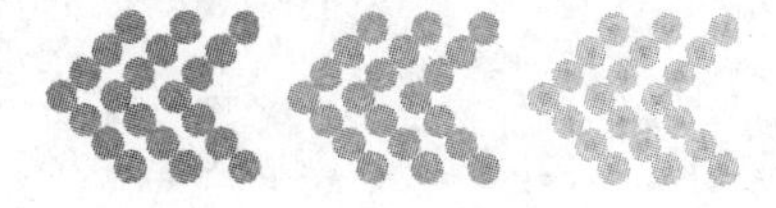

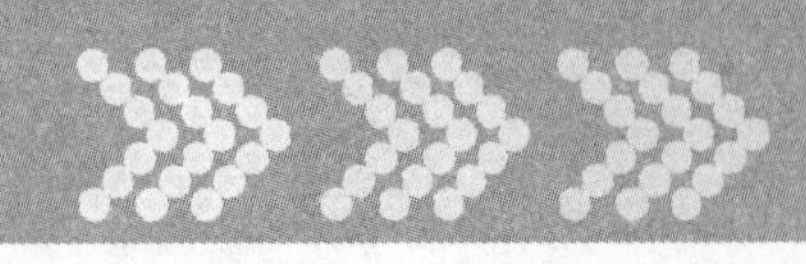

第 1 章　信息系统概述

现代信息技术(information technology,IT)对人类社会所产生的深刻影响使得信息系统的有效应用与管理成为管理者的一项重要任务。在迅猛发展的技术潮流推动下,各类组织所处的商业环境发生了全方位的变化,组织的战略、结构、管理模式、协调机制等方方面面都面临着全新的机遇与挑战。信息技术与信息系统已经成为组织管理实践中一个不可回避、不可忽视的层面,与信息技术和信息系统相关的管理环节构成了现代组织管理领域中最具创新性的部分。

本章将从信息时代与信息社会的新环境、新现象入手,介绍信息技术与信息系统的相关概念以及发展历史,阐释信息系统的不同应用类型,帮助读者从管理的角度重点掌握信息系统的概念,理解信息系统对不同管理层次的支持。

前导案例:中远集团的信息技术

2005 年 1 月,中国远洋运输集团(COSCO Group)总裁魏家福先生欣喜地看到了中远在信息技术上的投资所产生的成效。在中国企业信息化 500 强排名中,中远由上一年的第 33 位上升为第 9 位。更为重要的是,IT 已经带来了大量的实际效益。魏总裁指出:"今年的运营利润为 12 亿元人民币,是去年的三倍以上。去年的利润则是前年的三倍。这就是 IT 所产生的重大成效。"IT 所带来的效益主要源于中远新近为财务部门实施的 ERP 系统 SAP,以及管理集装箱船舶预定和货物的后台系统 IRIS-2。在此基础上,中远正在进行新的建设。2005 年年初,数个项目已经启动:将整个集团的全部 IT 职能整合到中远网络之中,将 IRIS-2 的应用范围从集装箱扩展到散货及其他海运业务中,以及一项略显无形但同样重要的任务,即借助 IT 来提升中远对客户的服务友好性。

集装箱运输以往一直是一种低利润率、高竞争性的市场。20 世纪 90 年代后期,这个市场上的一些主要企业通过收购和兼并成长壮大起来,扩大了市场份额。因为面临着世界运输业愈演愈烈的竞争,国外的船运公司也在不断进入中国市场,中远集团在 90 年代进行了以专门化、规模化经营为主要内容的架构重组。与其他中国国有企业相比,中远的变化很显著,但是与国外主要的船运公司正在实施的一些用以提高内部效率并创造新利润的经营措施实践和客户服务相比,中远集团仍然做得不够。魏家福先生自 1998 年就任中远集团总裁以后,为了迎接中国加入 WTO,适应国际经济和航运市场不断变化的新形势,立足现实,放眼未来,追求卓越,把目标设定为:既要保持中远集团因其在国内的突出地位而带来的优势,又要升级它的信息技术基础设施,并在两者之间谋求均衡,以应对世界领先的海运公司

带来的挑战。

在随后的数年中，魏总裁调动了10亿元人民币来支付IT方面的近期投资，此外还有2000万元人民币年度常规财务预算用于支持IT应用。投资的目标包括改善内部数据的横向和纵向流转，改进船只调度，对CRM和ERP系统进行可行性研究，发展电子商务和在线物流业务。核心目标是建设中远全球统一基础的信息系统。为此，公司计划将信息系统现代化，达到其同行的最高水平，进一步的发展已在计划中。

中远三个主要的IT项目是：利用SAP系统建立整个集团统一的财务管理和汇报平台；利用IRIS-2系统来管理货位预定以及包括集装箱管理在内的后台功能；此外还有一套船队管理（包括船舶管理和船员管理）功能，能够管理以往完全依靠船长经验来判断的安全及航行参数。另外，中远集中自己的员工开发了四个关键的软件产品：物流系统、电子商务系统、管理备件和原料采购的系统以及包括办公自动化功能在内的管理支持系统。

SAP系统成功地为中远集团提供了统一的财务平台，其带来的变化是巨大的。例如，原先每个月才能生成一次现金流和流动资产报表，现在是每天一次。上交给中远的政府监管者的财务年报，在以前需要十个人用两周的时间才能编制完成，现在只需一个人根据日报用几个小时就可完成。魏总裁从他办公桌上的计算机中就可以查阅中远每一项主要委托业务的日损益。更广泛地说，SAP的实施使中远可以将财务状况作为企业决策的要素，而不是像以前仅仅是获得并维持财务控制。

在实施IRIS-2以前，中远仅能在每次航运完成后评估整个航程的损益。IRIS-2使中远能够提前知道每一个集装箱和航程每一段的损益。另外，系统使中远能够以最有效的方式安排返回的空箱。当时，IRIS-2是中国企业在国际化运营中建设的最大型的全球网络。在海运业中，每一艘船运输数以万计的集装箱，每一个集装箱带着它自己的载货单据。用手工来处理相关文书工作将花费大量的时间，而且最多只能提供一个大概的数字。IRIS-2改变了文档、生产、管理、成本控制，在集装箱管理和争取顾客方面，创造了难以估量的效益。

中远集团还与外部专家合作，成功地开发出了具有国际领先水平的"全球航海智能系统"。这是一个以卫星为依托的船舶定位监控系统，它以更高的精确度和控制力保证了远洋船舶的安全并跟踪每一个集装箱。船队管理不但包括中远船队中每一条船的位置和速度，还通过其中的互联网接口帮助任何必需的维修和诊断。船只可以接入气候信息，做出适当的行程调整。

从1998～2003年，中远的IT支出达到了15亿元人民币。这一投资的回报可以从中远2003～2004年迅速的利润增长中看出来。公司估计IRIS-2、SAP和其他IT项目每年带来的直接效益超过了1亿元人民币，包括节约的开销（比如减少了集装箱管理的花销）和创造的新的收入（比如更多有利可图的货物等）。同时，中远当今的运营依靠着一个实时系统：通过成功地搭建SAP与IRIS-2的接口，IRIS-2的数据可以每分钟上传一次。以前这样的信息传输只能通过手工实现。SAP与IRIS-2也使得数据挖掘技术的利用第一次成为可能。中远的管理者们日益明白信息技术及其产生的信息带来的机会。一位经理指出："我们比以前更注意结构变革和现代化。"问题在于如何才能更好地利用这些新知识。

案例思考题：

1. 分别举例说明信息技术如何帮助中远提高运营效率、降低成本和获得新收入。
2. 举例说明网络和通信技术对中远战略和运营所起的支撑作用。
3. 中远信息系统的集成性和复杂性反映在哪些方面？集成性的重要性何在？

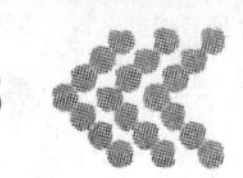

1.1 信息时代与信息社会

随着生产技术的进步和社会活动的复杂化,信息处理已成为当今世界上一项主要的社会活动。庞大而复杂的信息内容要求人们使用越来越强大的工具来对之进行处理。在这样的形势下,信息技术成为人类科学技术发展最快的领域之一。21世纪生产力发展水平的重要标志是信息技术的广泛应用,数字化已成为人类进入"新经济"时代的重要标志。人类社会从农业经济时代,经过工业经济时代,发展到了当今的信息经济时代。

信息技术在自身突飞猛进的发展的同时,以一种前所未有的速度和力量冲击着当代商务世界和企业运作模式。随着现代计算机和通信技术渗透到经济、社会、生活的方方面面,企业所面临的经营环境和竞争规则也发生了深刻的变化。一方面,信息技术和信息系统为企业带来了更为高效的生产及管理手段,实现了更高的灵活性和更强的反应能力,并创造了大量建立在"知识经济"基础上的新型商业机会;另一方面,信息技术的深入应用加快了经济运行节奏,使得企业面临着更为激烈的外部竞争以及日益上升的组织内部调整压力。

在这种机遇与挑战并存的形势下,只有正确理解信息技术、信息系统与组织、管理之间的关系,才能有效地运用信息技术,使之成为改善管理、提升效率、获取竞争优势的促进因素和有效手段。

1.1.1 信息时代的来临

信息、物质和能源是人类社会发展的三大资源,三者共同构成了所谓的"资源三角形"(图1-1)。资源三角形由哈佛大学的一个研究小组提出,他们指出:没有物质,什么也不会存在;没有能源,什么也不会发生;没有信息,任何事物都没有意义。两次工业革命使人类在开发、利用物质和能源两种资源上获得了巨大的成功。以计算机技术、通信及网络技术为核心的现代信息技术的飞速发展所引发的"第三次浪潮",推动人类社会从工业时代阔步迈向信息时代。

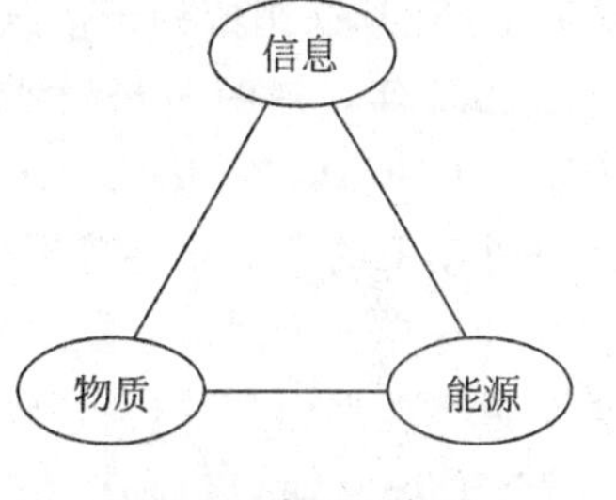

图1-1 资源三角形

随着"二战"之后产业结构的不断变迁以及1946年第一台电子计算机诞生以来新技术的不断涌现,许多人开始关注工业革命以来延续了一个半世纪的工业社会结构在新技术的冲击下所面临的新一轮变革。1973年,哈佛大学的社会学家丹尼尔·贝尔(Daniel Bell)在著名的《后工业社会的来临》(*The Coming of Post-Industrial Society*)一书中,系统地阐述了"后工业社会"的概念。书中指出,生产技术的进步推动了社会结构的变化,进而对政治体制和文化产生了多方面的影响。"后工业社会"是围绕着信息和知识所组织起来的社会结构,其基本特征包括五个方面:在经济方面,社会从产品生产经济转变为服务性经济;在职业分布方面,专业与技术人员取代企业主而处于社会的主导地位;在中轴原理方面,理论知识处于中心地位,是社会革新与制定政策的源泉;在未来的方向方面,技术的发展能够得到有效的控制,并重视对技术进行鉴定;在决策方面,新的"智能技术"的作用越来越显著。

随着信息技术的重要性日益显现,在"后工业社会"这一较为宽泛的概念中又产生了"信息社会”和“信息时代”的提法。阿尔温·托夫勒(Alvin Toffler)在其影响深远的著作《*The Third Wave*》(第三次浪潮)中明确提出,信息时代是自人类文明初现、工业社会诞生以来的“第三次浪潮”,在这次浪潮中,对信息和知识的掌控能力成为社会的主导,这一总体趋势决定了信息技术革命以来人类社会结构、经济组织、文化、生活方式的种种变迁。

对于西方发达国家而言,信息社会开始于工业社会的鼎盛时期。未来学家约翰·奈斯比特(John Naisbitt)在其著作中描述了20世纪50年代中期信息社会在美国的悄然来临:“从表面上看,美国似乎是一个繁荣的工业经济社会,然而,一项很少为人注意的、带有象征性的里程碑却宣告了一个时代的结束:1956年在美国历史上第一次出现从事技术、管理和事务工作的白领工人数字超过了蓝领工人。美国的工业社会要让路给一个新社会,在这个新社会里,有史以来第一次,我们大多数人要处理信息,而不是生产产品。”继而,1957年苏联发射了第一颗人造卫星,开启了全球卫星通信时代,为初生的信息社会注入了强有力的催化剂,标志着全球性信息革命的开始。此后,人们越来越重视信息技术对传统产业的改造以及对信息资源的开发和利用,“信息化”已经成为一个国家经济和社会发展的关键环节,信息化水平的高低已经成为衡量一个国家、一个地区现代化水平和综合国力的重要标志。

从组织运行的角度来看,“信息经济”代表着信息技术覆盖下的商务环境。这种新型的商务环境具有三方面的主要特点:第一是全球化,它意味着以往的地域界限被打破,传统的组织边界被大大扩展,生产经营活动分布于世界各地,跨地域的管理和协调成为组织运行的一种主流形式;第二是动态化,它意味着经济运行的节奏加快,经营环境更加多变,竞争格局不断演变;第三是知识化,它意味着在新经济条件下,信息与知识的商业价值更为人们所重视,企业越来越依赖于信息和知识来获取竞争优势。

2005年,《纽约时报》的专栏作家托马斯·弗里德曼(Thomas L. Friedman)以《*The World Is Flat: A Brief History of the Twenty-first Century*》(世界是平的)一书对信息经济推动下的全球化趋势进行了充满激情的阐述和展望。全书的主题“世界是平的”意味着在今天这样一个因信息技术而紧密、便利的互联世界中,全球市场、劳动力和产品都可以在整个世界范围内共享,一切经济活动都有可能以更有效率和更低成本的方式实现。书中提出,全球化进程可以划分为三个主要的纪元。在全球化“1.0”时代(1492年—约1800年),推动力主要来自国家;在“2.0”时代(1800年—2000年),推动力主要来自企业;在2000年前后开始的全球化“3.0”时代,“推动力则来自个人。个人的力量大增,不但能直接进行全球合作,也能参与全球竞逐,利器即是软件,是各式各样的计算机程序,加上全球光纤网络的问世,使天涯若比邻。如今人人都可以自问,也应该自问:我在当今的全球竞逐与机会中,如何占得一席之地?……世界从小缩成微小,竞赛场也铲平了。”

在书中,弗里德曼列举了推动世界平坦化的十大因素,即十辆“推土机”,包括柏林墙的推倒与Microsoft Windows软件的诞生、网景(Netscape)上市、工作流(workflow)软件的发展、开放源码(open source)软件的兴起、外包(outsourcing)、离岸生产、供应链管理、内包(insourcing)、信息搜索、快速更迭的消费电子产品。我们可以清晰地看到,这十大因素无一例外,均与现代信息技术息息相关。因而完全有理由认为,世界平坦化的根本推动力,在于信息技术的持续快速发展和渗透。

由于历史原因,我国至今尚未完成真正意义上的工业化进程。基于这样的现实,2000

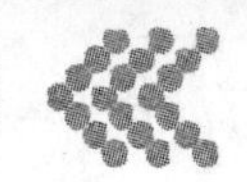

年中共中央十五届五中全会正式提出了"以信息化带动工业化,发挥后发优势,实现社会生产力的跨越式发展"的思路,并于次年的十六大上明确了"信息化带动工业化,工业化促进信息化"的战略指导方针。2007 年的十七大报告中,进一步提出了"信息化与工业化融合发展"的思想。尽管在此方针指导下的种种工作仍然处于摸索之中,但"信息化"、"信息社会"的观念无疑已经深入人心。

1.1.2 信息技术应用与企业信息化

在管理实践中,信息的价值在于反映和控制社会、经济活动,即通过接收信息以获知活动状态,通过发出信息以控制活动进行。现代信息技术正是人们实现信息的实践价值的强有力支撑。在当今的商务环境中,信息化建设与信息技术应用已成为企业生存和竞争的必要手段。如图 1-2 所示,在现代企业中,高效的信息管理与信息技术的合理应用可以为企业构建起卓越的信息环境。在企业信息环境的强有力支撑下,管理者将能够以更具效率的手段进行资源的整合、风险的控制以及市场的拓展,推动管理水平的不断提升以及业务的不断创新。

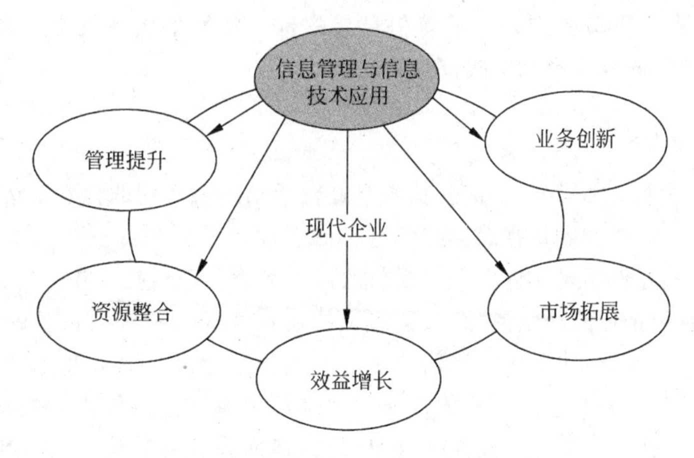

图 1-2 信息技术在企业中的战略性作用

从现代信息技术的发展趋势来看,在通信技术方面,高速宽带网络(包括万兆以太网和千兆以太网联合应用)、高可用性网络、智能化网络服务(内容过滤、高速缓存、负载均衡)、无线网络、移动互联网、多媒体网络(语音、视频和数据网络)等不断推陈出新,为我们提供了便捷高效的网络环境;在数据存储及处理方面,海量存储、网络存储、分布式异构数据库互联、高可用性存储管理、智能存储管理、多媒体数据库、面向对象的数据库技术等不断提升数据管理的容量和质量,使得全面深入的信息管理成为可能;在应用体系方面,多层应用体系、跨平台分布式处理、联机分析处理、商务智能、行业供应链电子集成、远程协同工作等为我们提供了全方位的选择。

网络时代的信息工具在战略、管理、知识和业务四个层次上为信息系统提供支持,并推动销售、制造、财务、人力资源等职能的协同工作。强大的信息技术工具可以全面满足管理、经营运作的便捷性、有效性要求和沟通、协作的需要(图 1-3)。IT 对企业战略和组织结构的渗透,使得当代企业能够同时兼具大企业的规模、视野和效率以及小企业的弹性、速度和响应能力。

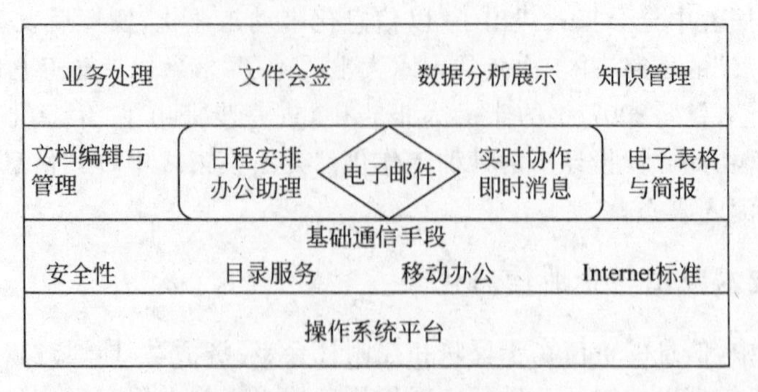

图 1-3 现代信息技术工具

从信息技术应用的内容来看,企业信息化发展存在着三个不同的层次：事务处理、分析处理和商务智能。事务处理指的是围绕企业的基本业务和生产过程的自动化,对数据和信息进行加工和处理；分析处理指的是围绕企业的分析和控制功能,对数据和信息进行多角度的综合分析；商务智能指的是围绕企业的经营策略和竞争优势,对数据和信息进行挖掘和整理以求获得支持决策的知识。随着信息化的价值从简单提高效率上升到获得竞争优势,其对规划和管理的要求也相应提高。

1.1.3 信息技术融合

信息时代的一个主要特征,是信息技术与经营活动日益密切的相互渗透与融合,在这种渗透与融合之中产生了大量具有深远实践意义的管理启示。在过去的二十年中,经济的全球化与信息技术的进步共同营造了一个崭新的商务环境。信息技术在人类经济、社会、生活中的全面渗透,对于企业的经营活动、社会组织的运行方式以及人们自身的行为习惯,都产生了全方位的影响。现代计算机和通信技术已经紧密地融入到商务和生活之中,成为其不可分割的一部分,在商务和生活环境的方方面面都可以看到信息技术的痕迹。信息技术的这种融合趋势已经被人们所广泛接受并且习以为常,而在这种趋势下所产生的经营机遇和管理挑战,已经日益引起研究者与实践者的普遍关注与重视。

信息技术融合(IT fusion)指的是信息技术与人们的各种日常活动不断地互相渗透,紧密地融为不可分割的整体。从家居生活到商务交易,从生产制造到咨询服务,从公务会议到休闲娱乐,处处都可以看到信息技术的踪迹与作用。信息技术已经不再是一种可选的、支持性的工具手段,而已经成为商务及生活中不可分割的一部分。正是由于这种深度的渗透和融合,企业的经营模式、社会组织的运行方式以及人们的生活习惯,都产生了深层次的变化。

具体而言,信息技术的融合体现在两个主要的方面。一方面,技术的透明度不断提高。计算机、通信设备以及信息系统功能越来越强大,操作方式则越来越直观,越来越人性化。在许多情况下,用户不需要关心工具、设备背后所隐藏的技术细节,而只需要以符合自身偏好和体验的方式发出操作指令。在一些场合下,人们甚至不需要意识到信息技术的存在,因为信息技术已经被嵌入在人们司空见惯的其他事物中,不需要人们有意识地干预,就可以发挥作用。例如智能化的家用电器、智能化的居民小区等便是如此。

另一方面,人们对信息技术的依赖程度也在不断地提高。尽管人们往往对信息技术已经习以为常,甚至感觉不到它的存在,但信息技术的作用一旦中断,人们的工作、生活就会出

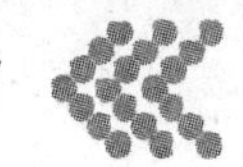

现极大的不便，甚至于无法正常运行。例如，许多人都习惯于每天在互联网上了解各种新闻信息，通过网络与朋友联络沟通，并购买各种生活用品。一旦网络中断，人们就会感到陷入信息封闭的状态，并且增加了许多的麻烦。对于企业组织而言，情况更是如此。例如，银行等企业的日常运行高度依赖于计算机信息系统。一旦交易系统停机，银行的业务就会陷入瘫痪。人们对信息技术的依赖程度，已经接近于对水、电等基础设施的依赖程度。然而与水、电不同的是，信息对于社会生活而言并不仅仅是一种工具，在许多情况下，它也是商务及社会活动所处理的对象和内容，具有直接的经济价值。许多交易活动已经完全转变为电子化的信息流交换的形式，在这种情况下，业务更是完全通过计算机信息系统来进行的。

信息技术与组织的管理和运行的这种融合，使得信息系统自身的建设与管理成为一项具有高度复杂性，并且高度依赖于管理艺术和管理科学的工作。当代组织中的信息系统建设者和管理者，不但需要具有对技术和系统本身的了解和认识，还应当具有对组织中的各种资源和人的行为进行协调、统筹的能力。同时，对于信息系统的应用者，特别是组织的管理者而言，技术的快速更迭、社会经济结构的不断演变、竞争节奏的加快，都要求他们以开放、动态的思维适应并把握环境的变迁，在发展与变化之中以敏锐的洞察力以及对信息技术和信息系统的深入理解，捕捉那些有助于建立并保持战略竞争优势的经营机遇。因此，可以说，对信息系统的认识和了解，已经成为现代商务环境中各类管理人员所不能忽视的重要任务。

1.2 信息与信息技术

信息技术指的是以现代计算机及通信技术为代表的对信息的产生、收集、处理、加工、传递、使用等各个环节提供支持的技术。信息系统是人们利用信息技术构建的、用以对组织中的各方面活动提供支持或进行控制的系统。信息系统经过数十年的发展，已经形成了多种不同的应用类型，并呈现出集成化、智能化的发展趋势。组织采用新技术的方式决定了新技术对组织结构和组织流程的影响。另一方面，组织及其管理模式也影响着信息技术和信息系统。

1.2.1 信息的概念

人类正在阔步迈入信息时代，信息已经成为与物质、能源相提并论的一种基础性资源，而且将成为信息时代的主导性资源。然而，信息的概念是什么呢？信息论的创始人香农(Shannon)认为，“信息是人们对事物了解的不确定性的减少或消除”；控制论之父维纳(Weiner)则指出，“信息既不是物质也不是能量，信息是人与外界相互作用的过程、互相交换的内容的名称”；还有人将信息定义为“对人有用、能够影响人们行为的数据”(ISO，国际标准化组织)或者“人们根据表示数据所用协定而赋予数据的意义”(国家标准 GB 5271)；而在管理信息系统领域，一种被普遍接受的观点认为，“信息是经过加工过的数据，它对接收者有用，对决策或行为有现实或潜在的价值”。

我们可以注意到：香农的定义强调了信息的客观机制与效果，维纳的定义强调了信息与物质和能量这两大概念的区别，ISO 的定义注重于信息的功能特征，GB 5271 的定义侧重于信息的来源与载体，而最后一种定义则突出信息在决策和行为中的价值，反映信息作为一种战略性资源的内在含义。

参照以上定义,可以辨识出信息三方面的特征。首先,信息是客观世界各种事物的特征的反映,它是"经过加工的",因而凝聚着人类的劳动；其次,信息是可记录、可通信的；最后,信息可以形成知识,因而有着"现实或潜在的价值",可以被看做是一种产品,一种人类生产活动的结晶。

与信息的概念相对应,数据指的是记录客观事物和事件的、可以鉴别的符号。这些符号不仅指数字,而且包括字符、文字、图形等。从远古时期的结绳记事到后来的象形文字、拼音文字,直至今天在计算机中广泛应用的二进制、八进制等符号都是数据的具体表现形式。从认知的角度来看,只有经过解释,数据才有意义,才成为信息,因而可以说信息是经过加工以后、对客观世界产生影响的数据。从应用的角度来看,数据是信息的载体,也是信息的一种最重要的存在形式,以数据形式存在的信息可以在现代信息技术中得到最为有效的处理和应用。数据和信息这两个概念之间的关系可以通过图 1-4 来说明。

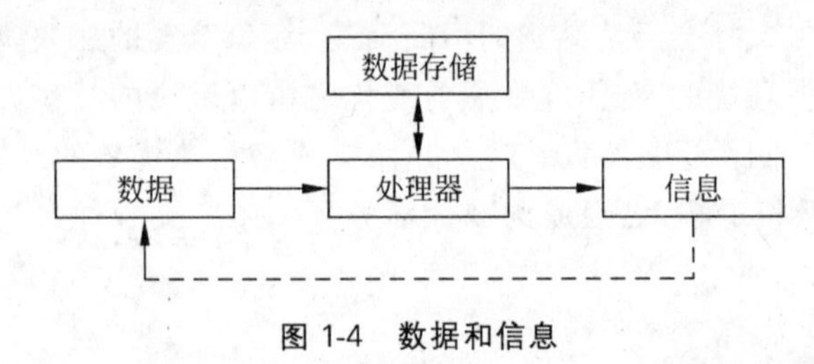

图 1-4 数据和信息

信息是经过加工后的,可以对客观世界(接收信息者)产生影响的数据；也就是说,只有经过了解释、归纳等处理后,数据才有意义,才成为信息。信息同样可以数字、字符、文字、表格、图形等形式作为载体存在。根据接收对象的不同,信息和数据二者是可以相互转换的,对于第一次加工所产生的信息,可能成为第二次加工的数据；同样,第二次加工所产生的信息,可能成为第三次加工的数据。从这个角度讲,数据与信息两个概念之间的相对关系,就如同在物质生产中原料与制成品之间的关系一样。换句话说,二者的区别不是绝对的,而是取决于应用情境。

以下用一个简单的例子来说明数据与信息二者概念的区别。在一家超市中有顾客、收银员、超市会计、超市经理这四种人。顾客购买货物的清单对于每位顾客来说是数据,经过收银员的计算后才能成为顾客交费时需要的信息；每一位顾客的交费信息对超市的会计来说只是数据,当把每天所有的交费加在一起才能得出他所需要的信息——日营业收入；对超市经理来说,他关心的是一个周期内的利润或者利润率,这就需要将每日的营业数据做进一步处理才能得到。

进一步而言,人们通过对信息的组织和管理,获得知识和智慧。如图 1-5 所示,数据是对现实世界的反映,信息是人们赋予数据的意义,知识是信息处理所产生的对于事物间规律的总结,智慧则是利用知识创造财富的能力。

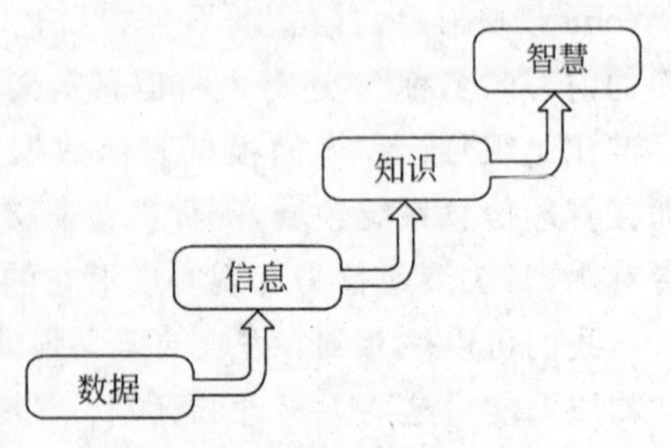

图 1-5 从数据到智慧

例如,"一副扑克牌中同样花色的牌有 13 张"是基本数据,当它被打牌的人用来做出牌决策时就是

信息,会影响当事人的行为和结果。根据已经出过的牌来预测对手手中的牌就需要概率知识。这样的概率知识对于桥牌非常重要。在赌场玩 21 点游戏时,玩家可以利用概率知识提高获胜率。但如何使用概率知识和在什么样的场合去使用来创造财富就涉及个人判断和智慧。

1.2.2 信息的维度

信息是一种资源,能够给人和组织带来现实的或者潜在的利益,因此信息必然具有一定的价值。信息的价值主要是指信息的实用性,也就是信息的使用价值。在商务活动中,信息价值性最本质的体现是,信息的所有人因掌握更多的信息而占有或者保持竞争优势。例如,概率知识告诉人们投掷硬币落地后出现正反面的概率均为 50%。但如果假设由于某种原因,出现正面的概率为 70%,反面的概率为 30%。这样的信息对于准备使用这枚硬币打赌的双方就有价值。如果仅其中一方获得,就会影响其行为并获得对其有利的不公正结果。

信息的价值通常是与其时间、内容、形式密切相关的,因此可以从这三个维度来评估信息的价值,如图 1-6 所示。从这三个维度来说,信息管理工作的目标,就是在正确的时间,以正确的方式,提供正确的信息。上面的例子中硬币不对称的信息在打赌前才有价值,之后可能就完全没有价值。同样,信息的正确程度和提供方式也会影响当事人行为。心理学家通过实验证明,同样的信息以正面形式或负面形式提供(或改变信息的顺序),例如,手术成功的概率或失败的概率,对于信息接收人的行为有不同的影响。

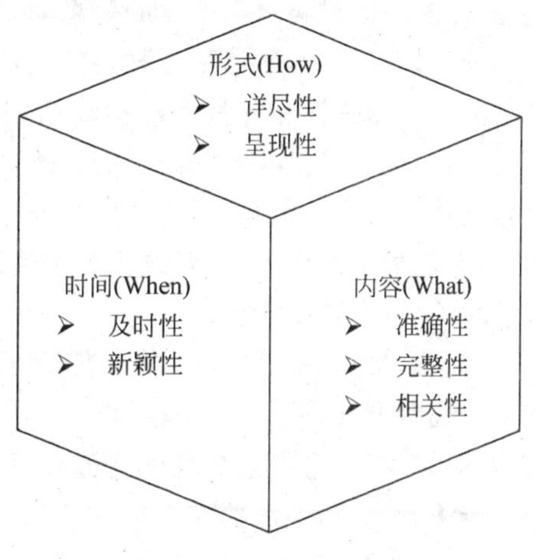

图 1-6 信息的三个维度

1. 信息的时间维度

信息的时间维度主要包括及时性和新颖性两个方面。

及时性的含义是在人们需要的时候拥有信息,及时的信息对于人们的正确决策有着非常重要的作用。信息都具有一定的时效,过了时效就不再具有价值或者价值大幅度下降。比如,及时地获知某地区市场对某种产品的需求量对于生产该种产品的厂家来说就具有很重要的作用。

新颖性的含义是获得最近和最新的信息。一般来说,具有新颖性的信息比仅具有及时性的信息更具有价值,如果说及时性能够帮助企业把握住机会的话,那么新颖性则可以为企业带来新的机会。

一般来说,越新颖、越及时的信息,其价值越高。因此,应该尽量缩短信息的采集、存储、加工、传输、使用等环节的时间间隔,提高信息的价值。需要指出的是,从某种使用目的来看,信息的价值会随着时间的推移而降低,但是对于其他的目的来说,它又可能显示出新的价值。例如超级市场的销售信息,在每年的账务结算后,作为核算凭据的价值已经失去,但是如果将多年的销售数据收集起来,就有可能通过数据挖掘等方法总结出消费者的行为规律,从而指导超市的销售行为。

2. 信息的内容维度

信息的内容维度指信息“讲的是什么”，通常包括信息的准确性、完整性、相关性三个方面。

准确性也被称为信息的事实性，这是信息第一位的、最基本、最核心的性质，不符合事实的信息不具有价值，甚至可能会给信息接收者带来负的价值。

完整性指是否包括所有与信息使用者要做的事情相关的信息。比如在一个风险投资的计划书中，如果没有主要原材料的成本分析，则信息完整性就会大打折扣。信息的完整性是与信息接收者的目的密切相关的。信息的不完整主要来自两个方面：首先，作为原料的数据本身可能不完整从而造成信息的不完整；其次，从数据到信息的加工过程归根结底是由人根据已有的相关知识来完成的，人类对世界认知的不完全必然也造成信息的不完整。

相关性指与信息使用者要做的事情相关的程度。显然，相关性越高的信息价值越高，比如，同样一条原材料价格变化的信息，它对一个需要决定产品价格的企业经理的决策的相关性比较高，而对于运输该种原材料的运输商则相关性较低。

信息的相关性和完整性是相辅相成的，也就是说，我们既应该接收与工作相关的信息（相关性），也应该接收全部需要的信息（完整性）。在很长一段时间里，人们都在为解决信息的完整性而努力。但是，近年来信息技术的快速发展带来了信息量的激增，甚至是“信息爆炸”。在这种情况下，如何甄选出相关性高的信息就成为人们关注的重点。

3. 信息的形式维度

信息的最后一个维度是形式维度，它涉及信息是“什么样的”这一问题，主要包括详尽性和呈现性两方面特征。

详尽性指信息概括的程度。随着目标的不同，对信息概括程度的要求也不同。比如对于生产主管来说，他需要知道每一位工人每天每种产品的生产量；但是对财务主管来说，只要知道每天的产量汇总情况就可以了。

呈现性指信息是否以适当的载体提供。信息的载体可分为两个层次：语言、文字、图像、符号、电子信号和自然、社会活动所产生的其他印迹等是信息的第一载体；而存储第一载体的物质，包括纸张、胶片、磁带、计算机存储器和刻有铭文的器皿等记录着自然、社会活动所产生的印迹的物质等则是信息的第二载体。信息的载体是可以变换的，它可以由不同的载体和不同的方式承载和载录。

随着每天人们接收到的信息量不断增加，以何种载体提供信息成为非常重要的问题。适当的载体可使信息接收者易于接收和理解。例如，在演讲和展示之中，以图表形式提供的数据，往往就比单纯的数据表格更容易被听众所接受。

1.2.3 信息的其他性质

除了上述三个维度之外，信息还具有其他的一些重要性质，主要包括可复制性、可变性和无损耗性等。

1. 可复制性

信息可以被方便地复制和传递，复制、传递之后的信息与原信息没有任何区别，原信息也不会因为复制、传递操作而出现任何损耗。信息的这种可复制性使得其易于分享。与人们熟知的物质与能量资源不同，信息资源的分享与交换不具有排他性，而具有非零和性。信

息可以为不同的人所占有，A将信息C告诉B，A和B将同时拥有信息C；而物质能量交换具有零和性，表现为A将物品C交给B，B之所得即为A之所失，所得所失之和为零。

信息分享后，有可能引起信息价值的增加也有可能引起信息价值的降低，一家工厂内的一项物料需求信息在生产线上下游间的分享会增加信息的价值，而一项保密技术被竞争对手获得后，则会大幅贬值。

2. 可变性

可变性指的是信息的内容随时可以改变，它们很容易被定制或随时修改。例如，一份文档，只要有兼容的编辑软件，就可以很容易地被修改，修改后的文档可能具有完全不同的内容。从本质上来说，信息的提供者没有任何办法可以完全保证该信息在传递的过程中始终不被改变。信息的这种可变性特征具有双重的影响。其正面影响在于信息产品可以用很低的成本实现灵活的差异化定制；其负面影响则在于信息的质量（完整性和可靠性）很难实现完全充分的保障。

3. 无损耗性

从概念上来说，信息并不需要依托于实物存在，因而就不会出现物理磨损。当然，如果保存或传递信息的物理介质（如磁盘、光盘）出现损坏，信息也可能会丢失。然而信息并不是永久附着在某个特定的物理介质上的，它可以被赋值、备份、恢复。因而只要具有适当的保护措施，信息就不会因为物理介质的损坏而丢失。从而，与物质产品不同，基于信息的产品不会因为消费而消失，经过消费的信息产品并不会出现使用价值的降低。

1.2.4 信息技术

从功能的角度来说，解决信息获取、识别、提取、转换、存储、传输、处理、分析和利用中的问题的一切技术都是信息技术。

从有文明开始，人类就已经开始以“结绳记事”这种简陋的方式利用信息技术了，以后的指南针、烽火台、印刷术、纸张，以及18世纪的光学望远镜，19世纪的电报、电话等信息技术也都曾经有力地推动了社会的进步。现代信息技术是指20世纪70年代以来，随着微电子技术、计算机技术、现代通信技术的发展而形成的一个全新的、用以开发利用信息资源的高技术群，包括微电子技术、新型元器件技术、现代通信技术、计算机技术、各类软件及系统集成技术、网络技术、存储技术、传感技术、机器人技术等。其中，以计算机技术、现代通信技术、网络技术为最核心的内容。正是在这些技术的推动下，人类进入了信息时代。今天，信息技术已经深入到了生产、生活的各个角落。

从某种程度上讲，信息技术实际上起到了“浓缩时间与空间”的作用。今天的网络技术可以让身处地球两端的人在可视电话上几乎没有延时地沟通，这在利用烽火台传递敌情的时代是绝对不能想象的。今天一张薄薄的DVD光盘可以存储4.5GB的信息，而一部厚达4500页的《资治通鉴》在计算机中存储时仅需要大约30MB的空间，不到一张光盘容量的1%。正是由于这种“浓缩”功能，掌握了信息技术的企业可以拥有极大的优势，并开展以前不可能实现的业务。

信息技术的发展也正是沿着“浓缩时间与空间”这一方向发展的。硬盘、光盘等存储技术的不断进步使得同样体积下能够存储的信息量越来越大，IPv6等新一代网络技术的研发将使互联网覆盖的主机量越来越大，新一代数据通信技术的发展使信息从一端到另一端花费的时间越来越短，移动数据通信技术的广泛推广进一步拉近了人们之间的距离。

1.3 系统与信息系统

系统是由处于一定的环境中相互联系和相互作用的若干组成部分结合而成并为达到整体目的而存在的集合，系统具有集合性、目的性、相关性、环境适应性等特征。信息系统是一种人一机系统，它由人、硬件、软件和数据资源组成，其目的是及时、正确地收集、加工、存储、传递和提供信息，实现组织中各项活动的管理、调节和控制。信息系统以人为主导，它不仅仅是一种技术系统，而是一种管理系统和社会系统。

1.3.1 系统理论

20世纪20年代，奥地利学者贝塔朗菲(Ludwig von Bertalanffy)研究理论生物学时，用机体论生物学批判并取代了当时的机械论和活力论生物学，建立了有机体系统的概念，提出了系统理论的思想。从30年代末起，贝塔朗菲就开始建立具有普遍意义和世界观意义的一般系统理论，并且在1945年发表了《*About General System Theory*(关于一般系统论)》。在该书中，贝塔朗菲研究了系统中整体和部分、结构和功能、系统和环境等之间的相互联系、相互作用等问题，并且将系统定义为"相互作用着的若干要素的复合体"。

在贝塔朗菲之后，又有很多学者提出了系统的定义，这些定义在具体说法上有着相当的差异，但是其中有四方面内容是最普遍、最本质的，即集合性、目的性、相关性、环境适应性。

1. 系统的集合性

单个元素或者空集合不能构成系统，系统就意味着一个以上的元素及其相互关系构成的一个集合、一个整体。

2. 系统具有特定的目标

系统的目的就是其基本宗旨，是系统追求的一种状态。应该指出，对于某些简单的无机系统来说，其本身并无目的可言，但是对各种生物及社会经济系统来说，目的性是不可缺少的，尤其是我们将着重讨论的管理信息系统更是这样。系统必须有目标，但是目标不一定是单一的。系统的多个目标之间也可能是互相冲突的，这种情况下通常需要设计者在冲突的目标的实现中寻求一种平衡，使总目标最优。

3. 系统由相互作用和相互依存的要素组成

系统的要素就是系统中的各个实体，按照功能的不同可以将一个系统中的所有要素分为四类：输入要素、处理要素、输出要素、控制要素，图1-7所示是一个简化系统的一般模型。

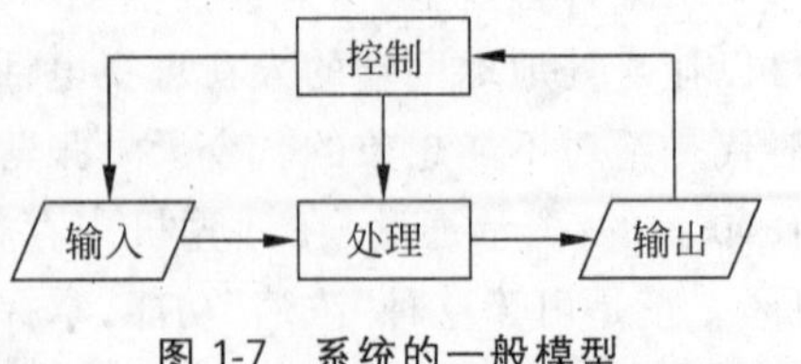

图1-7 系统的一般模型

物质、能量或者信息等各种形式的资源都可以作为系统的输入，输出也同样是各种形式的物质、能量和信息，在现实世界中，有可能是一种输入转变为一种输出，也可能是一种输入转变为多种输出或者多种输入转变为一种输出，在大多数复杂的现实系统中，通常是多种输入转化为多种输出。系统中的处理要素可以完成将输入转变为输出的功能。

控制要素是一个比较特殊的要素，某些简单的系统可以没有控制要素，它的功能是对整个系统各个环节的运行情况进行监测、检查，进而及时发现与实现系统目标相悖的问题，并做出适当的调整。在现实世界中，通常控制要素不仅像图1-7中那样检测输出要素，还对输入和处理要素进行监控。系统的目标一般是以比较抽象概括的方式描述的，不能直接应用于控制过程中，因此人们倾向于以更具体和明确的方式来表达目标，并以此作为控制要素中应用的要求，这就是标准。

一般来讲，任何系统都有输入和输出，从而与环境进行交换和互动。只有输出而没有输入的系统是奇迹，只有输入而没有输出的系统是黑洞。

以一个生产汽车的工厂为例，各种汽车零配件就是系统的输入，生产线是系统的处理模块，整车是系统的输出，各级管理人员就是系统的控制要素。如果它的目标是有效运作并取得快速发展，那么控制要素所需要的标准就是保持某个较高(比如30%)的市场占有率，保持某个较高(比如20%)的销售额年增长率，税后利润率高于行业平均水平(比如15%)，等等。

在考察一个系统时，不能孤立地考察组成系统的各个要素，还应该考察它们相互作用、相互依存的关系，理解"系统"的核心是理解系统的整体观念。贝塔朗菲强调，任何系统都是一个有机的整体，而不是各个部分的机械组合或简单相加，系统的整体功能是各要素在孤立状态下所没有的新属性。他用亚里士多德的"整体大于部分之和"的名言来说明系统的整体性，反对那种认为要素性能好，整体性能一定好，以局部说明整体的机械论的观点。同时认为，系统中各要素不是孤立地存在着，每个要素在系统中都处于一定的位置上，起着特定的作用。要素之间相互关联，构成了一个不可分割的整体。要素是整体中的要素，如果将要素从系统整体中割离出来，它将失去要素的作用和意义。例如，把若干把椅子和若干张桌子放到一间房间里，形成一个教室用来上课，教室作为整体具有其构成元素不具有的属性。

4. 系统受环境影响和干扰，和环境相互发生作用

系统是"相互作用着的若干要素的复合体"，这其中隐含着系统边界的概念。系统中所有的要素及其相互关系在系统边界之内，系统边界外的所有物质、能量、信息构成了系统的环境。显然，系统的环境应该包括除系统外的整个宇宙，但是一般我们只考虑那些能够对系统行为产生一定直接影响的事物。系统需要的输入来自其环境，产生的各种输出又返回其环境。对一个企业系统来说，主要有八种环境要素，即供应商、客户、工会、金融界、股东、竞争者、政府以及区域社会。

1.3.2 信息系统

人们为了支持组织决策的制定、协调和控制，利用信息技术构建的，对信息进行收集、整理、存储、加工、分配、查找、传输的系统就是信息系统。可以从三个角度来认识信息系统，即用户角度、系统角度和技术角度。

1. 用户角度

用户关心的是系统的功能，在他们看来信息系统是为了实现某一个功能而存在的，因此不同的功能就对应着不同的信息系统。具体来说，从用户所属组织的类型来看，信息系统可分为政府信息系统、企业信息系统、军队信息系统等；从用户所属部门的职能来看，信息系统可分为财务会计信息系统、人力资源信息系统、生产制造信息系统、市场销售信息系统等；

从用户所在层级的角度来看，信息系统可分为战略层信息系统、管理层信息系统、知识层信息系统、操作层信息系统。

安东尼模型(图 1-8)是一种被普遍接受的从用户角度认识信息系统的理论。在该模型中，组织被划分为战略、管理、知识和操作四个层次，并进一步被划分为市场销售、生产制造、财务管理、会计、人力资源等功能领域。

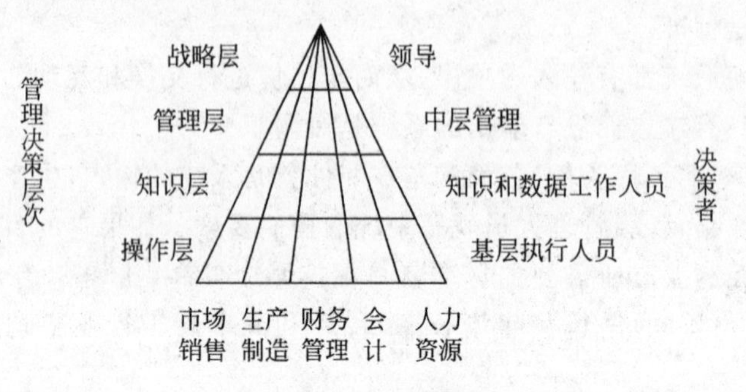

图 1-8　安东尼模型

每一种部门职能系统中通常同时具备四个层次的系统。比如一个生产制造系统中，会有一个操作层次的系统记录每天的生产量和原材料消耗量；一个知识层系统帮助工程师设计新的产品和操作流程；一个管理层系统跟踪月份生产数据并指出哪些月份的生产量低于平均水平；一个战略层系统预测未来两到三年内的生产量及物料消耗的变化趋势。

2. 系统角度

从系统论的角度来认识信息系统，就要分析信息系统的输入元素、处理元素、输出元素和控制元素及其相互关系。

信息系统有以下一些特点：

(1) 信息系统是一种“人-机”系统。

信息系统的目的在于组织决策的制定、协调和控制，因而必须是一个人机结合的系统，人机之间协调程度越高，信息系统的整体效率也就越高。

(2) 信息系统是一个动态系统。

随着环境(包括技术环境)的变化，组织的目标会有所变化，信息系统也应该随之做出相应的调整。值得注意的是，近年来随着网络技术的发展出现了信息系统整合的趋势，原来分散的“信息孤岛”逐步被整合到一起。

(3) 信息系统是一个相对封闭的系统。

信息系统的输入是有关组织运行状态的信息，而输出则是帮助管理者决策制定、协调和控制的信息，输入/输出都通过特定的方式和途径进行，从这个意义上讲，信息系统是一个相对封闭的系统。

(4) 信息系统是闭环系统。

信息系统与组织目标密切相关，因此必然有控制元素在其中，数据库中的数据一致性检验就是信息系统控制功能中的一种。

信息系统是一个综合性的系统。除了以上所说的它是多种系统类型的综合外，信息系统的综合性还包括两方面的含义：一方面，信息系统体现了对组织的全面综合管理，它可以

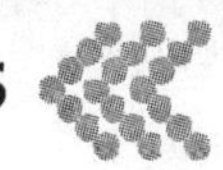

提供广泛、全面的信息以协助决策的制定、协调和控制；另一方面，信息系统体现了管理思想与信息技术的综合，人们越来越认识到，仅有先进的信息技术并不能保证信息系统的成功和组织目标的实现。

3. 技术角度

从技术角度来看，信息系统一般由人、硬件、软件、数据库、工作规程组成(图 1-9)。系统中的人员分为终端用户和系统技术人员两类；硬件包括计算机、服务器、网络、数据输入/输出设备等；软件包括操作系统和应用程序；数据库是数据和数据存储管理设备的综合；工作规程包括系统的使用规则、安全保障规则、人员职责权限规则和系统控制的标准。

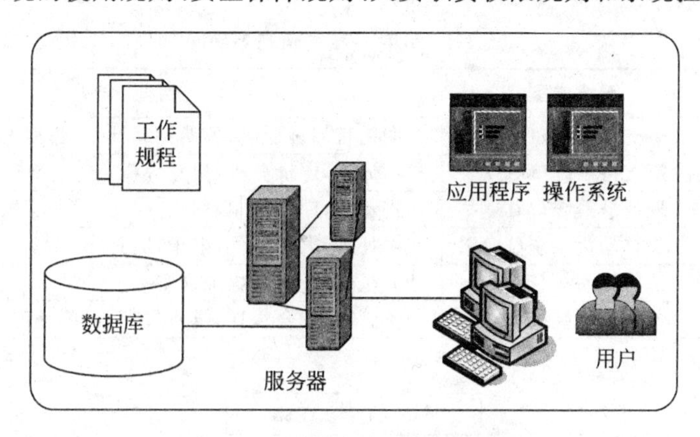

图 1-9 从技术角度来看信息系统

1.4 信息系统概览

如前所述，人们为了支持组织决策的制定、协调和控制，利用信息技术构建的，对信息进行收集、整理、存储、加工、分配、查找、传输的系统就是信息系统。一般意义上的信息系统中并不一定包含计算机等技术，但在现代商务环境中计算机信息技术已经无所不在，没有计算机和网络的信息系统已经不复存在。因而，现代意义上的信息系统，实质上是组织中的人们利用计算机软硬件和网络通信技术对信息资源加以管理以服务于企业经营目标的系统，其中的三个基本要素是人、信息和信息技术。

从技术的维度来看，信息系统具有不同的技术深度，包括从基本的电子数据处理系统，到办公自动化系统，再到支持协同工作的计算机系统；从信息支持的维度来看，信息系统可以分为提高效率、及时转换价值和寻找商业机会等类型；从管理层次的维度来看，信息系统可以分为基层、中层和高层系统；从职能的维度来看，一般企业均有市场、生产或服务、财务和人事四大职能系统；从组织的维度来看，不同类型、不同行业的组织使用不同的信息系统。

根据图 1-8 所示的安东尼模型，从纵向管理决策的层次上看，组织可以被划分为战略决策、管理控制、知识工作和业务操作四个层次；从横向的职能领域上看，又包括销售/市场、生产制造、财务、会计、人力资源等部门。这一划分框架有助于我们从应用的角度理解信息系统。现代信息系统可以全面覆盖这四个管理层次以及各个职能部门。

以下我们将分别从纵向层次和横向职能两个方面对组织中信息系统的常见类型加以简要介绍。

1.4.1 信息系统的信息支持层次

按照信息支持的层次结构，组织中的信息系统大体上分为事务处理系统（transaction processing systems，TPS）、知识工作系统（knowledge work systems，KWS）及办公自动化系统（office automation systems，OAS）、管理信息系统（management information systems，MIS）、决策支持系统（decision supporting systems，DSS）和战略支持系统（executive supporting systems，ESS），其所属的层次及典型的功能如表1-1所示。这些系统之间的相互关系如图1-10所示。

表1-1 六种主要的信息系统

组织层次	系统类型	典型功能
战略层	战略支持系统（ESS）	长期销售趋势预测，长期预算计划，长期人力资源计划
管理层	决策支持系统（DSS）	成本分析，定价分析，投资分析
	管理信息系统（MIS）	销售管理，库存控制
知识层	办公自动化系统（OAS）	文字处理，电子邮件，电子日历
	知识工作系统（KWS）	计算机辅助设计，虚拟现实
操作层	事务处理系统（TPS）	物流管理，现金管理，设备管理，订单登记和管理，工资发放

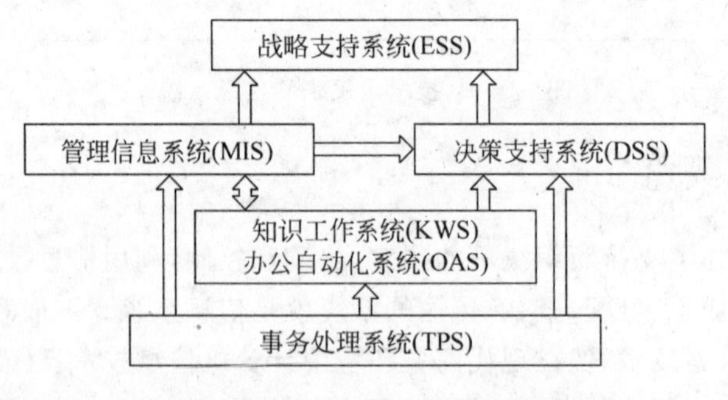

图1-10 各种信息系统间的相互关系

1. 操作层

支持操作层的系统一般为事务处理系统，其目的是跟踪、控制组织的销售、开支、物流等日常活动，并且回答一些结构性较高的常规问题，比如某月某日生产了多少件A产品等。这一层系统最主要的要求是能够快速、准确、简单地获取信息，并能够对业务流程的各个环节实现有效的控制。超市收银台的终端系统就是一个典型的操作层系统。事务处理系统的处理对象是组织的基本活动，其输入为组织中事务活动信息，处理方法主要包括事务数据的分类、排列、合并、更新等，其输出为详细报告、列表、总结等，系统的主要使用者为组织中的基层执行人员。

2. 知识工作层

知识工作层系统的主要目的是帮助企业收集新的知识，帮助组织办公文档的管理，它主要是支持组织中的知识和信息工作人员。对知识层提供支持的信息系统包括知识工作系统及办公自动化系统。知识工作系统是帮助组织中的知识工作者创造和综合新知识的信息系统，为组织内部创造、收集、维护、分发和使用知识提供支持。办公自动化系统则包括电子邮

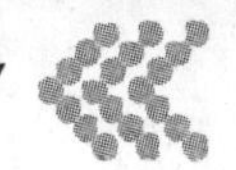

件系统、字处理系统、电子日程安排系统、工作流系统等能帮助员工提高工作效率的计算机系统，提供文献管理、公文流转、审批会签、会议沟通、日程协调等大量日常办公支持功能。

3. 管理控制层

管理层系统为中层经理人员的监控、决策服务。这一层系统通常从操作层系统中获取数据，并且回答一些日常管理问题，例如本年按月度的销售额走势如何，如果增加产量需要如何调整生产调度安排等。对管理层提供支持的信息系统包括管理信息系统和决策支持系统。管理信息系统指的是为规划、控制、决策提供日常统计分析和预测报告的信息系统，为组织内管理人员观察、控制组织的运行提供支持。决策支持系统服务于管理层，利用模型和综合数据支持半结构化和非结构化决策的信息系统，为组织的管理决策提供信息和方案支持。

4. 战略层

战略层的信息系统一般称为战略信息系统，其目的在于帮助高级管理人员处理企业的战略性和长期趋势问题，比如确定组织目标，制定长远的政策和发展方向，并为贯彻方针和实现目标确定资源配置。该层系统主要关注的是企业如何适应外部环境的变化并取得自身发展，主要利用图形和通信来支持非结构化问题决策。

1.4.2 信息系统的基本功能类型

一般组织中的信息系统大体都包括销售与营销（市场）系统、制造与生产（或服务）系统、财务系统和人力资源系统四种功能类型。

1. 销售与营销系统

销售与营销的主要内容包括广告、促销、产品管理、定价、销售预测、销售自动化以及销售业务管理等。销售与营销信息系统也包括战略层、管理层、知识层和操作层。

销售预测包括短期和长期的预测。信息系统支持下的预测均使用某些模型。短期预测一般使用移动平均数、指数平滑模型；中长期预测则要使用拟合活性、回归模型或系统动力学模型等。在广告和促销方面，信息系统有助于选择好的媒体和促销方法，分配财务资源，以及评价和控制各种广告和促销手段的结果。在产品管理方面，信息系统能够支持产品在引入、成长、成熟和衰退等不同阶段的转移及其决策。在定价方面，定价系统要协助决策者确定定价策略。在销售渠道管理方面，信息系统可以对产品系列管理、产品分析、顾客类型分析、销售员业绩管理、销售区域管理等方面提供支持。其中，销售点系统（POS）是最基层的信息手机和处理单元。在市场情报和市场研究方面，信息系统可以对数据收集、数据评价、数据分析、情报存储、情报分发等环节提供支持。

2. 制造与生产系统

制造与生产系统既包括提供技术以实现产品生产的系统，也包括对生产进行管理的系统。技术系统包括计算机辅助设计（CAD）、计算机辅助制造（CAM）等。管理系统则包括物料管理、生产计划管理、库存管理、成本计划与控制等子系统。以制造和生产系统为中心，经过不断的演变、扩展和集成，发展出了 MRP、MRP Ⅱ 和 ERP 等现代应用系统。

3. 会计与财务系统

会计与财务系统的目的是加工和利用会计及财务信息，对经济活动进行控制，以满足经营管理的需要。其中的处理规程既包括会计核算方法的规则，也包括各种会计管理制度。

会计部分的核心是账务处理功能，其中一般包括日记账处理、报表处理、工资管理、固定资产管理、采购与应付账款管理、销售与应收账款管理、存货管理等。财务部门的总体目标是实现资金的优化利用，它从会计系统、内部审计子系统和财务情报子系统获得数据输入，由财务预测子系统、资金管理子系统和财务控制子系统执行处理和输出。财务系统往往使用电子报表，并具有一定的决策支持特性。

4. 人力资源系统

人力资源系统所涉及的工作包括人事档案维护、人员业绩考核、薪酬体系管理、招聘、晋升、岗位设置、员工培训以及健康、保安和保密等内容，实际上贯穿着人员雇用的整个周期。人力资源系统的结构也像其他系统一样，有输入系统和输出系统。输入系统包括记账子系统、人力资源研究子系统和人力资源情报子系统。输出系统包括人力资源计划子系统、招聘子系统、人力资源管理子系统、薪酬子系统和环境报告子系统等。

1.4.3 现代应用系统

当代信息系统的发展呈现出集成化和智能化两大趋势。在集成化方面，从传统的物料需求计划系统(MRP)、制造资源计划系统(MRP Ⅱ)中发展出了企业资源计划系统(ERP)，形成了整个组织范围内的集成化信息系统，同时电子商务及电子数据交换技术的发展也不断推动着企业间信息系统的集成。在智能化方面，决策支持系统与人工智能、网络技术、数据库、数据仓库技术等结合形成了智能决策支持系统和群体决策支持系统，为组织提供更具智能分析能力的信息支持。(本节内容将在第7章、第8章和第9章详细展开。)

1. 企业集成化应用系统：从MRP到ERP

面向生产运营的信息系统起步于物料库存管理，在持续的发展中不断提升集成的广度和深度，从而形成了整合全组织资源管理的企业资源计划(ERP)系统。(详见第7章)

物料需求计划系统(material requirement planning，MRP)的最初形式是一种库存与计划控制方法，即计算机辅助编制的物料需求计划。其基本思想是把物料需求分成独立需求和相关需求两种类型，并按时间和优先级的先后，分时段确定各个物料的需求量，以解决包括订货点法在内的传统库存管理方法的缺点。MRP从最终产品的生产计划(MPS)反推出相关物料的需求量和需求时间，并根据物料的需求时间和生产与订货周期，确定其开始加工或订货的时间。与传统的订货点法相比，MRP的优点在于订货点控制由一维(数量)发展为二维(数量、时间)，因而系统性更强、准确性更好，使库存管理水平有了很大的提高。不仅如此，MRP系统的输出信息能够成为诸如能力需求计划、车间作业管理、采购作业管理等其他生产管理子系统的有效输入信息，从而推进整个制造系统的管理。

MRP系统在20世纪70年代发展为闭环MRP系统。闭环MRP系统除物料需求计划外，还将生产能力需求计划(capacity requirement planning)、车间作业计划和采购作业计划也全部纳入MRP，形成一个闭合的系统。与主要作为物料计划制定系统的基本MRP相比，闭环的MRP成为一个完整的生产计划与控制系统。

闭环MRP的进一步发展，是把物流与资金流结合起来，形成生产、销售、财务、采购工程等紧密结合的完整的经营生产信息系统。这种系统实际上涵盖了进行生产制造活动的各种资源，因此被称为制造资源计划(manufacturing resources planning)，即MRP Ⅱ。MRP Ⅱ与闭环MRP的本质区别体现在前者包括了财务管理和模拟能力，财务子系统与生产作业管理子系统的结合，使 MRP Ⅱ在成本控制上更加广泛有效。

ERP 是 MRP Ⅱ的进一步发展。在管理范围上，MRP Ⅱ是面向企业的生产/制造部分，而 ERP 的管理范围则包括整个企业的各个方面，包括财务、制造与人力三个大的职能区域。在应用行业上，ERP 打破了 MRP Ⅱ局限在传统制造业的格局，可应用于诸多行业，如金融业、高科技产业、通信业、零售业等。

ERP 具备的功能标准包括四个方面。在软件功能范围上，ERP 包括质量管理、实验室管理、流程作业管理、配方管理、产品数据管理、维护管理、管制报告和仓库管理等；在软件的应用环境上，ERP 支持混合方式的制造环境；在软件功能增强上，ERP 支持能动的监控能力；在软件支持技术上，ERP 支持开放的客户机/服务器计算环境。

一个著名的 ERP 产品是 SAP 公司的 R/3 系统，其主要的模块包括销售和分销（sales & distribution，SD）、物料管理（materials management，MM）、生产计划（production planning，PP）、质量管理（quality management，QM）、工厂维修（plant maintenance，PM）、人力资源（human resources，HR）、项目系统（project system，PS）、控制（controlling，CO）、财务会计（finance，FI）等。国外主要的 ERP 产品厂商还包括 Oracle 等。国内的一些软件厂商，如用友、金碟、神州数码等，也都推出了自己的 ERP 产品。

2. 供应链管理（SCM）系统

供应链由迈克尔·波特（Michael Porter）的价值链理论发展而来。该理论指出，任何一个组织均可以看做是由一系列相关联的基本行为构成，这些行为对应于从供应商到消费者的物流的流动，依次是：内部后勤、运作、外部后勤、销售和市场，以及售后服务。在这些基本行为之上是四种包含各个基本行为的支持行为，它们是：采购（提供输入原料）、技术开发、人力资源管理、公司基本建设（如会计、组织和控制等）。物料在企业流动的过程就是被企业的各个部门不断增加价值的过程。每一个企业都是一个价值链，一个企业的产品又成为另一个企业的原料，这样不同的价值链就通过供需关系联系起来，构成一个网络，或更高层次的价值链，即供应链。在这个链中，每个企业既是链中某个对象的顾客又是另一个对象的供应者。供应链的管理目标就是把这个供需的网络组织好，让这个有机组织比它的竞争对手更高效。企业之间的竞争，上升为供应链与供应链之间的竞争。

供应链管理系统建立的是一种跨企业的协作，覆盖了从供应商的供应商到客户的全部过程，包括外协和外购、制造分销、库存管理、运输、仓储和客户服务等。信息技术和互联网的发展，使得实时订货以及其他形式的电子商务运作成为可能。企业内部的信息系统是现代供应链管理的基础。（详见第 8 章）

3. 客户关系管理（CRM）系统

客户关系管理（customer relationship management，CRM）指的是利用现代技术手段，使客户、竞争、品牌等要素协调运作并实现整体优化的自动化管理系统，其目标定位在提升企业的市场竞争能力，建立长期优质的客户关系，不断挖掘新的销售机会，帮助企业规避经营风险，获得稳定利润。

一个完整、有效的客户关系管理应用系统中，通常包括业务操作管理子系统、客户合作管理子系统、数据分析管理子系统和信息技术管理子系统。（详见第 8 章）

4. 电子商务系统

电子商务（EC）指的是利用电子化手段从事的商业活动，它基于电子处理和信息技术，如文本、声音和图像等数据传输。一般认为,电子商务包括生产、流通、分配、交换和消费等环节中所有活动的电子信息化处理。具体来说,电子商务活动包括通过因特网进行的交易、通过因特网进行的商务活动、通过增值网络进行的电子交易和服务,以及通过连接企业或机构的计算机网络发生的交易和服务。

电子商务同时支持企业内部和外部的商务活动。企业外部电子商务是指运用信息技术支持企业与市场之间的相互作用;而内部电子商务则是运用信息技术来支持企业内部的过程、职能和运作。

可以将电子商务看做企业信息系统的一个新的发展阶段。在这个阶段中,新的信息技术打破了一些企业从前所无法克服的时间空间上的制约,从而使得企业有可能在更大的范围之内对自身的业务过程模式进行重大的调整和改造,以求得更高的效率和更强的柔性。(详见第9章)

5. 人工智能与商务智能系统

人工智能(artificial intelligence,AI)是在计算机科学、控制论、信息论、神经生理学、心理学、哲学、语言学等多种学科相互渗透的基础上发展起来的。它研究怎样让计算机或智能机器(包括硬件和软件)模仿、延伸和扩展人脑从事推理、规划、计算、思考、学习等思维活动,解决迄今为止需要人类专家才能处理好的复杂问题。专家系统(expert systems,ES)也称为基于知识的系统,是人工智能的一个最为重要的应用领域。知识发现是利用机器学习、数据库、模式识别、统计学、人工智能等方法,从数据集中识别有效模式的非平凡过程,该模式是新颖的、有潜在应用价值的和最终可理解的。20世纪90年代以来,以数据挖掘技术为核心的商务智能(知识发现在商业的应用)受到了学术界和业界的广泛关注。

1.5 信息系统的发展历史与趋势

计算机在管理中应用的发展与计算机技术、通信技术和管理科学的发展紧密相关。虽然广义的信息系统和信息处理在人类文明开始时就已经存在,但电子计算机的出现和信息技术的飞速进步,以及人类社会信息需求的快速增长,才使得现代意义的信息系统得到了迅猛的发展。自1946年第一台电子计算机问世以来,信息系统经历了由单机到网络、由低级到高级、由电子数据处理到信息管理再到决策支持、由事务处理到智能分析的历史过程。

1.5.1 20世纪50年代—70年代初

1954年,美国通用电器公司首先使用计算机进行工资和成本会计核算,也开始了现代信息系统发展的第一个阶段。在这一段时间里计算机及其相关技术的出现与发展大大提高了数据处理效率,降低了数据处理和存储的成本,因此信息系统也是首先应用于以计算机为基础的数据处理和存储。此时的信息系统是事物处理系统的前身和初级形式,其目的是代替繁重的手工事务处理并提高准确性、及时性。

20世纪60年代以前的信息系统以体积庞大、计算能力低的单机应用为主。到60年代中期出现了以主从式系统,即以一台大型主机为中心,连接多台终端机的系统。对过去单机分散的处理方式来说,主从结构是一个巨大的进步,它可以把数据集中起来,从而使信息系统可以对业务过程的多个环节进行综合处理,大大提高了工作效率。也正是在60年代,信息系统突破了传统的数据处理的范围,以美国明尼苏达大学管理学院开创管理信息系统学

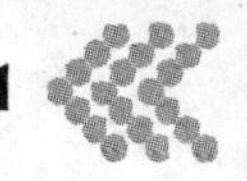

科为标志，独立的信息系统理论开始形成。随着技术的发展，人们对信息系统的要求也开始从操作层的数据处理向更高层次的管理辅助功能转变。

1.5.2 20世纪70年代初—80年代初

在这个阶段里，随着数据库技术的发展、分布式系统技术的出现，中型机、小型机和终端机组成的网络被应用于企业管理实践中并形成了狭义的管理信息系统。此时信息系统的目的在于从企业全局出发，通过数据的共享，发挥系统的综合能力，帮助管理者分析、计划、预测、控制企业信息。

这个阶段的理论界已经普遍采用系统论的观点和方法分析信息系统，相关理论研究也进一步深入。虽然管理信息系统的理论和实践都得到了飞速发展，但是由于缺乏灵活性以及对管理者决策的支持，也有很多管理信息系统失败并受到了很多的置疑。从另一个意义上说，这也可以看做企业的管理者对技术有了进一步的要求——要求信息系统能够适应企业环境变化的需求并为管理者提供更多的帮助。

1.5.3 20世纪80年代初—90年代中

这个阶段的信息技术发展很快，个人计算机的普及为终端设备提供了强大的终端计算能力；关系数据库模型提供了简单、直观、易于处理、使用方便的数据库系统；网络技术的发展也很快，在企业层面先后出现了文件服务器/工作站结构和客户机/服务器结构的内部网络，在广域层面，互联网的前身ARPANET、NSFNET、CSNET取得了飞速的发展。

管理上的要求也促进了信息技术的进步和信息系统理论实践的发展。在20世纪80年代出现了办公自动化系统、决策支持系统和战略支持系统。这些系统充分利用了当时已有的信息技术并且已经涉及了企业的所有层次，可以说信息系统的应用在这个阶段已经达到了一个相当高的水平。同样，这些系统的出现及相关理论的发展又刺激了管理者对信息系统更多的期望和要求。

1.5.4 20世纪90年代中至今

20世纪90年代的信息技术有了革命性的发展，集中体现在图形界面技术、网络技术和人工智能技术。

图形界面技术以苹果计算机公司的Mac OS操作系统和微软的Windows操作系统为代表。这种在今天看来习以为常的技术在20世纪90年代初极大地简化了用户操作，促进了用户对计算机的理解，并最终推进了个人计算机的普及。

网络技术方面以互联网及其相关技术的出现和普及为代表。这种技术的出现提供了一种相对简单的企业内部的组网方法，促进了信息系统在企业中覆盖范围的扩大；它使得信息系统的边界不再受地理位置的局限，并且进一步打破了企业组织的边界。今天，电子邮件、企业门户、虚拟专用网络、电子交易支持等网络新技术为企业提供了前所未有的信息收集、传输、处理手段，各种大型信息系统比如MRP、MRP Ⅱ、ERP、CRM等纷纷出现。更重要的是，企业竞争的模式发生了深刻的变革，从以往降低生产成本的竞争转变为开发更具有消费者个性的产品，网络技术独有的交互性和灵活性恰恰能够满足消费者定制这一需求。网络技术还催生了虚拟企业，这种企业是指通过远程通信技术将独立的组织联接在一起的网络,其目的在于通过共享技能、成本和市场来开发市场实现盈利。

人工智能就是为计算机提供一种类似于人的智能的能力。人工智能的概念从1956年(通用公司制造第一台商用计算机后两年)就被提出来了,其后一直在不断发展,到20世纪90年代已经取得了重大的成功,并且为支持管理人员决策提供了巨大帮助。

1.5.5 发展趋势

从以上提到的四个阶段来看,影响信息系统发展的一个方面是信息技术本身的发展,另一方面则是由于信息技术与管理融合带来的需求。今后信息系统仍然会在这两方面的推动下发展。具体来说,集成化和智能化是当今信息系统发展的两大趋势。在集成化方面,从传统的物料管理计划系统(MRP)、制造资源计划系统(MRPⅡ)中发展出了企业资源计划系统(ERP),形成了整个组织范围内的集成化信息系统,同时电子商务及电子数据交换技术的发展也不断推动着企业间信息系统的集成。在智能化方面,决策支持系统与人工智能、网络技术、数据库、数据仓库技术等结合形成了智能决策支持系统和群体决策支持系统,为组织提供更具智能分析能力的信息支持。

近年来,信息技术领域的创新性成果和应用形式仍然在不断地涌现。例如,以Web 2.0为代表的社会性网络应用的发展深层次地改变了人们的社会交往行为以及协作式知识创造的形式,进而被引入企业经营活动中,创造出内部Wiki(internal Wiki)、预测市场(prediction market)等被称为"Enterprise 2.0"的新型应用,为企业知识管理和决策分析提供了更为丰富而强大的手段;以"云计算"(cloud computing)为代表的虚拟化技术,将21世纪初开始兴起的IT外包潮流推向了一个新的阶段,像电力资源一样便捷易用的IT基础设施已成为可能;以数据挖掘为代表的商务智能技术,使得信息资源的开发与利用在战略决策、运作管理、精准营销、个性化服务等各个领域发挥出难以想象的巨大威力。对于不断推陈出新的信息技术与信息系统应用的把握和驾驭能力,已成为现代企业及其他社会组织生存发展的关键要素。

本章习题

1. 信息时代、信息社会有哪些主要的特征?信息技术与经济、社会、生活的融合体现在哪些方面?
2. 什么是信息?信息具有哪些性质和维度?
3. 什么是数据?数据与信息有何区别与联系?
4. 什么是信息系统?信息系统具有哪些主要的应用类型和支持层次?
5. 信息技术和信息系统经历了怎样的发展历程?未来的信息系统发展具有哪些主要的趋势?

本章参考文献

[1] Friedman T L. The World Is Flat: A Brief History of the Twenty-first Century. New York: Farrar, Straus and Giroux, 2005.
[2] Laudon K C, Laudon J P. Management Information Systems: New Approaches to Organization and Technology. 北京:清华大学出版社,1998.

[3] Mcfarlan F W, Chen G, Lane D. Information Technology at COSCO: Harvard Business School Case, No. 9-305-080. Boston: HBS Publishing, 2005.

[4] Mcfarlan F W, Lane D, Chen G. COSCO: Harvard Business School Case, No. 9-302-051. Boston: Harvard Business School Publishing, 2002.

[5] Shannon C E. A Mathematical Theory of Communication. ACM SIGMOBILE Mobile Computing and Communications Review, 2001, 5(1): 3～55.

[6] Ludaig V B. About General System Theory: Foundations, Development, Applications. New York: George Braziller, 1976.

[7] Wiener N. Cybernetics. Boston: MIT Press, 1965.

[8] Toffler A. 第三次浪潮. 朱志焱,译. 北京:三联书店,1984.

[9] 陈国青,郭迅华. 信息系统管理. 北京:中国人民大学出版社,2005.

[10] 陈国青,雷凯. 信息系统的组织、管理与建模. 北京:清华大学出版社,2002.

[11] 陈国青,李一军. 管理信息系统. 北京:高等教育出版社,2005.

[12] 陈晓红,吴良刚. 管理信息系统理论与实践. 长沙:中南工业大学出版社,2000.

[13] Bell D. 后工业社会的来临. 高铦,译. 北京:新华出版社,1997.

[14] 黄梯云,李一军. 管理信息系统. 修订版. 北京:高等教育出版社,2000.

[15] 李东. 管理信息系统的理论与应用. 北京:北京大学出版社,1998.

[16] Haag S, Cummings M, Dawkins J. 信息时代的管理信息系统. 严建援,译. 北京:机械工业出版社,2000.

[17] 王广宇. 客户关系管理——网络经济中的企业管理理论和应用解决方案. 北京:经济管理出版社,2001.

[18] 王众托. 企业信息化与管理变革. 北京:中国人民大学出版社,2001.

[19] 薛华成. 管理信息系统. 第三版. 北京:清华大学出版社,1999.

[20] 薛华成. 信息资源管理. 北京:高等教育出版社,2002.

[21] 杨善林,李兴国,何建民. 信息管理学. 北京:高等教育出版社,2003.

[22] Naisbitt J. 大趋势——改变我们生活的十个新方向. 梅艳,译. 北京:中国社会科学出版社,1984.

[23] 曾凡奇,林小苹,邓先礼. 基于 Internet 的管理信息系统. 北京:中国财政经济出版社,2001.

第2章　信息系统与组织

随着信息系统在企业中的应用向着纵深的方向发展，信息系统不再仅仅支持事务数据的简单处理，而是成为大多数业务过程中的重要组成部分以及支持企业战略目标实现的重要工具。同时，信息技术对组织结构和组织行为的影响逐渐开始显现：越来越多的人倾向于通过互联网收集产品信息，并在网上订购商品，而在以前，这些任务通常通过询问朋友或亲自去商店来完成；高层管理人员直接用计算机管理和控制企业的运作，而以前他们不得不依靠职员或者中层管理者来从事这方面的管理和控制；企业间和部门间的信息交换也被自动处理了，而以前企业需要动用大量的专门人员来收集和处理这些数据。这种工作手段以及行为习惯上的变化无疑会对现代组织的结构与协调方式产生重大的影响，组织是否能够有效地应对这种变化，关系到组织是否能够以良好的效率运行。另一方面，信息技术和信息系统在组织中的应用、渗透过程也受到组织自身特性(包括结构特点和行为特点)的制约和影响。因而，信息系统与组织结构及协调方式之间存在着一种持续的互动。

本章将集中探讨信息系统与组织战略、组织结构以及组织协调方式之间的互动关系，从而帮助读者更为深刻地理解信息系统对组织的影响，以及组织特性对于信息系统管理相关任务的作用和要求。

前导案例：利丰公司

香港利丰集团(Li & Fung)是东南亚著名的贸易公司，有着近百年的发展历史。它起初是作为中国的制造商和西方的买家间的中间商，但是到2000年为止，它的业务已经远不止这些，比一个典型的香港进出口贸易公司复杂得多。利丰集团通过全球信息网络协调着从原材料到最终产品的整个生产过程，在一种"无边界"的制造环境里提供覆盖整个供应链的增值服务。例如一件羽绒服，羽绒可能来自中国大陆，外衣面料来自韩国，高品质的拉链来自日本，衬里来自台湾，松紧带标签和其他辅料来自香港。衣服可能在南亚染色，在中国缝制，然后送回香港作最后的质量检验和包装再出货。

利丰公司的客户在两方面得到了好处：定制供应链把完成订单的时间从三个月缩短到五个星期，这种更快的周转速度使客户减少了库存成本。而且，作为一个中间人的角色，利丰公司减少了匹配风险和信用风险，并且还能向客户提供质量保证。此外，由于拥有全球供货网络及规模经济，利丰公司可以以比竞争对手更低的成本更灵活地供货。利丰公司了解全亚洲制造商的生产能力，因而就能以有竞争力的价格准时地完成订单。而且，通过并购和全球扩张，利丰公司把这种优势伸展到撒哈拉沙漠以南的非洲、东欧和加勒比地区。最后，

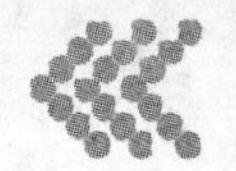

利丰公司向客户提供最新时尚和市场趋势的信息，在1999年购买了Camberley以后，它甚至开始向客户提供虚拟制造和产品设计服务。

利丰依托于一系列强大的信息系统以支撑其独特的业务形态和新型的组织形式。这些系统包括电子商务系统Import Direct、生产数据管理系统WebPDM、生产数据管理系统JustWin、颜色管理系统E-Lab Dips、出口贸易系统XTS-5、电子数据交换(EDI)、订单追踪系统(order tracking system)等。因为具有强大的信息控制力，利丰作为虚拟制造商，不需要任何工厂，不需要仓库和卡车，只要控制了信息，就能把握全部商务流程。这个虚拟企业拥有一个巨大的商业网络，几乎参与供应链中的所有的工作，包括进原料、计划、生产、订货等。自己没有生产部门，却为全球300多家最大的零售商提供独立品牌产品；虽然没有一家工厂，却能拥有来自44个国家的近6000家工厂提供的材料与商品。就像总经理冯国经所说的那样，"利丰并不拥有供应链中的任何一部分，我们更愿意在一个更高的层次上来管理和协调。价值的创造就是基于一种价值链的整体概念。"

利丰公司已经开始通过控制或拥有链上的战略环节来改善公司的运作。在某些情形下，利丰公司提供原料来源。在以前，当客户下一张订单时，利丰公司会决定最适合供货的制造商，然后由工厂自己采购原料。利丰公司比制造商更了解客户的需求，因此通过向供应商提供原材料，公司既可以确保更好的质量控制，又可以因大量购买而节省原材料成本，从而也为制造商节约了成本。在这种情况下，利丰公司也能通过在它们每一单原材料采购中提取佣金而获利。到2000年年中，集团大约15%的销售额来自利丰公司原材料的直接采购。

案例思考题：

利丰的核心竞争力有哪些？逐个分析信息技术如何产生或支撑这些核心竞争力。

2.1 信息系统与组织战略

随着信息时代的到来，组织所面临的商务环境发生了全面而深刻的变革。信息技术对组织的渗透和融合使得信息系统战略的制订与管理成为组织获取和保持竞争优势的根本手段之一。一方面，现代组织本身的业务发展战略应当能够适应并利用信息社会的全球化、敏捷性、虚拟性等特点；另一方面，组织的信息系统战略也应当能够符合业务发展战略的要求并对之提供有力的支撑。

2.1.1 组织战略概述

战略管理思想的出现是组织管理发展的一个重要阶段。随着科学技术的进步和全球化的进程，加强企业战略管理正在成为现代企业求生存谋发展的必然选择和国际趋势。当前的竞争环境已经进入了"战略制胜"的时代。

"战略"一词来源于军事领域，原指为了获得有利的军事地位而对军事力量作出的总体计划和部署。在管理领域，组织战略的意义具有多维的视角，它不仅涉及组织的所有关键活动，覆盖组织的未来方向和使命，而且需要根据环境的变化加以调整并有助于管理变革的实现。因此，相关研究对组织战略的定义也是多种多样的。国内一部影响较大的著作对战略的多个层面含义进行考查之后总结道：组织战略是组织以未来为基点，为寻求和维持长久竞争优势而做出的有关全局的重大筹划和谋略。简而言之，战略的基本要素有两个，即目标，以及如何达到目标。

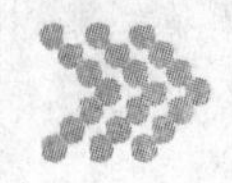

哈佛大学的战略管理教授 Michael Porter 认为，竞争性战略不是经营效率，也不仅仅是战略定位，战略就是要做到“差异化”，即有意识地选择或创造一系列与众不同的经营活动或方式来传递一整套独特的价值理念，即独特性和难以模仿性。从这种意义上来说，战略是组织为了建立或扩大竞争优势，针对其生存和持续发展的全局性、长期性重大问题所制定的目标、策略和计划。战略概念包括五个要点：目的性、全局性、长期性、关键性和针对性。

一般来说，一个现代化企业的组织战略可以划分为公司战略、竞争（事业部）战略和职能战略管理三个层次。

(1) 公司战略(corporate strategy)。公司战略的对象是一个由一些相对独立的业务或事业单位(strategic business units，SBU)组合成的企业整体。公司战略是一个企业的整体战略总纲，是企业最高管理层指导和控制企业的一切行为的最高行动纲领。公司战略主要强调两个方面的问题：一是“我们应该做什么业务”，即确定企业的使命与任务，以及产品和市场领域；二是“我们怎样去管理这些业务”，即在企业不同的战略事业单位之间如何分配资源以及采取何种成长方向等。对于从事多元化投资经营的企业，公司战略中还包括并购与重组战略；对于跨国发展的企业，还存在着国际化战略。

(2) 竞争战略(competitive strategy)。竞争战略也称事业部战略(SBU strategy)，或者是分公司战略，是在企业公司战略指导下，各个战略事业单位(SBU)制定的部门战略，是公司战略之下的子战略。竞争战略主要研究的是产品和服务在市场上的竞争问题。

(3) 职能战略(functional strategy)。职能战略也称做业务层战略，是为贯彻、实施和支持公司战略与竞争战略而在企业特定的职能管理领域制定的战略。职能战略的重点是提高企业资源的利用效率，使企业资源的利用效率最大化。职能战略一般可分为营销战略、人事战略、财务战略、生产战略、研究与开发战略、公关战略等。

公司战略、竞争战略与职能战略一起构成了企业战略体系。在一个企业内部，企业战略的各个层次之间是相互联系、相互配合的。企业每一层次的战略都构成下一层次的战略环境，同时，低一级的战略又为上一级战略目标的实现提供保障和支持。所以，一个企业要想实现其总体战略目标，必须把三个层次的战略结合起来。

组织战略的规划指的是对组织战略的分析、设计、细化和完善。大体而言，组织战略规划包括战略定位、战略步骤设定、战略方针与举措制定和战略支持体系设计四个主要环节。

(1) 战略定位。战略定位指的是对组织自身使命的明确认识和组织远景目标的清楚表达。组织的使命就是组织在社会进步和经济发展中所应担当的角色和责任，是组织赖以存在的原因和生存的理由，为组织内所有的决策提供前提条件。组织的远景目标指的是组织的领导者和管理者对组织未来发展方向的设计和期望。战略定位的确定需要经过对宏观经济环境、行业竞争形势、企业的资源与能力、企业文化特点等方面加以深入的分析和认识，同时还应当建立在对自身现状的客观认识(自我诊断)的基础上。例如，“社会主义初级阶段”就是对我国发展现状的客观认识，“建设有中国特色的社会主义”就是在对国内外形势深刻认识的基础上，对我国的未来发展所作出的战略定位。

(2) 战略步骤设定。战略目标的达成是一个长期的过程，因而往往需要进一步划分阶段性的目标，设计分阶段的战略步骤。例如，在“建设有中国特色的社会主义”的总体战略定位下，从“温饱”到“小康”再到“中等发达水平”的“三步走”规划，就是对我国未来发展阶段性战略步骤的设计。

(3) 战略方针与举措制定。战略方针与举措指的是为了达成战略目标而需要坚持的原则以及需要完成的关键性任务。例如,“以经济建设为中心,坚持四项基本原则,坚持改革开放”就是为达成我国未来发展的战略目标而提出的战略方针。战略举措则包括经济、政治体制改革等。对于企业组织而言,战略举措可能包括进入或退出某个市场、在某个地区建立营销网络、控制某种关键资源、开展资本运作、清理不良资产等各种类型的重大经营任务。

(4) 战略支持体系设计。战略支持体系指的是适应战略目标的组织结构、资源、管理体制、业务架构、基础设施架构等支持性要素。例如,对于一个跨国发展的集团型企业而言,其战略支持体系就可能包括总部管理体制、海内外子公司及分支机构管理体系、财务保障体系、人力资源管理体系等。从一定意义上来说,信息系统战略可以被看做是战略支持体系的一个部分。

组织的战略规划通常采用内部人员与外部专家相结合的方式来进行,国内外均有一些知名的咨询机构从事专业的战略规划咨询服务。在长期的研究与实践中,战略规划已经形成了大量较为成熟的结构性方法,其中最为著名的包括面向组织内部竞争力的 SWOT 分析方法、面向市场及竞争环境分析的 Michael Porter 五力模型、面向产品市场分析的波士顿矩阵,以及面向多元化行业定位的麦肯锡－GE 矩阵等。

2.1.2 信息系统的战略意义

简单来说,组织战略指的是组织的长期目标,组织通过经营活动和资源分配来实现这样的目标。相应地,信息系统战略指的是组织在信息系统应用与管理方面的长期目标,为达成这样的目标,组织同样需要完成一系列的任务并分配资源。信息技术的发展改变了组织的战略环境,从而给组织战略的制订与管理带来新的挑战。同时,信息技术与信息系统自身在组织中已经占据了重要的战略性地位,对信息技术、信息系统和信息资源的有效开发、应用与管理已成为组织的一项战略性任务。从这种意义上来说,也可以认为,信息系统战略已经渗透到组织战略之中,成为现代组织战略不可分割的一个部分。

在信息技术条件下,管理者在战略的层面上面临着多方面的挑战。首先,信息技术改变了竞争环境,使得企业的经营手段更加快速而灵活,资源调度的手段也更加多元化。在信息技术的冲击下,很多行业都经历了重大的组织策略变革,包括“价值链”定位和企业经营结构的重组。信息技术的应用也使得生产和服务的观念发生了革命。计算机辅助设计和制造(CAD/CAM)、工厂自动化和控制系统,以及信息技术支持下的采购、分销、销售和营销系统,都让企业同时实现产品高质量、生产高速度和生产低成本成为可能。各行各业也正在逐渐具备创造基于信息技术的新型产品和服务的能力,以及开发流线型、整合的实时性内部操作和管理流程的能力。众多的企业都开始发现信息技术创新已经成为战略必需品。这种变化非但没有削弱战略管理的重要性,反而需要管理者具有更为敏锐的洞察力,以及对信息技术环境的理解和认识,才能找到并建立与众不同的战略定位和措施。

其次,信息技术仍处于快速的发展之中,信息技术应用在组织中的渗透与融合也使得组织的战略立足点发生着持续而又潜移默化的变化。在一种信息技术出现的初期,能够对之加以有效应用和驾驭的组织将可能获得巨大的竞争优势,但随着这种技术为整个社会所广泛采纳和运用,那么其所带来的战略性优势就会逐渐降低乃至丧失,直至成为一种不具有“差异化”作用的“必需品”。在这种加速变化的条件下,组织的管理者需要对战略加以动态

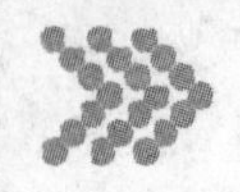

性的关注和调整，才能使竞争优势得到保持和拓展。此外，信息作为人类社会的三大资源之一(参见第1章)，其本身在组织中具有重要的战略性地位。换句话说，对信息的把握和管理能力，本身就是一个关系到组织长远竞争优势的关键性问题。对越来越多的企业来说，信息技术在执行现有和未来的战略和运作上的本质作用愈发明显。正确设计信息系统战略成为竞争的支柱之一。例如，银行、保险公司和主要的零售业的连锁店都属于这类企业。这些企业之中，信息技术和高层管理者的组织关系必须要非常密切。

2.1.3 信息系统应用的层次与规划的重要性

总体而言，信息技术在组织中的应用存在着事务处理、分析处理和商务智能三个层次。从对组织的价值的角度来看，这三个层次的应用目标分别是提高效率/降低成本、加强管理/控制风险、形成竞争优势。如图2-1所示，随着应用层次的提升，信息系统对组织也具有更高的价值和贡献，但同时，信息系统建设的投入也越来越大，信息系统管理的复杂度也越来越高，因此信息系统战略规划的意义也就更为重大。

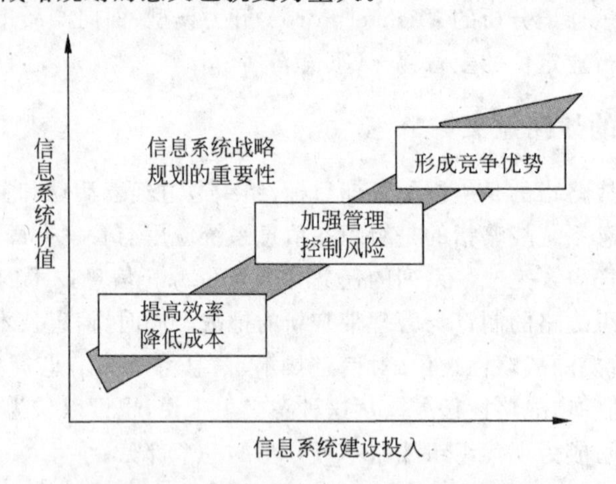

图2-1 信息系统应用的层次与规划的重要性

在第一个层次，即提高效率、降低成本的应用中，组织的目标是利用信息技术和信息系统来减少人力投入，节省时间和资金。此时的条件与任务是计算机广泛应用、企业内外部联网、可靠的数据采集和存储管理，以及业务流程的微小调整。在这个层次上，信息系统的战略规划的要求是比较低的，主要是对具体应用项目的方案部署，使之契合于组织的运行特点。

在第二个层次，即加强管理、控制风险的应用中，组织的目标是在应用信息系统的同时，规范业务流程，控制业务风险，改善管理机制，加强管理力度，并辅助决策。此时除需具备第一层次的条件之外，还需要对业务流程进行梳理和优化，规范核心业务运作，并引进一定的决策分析工具。在这个层次上，信息系统应用与管理变革相结合，信息系统战略规划就凸显出了其重要性。在这种情况下，信息系统战略的指导方向应当与组织战略的总体导向相一致，信息系统的建设应当有助于支持并推进组织战略指导下的管理变革。

到了第三个层次，即形成竞争优势的应用中，组织的目标是建立独特的核心能力，从而在竞争中赢得优势地位。此时除了需具备第二层次的条件外，信息技术的战略意义得到进

一步的提升,融合到组织的核心战略之中。一些组织以信息技术条件为依托,建设自身的核心竞争力,例如我国最大的远洋运输企业中远集团(COSCO);另一些组织则将信息技术的运用能力作为自身的核心竞争力,实施了新技术条件下的战略转型,例如以供应链管理闻名的香港贸易企业利丰(Li & Fung)。在这种条件下,信息系统战略在一定意义上具有了与组织战略同等的重要性,因为组织对信息技术和信息系统的认知和定位,将直接对组织的根本战略产生影响。

随着信息系统战略与组织战略融合的加深,信息系统战略不但关系着信息系统建设本身的成败,还将对组织的运行、控制能力乃至市场竞争的成败产生重大甚至是关键性的影响。缺乏战略指导的信息系统建设往往会在组织中造成一系列难以克服的问题,往往不能为组织带来更高的效益,反而成为组织进一步发展的"绊脚石"。

2.1.4 信息系统战略定位

在IT管理中,有两个方面的原则异常重要。对一些企业来说,第一个方面就是企业的IT运作需要分分秒秒的完全可靠的无故障运行,这对企业的生存至关重要。即使是服务上的一个细微的中断或者一个小小的质量问题都会产生极其严重的影响。对其他企业来说,则可以在IT还没有对企业全部运作都产生影响之前,经受住IT扩张时期的冲击。第二个方面是,尽管IT的发展对一些企业来说具有战略性的重要作用,而对其他一些企业来说,IT的发展和应用只能说是有帮助的,却并非是战略性的。

理解组织在这两方面的定位对于研究一个正确的IT管理策略来说至关重要。基于此,哈佛商学院教授麦克法兰(Warren McFarlan)提出了如图2-2所示的"战略网格",通过四种定位的分析,以帮助我们进一步理解一个组织如何确定在新IT管理上的定位。

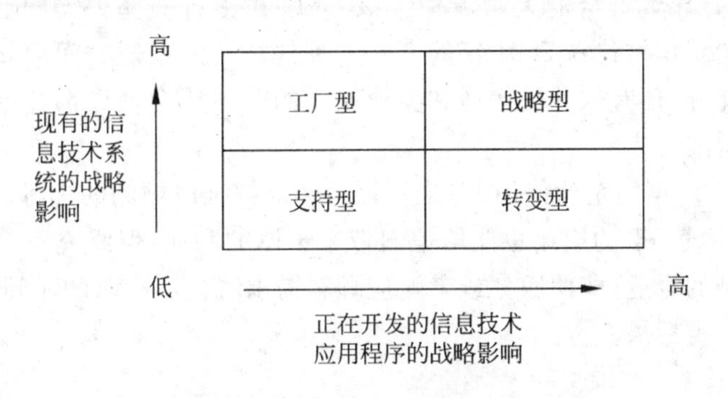

图2-2 战略关系与影响分类

1. 战略型

"战略型"信息系统应用的企业利用信息技术来赢得竞争优势,对于这种企业而言,信息技术是其自身核心竞争力的一部分。从这种意义上来说,信息技术和信息系统为组织提供了新的战略选择,使其可以依托于信息技术建立竞争优势。这方面的典型企业包括大型零售企业沃尔玛(Wal-Mart)和著名的供应链管理企业香港利丰集团(Li & Fung)。对于这些企业而言,信息技术直接导致了其组织使命界定和组织目标定位上的变化。

与此同时,信息技术的发展还催生一批完全建立在新技术和"新经济"条件下的组织,例如纯粹的电子商务企业和网络服务企业。这种类型的组织的使命与目标直接与信息技术联系在一起，其生存和发展也完全依托于信息技术。在过去的十年中，这种类型的组织得到了迅猛的发展。尽管也出现了一些波动，但也创造了20世纪80年代以来最为引人注目的经济现象，并诞生了一批以全新的战略定位和经营形态取得巨大成功的企业，例如电子商务企业 Amazon. com、网络服务企业 AOL、搜索引擎公司 Google 等。

2. 转变型

一些具备IT的企业并不完全依赖于不中断的、快速响应的、有效成本下的IT来实现运作目标。对这些企业来说，一些新的IT应用对企业实现战略性目标是绝对必需的。一个快速发展的制造公司给我们提供了一个很好的例子。

例如，在20世纪90年代中期，某公司将IT应用于工厂制造、市场营销和会计处理。尽管IT很重要，但还不至于对公司的效率产生至关重要的影响。然而，随着产品数量、工厂数目和公司国内外员工数量的飞速增长，公司的运作、管理和新产品的研发都受到了严重的制约。在这种情况下，新的IT应用使得公司将精力集中在主要的客户关系上，并将63个工厂的生产计划转换成两个国内客户中心。此外，IT还让公司极大地提高了服务水平，管理成本和运营成本锐减。新的项目需要新的IT来规划结构，还需要公司执行委员会的相关支持。一旦项目得以实施，那么新的IT就会成为公司未来成功的战略性支柱。

3. 工厂型

一些企业为了保证顺利运营，非常依赖于低成本高效率的IT的可靠支持。系统停工则会导致主要部门运营的停顿，因而致使顾客离去或者资金的严重损失。例如，某投资银行的CEO可能直到银行的数据中心系统数据泛滥导致安全交易停滞才会真正发现，他的企业运营是多么的依赖IT。如果不能保证消除数据中心多余数据的影响，银行的交易活动就会受到极大的干扰，并导致资金的大量流失。该CEO在银行一些关键的业务处理中，对IT的重要性有了新的认识。他在2001年的9·11事件之后的很短时间内就成立了一个冗余数据处理中心。此外，还有像美国运通和美林这样的公司让全世界都开始注意到企业所面临的这个问题与挑战。

在图2-2中，工厂型的企业使用IT来保证运作能够准时顺利的进行。对于处于发展状态下的企业来说，尽管IT的应用也能给他们带来丰厚的利润，但终究不算企业的核心竞争力。对于这种类型的企业，即使服务或者响应顾客需求耽搁一小时的时间都会导致运作、竞争和财务上产生严重后果。

4. 支持型

对一些企业来说，IT对运作和未来战略的影响不大。例如，某大型的专业服务公司每年在为2000多员工服务的IT上投资近3000万美元，如果IT运作最终失败，公司还会继续维持下去。然而，现实一点说，IT应用对于发展中企业的战略影响的确非常有限。与其他一些典型的行业比较起来，IT在这些企业的组织地位低很多。企业实际上并没有做到真正把IT与业务计划活动联系起来，尤其在高层管理中。不过，在过去两年中，该公司开始花费大量资金为1500名专业顾问和部门领导配备了笔记本电脑。电子邮件和很多特殊的技术让顾问和其他人员互相交流和共享信息。公司成功的关键在于招聘、培训和保留了一批有能力的专家，他们技术精湛，并在很多领域都各有造诣，而且公司还成功地进行了客户关系管理。该公司通过这种新型的IT尝试向转变型演化。

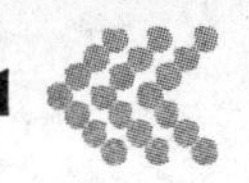

为了判断 IT 对一个企业或者业务部门的战略重要性，就必须仔细分析 IT 对企业每一条价值链的影响。同时，竞争者还必须时常关注 IT 动态以及 IT 新的发展情况，这样才不会在重大的机遇来临时错失良机。例如，20 年前大多数零售业的公司都定位在“支持型”这一范围内。然而，新技术的出现让一个小公司——沃尔玛在几年内异军突起，它以极低的成本赢得了优势并彻底改变了竞争局面。结果，在之后的 20 年中，沃尔玛的竞争者一直在奋起直追，因为 IT 使得零售业从支持型转移到了战略型。

因此，即使没有将信息技术的掌握与运用能力作为自身的核心竞争力，在考虑其组织战略时也必须对信息技术加以考察。信息技术对于组织的运作已经成为一种环境要求，许多组织都需要通过信息技术实现对外的商务联系与信息交换。对于银行、贸易等领域而言，电子化已经成为行业性的客观要求，在组织战略中不能忽视这种要求。

2.1.5 信息系统与竞争战略

根据波特(Michael Porter)的竞争力模型，一个组织同时面临着五个方面的外部挑战和竞争压力，具体包括传统的行业内竞争者、新的市场进入者、替代产品和服务提供者、供应商、顾客(如图 2-3 所示)。

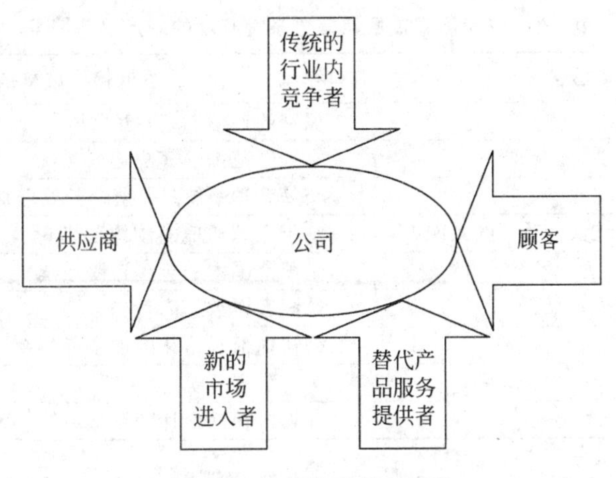

图 2-3 波特的竞争力模型

面对这五种竞争压力，组织有四种基本的竞争战略来应对：产品差异化、集中性差异化、建立与顾客和供应商的牢固关系、低成本战略。现实中，组织可以通过其中的一种或几种战略来获得竞争优势。下面我们将分别探讨信息系统对这些竞争战略的支持。

1. 低成本战略

低成本是指直接降低成本或者在同样成本的条件下提高生产的效率。一些战略信息系统可以帮助公司显著降低成本，允许他们以低于竞争对手价格提供产品和服务。低成本战略使企业能够以更低的价格销售商品，从而提高对顾客的吸引力。

对于在日常经营中存在大量沟通交流活动的公司来说，办公自动化系统和在线服务系统可以大幅削减在纸张、通信、会务等方面的行政支出，从而实现低成本战略。比如律师事务所、会计师事务所和咨询企业等。

在零售企业和制造业企业中，库存管理系统可以为企业提供实现低成本战略的机会。

库存系统可以减少原材料的浪费并允许公司在更小的库存量下正常运转，从而降低企业的生产成本。这方面一个著名的例子是沃尔玛(Wal-Malt)公司。该公司使用一种由销售点(point-of-sale)的购买行为触发库存补充的系统。该系统中，销售点的终端设备记录每一件通过结账台的商品的条形码，并将其发送至沃尔玛总部，总部收集所有来自沃尔玛分店的订单，并统一发送给供货商。这样一个系统支持各沃尔玛分店实现不间断的补货，从而避免了在库房中存留大量库存商品造成的费用。该系统还允许沃尔玛公司调整进货结构来满足顾客的需要。沃尔玛的竞争对手，如希尔斯公司(Sears)将总销售收入的近30%用来支付一般管理费用(包括工资、广告、储存和保养维修的费用)，卡玛特(Kmart)将总收入的21%用于支付一般管理费用。而沃尔玛借助他的信息系统，只需将销售收入的15%用于支付一般管理费用，维持了一个很低的运作成本。

2. 产品差异化

产品差异化(product differentiation)是指通过创造与竞争对手明显区别的、独一无二的新产品和新服务，并且利用各种手段确保新产品和新服务不能被现有和潜在的竞争对手所直接仿制，从而建立顾客对本公司产品的忠诚。表2-1所示是一部分典型的依赖信息技术和信息系统实现的新产品与服务。

表2-1 依赖信息技术和信息系统实现的新产品与服务

新产品与服务	所依赖的信息技术
在线银行	保密的通信网络；互联网
现金管理账户	全社会范围的客户记账系统
衍生投资	交易管理系统；大型事务处理系统
国际范围的航空、旅馆、自动预约系统	基于全球通信的预约系统
邮件快递	全国范围内的包裹追踪系统
邮寄购物	共同客户数据库
语音信箱服务系统	公司内部网络化的数字通信系统
自动检票机	客户账户系统
服装定制	计算机辅助设计和制造系统

信息技术可以支持公司的产品差异化战略，在这方面的一个著名范例是美国花旗银行在1977年开发的自动柜员机(ATM)和银行借记卡系统。花旗银行凭借在这一领域的领先地位，曾经一度成为美国最大的银行。在我国也有这样的例子，作为一家新兴的股份制商业银行，招商银行始终将利用信息技术的能力作为企业的核心竞争力，在创建之初即开展了电话银行和网上银行的业务，实现了迅速的发展。

在制造和零售业也有这方面的例子。例如计算机辅助设计和制造系统(CAD/CAM)给企业提供了按照不同客户的需求设计高质量产品的能力。戴尔公司的直接订购模式也是为客户提供了一种不同于其他公司的服务从而获取了差异化优势。

各种信息系统在服务和服务活动中的使用更是相当广泛，并且支持公司为客户提出的要求提供可靠的服务和快速的反应。航运公司通过国际范围的信息系统为客户提供票务预约服务，并且根据(信息系统中记录的)乘客乘坐本公司航班的累积里程数提供相应的奖励措施，比如折扣甚至免费机票。在运输业，基于全球的配送系统以及运输工具管理系统显著地提升了运输企业的运营效率。

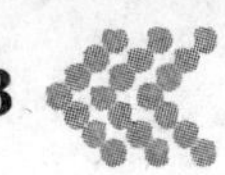

3. 集中性差异化

集中性差异化是指企业将一种产品或者服务聚焦于一个能够占有优势的特定的目标市场，从而在实际上创造一个新的市场空间。在这个狭窄的市场空间中，公司可以提供专门的产品或者服务，并且比竞争对手、新的市场进入者和替代产品与服务提供者做得更好。

信息系统可以通过对现存数据资源的“采掘”和加工，给企业带来比竞争对手更强的市场洞察力和获利能力。信息系统可以帮助公司准确地分析顾客的口味、偏好、购买周期、支付手段等消费模式。借此，公司可以对较小的目标市场提供有针对性的产品并实行相应的市场销售策略。

数据挖掘(datamining)系统就是这样的一个信息系统。它能够从大量数据中发现规律，并用以指导企业在研发、生产、销售等方面的一系列决策。数据可以有多种来源，比如超市的客户每次购买货品数据、B2B网站的个人用户访问及采购情况记录、银行的用户每月信用卡消费及还款记录等，从企业外部得到的数据也可能成为数据挖掘的原料。利用数据挖掘软件得到有关顾客购买和产品销售情况的一系列规律之后，公司就可以相应采取顾客导向的生产计划和销售措施。识别出客户的个人偏好后就可以创造相应的“一对一”营销，通过提供那些可以进一步满足客户需求的商品获得超额利润；在识别出哪些顾客能够提供更高利润后，就可以采取有效的客户保持措施，而通常获得一个新客户的成本是保持一个现有客户成本的5倍；在发现哪些产品与服务经常被一起销售后，就可以提供相应的捆绑销售或者类似活动，这方面一个著名的例子是超市中啤酒与尿布销售记录的关联关系。在北美等地，基于数据挖掘的信息系统已经得到了广泛应用并且使很多企业受益，表2-2所示是一部分通过数据挖掘软件获益的范例。

表2-2 基于数据挖掘的信息系统应用

企 业	基于数据挖掘的信息系统应用
Canadian Imperial Bank of Commerce(加拿大皇家银行)	通过顾客获利性分析，银行可以识别那些最有利可图的顾客，从而可以向他们提供特殊的优惠和服务
Stein Roe Investors	分析由网站访问者得来的数据，得到现有和潜在顾客的特征。公司可以利用这些特征针对潜在顾客的兴趣开展业务、进行广告和促销活动，对现有顾客提供优惠以保持他们的忠诚度
American Express(美国快递)	对众多的信用卡消费数据进行分析，发现顾客对哪些产品和服务感兴趣，据此向顾客发送个性化的促销信息，并实行“一对一”的销售
U.S. West Communications(美国西部通信)	对账单业务和外部来源的数据进行分析，发现顾客的消费倾向和需要，比如家庭规模、家庭年龄结构、消费方式、所属地域等。这些发现帮助公司提升顾客服务并减少45%的客户流失

4. 与顾客和供应商建立紧密联系

通过建立与顾客和供应商的紧密联系，使顾客与公司的产品捆绑在一起，并把供应商纳入本公司的采购计划和价格结构中。这一战略的核心是通过提高下游顾客与上游供应商的转换成本(switching costs)并且降低他们的议价能力。在这方面的一个例子是起源于日本的准时生产方式(just in time,JIT)以及由此发展出的零库存系统。

针对顾客的战略信息系统通常允许顾客降低甚至是取消库存，而将所有的库存功能转移给配送商。零库存对于顾客有着强大的吸引力，从而带给配送商巨大的竞争优势。

美国的巴克斯特健康护理国际公司(Baxter Healthcare International,Inc.)开发出的一种订货系统允许医院实现零库存。巴克斯特为医院提供一台与其总部相连接的计算机终端设备，当医院需要订货时，不必像以前一样给销售人员打电话或者传真订购单，而只需要使用计算机终端从巴克斯特的供应目录中订货。由于巴克斯特订货系统的便利性和低成本，加入该系统的医院不愿意再转向其他供应商，并且有越来越多的医院加入到这一系统中。巴克斯特在美国拥有近百个配送中心，通常在接到订单后的几个小时内就可以送货上门。同时，巴克斯特的工作人员并非把货品卸载在医院的库房，而是直接放在需要这些货品的地方，比如护理站、手术室、药房等。依靠这一订货系统，巴克斯特提供的产品约占全美所有医院使用总量的2/3。

针对供应商的战略信息系统使供应商精确地满足公司的需要，甚至将供应商的生产计划纳入本公司的生产计划中，从而使公司的成本最小化。那些不愿意被纳入系统的供应商将难以获得订单。当公司在品牌形象、市场占有率等方面具有明显优势时通常就可以实施针对供应商的战略信息系统，这方面的一个典型范例是耐克公司。耐克公司将所有运动鞋生产工作转包给专业制鞋厂，而仅保留设计研发部门，通过与总部连接的信息系统，各鞋厂可以按照耐克发送的设计方案和生产计划制造运动鞋。当公司并未在市场上占据主导地位时，也可以通过针对供应商的战略信息系统与供应商结成战略同盟，通过改善信息流来减少不确定性，并且在保持生产过程高效的同时，减少库存，降低开支。比如公司可以通过信息系统监控供应商的制成品存货、生产进度以及进度保证，以确保有足够库存来满足意外需求。如果供应商的存货不足，这家公司便会提醒供应商做出调整。

2.2 信息系统对组织的影响

一方面，信息技术的应用带来了组织结构和行为上的变化。它使得组织结构趋于扁平，促使领导职能和管理职能发生转变，并改变了员工完成日常工作的基本手段，形成了更高程度的流程化和制度化。同时，信息技术带来的劳动生产率提高也会导致组织中人力资源结构的变化和调整。另一方面，组织及其管理模式也影响着信息技术和信息系统。组织重组、人员调整、业务转型、协调关系和机制变化等无疑将对系统结构和系统功能诸方面产生影响。这就要求信息技术和信息系统在理论和应用上不断创新，同时也要求信息技术和相应的系统具有适应变化的能力。

信息系统对组织的影响是多方面的。首先，如上文所述，信息系统和信息技术环境可能导致组织战略(包括组织的使命和目标定位)的变化；其次，信息系统应用可能会带来组织结构上的变化；再次，新技术可能会影响组织的工作方式和行为特点；此外，信息技术还带来了社会层面上的变化。

2.2.1 组织与组织结构

组织是一个多角度的概念，因而相关研究所提出的对组织的定义也不一而足。通常认为，组织具有三个基本的特征，即组织是人所组成的社会系统，具有确定的目标，通过分工和协调来实现目标。

组织结构(organizational structure)指的是在组织中对工作任务如何分工、分组和协调合作。换句话说，组织结构指的是组织内关于组织分部、等级、职务及权利关系的一套形式化的制度系统，它阐明各项工作如何分配，谁向谁负责及内部协调机制。

组织通过专业分工和协调来实现自身的目标。因此，组织结构与组织内部的协调方式是相辅相成的。也可以说，组织结构实质上是协调机制的一种较为形式化的反应。主要的组织协调手段包括直接监督、程序化、计划机制、价格机制、互助协调、技能标准化。在实际的组织中，协调机制往往是多种手段混合的。在企业组织的层面上，管理者在进行组织结构设计时，必须考虑六个关键因素，即工作专门化、部门化、命令链、控制跨度、集权与分权、正规化。

- 工作专门化：把任务分解成相互独立的工作时应该细化到何种程度？在实践中任务往往根据专业技能、工序或权力层次进行分解。
- 部门化：对工作进行分组的基础是什么？部门化是在工作专门化的基础上，根据协调工作的需要，对工作进行分类、分组，形成较小的工作群体。实践中往往根据功能、区域、产品和客户来进行部门化。
- 命令链：员工个人和工作群体向谁汇报工作？组织中的各项工作应当得到监督、检查和考评。实践中，命令链往往是层级化的，它是一种不间断的权利路线，从组织最高层一直延展到最低层，澄清谁向谁汇报工作。
- 控制跨度：一个管理者可以有效地指导和监督多少个下属？这决定了组织要设置多少层次，配置多少管理人员。在其他条件相同时，控制跨度越宽，组织效率就越高。
- 集权与分权：决策权应该放在哪一级？在有些组织中，高层管理者制定所有的决策，低层管理人员只管执行高层管理者的指示。另一种极端情况是，组织把决策权下放到最基层管理人员手中。前者是高度集权的组织，后者则是高度分权的组织。
- 正规化：应该在多大程度上利用规章制度来指导员工和管理者的行为？正规化指的是组织中工作实行标准化的程度。标准化程度越高，员工决定自己工作方式的权力就越小。工作标准化会减少员工选择工作方式的可能性，同时也降低对员工行为选择的要求。

传统上，典型的组织结构模式包括简单结构、官僚层级结构、事业部结构和矩阵结构。

简单结构(simple structure)也称做创业型结构(entrepreneur structure)，在小型企业中比较常见。在这种结构下，单人(典型的是企业的创业者)独自或与少部分信任的伙伴共同制定公司的战略以及执行该战略的组织设计。简单结构的优势在于其简单易行、反应敏捷、费用低廉、责任明确。其主要弱点是主要适合于小型组织。随着组织规模的扩大，这种组织形式由于正规化程度低、高度集权而导致信息淤积于上层，组织决策就会日渐减缓甚至停滞。随着规模和难度的增加，成功的创业型组织结构通常会向官僚等级结构转变。

官僚层级结构(bureaucracy structure)的核心特征是标准化。它对职务进行专门化，制定大量规章制度，以职能部门划分工作任务，实行集权式决策，控制跨度狭窄，通过命令链进行经营决策。自从 1911 年泰勒(Frederick Winslow Taylor)提出"科学管理"思想以来，官僚层级结构就成为近现代企业的主要组织结构形式。这种结构的主要优势在于它能够高效地进行标准化活动操作，其不足在于容易走向僵化，容易导致不同职能部门之间的冲突，同时在控制跨度较窄的情况下，管理层级过多，也容易导致信息传递的缓慢。

事业部结构(divisional structure)可以被看做是官僚层级结构的一种特殊形式。一般而言,官僚层级结构采用职能部门化形式,事业部结构则采用产品部门化形式。在这种结构中,组织的战略决策和日常运营决策两项职能分离,分别由总部和事业部(分公司)承担。事业部作为利润中心,在组织的整体战略框架下谋求发展。这种结构可以在一定程度上克服官僚层级结构的僵化缺陷,避免由于信息的层级传递而导致的反应迟缓,但同时也造成了一些新的问题,如总部与事业部之间信息不对称的可能性增加,机构重叠,事业部之间缺乏联系等。

矩阵式结构(matrix structure)是一种相对较新的组织结构,在研发、服务性组织中十分常见。矩阵式结构是对两种部门化形式(职能部门化和产品部门化)的融合,沿着这两种部门化形式分别安排管理机制,并使二者形成纵横交叉。如图 2-4 所示,矩阵结构下的员工不但要与其所在的项目组保持项目工作上的联系,还要与财务、人力资源、风险控制、资产管理等职能部门保持垂直方向上的联系。矩阵结构试图让产品部门化和职能部门化两种形式实现互补,其最明显的特点是突破了控制统一性的限制。矩阵结构中的员工同时接受职能部门经理和产品项目经理的管理,因而其命令链是双重的。这种结构的优势在于当组织的各种活动比较复杂,并且相互依存的情况下,它有助于各种活动的协调,有利于减少官僚僵化现象,双重权威可以避免组织成员只顾保护本部门的利益而忽视组织的整体目标,此外也有利于人才的配置。矩阵结构的不足在于它有时会产生混乱,使组织增加争权夺利的倾向,并给员工带来较大的压力。

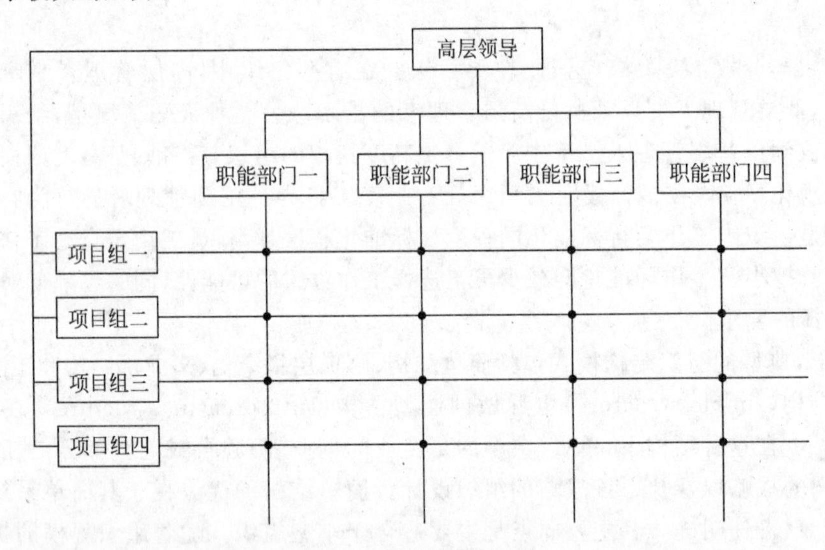

图 2-4 矩阵式组织结构

2.2.2 信息系统与组织结构

信息技术对组织结构的影响是十分显著的。一方面,传统组织结构在信息技术的支持下可以进行一些良性的调整;另一方面,信息技术也带来了一些新的协调手段,例如通过模拟生产运作来安排生产计划,从而使得一些新型的组织结构成为可能。

对于简单创业型结构而言,信息技术在一定程度上有助于消除信息淤积现象,避免由于

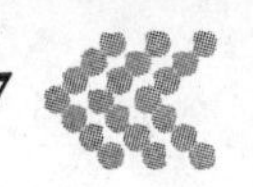

组织的扩大所带来的决策延滞问题。

对于常见的官僚层级结构而言，信息技术扩大了控制跨度。通常来说，在传统手段下，可行的直接监督要求控制范围不超过5～7个人。在信息技术条件下，由于通信、监控、分析手段的加强，这一控制跨度可以得到显著的扩大。跨度的扩大可以相应地减少管理层级，使得组织结构趋于扁平化。扁平化的组织结构具有更高的灵活性和更快的反应能力。

对于事业部结构，信息技术有助于消除总部与事业部之间的信息不对称，使得总部可以更为及时、全面地获取事业部的运营信息，并进行深入的分析，从而使战略决策更具合理性。同时，事业部之间的横向沟通与联系也可以得到加强，从而有可能提高事业部的协同性。此外，在信息技术的支持下，总部有可能将一些职能性分工从事业部中抽取出来，合并到总部，向矩阵式的结构转换，从而在一定程度上消除机构重叠的问题。

在信息技术条件下，矩阵式结构变得更具可行性，因为电子化的沟通和控制手段有助于克服由于双重监督而带来的混乱情况，项目经理和职能经理之间可以实现更为有效的沟通，从而更大限度地发挥职能部门化和产品部门化两种形式的互补优势。目前，在信息技术应用较为深入的组织中，例如软件企业和管理咨询企业，矩阵式结构应用的比较广泛而成熟。

从20世纪80年代开始，在信息技术的支持下，一些组织设计并应用了一些新型的组织结构以增强组织的竞争力，其中最为重要的包括团队组织、虚拟组织和无边界组织。

团队结构(team structure)指的是以团队作为协调组织活动的主要方式。这种结构的主要特点在于打破部门界限，将决策权下放到工作团队员工手中，这种结构形式要求员工既是全才又是专才。在小型公司中，可以把团队结构作为整个组织形式；在大型组织中，团队一般作为典型的官僚层级结构的补充。团队具有高度的自主性，对大多数操作性工作负全部责任。信息技术使得团队之间的沟通和组织对团队的有效监督成为可能。

虚拟组织(virtual organization)既是一种组织结构，也是一种战略模式。这种组织的规模较小，决策集中化的程度很高，部门化的程度很低，甚至根本就不存在产品性或职能性的部门化。虚拟组织通过对关系网络的管理来实现经营，其实质是对信息流的管理。

如图2-5所示，在虚拟组织中，管理者把大量的职能都移交给了外部力量。组织的核心是为数不多的管理人员，他们的主要任务是协调为本公司进行生产、销售、配送及其他重要职能活动的各组织之间的关系。只有依托于强有力的计算机网络，这种以信息流管理为核心能力的组织形式才可能存在。许多具有重大影响的国际性企业都采取了虚拟组织的形式，其中包括耐克(Nike)、戴尔计算机(Dell Computer)公司以及我们前面曾经提到过的利丰(Li & Fung)集团。

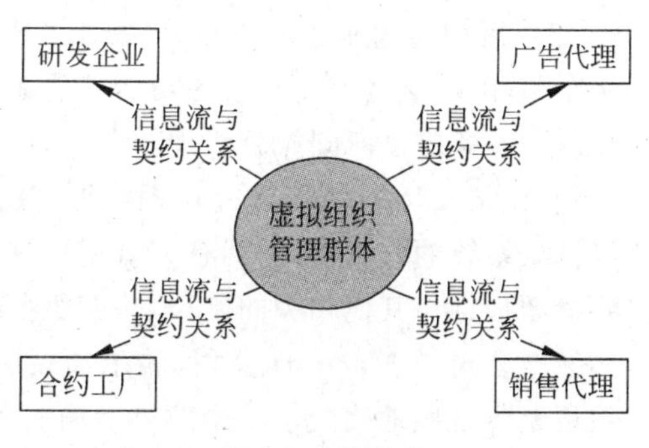

图2-5 虚拟组织

无边界组织(boudaryless organization)是通用电气公司总裁Jack Welch所提出的概念，用来描述他理想中通用电气公司的形象。无边界组织的核心思想是尽可能地消除组织内部的垂直界限和水平界限，减少命令链，对控制跨度不加限制，取消各种职能部门，代之以授权的团队。在理想状况下，这种组织主要通过互助协调机制来实现运作，就像赛场上的足球队一样，整体战略的执行依靠员工之间的相互协调(而不是层级指挥)来实现。

使无边界组织得以正常运行的基础是计算机网络。在新技术的支持下,人们能够超越组织内外的界限进行交流。例如,电子邮件使得成百上千的员工可以同时分享信息,并使公司的普通员工可以直接与高级主管交流。同时,组织间的网络也使得组织外部边界同样可以被突破。

2.2.3 信息系统对行业与社会的影响

随着信息系统的广泛应用,整个产业都可能发生巨大的变化,主要表现在竞争前提与基础的改变、产品与服务的改变、竞争者与合作者关系的改变三方面。

- 竞争的前提与基础。信息系统有可能成为整个产业中所有企业生存的必要前提。很多产业中都有这样的例子。例如,在银行业中,记录客户数据的信息系统是必不可少的。同样,在远洋运输业中,不借助信息系统就不可能调度数以万计的集装箱。
- 产品与服务。信息技术及信息系统可能会在很大程度上改变产品与服务的性质。出版业就有这样一个加速产品生产周期的例子。如果一个出版商使用文字处理软件和排版软件出版书籍,会使生产周期缩减30%～40%,同时还能使用于文件制备、校订和分销的成本节约一半。
- 竞争者与合作者的关系。很多企业与其他公司组成战略同盟,共同合作分享资源或服务,以达到最大程度地从信息系统中获取战略优势的目的。这种联盟通常是两个或者多个公司为了共同的目的而分享数据的信息伙伴关系(information partnership)。这种关系并不需要两个企业真正的合并,但是他们共享一部分信息。

下面的例子可以帮助我们进一步理解信息系统在产业层面上的影响。美国航空公司从20世纪50年代中期开始着手开发航空订票系统SABRE,并于1963年首次付诸使用。最初,SABRE是被设计成库存控制系统,能够跟踪空闲座位并使每位乘客都能对号入座。随着系统的不断发展,到20世纪70年代中期时,SABRE已经可以制定飞行计划、搜索空闲部件、安排机组人员的飞行时间表,并为支持管理开发出了一系列的决策支持系统。20世纪70年代后期美国航空公司在SABRE的数据库中加入一些新的服务项目,比如宾馆预订、出租车预订等,显著提高了它的功能。现在SABRE已经成为一个电子化的超级市场,是一个将旅行服务提供商同旅游代理商联系在一起,并为美国航空公司、Marriott公司、希尔顿饭店和Budget Rent-A-Car公司提供计算机订票系统的中介系统。SABRE系统是航空业在线订票系统的先驱,目前拥有或者租用这种系统已经成为参与航空运输业竞争的基础之一。将机票预订与其他相关的旅行、旅游服务结合在一起改变了航空业产品与服务的形态。美国航空公司与Marriott公司、希尔顿饭店和Budget Rent-A-Car公司等结成的战略同盟关系更是革命性地改变了整个航空运输业。

在更为宏观的层面上,信息技术的采用会对社会产生影响。让我们来看一下芬兰的一个案例。因为芬兰的人口分布稀疏,交通运输是这个国家经济交易和经济发展的主要障碍。于是,那些能够代替交通运输的技术会被迅速应用。这里的例子是"远程银行交易",也就是通过远程通信设备进行标准的金融交易,比如汇款。如图2-6所示,芬兰使用"远程银行交易"的顾客人数在此后十年里显著增加。同时,从每个雇员处理的交易数量来看,银行的劳动生产率在这十年里也按相同的比率增加。很明显,这使得银行部门将大量裁员,裁员率达到了将近50%。

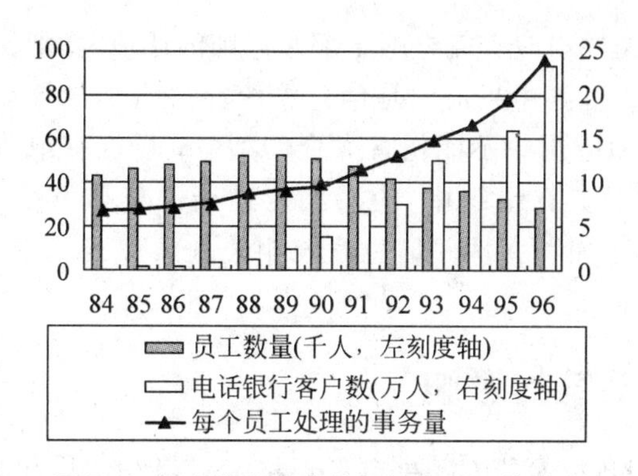

图 2-6 信息技术对芬兰银行业员工的影响

当然，这种变化中也包含新技术对雇员本身的影响，但是从芬兰这种比较极端的例子可以预计到，其他有相似的地理条件的国家，其潜在的发展趋势是一样的。

2.2.4 信息系统与商业伦理

伦理是一个社会的道德规范系统，赋予人们在动机或行为上的是非善恶判断之基准。商业伦理(business ethics)是一种规则、标准、规范或原则，它提供了组织中的正常行为准则。对于信息系统的使用者、开发者、系统分析师，以及信息政策制定者等人来说，不仅需要有商业伦理的素养，同时也要有专业的伦理观念，这些规范信息系统相关人员的道德系统，就称为信息系统伦理。信息化衍生出许多如隐私权、信息存取权、智能财产权以及信息错误责任归属等各种因利益冲突所带来的伦理议题。随着信息化脚步的加快，信息产品不仅使得一些原本就存在的伦理议题慢慢地在社会中发酵、扩散，同时它也带来一些新的伦理议题。其中的主要原因包括：

- 网络通信与计算机的使用会改变人与人之间的关系，使得人际之间的接触降低，并且因沟通的速度太快以至于信息人员没有足够的时间去防止不道德行为的出现。
- 当信息以电子形态存在时，便比以纸张的形态来得“脆弱”，因为它容易被改变，易招致未授权的存取。
- 在保护信息的整体性、机密性及可用性上所做的努力常与信息共享的好处之间有所冲突。
- 在缺乏授权与认证工具的情况下，信息技术的应用常引起不道德的行为。

目前最重要的信息系统伦理问题包括信息技术产品知识产权、隐私权、机密、信息技术专业质量、公平性、责任、软件风险、利益冲突及授权存取等。信息技术产品知识产权是指信息资源的拥有者具有对该信息资源持有、处置及使用的权力，信息系统相关人员应该避免盗用别人软件与抄袭别人设计理念；隐私权是对个人信息的一种保密，电子监听、偷窥别人电子邮件或贩卖客户信息等行为都可能侵犯隐私权，信息系统相关人员在搜集、储存、处理及传送信息时应该重视信息所有权人之隐私权；机密指的是信息系统相关人员对信息的保护；信息技术专业质量指的是信息系统相关人员应致力于提升信息系统的工作质量；公平性指的是信息系统相关人员应该以公平、诚实、客观的观点来提供专业服务，不可有歧视的行为；责任指的是信息系统相关人员应该了解及遵守现存专业相关的法令，并接受个人工作上的责任，未经完整测试的信息产品不可交付给使用者；软件风险指的是信息系统相关人员对于对计算机系统的冲击应有完整的了解及详细的评估，特别是风险上的分析，避免让计算机产生不良的后果；利益冲突指的是信息系统相关人员应该在责任及权力中取得平衡，在产品的设计、开发和应用中不能伤害大众的利益；授权存取指的是只有在授权下才能使用计算机及通信资源。在组织中，应当制定适当的信息系统伦理守则，对上述各个方面的信息系统伦理问题加以管理。信息系统相关人员应当培养起自觉的伦理意识，遵守信息系统伦理守则。

2.3 组织对信息系统的影响

如前所述，组织采用新技术的方式决定了新技术对组织结构和组织流程的影响。另一方面，组织及其管理模式也影响着信息技术和信息系统。组织重组、人员调整、业务转型、协调关系和机制变化等无疑将对系统结构和系统功能诸方面产生影响。这就要求信息技术和信息系统在理论和应用上不断创新，同时也要求信息技术和相应的系统具有适应变化的能力。

首先，信息系统的功能体系和技术特点都应当适应于组织的经营领域、战略定位和目标。例如，对一个生产型企业而言，其信息系统一般应当具有较高的集成性，使得物料、生产、库存、销售等各个环节能够紧密地联结成为一个整体，从而实现更高效率的运作和更低的成本。而对于一个以资本运作为核心的投资控股型企业而言，由于组织的整体业务结构经常会因为并购、出售等投资行为而发生变化，因而通常就不会在集成性方面具有很高的要求，而是着重在投资分析方面得到信息系统的支持。此外，在组织发展的不同阶段，对信息系统也会产生不同的需求。例如，对于一个处于快速扩张、抢占市场阶段的企业而言，其信息系统应当具有良好的延展性，经营终端的系统应当能够实现快速的复制。

其次，信息系统中的工作流程应当能够对组织中业务流程的优化与改革提供支持和促进作用。从这一点上来说，信息系统管理的一个重要任务，就是要决定在多大程度上改变现有的业务流程使它适应信息系统，或者如何使信息系统以及相关的软件功能适应现有的业务流程。

再次，信息系统应当能够适应于组织中的文化氛围以及其他内外部条件。如果信息系统与组织固有的行为习惯存在抵触，而这种抵触又不能够通过管理上的调整和变革来消除，那就得考虑改变信息系统以适应于组织的实际情况。否则，系统不但不能发挥期望的作用，还有可能对组织造成不利的影响。

最后，信息系统应当能够适应变化的要求和环境。新的要求和环境改变包括：企业的兼并；企业向新地理市场的扩张；技术进步，使得安装新功能在经济上可行；有关数据和报告的新法律法规的出台；组织重组；企业的扩张或紧缩；市场环境的改变，比如从价格竞争转向时间竞争。此外，技术本身的发展也会给信息系统带来变化的要求。

通常来说，有两种方法可用于管理信息系统的适应过程。第一种方法是在一个整体性的规划框架下，在需要的时候选择和开发新的信息系统模块。这一整体性的规划框架通常被称为信息系统框架，由一系列的标准组成，这些标准规则详细规定了信息系统各模块间的界面和各模块间联系的方法。第二种方法是将“适应性”融入信息系统的每个模块中。一种解决方案是用计算机可识别和处理的语言开发通用的商业模型（超模型），这些模型能按需求组成系统的模块。超模型可以参考系统中的各个方面，如数据、功能、模块的位置等。这种方法旨在从方法论和技术的层面上解决系统适应性问题。

本章习题

1. 什么是组织战略？什么是信息系统战略？为什么说信息和信息技术已经成为组织的战略性资源？信息系统对于组织的战略意义何在？

2. 根据波特的竞争力模型，组织可以采用哪几种基本的竞争战略？信息系统对这些基本竞争战略有何影响？

3. 传统的组织结构主要包括哪些形式？信息系统的应用对传统组织结构产生了怎样的影响？在信息技术条件下，出现了哪些新型的组织结构？

4. 在日常生活中，你是否感受到了信息技术和信息系统对社会、伦理所产生的影响？我们应当如何看待和应对这样的影响？

本章参考文献

[1] Carr N G. IT Doesn't Matter. Harvard Business Review, 2003, 71(5): 41～49.

[2] Chandler A D. Strategy and Structure: Chapters in the Tistory of the Industrial Enterprise, Cambridge, Mass. Boston: MIT Press, 1990.

[3] Fritzsche D J. Business Ethics: A Global and Managerial Perspective, New York: McGraw-Hill Companies Inc., 1997.

[4] Hitt M A, Ireland R D, Hoskisson R E. Strategic Management: Competitiveness and Globalization (Concepts), South-Western College Publishing, 2001.

[5] Hopper M D. Rattling SABRE-New Ways to Compete on Information. Harvard Business Review, 1990, 68(4): 118.

[6] Konsynski B R, Mcfarlan F W. Information Partnerships—Shared Data, Shared Scale. Harvard Business Review, 1990, 68(5): 114.

[7] Mcfarlan F W, Chen G, Lane D. Information Technology at COSCO: Harvard Business School Case, No. 9-305-080. Boston: HBS Publishing, 2005.

[8] Mcfarlan F W, Chen G, Zhu H, et al. China Merchants Bank: Harvard Business School Case, No. 9-307-081. Boston: HBS Publishing, 2007.

[9] Porter M E. What Is Strategy. Harvard Business Review, 1996, 74(6): 61～78.

[10] Porter M E. Competitive Strategy: Techniques for Analyzing Industries and Competitors, New York: Free Press, 1998.

[11] Porter M. Strategy and the Internet. Harvard Business Review, 2001, 69(3): 63～78.

[12] Taylor F W. The Principles of Scientific Management, New York, London: Harper, 1911.

[13] Urwick L F. The Manager's Span of Control. Harvard Business Review, 1956, 34(3): 39～47.

[14] Zachman J A. A Framework for Information Systems Architecture. IBM Systems Journal, 1987, 26(3): 276～292.

[15] 陈国青，郭迅华. 信息系统管理. 北京：中国人民大学出版社，2005.

[16] 陈国青，雷凯. 信息系统的组织、管理与建模. 北京：清华大学出版社，2002.

[17] 陈国青，李一军. 管理信息系统. 北京：高等教育出版社，2005.

[18] 金占明. 战略管理——超竞争环境下的选择. 北京：清华大学出版社，1999.

[19] Laudon K C，Laudon J P. 管理信息系统精要：网络企业中的组织和技术. 第四版. 葛新权，译. 北京：经济科学出版社，2002.

[20] 利丰研究中心. 供应链管理：香港利丰集团的实践. 北京：中国人民大学出版社，2003.

[21] Robbins S P. 组织行为学. 第七版. 孙建敏，译. 北京：中国人民大学出版社，2000.

[22] Haag S，Cummings M，Dawkins J. 信息时代的管理信息系统. 严建援，译. 北京：机械工业出版社，2000.

[23] McFarlan F W，Nolan R L，陈国青. IT 战略与竞争优势：信息时代的中国企业管理挑战与案例. 陈国青，译. 北京：高等教育出版社，2003.

[24] 杨善林，李兴国，何建民. 信息管理学. 北京：高等教育出版社，2003.

[25] 张德. 组织行为学. 北京：清华大学出版社，2000.

第3章　计算机硬件与软件

电子计算机是现代信息技术最重要的组成部分之一，也是信息系统基础设施中的核心元素。本章将简要介绍计算机系统的组成和体系结构，讨论主要的计算机硬件、软件设备，以及电子计算机技术的未来发展趋势，以帮助读者增进对信息技术基础的了解。

3.1　计算机系统体系结构

电子计算机由软件和硬件组成。硬件包括计算机中所有的物理部分，例如中央处理器(CPU)、输入/输出设备等。软件则是一系列按照特定顺序组织的计算机数据和指令的集合。硬件为软件提供了物理载体，并最终实现计算机处理操作的执行。软件则为计算机的运行提供了逻辑规范，并与用户交互，提供了可供用户使用的功能服务。软件可进一步划分为应用软件和系统软件。系统软件包括操作系统和程序语言、开发工具等软件，提供了对计算机资源进行控制的手段；应用软件可以提高个人或公司数据的处理效率。

计算机系统的总体结构以层次化的方式组织，如图3-1所示。

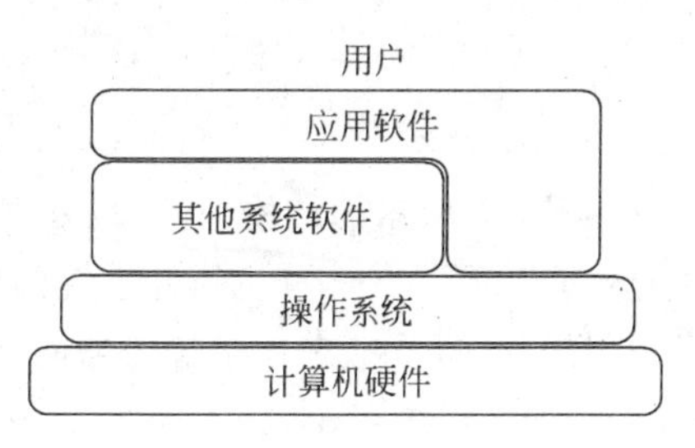

图3-1　计算机系统的总体结构

3.2　计算机硬件

硬件是计算机系统中的物理组成部分，即人们可以看见、可以接触的部分。计算机系统中的其他内容均基于硬件之上。

根据规模和用途的不同，计算机可以分为个人计算机(personal computer，PC，包括台式PC、笔记本电脑、平板电脑等)、工作站(workstation)、小型机(mini-computer)、大型机(mainframe)、超级计算机(super-computer)等各种各样的类型，并仍然处于多样化的发展之中，各种新型产品层出不穷。在各种类型的计算机中，个人计算机是当前最为普及，也是最为重要的一种。在网络技术支持下的微型计算机系统越来越显露出计算机能力和多种应用能力上的优势，可能在未来的计算机硬件环境中占据主导地位。图3-2显示了一台个人计算机的基本组成。

一般而言，计算机硬件的功能包括输入(input)、处理(process)、输出(output)三个环节。同时，在处理的过程中还需要对数据进行存储。因此，总体而言，计算机硬件包括处理器、输入设备、输出设备、存储设备四大部分，其结构如图3-3所示。

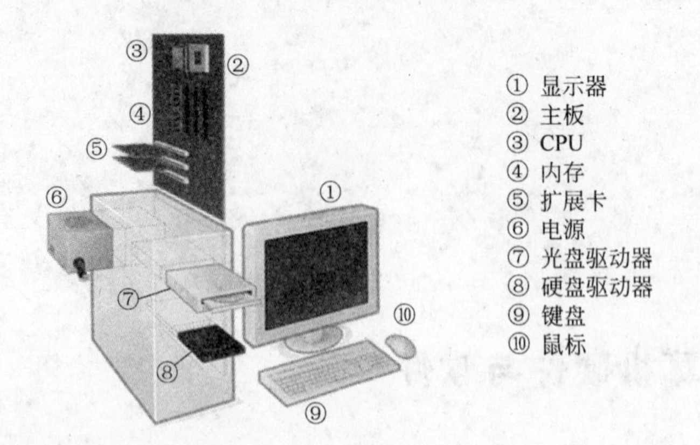

图 3-2　个人计算机的组成

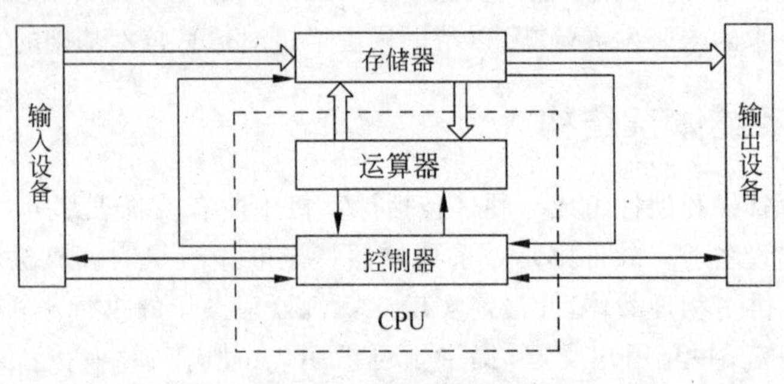

图 3-3　计算机硬件结构

在图 3-3 所示的结构中，中央处理器(CPU)位于中心位置，这体现了计算机系统中各部件的功能联系。在计算机硬件系统的实际运行中，为了获得更高的效率和灵活性，通常是使用公用的总线(bus)来连接各个功能部件，如图 3-4 所示。

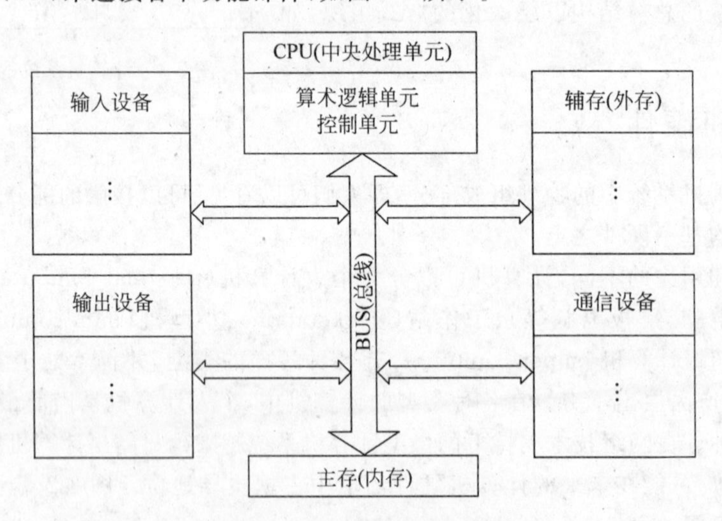

图 3-4　基于总线的硬件结构

3.2.1 中央处理器

中央处理器是进行处理活动的主要部件，又称 CPU(central processing unit，中央处理单元)或计算机处理器。中央处理器可以控制数据的算术和逻辑运算，它们也引导和控制数据在不同位置之间的传输。微型机中使用的处理器称为微处理器。Intel、AMD 等是目前主要的微处理器制造商。图 3-5 中显示了一个较为常见的微处理器。

图 3-5 Intel® Pentium® 4 微处理器芯片

接下来我们看看中央处理器的逻辑结构。每个中央处理单元(CPU)包括三个互相关联的部件：算术/逻辑单元(arithmetic logic unit，ALU)、控制单元(control unit，CU)和寄存器。算术/逻辑单元(ALU)进行加、减、乘、除等算术运算和与、或、非等逻辑运算；控制单元进行指令译码，依据指令产生的一系列的操作命令脉冲协调 ALU、寄存器、主存、辅存和各种输入输出设备的数据流入、流出；寄存器是高速存储区域，用来暂时保存少量的程序指令和那些即将被 CPU 处理的、CPU 处理过程中用到的或刚被 CPU 处理完的数据。

中央处理器的处理速度由机器周期、时钟速度、字长、总线宽度和物理特性等指标决定。

1. 机器周期

一条指令在一个机器周期中执行。机器周期也可以用 MIPS(millions of instructions per second，每秒百万条指令)来度量。

2. 时钟速度

时钟速度用赫兹即每秒循环的次数来衡量。由于中央处理器的时钟速度非常快，为了方便，我们常用兆赫兹(MHz)来计量，一兆赫兹(MHz)就表示每秒循环一百万次。现在的中央处理器的时钟速度大多在 1024MHz 即 1GHz(这种数量的换算关系我们将在 3.2.2 节中讲述)以上。

3. 字长和总线宽度

字长是 CPU 在单位时间内能一次处理的二进制数的位数。我们首先介绍比特(bit)这一单位，一个比特是一个二进制数 0 或 1。计算机系统中的数据是以比特组来移动的。最初的 CPU 是 4 位的，然后出现了 8 位的 CPU、16 位的 CPU 等。一个 32 位字长的 CPU 能在一个机器周期内处理 32 比特的数据。当前的 CPU 大都是 32 位的 CPU，但是目前也已经出现了 64 位的 CPU，未来将是 64 位 CPU 的天下。

将数据从 CPU 传送到其他系统部件要经过总线。总线是连接计算机系统中各个部件的物理线。一条总线一次所能传送的比特数称为总线宽度。例如，一条 32 比特宽的总线一次能传送 32 比特的数据。1994 年生产的 Pentium 处理器已经采用了 64 位数据总线。

4. CPU的物理特性

CPU的速度也受到物理条件的限制。大多数CPU实际上将数字电路集成在很薄的硅片上，这些芯片小到只有铅笔的橡皮头那么大。为接通或切断CPU中的数字电路，电流必须通过某种介质（通常是硅）从一点流向另一点。它在这些点间的流动速度可以通过缩减点间距离或降低介质电阻的方法来提高。缩减点间距离导致芯片更小，电路更加紧密地集成在一起。20世纪60年代，Intel公司的创始人也是当时董事会主席摩尔（Gordon Moore）得出了今天知名的摩尔定律（Moore's Law）：一块芯片上晶体管的密集程度每18个月将会增长一倍。这个假设最初是说在硅芯片上的集成电路的密度每年翻一番。到1970年，减慢为大约18个月翻一番，但这种增长速度一直持续到现在。

3.2.2 内存

内存，又称主存、主存储器，可以存储将要处理的数据和将要执行的指令。内存可以看做是中央处理器的工作空间。访问内存中的数据，速度要比访问辅助存储器数据快得多。用户可以感觉到微型机内存的容量影响计算机整体性能。微型机通常有1GB内存或更大的内存。下面讲述了存储容量的换算和存储器的种类。

1. 存储容量

存储器在硅芯片上集成了上千条电路，数据在存储器中的表示是通过每条电路处于接通或断开的状态的组合来实现的。下面列出了存储容量的度量方法。

(1) bit（读作比特），1bit＝1个0或1的值。

(2) B（读作字节），1B＝8bit，大多数情况下存储容量用字节表示，一个字节表示一个字符。

(3) KB，1KB＝1024B，一个容量为512KB存储器的容量是512×1024字节。

(4) MB，1MB＝1024KB，一个512MB存储器的容量就是512×1024×1024字节。

(5) GB，1GB＝1024MB，一个80GB存储器的容量就是80×1024×1024×1024字节。

(6) TB，1TB＝1024GB。

(7) PB，1PB＝1024TB。

值得我们注意的是硬盘厂家的换算方式与我们上述讲述的换算方式不同。硬盘的存储容量是以1000来换算的，即1KB＝1000B，1MB＝1000KB…这也是我们买的硬盘在操作系统中显示出的容量会比标称容量少5%左右的原因。

2. 存储器的种类

计算机主存的构成种类很多，主要分为两大类：随机存取存储器（random access memory，RAM）和只读存储器（read-only memory，ROM）。随机存取存储器又分为动态随机存储器（DRAM）和静态随机存储器（SRAM）。只读存储器也有可编程只读存储器（programmable read-only memory，PROM）和可擦除可重写只读存储器（erasable programmable read-only memory，EPROM）等。

随机存取存储器（RAM）是暂时存储指令或数据的存储器，由许多对电流变化敏感的转接开关构成，切断电源后，该存储器上的数据将丢失。RAM芯片直接安装在计算机主板上或主电路的外部插卡上。所谓静态RAM（SRAM）芯片是只在通电的情况下才保存数据，而动态RAM（DRAM）芯片需要以规律的时间间隔，如两毫秒，提供高电压或低电压，否则就会丢失信息。SRAM 芯片比 DRAM 芯片快，但价格更高。

只读存储器（ROM）是永久性、非易失性的存储器，在 ROM 中，电路的组合状态是固定的，切断电源后，由这种组合表示的数据也不会丢失。ROM 为数据和指令提供的是永久存储器，即存储在 ROM 中的数据和指令是不会发生变化的，这些数据和指令通常由计算机生产厂家写入。可编程只读存储器（PROM）上的所需数据和指令必须在生产时就写入芯片中。因此 PROM 很像 ROM。PROM 用于 CPU 的数据和指令固定的情况，但由于应用专门化了，所以通常 ROM 芯片的制造成本更高。PROM 上的指令和数据只能编写一次。可擦除可重写的只读存储器（EPROM）和 PROM 也很相似，但正如其名，它与 PROM 的区别在于存储内容可以擦除并重写。EPROM 用于 CPU 的数据和指令不经常变化的情况。例如，一个汽车制造商用机器人完成制造某种汽车的重复操作，机器人工作时要从 EPROM 中迅速访问固定的程序指令，但当汽车制造方法改变时，控制机器人操作的 EPROM 就要擦除并重新写入另一种汽车制造方法的内容。

现在的微型机常用的内存是 SDRAM（synchronous DRAM）和 DDR SDRAM（dual date rate SDRSM）及其衍生产品 DDR2 和 DDR3 等。SDRAM 是指同步动态随机存储器，它可与处理器总线同步运行，速度可达 133MHz 以上；DDR SDRAM 又简称 DDR，即双倍速率 SDRAM。传统的 SDRAM 内存是在时钟的下降沿来存取数据的，而 DDR SDRAM 支持数据在每个时钟周期的两个边沿进行数据传输，从而使内存芯片的数据吞吐率提高了一倍。第二代和第三代双倍数据率同步动态随机存取存储器（DDR2 及 DDR3）提供了相比于 DDR SDRAM 更高的运行效能与更低的电压，也是现时流行的存储器产品，其速度在 200MHz～1100MHz 之间。

3.2.3 辅助存储器

主存是决定计算机系统整体性能的重要因素。然而由于主存容量的限制，主存存储的数据和指令相对有限，但是计算机系统通常需要存储更多的数据、指令，并需要存储信息能够保留更长时间。因此，我们需要辅助存储器（secondary storage）。

与主存相比，辅助存储器有数据非易失性、容量大和价格便宜等优点。但是使用辅助存储器时需要电控机械处理，因此辅助存储器的存取速度比主存慢得多。选择辅助存储介质和设备需了解它们的主要特征，如存取方式、容量和便携性。

1. 存取方式

存取速度快的存储介质一般比速度慢的介质贵，存储容量和可携带性的成本变化虽然很大，但这也是要考虑的因素。除了成本之外，组织必须考虑安全性问题，即只能允许授权人访问关键程序。因为对大多数组织来说存储在辅存中的数据和程序是很重要的，因此所有这些问题都值得仔细考虑。

数据和信息的存取方式分为顺序存取和直接存取。

顺序存取就是要按数据存储的顺序来访问。例如，员工数据是按员工编号，如 100、101、102 等这样的次序顺序存储的，这时如果要访问员工编号为 125 的员工信息，就要经过所有编号为 001～124 的数据。

直接存取就是不需要顺序经过其他数据而直接访问到所需数据的方式。如上例中能够直接找到并访问员工编号为 125 的数据，而不需要依次读完 001～124 的员工数据。因此，直接存取通常比顺序存取快。

2. 辅助存储器设备

常用的辅助存储器包括磁带、磁盘和光盘等。一些介质(如磁带)只允许顺序存取,而其他介质(如磁盘和光盘)可以顺序和直接存取。

1) 磁带

磁带是一种覆盖着铁氧化物的聚酯薄膜,磁带上每个被磁化的部分表示一个位数据。磁带是一种顺序存取的存储介质,这也就是说假如计算机要从一卷磁带的中间读取数据,那么所有位于所需数据段前面的磁带部分都要被顺序读过,这是磁带的一个很大的缺点。由于这种顺序读取的特性,并且价格相对低廉,因而磁带主要用于数据备份。

2) 磁盘

磁盘也覆盖着铁氧化物,它们可以是很薄的钢质盘或聚酯薄膜磁盘。如磁带一样,磁盘也是用每一小块磁化了的区域表示一位数据的。磁盘是直接存取的存储介质,也就是说对磁盘读写数据时,磁盘的读写头能直接到达数据所在的位置,这样读写速度快,可以节省许多时间。

磁盘通常分为软盘和硬盘。软盘于1972年问世,并在随后的20多年的时间里迅速发展。软盘是很脆弱的,存在软盘上的东西很容易由于软盘保存和使用不当而丢失,这是软盘一个很大的缺点。从软盘的发展来看,曾经有过5.25英寸的软盘和3.5英寸的软盘和相应的软盘驱动器,但是由于软盘的存储容量很有限,一个3.5英寸的软盘的存储容量仅为1.44MB,还有上面提到的数据易丢失等缺点,随着更多更加方便的存储介质的出现,现在我们已经很少使用软盘了。

同软盘相比,硬盘具有存取速度快、容量大、可靠性高等特点。硬盘的盘体由多个重叠在一起并由垫圈隔开的盘片组成,盘片是表面极为平整光滑且涂有磁性物质的金属圆片。由于硬盘盘片在驱动器内部,密封在金属盒中,防潮、防尘性能很高,工作时磁头悬浮在高速转动的盘片上方,并不与盘片直接接触,因此正常使用磨损很小。硬盘有针对台式机的,也有笔记本专用的笔记本硬盘。笔记本硬盘通常为2.5英寸,比台式机硬盘体积小,转速也较低。

3) RAID

许多组织希望其数据存储设备能容错,即在一个或多个关键部件出问题时整个设备能照常运行。于是,1987年,伯克利大学研制出来一种用于存储系统以提高系统性能和可靠性的独立/廉价冗余磁盘阵列(redundant array of independent/inexpensive disks,RAID)技术。RAID技术就是对现有数据备份,产生一个“重构图”,这样在某个部件损坏时能恢复丢失的数据。这种数据存储方式用均匀分散数据的技术将数据分别存储在不同的盘上。

RAID的实施方法有多种,最简单的一种是将数据全部复制,这一过程称为磁盘镜像。但是这样组织就要将联机存储容量扩大一倍,磁盘镜像的成本较高。另外一种RAID方式只对数据进行部分复制,所以成本相对较低,这样为保护数据而要购买的磁盘空间(或费用)就能达到最小。

4) 光盘

光盘是一种硬质塑料盘,这种盘上的数据是通过用激光在盘上烧灼出一个个小坑来记录的,光盘设备可直接读取光盘上的数据,光盘设备用一种低能激光测量盘上凹坑(或没有

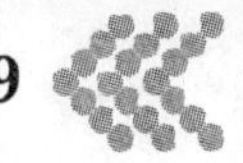

凹坑的地方)的反射光的差异来读数据。每个凹坑代表二进制数1;每个没有凹坑的地方代表二进制数0。这样如果制作了主光盘,就能用与生产CD唱片相似的技术复制光盘。

最常用光盘是只读式紧凑光盘(compact disk read-only memory,CD-ROM)。写入CD-ROM的数据不能再次修改,所以称为“只读”。CD-ROM的最大特点是盘上信息一次制成,可以复制,但不能再写。

只能写一次的光盘称为CD-R,它可以用专门的制作设备——光盘刻录机制成,每次只制一张,但不用一次将整张光盘刻满,可以根据需要以追加的形式续刻,直到整张光盘刻满。这时,这张CD-R就只能读,不能再写内容进去了。

很快,可重写CD(CD-rewritable,CD-RW)技术出现了,于是微机用户就能用一种既可写又可修改的大容量CD代替原来的磁盘来保存资料了。CD-RW能存储700MB左右的数据,正常情况下可存放数年。

目前正在广泛流行的存储形式是数字视频盘(digital video disk,DVD)。DVD标准早在1996年就已经提出了,它的特点是存储容量比CD-ROM大了很多。DVD盘很像CD-ROM盘,只是更薄一点,因此DVD播放器能读CD-ROM,但CD-ROM播放器不能读DVD,每张DVD单面能存储至少4.7GB的数据。事实上,在1995年9月,索尼/飞利浦和东芝/时代华纳两大DVD开发集团达成DVD统一标准后,DVD的内涵有了很大的变化,它成了digital versatile disc(数字通用光盘)的英文缩写。“通用”的含义表明了DVD用途的多元化,它不仅可以用于影视和娱乐,还可以用于多媒体计算机等领域。

与其他辅存相比,光盘最主要的优点就是存储容量大。所以,光盘能够被用来存储声音和图像,或者存储那些将来可能使用的不确定数据。然而光盘也有一些不足,比如同磁盘相比存取速度慢等,但这些不足会逐渐得到弥补。

5) 闪存类存储器

闪存类存储器的存储介质为半导体电介质。与其他移动存储器相比,闪存存储器具有体积小、寿命长、可靠性高等优点。采用Flash技术的存储器最常见的是数码产品上面用的CF卡,这种卡需要专门的插槽,如果想要和微机连接则需要读卡器,不是很方便。所以用CF卡作移动存储并不多见。在众多闪存存储器当中,USB闪存盘异军突起,这种闪存盘的优点是只要微机上有USB接口就可以相互传递数据,速度快,不用专门驱动器,体积超小,重量极轻,非常适合随机携带。现在USB闪存盘的容量不断扩大,比较常见的是1~4GB。

6) 固态硬盘

固态硬盘(solid state disk、solid state drive,SSD)是一种基于永久性存储器(如闪存)或非永久性存储器(如同步动态随机存取存储器,SDRAM)的计算机外部存储设备。固态硬盘用来在便携式计算机中代替常规硬盘。虽然在固态硬盘中已经没有可以旋转的盘状机构,但是依照人们的命名习惯,这类存储器仍然被称为“硬盘”。作为常规硬盘的替代品,固态硬盘被制作成与常规硬盘相同的外形,例如常见的1.8英寸、2.5英寸或3.5英寸规格,并采用了相互兼容的接口。和常规硬盘相比,固态硬盘具有低功耗、无噪声、抗震动、低热量的特点。这些特点不仅使得数据能更加安全地得到保存,而且也延长了靠电池供电的设备的连续运转时间。

总的来说,辅存是朝着更多的直接存取方式、更大的存储容量和携带更方便的方向发展。选择有效的存储系统的组织能得益于这一趋势。另外,选择存储设备要考虑组织的需求和资源，一般存储容量大、存取速度快的存储器能为信息系统及时提供信息，从而提高组织的效益和效率。

3.2.4 输入设备

输入设备可以让我们将外部信息（如文字、数字、声音、图像、程序、指令等）转变为数据输入到计算机中，以便加工、处理。输入设备是人们和计算机系统之间进行信息交换的主要装置之一。

早期的计算机用户在纸卡和纸带上穿孔用做输入/输出。纸卡通常容易卡在读卡机和打孔机上，纸带通常容易断裂。另一方面，只有把纸卡和纸带放入打印机中，将穿孔转换成用户可以读的字母和数字，用户才能理解纸卡、纸带输出的内容。在这样的条件下，早期的计算机输入和输出都很少，计算机主要进行大量的计算。

用户的需求在不断变化，商业领域的活动要求有大量的数据输入和输出，为满足这种需要，相应的输入输出设备也开发出来了，尽管现在有许多输入输出设备，多数并没有为人们广泛接受。键盘、鼠标、扫描仪、光笔、压感笔、手写输入板、游戏杆、语音输入装置、数码相机、数码录像机、光电阅读器等都属于输入设备。其中最常用的输入设备是键盘和鼠标。

1. 鼠标和键盘

最常用的键盘和鼠标用来输入字符、文本和命令等数据。通过键盘可以将信息转换为数据，输入到计算机中。鼠标可以用来“指向”和“单击”屏幕上的符号、图标、菜单和命令，使计算机产生许多动作，如将数据存入计算机系统。

2. 语音识别设备

语音识别设备能辨识人的发音，用麦克风和特殊软件记录人的声音并转换成数字信号。在工厂车间中，机器操作员可用这种设备向机器发命令，而空出手来做其他事情。语音识别也可用在安全系统中，只允许被授权的人进入控制区域。

语音识别设备分析语音并分类，再将其转换成数字代码。一些系统要“训练”计算机识别每个用户标准语句中的有限词汇，这可以通过重复每个单词以将其多次加入词汇的方式来实现。

3. 数码相机和摄像头

数码相机（digital camera）和摄像头（webcom）一般具有视频拍摄和静态图像捕捉等基本功能，它是借由镜头采集图像后，由照相机或摄像头内的感光元件电路及控制元件对图像进行处理并转换成计算机所能识别的数字信号，然后通过电缆连接输入到计算机后由软件再进行图像还原。

4. 扫描仪

图像和字符可用扫描仪输入。页扫描仪外观像复印机，要扫描的页被插入扫描仪中或朝下放在玻璃板上，盖好后扫描。手持扫描仪进行人工扫描图像，页扫描仪和手持扫描仪都能将单色或彩色图画、表格、文本和其他图像转换成数字形式。

5. 光数据读入器

光数据读入器是用于扫描文档的专用扫描仪，分为标记识别读入器（optical mark recognition，OMR）和光字符识别读入器（optical character recognition，OCR）。参加考试的人用铅笔填充称为“标记感知表格”的 OMR 表格后，OMR 读入器用来完成计分等工作；而

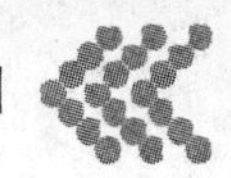

大多 OCR 读入器根据反射光识别不同字符。OCR 读入器用特殊软件将手写或打印的文档转换成数字数据，一旦数据被录入计算机，就能被很多人共享，并在网络中修改、传递。

6. 输入笔

用输入笔触击屏幕能激活命令或使计算机完成一项任务，输入手写的便条，或拖动对象和图像。输入笔要有特殊的软件和硬件。手写体辨认软件能将屏幕上的手写文字转换成文本格式。

7. 光笔

光笔在笔头中装了一个光球，这个球能辨认屏幕上发出的光从而确定笔在屏幕上的位置。和输入笔一样，光笔也能激活命令、拖动对象。

8. 触摸屏

屏幕技术的进步使得显示屏也能作为输入/输出设备。触摸屏幕上的某个部分，就能执行程序或使计算机执行某项操作。在一些小公司触摸屏是很受欢迎的，因为键盘占用空间。触摸屏常用于加油站中客户选择汽油和索要收据，用于快餐店中订单服务员输入客户选项，用于旅店信息中心客户查询当地食品饮料机构信息，既可用于娱乐场所提供指南，也可用于机场电话亭和百货商店。

9. 条形码扫描仪

条形码扫描仪是用激光扫描器读条形码标签，这种设备广泛地用于商店结账和仓库存储控制中。

10. 射频识别

射频识别(radio frequency identification，RFID)技术，又称电子标签，可通过无线电信号识别特定目标并读写相关数据，而无须识别系统与特定目标之间建立机械或光学接触。射频识别技术可成为实体对象(包括零售商品、物流单元、集装箱、货运包装、生产零部件等)的唯一有效标识，因此应用的领域十分广泛。特别是在物流管理方面，RFID 技术可以实现从商品设计、原材料采购、半成品与制成品之生产、运输、仓储、配送、销售，甚至退货处理与售后服务等所有供应链环节中的即时监控，准确掌握产品相关信息，诸如生产商、生产时间、地点、颜色、尺寸、数量、到达地、接收者等。许多人把射频识别技术看做继互联网和移动通信两大技术之后，影响商务模式发展的又一项重大技术创新。

条形码虽然在零售结算和库存管理中发挥了重要的作用，但标签信息容量小，更重要的是没有做到真正的"一物一码"。因此，对每一个商品的管理不到位，无法实现产品的实时追踪。除此之外，射频识别技术的突出优势还包括：(1)可以非接触识读，距离可以从十里米至几十米；(2)可识别高速运动物体；(3)抗恶劣环境；(4)保密性强；(5)可同时识别多个识别对象等，例如一货车的货物。

3.2.5 输出设备

计算机系统向决策者提供输出信息以解决业务的问题或即时输出信息，帮助商家抓住竞争机会，另外也可作为同一信息系统中其他计算机系统的输入数据，可以输出图像、音频和数字信息。不管输出结果是什么内容或格式，输出设备的功能都是在合适的时间以合适的格式向合适的人提供合适的信息。

1. 显示器

阴极射线管显示器(cathode ray tube,CRT)的一个最大进步是彩色显示器(与早期单显相比)和大屏幕。颜色使图像看起来更真实,显示器的扩大意味着屏幕上可以显示更多的信息,如图 3-6 所示。

(a) CRT显示器　　(b) LCD显示器

图 3-6　常见的 CRT 和 LCD 显示器

20 世纪 80 年代末期,CGA(彩色图形适配器)最先从单色显示器中发展起来,它只有 16 种颜色。EGA(增强图形适配器)紧接着出现,允许在显示器上显示 64 种颜色。到了 1987 年推出 VGA(视频图形矩阵)后,彩色显示器才真正流行开来。

VGA 标准允许同时显示 256 种颜色。但对 VGA 显示器来说,真正的突破是它的显示器分辨率。显示器分辨率指的是可以显示的像素的个数,像素则是显示器上的光点。VGA 屏幕分辨率是 640×480,也就是说在显示器屏幕上的点有 480 行,每行 640 个点。分辨率的提高和可以显示的颜色的增多使得图形用户界面成为可能。

随后出现的 SVGA 提供了更高的屏幕分辨率和更多的颜色。显示器分辨率仍在不断发展,但对大多数用户来说最需要的功能已经具备了。图形用户界面,即 GUI,要求计算机屏幕能显示出图标的细微之处和颜色,这样图标才容易辨认。微软公司的 Windows 系统的界面和其他产品的 GUI,如果没有高分辨率的显示器,根本就实现不了。

显示器的大小最初是 13 英寸,指屏幕的对角线是 13 英寸。现在对角线 17 英寸和 19 英寸的显示器很常见。显示器屏幕加大了,同时在计算机屏幕上保存一个以上的处理任务也是可能的。例如,用户在同时使用字处理文档和电子表格文件时,不必用全屏显示,在两者之间不断切换。每个文件显示都可以缩小一半,用户能同时看到这两个文件。若没有大的显示器,想要同时打开多个处理任务,即使计算机软件支持这种风格,也是不现实的。

液晶显示器(liquid crystal display,LCD)是用液晶(在两个极化器之间有机的、油状的材料)在背景屏幕上形成字符和图像。LCD 屏幕有两种基本类型:被动阵列模式和主动阵列模式。在被动阵列模式显示中,CPU 将信号发到屏幕边界附近的半导体上,这些半导体控制了某行或某列上的所有像素。在主动阵列模式显示中,每个像素是由它自己的半导体控制的,这个半导体呈薄膜状附在像素后面的玻璃上。主动阵列模式显示亮度、清晰度均比较高,且比被动阵列模式有更大的视角。

2. 打印机

打印机经历了同样的进步,打印机的变化主要体现在分辨率和打印速度两个特点上。

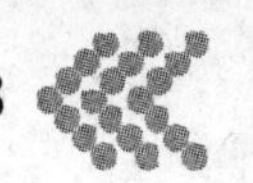

打印机从击打式打印机演变到非击打式打印机，分辨率和打印速度都有很大的提高。击打式打印机需要机械设备接触到纸张才能输出打印的内容，就像老式打字机中的键击打到纸张上一样。击打式打印机用已制好形状的字符或用一组金属针在纸上打点。

非击打式打印机不需要机器接触纸张。激光打印机和喷墨打印机是非击打式打印机，目前已成为标准的打印设备。喷墨打印机把墨喷射到纸张表面，其分辨率大约是每英寸300点，优点在于体积小，而且成本比激光打印机低。喷墨打印机在实用方面优于激光打印机之处在于它能以相对低的成本输出彩色打印。激光打印机的分辨率从每英寸300点到1200点，打印文本的速度从每分钟4页到20页。打印图形的速度一般是打印文本速度的一半。

3.3 计算机软件

计算机系统硬件构成了计算机本身作业和用户作业赖以活动的物质基础，若没有计算机软件支持的硬件，仅仅是集成电路芯片、电路板和其他电子元件的组合体，通常被称为“裸机”，不能进行数据处理。计算机硬件只能按照指令运行。计算机指令的集合称为程序，程序和相应的文档构成了计算机软件。在信息系统中，计算机通过软件接收输入的数据并进行处理，再转换成用户所需的信息输出给用户。

3.3.1 软件的概念

计算机软件就是一系列相关的程序和相应的文档组成的集合。它利用计算机本身提供的逻辑功能，合理地组织计算机的工作，简化或代替人们在使用计算机过程中的各个环节，提供给用户一个便于掌握操作的工作环境。不论是支持计算机工作还是支持用户应用的程序都是软件。

计算机软件主要分为系统软件和应用软件两大类。系统软件(system software)是用来管理计算机中CPU、存储器、通信联结以及各种外部设备等所有系统资源的程序，其主要作用是管理和控制计算机系统的各个部分，使之协调运行，并为各种数据处理提供基础功能；应用软件(application software)是用来完成用户所要求的数据处理任务或实现用户特定功能的程序。

3.3.2 系统软件

系统软件负责管理计算机系统中各种独立的硬件，使得它们可以协调工作。系统软件使得计算机用户和其他软件将计算机当做一个整体而不需要顾及到底层每个硬件是如何工作的。

一般来讲，系统软件包括操作系统和一系列基本的工具(比如编译器、数据库管理、存储器格式化、文件系统管理、用户身份验证、驱动管理、网络连接等方面的工具)。

1. 操作系统

操作系统(operating system，OS)是用于管理计算机软硬件资源的程序，同时也是计算机系统的内核与基石。操作系统负责诸如管理与配置内存、决定系统资源供需的优先次序、控制输入与输出设备、操作网络与管理文件系统等基本事务，也提供一个让用户与系统交互的操作界面(包括命令行界面和图形界面)。

操作系统的形态非常多样，不同机器安装的操作系统可从简单到复杂，可从手机的嵌入式系统到超级计算机的大型操作系统。许多操作系统制造者对操作系统的定义也不一致，例如有些操作系统集成了图形化用户界面，而有些操作系统仅使用文字界面，而将图形界面视为一种非必要的应用程序。

操作系统理论在计算机科学中是历史悠久而又活跃的分支，而操作系统的设计与实现则是软件工业的基础与内核。操作系统位于底层硬件与用户之间，是两者沟通的桥梁。用户可以通过操作系统的用户界面输入命令。操作系统则对命令进行解释，驱动硬件设备，实现用户要求。以现代观点而言，一个标准个人计算机主要包括以下五个部分的功能：

- 进程管理(processing management)。
- 内存管理(memory management)。
- 文件系统(file system)。
- 设备管理(device management)。
- 用户接口(user interface)。

2. 操作系统的功能模块

1) 进程管理

在单道作业或单用户的环境下，处理机为一个作业或一个用户所独占，对处理机的管理十分简单。但在多道程序或多用户的环境下，要组织多个作业同时运行，就要解决处理机的管理问题。在多道程序环境下，处理机的分配和运行都以进程为基本单位，因而对处理机的管理可归结为对进程的管理。它包括以下几方面：

- 进程控制。进程控制的主要任务是为作业创建进程，撤销已结束的进程以及控制进程在运行过程中的状态转换。
- 进程调度。进程调度的任务是从进程的就绪队列中，按照一定的算法选择一个进程，把处理机分配给它，并为它设置运行现场，使之投入运行。
- 进程同步。为使系统中的进程有条不紊地运行，系统必须设置进程同步机制，以协调系统中各进程的运行。
- 进程通信。系统中的各进程之间有时需要合作，往往要交换信息，为此需要进行通信。

2) 存储管理

存储管理的主要任务是为多道程序的运行提供良好的环境，方便用户使用存储器，并提高主存的利用率。存储管理包括以下几个方面：

- 地址定位。在多道程序设计环境下，每个作业是动态装入主存的，作业的逻辑地址必须转换为主存的物理地址，这一转换称为地址定位。
- 存储分配。存储管理的主要任务是为每道程序分配内存空间，在作业结束时要收回它所占用的空间。
- 存储保护。保证每道程序都在自己的主存空间运行，各道程序互不侵犯，尤其是不能侵犯操作系统。
- 存储扩充。一般来说，主存的容量是有限的。在多道程序设计环境下往往感到主存容量不能满足用户作业的需要。为此，操作系统存储管理的任务是要扩充主存容量，但这种扩充是逻辑上的扩充，可以通过建立虚拟存储系统来实现。

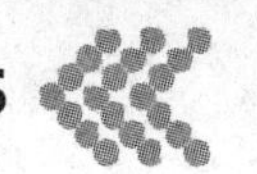

3）设备管理

一个计算机系统的硬件，除了CPU和主存之外，其余几乎都属于外部设备，外部设备种类繁多，物理特性相差甚大。因此，操作系统的设备管理往往很复杂。设备管理主要包括以下内容：

- 缓冲管理。由于CPU和I/O设备的速度相差很大，为缓和这一矛盾，通常在设备管理中建立I/O缓冲区，而对缓冲区的有效管理便是设备管理的一项任务。
- 设备分配。当用户程序提出I/O请求后，设备管理程序要依据一定的策略和系统中设备情况，将所需设备分配给它，设备用完后还要及时收回。
- 设备处理。设备处理程序又称设备驱动程序，对于未设置通道的计算机系统其基本任务通常是实现CPU和设备控制器之间的通信。即由CPU向设备控制器发I/O指令，要求它完成指定的I/O操作，并能接收由设备控制器传出的中断请求，给予及时的响应和相应的处理。对于设置了通道的计算机系统，设备处理程序还应能根据用户的I/O请求，自动构造通道程序。
- 设备独立性和虚拟设备。设备独立性是指应用程序独立于物理设备，使用户编程与实际使用的物理设备无关；虚拟设备的功能是将低速的独占设备改造为高速的共享设备。

4）文件管理

处理机管理、存储管理和设备管理都属于硬件资源的管理。软件资源的管理称为信息管理，即文件管理系统。现代计算机系统中，总是把程序和数据以文件的形式存储在文件存储器中（如磁盘、光盘、磁带等）供所有用户或指定用户使用。为此，操作系统必须配置文件管理机构。文件管理的主要任务是对用户文件和系统文件进行管理，并保证文件的安全性。文件管理包括以下内容：

- 目录管理。为方便用户在文件存储器中找到所需文件，通常由系统为每一文件建立一个目录项，包括文件名、属性以及存放位置等，由若干目录项又可构成一个目录文件。目录管理的任务是为每一文件建立其目录项，并对目录项施以有效的组织，以方便用户存取。
- 文件读、写管理。文件读、写管理是文件管理的最基本功能。文件系统根据用户给出的文件去查找文件目录，从中得到文件在文件存储器上的位置，然后利用文件读、写指针，对文件进行读、写。
- 文件存取控制。为了防止系统中的文件被非法窃取或破坏，在文件系统中应建立有效的保护机制，以保证文件系统的安全性。
- 文件存储空间的管理。所有的系统文件和用户文件都存放在文件存储器上，文件存储空间管理的任务是为新建文件分配存储空间，在一个文件被删除后应及时释放所占用的空间，文件存储空间管理的目标是提高文件存储空间的利用率，并提高文件系统的工作速度。

5）用户接口

操作系统一般为用户提供两种方式的接口：一种是系统级的接口，即提供一组广义指令供用户程序及其他系统程序调用；另一种是用户直接与计算机进行交互操作的界面，它提供一组控制操作命令供用户去组织和控制自己作业的运行。用户操作界面包括命令行和图形界面两种形式。图 3-7 显示了一个典型的命令行界面，图 3-8 则是 Linux 操作系统中常见的 KDE 图形用户界面。

```
guoxh@gxh-r61: ~
File Edit View Terminal Help
guoxh@gxh-r61:~$ ls -l /
total 121
drwxr-xr-x   2 root root  4096 Mar 11 16:13 bin
drwxr-xr-x   4 root root  1024 Mar  6 16:52 boot
lrwxrwxrwx   1 root root    11 Dec  7 00:11 cdrom -> media/cdrom
drwxr-xr-x  14 root root  4140 Mar 13 22:03 dev
drwxr-xr-x 127 root root 12288 Mar 13 22:05 etc
drwxr-xr-x   3 root root  4096 Dec  7 00:15 home
drwxr-xr-x  13 root root 12288 Mar 11 16:13 lib
drwx------   2 root root 16384 Dec  7 00:11 lost+found
drwxr-xr-x   9 root root  4096 Mar 13 22:03 media
drwxr-xr-x   2 root root  4096 Apr 25  2009 mnt
drwxr-xr-x   5 root root  4096 Dec  8 21:47 opt
dr-xr-xr-x 163 root root     0 Mar 14  2010 proc
drwxr-xr-x  13 root root  4096 Feb  5 21:52 root
drwxr-xr-x   2 root root  4096 Mar 13 13:15 sbin
drwxr-xr-x   2 root root  4096 Nov 21 03:38 selinux
drwxr-xr-x   3 root root  4096 Dec  6 16:56 srv
drwxr-xr-x  12 root root     0 Mar 14  2010 sys
drwxrwxrwt  12 root root 36864 Mar 14 00:51 tmp
drwxr-xr-x  11 root root  4096 Dec 25 08:22 usr
drwxr-xr-x  13 root root  4096 Feb  5 15:23 var
guoxh@gxh-r61:~$
```

图 3-7 命令行界面

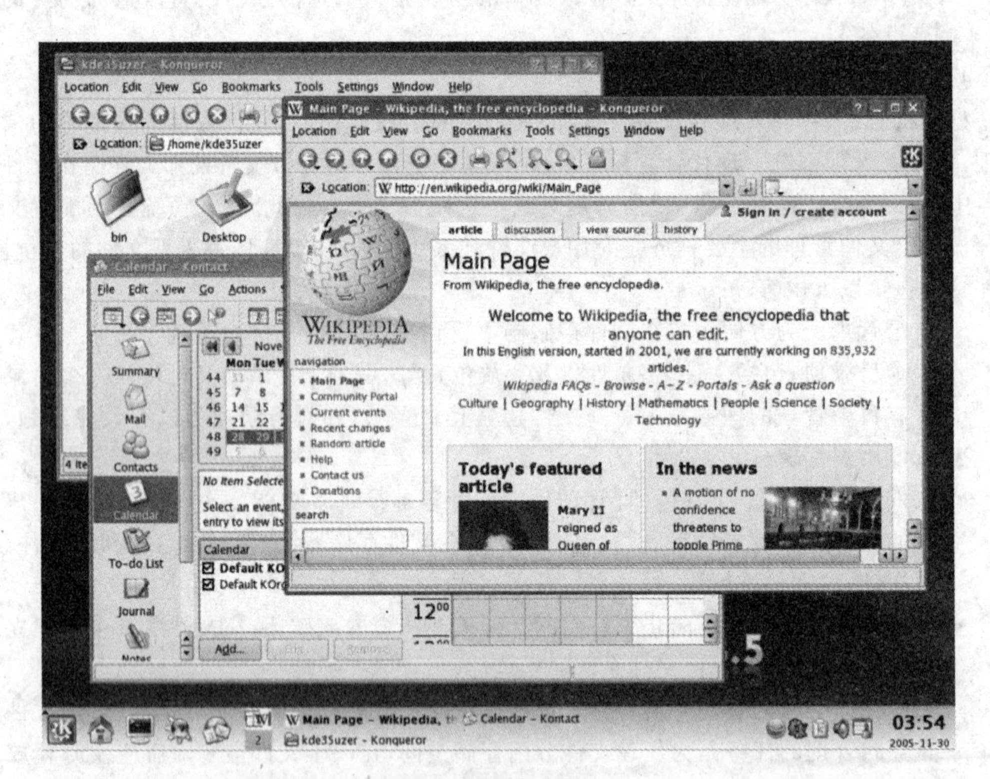

图 3-8 图形用户界面

3. 操作系统的处理形式

操作系统的设计目标在于提高计算机系统的效率，增强系统的处理能力，充分发挥系统资源的利用率，方便用户的使用。为此，现代操作系统广泛采用并行操作技术，使多种硬件设备能并行工作。例如，I/O 操作和 CPU 计算同时进行，在内存中同时存放并执行多道程

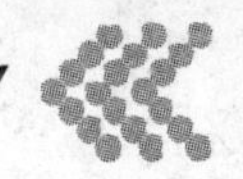

序等。以多道程序设计为基础的现代操作系统具有以下主要特征：

1）并发性

并发指的是在操作系统中存在着许多同时的或并行的活动。例如，在多道程序设计的环境下，各道程序同时在处理机上交替、穿插地执行。由并发而产生的一些问题是：如何从一个活动转到另一个活动，如何保护一个活动不受另一个活动的影响，以及如何实现相互制约活动之间的同步。

2）共享性

系统中存在的各种并发活动，要求共享系统的硬、软件资源。这样做的理由是：

- 向各个用户分别提供足够的资源是浪费的，有时也是不可能的。
- 多个用户共享同一程序比向各个用户分别提供程序副本能节省存储空间，提高工作效率。
- 几个用户或程序员在开发软件过程中，为避免重复，应允许相互使用他人拥有的"软件资源"。

与共享有关的问题是资源的分配、对资源的同时存取以及保护程序免遭破坏等。

3）虚拟性

虚拟是指将一个物理实体映射为若干个逻辑实体。前者是客观存在的，后者是虚构的，是一种感觉性的存在，即主观上的一种想象。例如，在多道程序系统中，虽然只有一个CPU，每次只能执行一道程序，但采用多道程序技术后，在一段时间间隔内，宏观上有多个程序在运行。在用户看来，就好像有多个CPU在各自运行自己的程序。这种情况就是将一个物理的CPU虚拟为多个逻辑上的CPU，逻辑上的CPU称为虚拟处理机。类似的还有虚拟存储器、虚拟设备等。

4）异步性

多道程序设计环境下，程序按异步方式运行。也就是说，每道程序在何时执行、各个程序执行的顺序以及每道程序所需的时间都是不确定的，也是不可预知的。操作系统必须能处理随时可能发生的事件。例如，从外部设备来的中断、输入/输出请求等，程序运行时发生的故障和发生的时间都是不可能预测的。但是操作系统必须能处理这些不确定事件。

4. 主要操作系统产品

当前，使用较为广泛的操作系统产品主要包括Microsoft Windows系统、UNIX类系统、Linux系统、Mac OS系统等。

Microsoft Windows系统是Microsoft公司于1985年在DOS操作系统的基础上开发而成。其后续版本作为面向个人计算机和服务器用户设计的操作系统，最终获得了世界个人计算机操作系统软件的垄断地位。Windows操作系统及其后续版本可以在多种不同类型的平台上运行，如个人计算机、服务器和嵌入式系统等。其中Windows在个人计算机的领域内应用最为普遍。最初Windows只是一种在MS-DOS上运行的附加组件，如今Windows已经发展成一个独立的操作系统，几乎垄断了整个个人计算机操作系统市场，拥有终端操作系统大约90%的市场份额。

Linux操作系统是自由软件和开放源代码发展中最著名的例子。自由软件(free software)是一种可以不受限制地自由使用、复制、研究、修改和分发的软件。这方面的不受限制正是自由软件最重要的本质，与自由软件相对的是闭源软件(proprietary software)，也常被称为私有软件、封闭软件(其定义与是否收取费用无关)。Windows 就是一种典型的私有软件。

Linux 内核最初只是由芬兰人林纳斯·托瓦兹(Linus Torvalds)在赫尔辛基大学上学时出于个人爱好而编写的。1991 年,托瓦兹将 Linux 系统的源代码发布在互联网上,并邀请全世界的用户和编程爱好者来使用和共同开发这个系统。随后,Linux 得到了快速的发展并产生了广泛的影响。最初的 Linux 用户通常具有较为专业的计算机技术知识。随着 Linux 越来越流行,越来越多的原始设备制造商(OEM)开始在其销售的计算机上预装上 Linux,Linux 的用户中也有了普通计算机用户,Linux 系统也开始慢慢抢占个人计算机操作系统市场。同时 Linux 也是最受欢迎的服务器操作系统之一。Linux 也在嵌入式消费电子市场上占有优势,低成本的特性使 Linux 深受用户欢迎。近年来,许多价格低廉的便携式笔记本和上网本预装了 Linux 操作系统。Linux 同时也是一种重要的手机操作系统。2008 年,Google 所推出的手机操作系统 Android 以及面向互联网的 Chrome OS 系统也都建立在 Linux 的基础之上。

UNIX 操作系统是美国 AT&T 公司 1971 年在 PDP-11 上运行的操作系统,具有多用户、多任务的特点,支持多种处理器架构,最早由肯·汤普逊(Kenneth Lane Thompson)、丹尼斯·里奇(Dennis MacAlistair Ritchie)和道格拉斯·麦克罗伊(Douglas Mcllroy)于 1969 年在 AT&T 的贝尔实验室开发。随后几十年中,UNIX 不断发展变化,衍生出了 IBM 公司的 AIX、HP 的 HP-UX、Sun 的 Solaris、SGI 的 IRIX 以及 FreeBSD 等许多种著名的操作系统。后期的 Linux 以及 Mac OS 也都建立在 UNIX 的接口标准之上。UNIX 因为其安全可靠、高效强大的特点在服务器领域得到了广泛的应用。直到 Linux 广泛流行前,UNIX 也是科学计算、大型机、超级计算机等所用操作系统的主流。

Mac OS 是一套运行于苹果 Macintosh 系列计算机上的操作系统,也是首个在商用领域成功的图形用户界面。新版本的 Mac OS 使用了 BSD UNIX 的内核,具有 UNIX 风格的内存管理和进程控制功能。Mac OS 以其优美的图形用户界面而闻名。

3.3.3 应用软件

真正能实现计算机最终用户的需求的是应用软件,能充分挖掘计算机系统潜力的也是应用软件。应用软件通过系统软件的接口实现同操作系统的交互和对计算机硬件的操作,最终用户通过应用软件和系统操作界面实现对计算机的利用,同时,也实现了计算机的高速、友好、高效处理数据和信息的价值。

应用软件是用来完成用户所要求的数据处理任务或实现用户特定功能的程序。应用软件可以分为通用软件和专用软件。通用软件可以被不同行业、组织中不同层次、不同职务的人员使用。例如,任何需要建立和编辑文档的人员都要使用文字处理软件。专用软件是为解决特定行业中的特殊问题或为实现特定职能、满足特殊需要而设计的应用软件。如会计软件、财务分析软件、销售软件、人事管理软件或生产管理软件。专用软件主要由行业内公司自行开发或者参与开发。

1. 专用软件

专用软件(specialized application software)是指专门为某类用户或应某个用户的要求而专门设计的软件。一般,这类软件都是自行开发的,但也可以从其他外部公司购买。如果组织有足够的时间和信息系统资源去自行开发,就可以选择自行开发软件。相反,组织也可

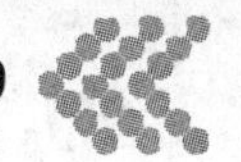

以从外部供应商那里获得定制的软件。例如,第三方软件公司,通常称它为增值软件供应商,可以为某特定公司或行业开发或修改一个软件程序,以满足该公司或行业的要求。

自行开发专用软件比较成功的一个例子是 OTR Express,它是堪萨斯州的一家运输公司。这家公司开发了一个分销控制软件,以追踪其装货、目的地、利用自己内部信息系统的人员的费率等信息。这些软件程序帮助组织将客户、最近的运输申请表和路线等列示出来,同时,保证每天对数据进行更新,每 30 天进行一次数据汇总。这样,OTR 软件就能够对客户进行排序,将那些运输申请利润较高的客户清单排在前面,作为重要客户。OTR 的管理人员能够依据这个清单制定未来的目标,安排调度计划等。

2. 通用软件

通用软件是可以在多个行业中给不同层次的用户使用的应用软件。常见的通用软件有以下几类:

1) 文字处理软件

文字处理软件是一个应用程序集,它允许用户创建、编辑和打印主要由文本组成的文档,当然这些文档还可能包括数据、图形、表格、图表甚至声音。文字处理软件带有完整的校对工具,如在线拼写检查、语法检查和辞典;还可以画图,勾勒草图,建立索引、脚注和表格,为大邮件插入数据库文件中的记录地址和通过调制解调器插入传真记录;它还允许用户转化由其他文字处理软件产生的文档。文字处理软件的经济价值常通过使用这类软件的文秘人员的效率提高来衡量。尽管使用文字处理软件第一次准备文档也是很容易、很快速的,但真正体现效率提高之处在于原文档能够快速修改,不必重新敲入,大大减少了文档准备费用。它能把顾客的姓名和地址插入销售信函中并在信纸上自动地打印出成品,这也将减少大量的文秘开支。同时,因为管理者对微机的使用日趋广泛,许多管理者现在自己准备和编辑文档,而这些工作从前是由秘书做的。

目前,常用的文字处理软件包括 Microsoft Word、OpenOffice. org Writer、WordExpress、WPS 文字等。

2) 电子表格软件

电子表格软件帮助管理者更轻松地准备预算表、税务分析、投资组合分析、销售和利润计划以及其他财务文档。它会显示由一系列行与列构成的网格,单元格内存放文本或数值。电子表格通常用于财务信息,因为它能够频繁地重新计算整个表格。电子表格软件允许管理者设计部分表格或表单,称为模板。模板包括标题和图表中每一项的名称,还包括使用公式计算的行或列的总和、行和列的平均量和其他输入。模板用数量表示量。例如,一个预算模板包括行名、列名、第一列上每行预算项目名称及进行小计、总计和百分比运算的公式。管理者可以多次使用设计好的模板统计和计算,每次只要输入每一项当前的数据和日期即可。电子表格软件的强大用途除了输入数据外还能输入公式,这样用户就可以使用假设分析的方法,模拟各种问题的解决方案。也就是说,用户可以输入大量不同的数值,如产品费用,以查看对结果的影响,如产品利润余额。输入的公式可以从简单的列合计或计算百分比到更复杂的计算投资净价值。因为电子表格软件允许管理者提供属于财务方面的假设分析问题,所以它提供了一个重要的决策支持工具。

第一个成功的电子表格软件是运行在 DOS 操作系统上的 Lotus 1-2-3。当前,Microsoft Excel 是运行在 Windows 系统上的主要的电子表格软件。除此之外,OpenOffice. org Cal 和

WPS 表格等电子表格软件也具有较为广泛的影响力。

3）数据库管理软件

数据库管理软件允许用户根据不同类型的记录中的数据建立报表。例如，管理者可能想准备一个记录员工和工资数据的报表；财务管理者可能想分析顾客发票记录中顾客的数据和存货中产品的数据之间的联系。数据库管理软件对组织中各个层次的管理者都是一个重要的决策支持工具。面向服务的大型数据库管理软件如 Oracle、IBM DB2、Microsoft SQL Server、MySQL 等主要运行在服务器系统上，提供集中共享的数据管理服务。面向个人用户的桌面数据库管理软件如 Microsoft Access、OpenOffice. org Base 等，则为个人日常工作中的数据管理以及简单的数据交换提供了便捷的手段。有关数据库管理软件的进一步讨论见本书的后续章节。

4）演示软件

演示软件帮助管理者制作幻灯片，幻灯片包含图表、文本、图像和声音。管理者利用软件放映幻灯片的功能在屏幕上定时依次显示每张幻灯片。显示图形软件通常提供艺术图片库，以使幻灯片更吸引人，传递更多的信息。例如，一个显示图形软件包可以提供商业、教育、军事、科学和医疗卫生等图片库。商业图片库可能包括以下图片：身着商业服饰的人、档案柜、计算机、办公室和其他常在商业环境下出现的场面和景物。许多显示图形软件还包括绘图和图片操作功能。多数显示图形软件可以用来制作文本幻灯片，用户只要简单地准备一个提纲，系统就会自动把它转换成需要的幻灯片。用户可以通过加色、特殊字体、艺术剪切和其他功能来美化演示幻灯片。多数显示图形软件提供各种“转换时的趣味效果”，增加幻灯片转换的趣味。例如，可使用“渐暗”来结束一张幻灯片，开始另一张，那么当前幻灯片将逐渐隐去而被另一张取代。但是，图形显示软件也可能需要特殊的显示终端和打印机来产生高分辨率的、色彩丰富的幻灯片。

常见的演示软件包括 Microsoft PowerPoint、OpenOffice. org Impress、WPS 演示等。

5）多媒体软件

多媒体软件泛指用于图形、图像、视频、音频等各种形式的信息媒介处理的软件，主要包括图形绘制软件（如 CorelDraw、Inscape 等）、图像显示和处理软件（如 Google Picas、Adobe Photoshop、GIMP 等）、视频播放软件（如 MPlayer、VLC 等）、视频编辑软件（如 Adobe Premiere、Avidmux 等）以及大量具有不同功能的多媒体应用程序。

6）网络软件

网络软件指的是用于访问各类网络服务的软件，主要包括网页浏览器（如 Microsoft IE、Mozilla Firefox、Google Chrome、Apple Safari 等）、电子邮件客户端（如 Microsoft Outlook、Mozilla Thunderbird、FoxMail 等）、即时通信软件（如腾讯 QQ、Microsoft Windows Live Messenger、Google Talk、Skype 等）、FTP 客户端（如 Filezilla、CuteFTP 等）、下载工具（如 FlashGet、迅雷等）以及其他种种不断涌现的新型网络工具。

7）套装软件

具有相关功能的一系列软件往往被组合成一套功能完备的套装软件以提供给用户使用，以使用户一次性获得更为全面的应用功能。例如，一套面向办公的套装软件通常包括一个文字处理软件、一个电子表格软件、一个数据库软件和一个演示软件。这些软件功能相关，使用方式相近，通过互补组合形成了强大的软件包。例如，Microsoft 公司把 Word（文字

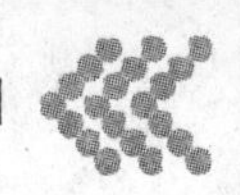

处理软件)、Excel(电子表格软件)、PowerPoint(演示软件)和 Access(数据库管理软件)捆绑成一套软件包,称为 Microsoft Office。另一套著名的办公软件是以开源形式提供的 OpenOffice.org。此外,国内的 WPS Office、永中 Office 等也都是十分优秀的办公套件。

3.3.4 软件版权形式

按照不同的版权形式,计算机软件大体上可以分为私有软件(proprietary software)、共享软件(shareware)和自由软件(free software)三大类。

私有软件一度是最为常见的软件版权形式,又称非自由软件、专属软件、专有软件、封闭性软件等,是指在复制、分发、使用、修改上有限制的软件。私有软件需付费使用,有详细的付费方式,不能随意复制使用。私有软件一般只提供可执行的程序,而不提供源代码。Microsoft 公司的产品是私有软件的典型代表。

与私有软件相对立,自由软件允许用户不受限制地自由使用、复制、研究、修改和分发该软件。自由软件的版权仍属作者所有,但不对用户的使用加以任何限制。为了保证用户修改和分发软件的自由,自由软件通常公开发布其源代码,因此也称为开源软件(open source software)。同时,为了确保软件始终是自由的,自由软件通常依靠"授权协议"来保证其开放性。例如,Linux 操作系统就使用了一份被称为 GPL 的协议。该协议的核心在于,对一个自由软件所做的任何复制、修改、分发工作,其所形成的新软件(或新版本)仍然应当是自由软件。在全世界范围内,自由软件为推动信息技术的应用发挥了巨大的作用。最为著名的自由软件包括 BSD UNIX 操作系统、Linux 操作系统、Firefox 浏览器、OpenOffice.org 办公套件等。近年来,自由软件也得到了越来越多的商业公司的支持,例如 IBM、Google 的多种新产品均以自由软件的形式发布,其影响不断扩大。

共享软件是一种介于私有软件和自由软件之间的版权形式。共享软件通常是闭源的,但允许他人自由复制和使用。然而,这种使用一般附有特定的限制,如试用期、功能屏蔽或广告等,并鼓励用户通过缴纳软件注册费来消除这些限制。著名的共享软件包括邮件客户端 FoxMail、下载工具 FlashGet 等。

需要指出的是,专有软件并不等同于商业软件,自由软件也不等同于免费软件。商业软件和免费软件并没有清晰的定义。一般来说,商业软件指由商业公司经营的软件,免费软件则是无须为使用付费的软件。私有软件和自由软件都可以免费或收费分发。它们之间的区别在于,私有软件的所有者可以决定是否可以分发该软件,以及费用的数额;而自由软件可以被任何持有者随意分发,相关的复制以及服务费用也可自行决定。

3.4 计算机系统的发展

现代信息技术仍处于一日千里的发展之中。无论是在硬件方面还是软件方面,新的技术仍在不断地出现。信息技术未来的发展趋势,体现在计算能力、应用及系统结构、通信、存储四个方面,如图 3-9 所示。

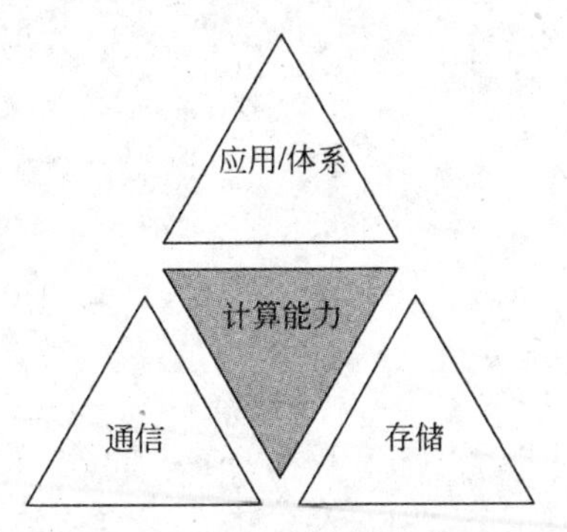

图 3-9 信息技术的能力体系

在计算能力方面,电子计算机的处理容量和处理速度仍处于不断地攀升之中,目前微型计算机的运算能力已经达到并且超过了 20 年前大型计算机才具有的水平。

在应用/体系方面，多层应用体系、跨平台分布式处理、联机分析处理、商务智能、远程协同工作以及虚拟化和云计算等新发展不断为人们提供更新、更有效的选择。在通信方面，高速宽带网络、高可用性网络、智能化网络服务、无线网络、移动互联网、多媒体网络也使得数据交换及沟通手段越来越丰富而快捷。在存储方面，超大容量磁盘、存储网络、分布式异构数据库互联、高可用性智能存储管理、多媒体数据库等前沿技术也使得数据的保存和管理变得越来越安全、便捷而有效。

本章习题

1. 计算机硬件包括哪些主要的组成部分？各部分具有哪些功能和特点？
2. 什么是计算机软件？计算机软件具有哪些主要的类型？
3. 操作系统软件包括哪些主要的功能？
4. 什么是私有软件？什么是自由软件？二者之间存在怎样的关系？
5. 你如何看待计算机软硬件技术的未来发展趋势？

本章参考文献

[1] Davis William S, Rajkumar T M. 操作系统基础教程. 第五版. 陈向群，译. 北京：电子工业出版社，2003.

[2] Null L, Lobur J. The Essentials of Computer Organization and Architecture，北京：机械工业出版社，2004.

[3] Silberschatz Abraham, Galvin Peter, Gagne Greg. 操作系统概念. 第六版. 郑扣根，译. 北京：高等教育出版社，2004.

[4] Tanenbaum Andrew S. 现代操作系统. 第二版. 陈向群，译. 北京：机械工业出版社，2005.

[5] 陈国青，郭迅华. 信息系统管理. 北京：中国人民大学出版社，2005.

[6] 陈国青，李一军. 管理信息系统. 北京：高等教育出版社，2005.

第4章　计算机网络

在21世纪初，互联网的快速兴起使得信息技术的应用进入了一个新的高峰。正如计算机技术发展的"梅特卡尔夫定律"所指出的那样，计算机网络的价值与联结到网上的计算机的数量的平方成正比。换句话说，网络效应使得计算机给人类社会所带来的价值呈现出几何级数的增长。如今，网络已经成为信息技术基础设施中不可缺少的一个环节，成为构建现代管理信息系统的一个必要的支撑。本章将简要地介绍计算机网络技术的基本原理、发展现状和未来趋势，以帮助读者更好地把握计算机网络这一信息系统世界的"交通基础设施"。

4.1　通信技术基础

通信指的是信息以一定的形式，如语言、数据、文本和影像，使用电或光等传递介质，从一个地方发送到另一个地方。计算机数据通信指的是在一个或多个计算机与多种输入/输出终端之间传送和接收数据。计算机通信网络就是利用通信设备和线路将地理位置不同的、功能独立的多个计算机系统互联起来，以功能完善的网络软件(即网络通信协议、信息交换方式和网络操作系统等)实现网络中资源共享和信息传递的系统。

4.1.1　通信方式

作为制造、传送、接收电子信息的系统，一个通信系统至少要包含三个基本要素：发送信息的设备、传送信息的通路或通信介质、接收信息的设备。信号从发送端传输到接收端时，有多种通信方式和数据编码可以选择。

1. 模拟和数字传输

多数计算机利用数字信号进行通信。数字信号分为"开"、"关"两种离散的电脉冲，多数系统用电脉冲构成比特，进而组成了节或字。例如，计算机可以通过向通路接入瞬时＋5V电压将其置于开状态，相反，接入－5V电压使其复位。通过数字信号传递信息称为数字传输。

声音，包括人的语音，是通过模拟信号传输的。模拟信号是连续的正弦波。在通信系统中，模拟信号持续向通路接入＋5V电压，但信号将在＋5V与－5V之间连续变化。比如，可以比较在收音机上使用音量旋钮或开关按钮。如果逐渐将音量旋钮从最低旋转到最高，那么这是模仿模拟信号的行为。如果使用收音机开关按钮，那么会间或听到收音机发出的声波，这是在模仿数字信号的传输方式。

由于电话系统最初是被设计用来传递人的声音的，所以仍采用模拟传输方式。无线电广播同样采用模拟传输方式。由于计算机使用数字信号，许多数据通路采用数字传播方式。

虽然许多新型电话电路采用数字传输，但现代科技的发展已经允许语言和数据的信息以模拟和数字二者中任何一种方式传输。

与模拟传输相比，数字传输的优势在于，它能够更容易地减少或消除传输中的噪声及错误信号，这一点在长距离传输中表现得尤为突出。另一个优点是，它与数字计算机系统相兼容，这样就不必在计算机系统使用数字传输通路时进行多次模拟或数字转换。

2. 同步传输和异步传输

在网络通信过程中，通信双方要交换数据，需要高度的协同工作。为了正确地解释信号，接收方必须确切地知道信号应当何时接收和处理，因此定时是至关重要的。在计算机网络中，定时的因素称为位同步。同步是要接收方按照发送方发送的每个位的起止时刻和速率来接收数据，否则会产生误差。通常可以采用同步或异步的传输方式对位进行同步处理。

异步传输(asynchronous transmission)将数据分成小组进行传送，小组可以是8位的一个字符或更长。发送方可以在任何时刻发送这些比特组，而接收方从不知道它们会在什么时候到达。一个常见的例子是计算机键盘与主机的通信。按下一个字母键、数字键或特殊字符键，就发送一个8比特位的ASCII代码。键盘可以在任何时刻发送代码，这取决于用户的输入速度，内部的硬件必须能够在任何时刻接收一个输入的字符。

异步传输存在一个潜在的问题，即接收方并不知道数据会在什么时候到达。在它检测到数据并做出响应之前，第一个比特已经过去了。这就像有人出乎意料地从后面走上来跟你说话，而你没来得及反应过来，漏掉了最前面的几个词。因此，每次异步传输的信息都以一个起始位开头，它通知接收方数据已经到达了，这就给了接收方响应、接收和缓存数据比特的时间；在传输结束时，一个停止位表示该次传输信息的终止。按照惯例，空闲(没有传送数据)的线路实际携带着一个代表二进制1的信号，异步传输的开始位使信号变成0，其他的比特位使信号随传输的数据信息而变化。最后，停止位使信号重新变回1，该信号一直保持到下一个开始位到达。例如，按下键盘上的数字“1”，按照8比特位的扩展ASCII编码，将发送“00110001”，同时需要在8比特位的前面加一个起始位，后面加一个停止位。

异步传输的实现比较容易，由于每个信息都加上了“同步”信息，因此计时的漂移不会产生大的积累，但却产生了较多的开销。在上面的例子中，每8个比特要多传送两个比特，总的传输负载就增加25%。这对于数据传输量很小的低速设备来说问题不大，但对于那些数据传输量很大的高速设备来说，25%的负载增值就相当严重了。因此，异步传输常用于低速设备。

同步传输(synchronous transmission)的数据分组要大得多。它不是独立地发送每个字符，每个字符都有自己的开始位和停止位，而是把它们组合起来一起发送。我们将这些组合称为数据帧，或简称为帧。

数据帧的第一部分包含一组同步字符，它是一个独特的比特组合，类似于前面提到的起始位，用于通知接收方一个帧已经到达，但它同时还能确保接收方的采样速度和比特的到达速度保持一致，使收发双方进入同步。帧的最后一部分是一个帧结束标记。与同步字符一样，它也是一个独特的比特串，类似于前面提到的停止位，用于表示在下一帧开始之前没有别的即将到达的数据了。

同步传输通常要比异步传输快得多。接收方不必对每个字符进行开始和停止的操作。一旦检测到帧同步字符，它就在接下来的数据到达时接收它们。另外，同步传输的开销也比较少。例如，一个典型的帧可能有500字节(即4000比特)的数据，其中可能只包含100比

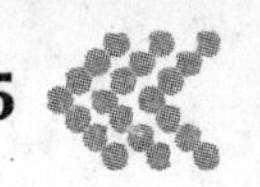

特的开销。这时，增加的比特位使传输的比特总数增加2.5%，这与异步传输中25%的增值要小得多。随着数据帧中实际数据比特位的增加，开销比特所占的百分比将相应地减少。但是，数据比特位越长，缓存数据所需要的缓冲区就越大，这就限制了一个帧的大小。另外，帧越大，它占据传输媒体的连续时间也越长。在极端的情况下，这将导致其他用户等得太久。

3. 单工、半双工、全双工传输

有些网络的通道能够单向传输信息，称为单工传输。商用无线电广播网络系统即为单工网络系统。人们可以选择喜欢的段波，但不能用这个波段向电台反馈信息。单工通道常常用来将家中或办公室中的烟火报警装置与附近的消防队相连接，也用于机场的监视器。

有些网络的通道允许信息双向传输，但在某一特定时刻，仅有一个方向允许信息传送，如CB无线电收发装置，称为半双工传输。另外一些网络的通道允许同时向两个方向传输信息，称为全双工传输，公用电话网采用全双工的通道。许多公司的网络包含上述三种信道。

4. 线路交换和分组交换

在通信网络中，通信的双方要建立联系，存在着线路交换和分组交换两种方式。

线路交换(circuit switching)要求必须首先在通信双方之间建立连接通道。在连接建立成功之后，双方的通信活动才能开始。通信双方需要传递的信息都是通过已经建立好的连接来进行传递的，而且这个连接也将一直被维持到双方的通信结束。在某次通信活动的整个过程中，这个连接将始终占用着连接建立伊始通信系统分配给它的资源(有线信道、无线信道、频段、时隙、码字等)。传统的固定电话网络是一种典型的线路交换网络。

分组交换(packet switching)是数据通信中一种新的且重要的概念，现在是世界上数据和语音通信中最重要的基础。分组交换的核心思想，是把发送方所发出的数据分割成小段，并将这些数据小段通过网络分别发送给接收方，每个小段可能通过各自不同的路径抵达接收方。与线路交换相比，分组交换技术提高了网络系统的利用率。如果数据包很小，并且网络提供足够的可选路径，分组交换系统能够为数据包在网络中进行合理的路径选择，以平衡线路负载。

4.1.2 传输介质

传输介质是指信息传输时经过的通道类型，包括双绞线、光缆、同轴电缆、微波、无线电波等。包括电话系统在内，许多通信系统同时使用几种介质。比如，当你给朋友打电话时，你的声音可能通过双绞线、光缆或微波到达目的地。

1. 速度与容量

衡量传输通路性能的最主要指标是信道容量，可以用比特/秒或线路速度来表示。每秒传输56KB的信道当然比每秒传输28KB的信道容量大得多。

如今，许多网络系统都感到网络容量不能满足用户需求。这是由两个因素造成的：联网用户数量激增以及传输数据的性质发生了新变化。后一个问题的出现是因为越来越多的人在原本为传送短的语言而设计的网络系统上传输图片、声音、录像等。

2. 双绞线

双绞线通路是与家用或办公室内的电话系统相同的传输通路。它价格低廉且便于安装。目前的技术发展已允许在短距离内使用双绞线，以100Mbps的速率传输数据。许多电话公司已经引入非对称数字用户环线(AOSL)设备，利用电话线获得640Kbps的上传速度和6Mbps的下载速度。

3. 同轴电缆

长久以来,同轴电缆是计算机系统的首选产品。电缆有多种规格以适应不同需要。同轴电缆一般用于局域网内部计算机的连接,如一个办公室、一层楼、一个建筑物及一座校园,还可以用于有线电视的连接。

4. 光缆

光缆以光为传播媒介,在很多网络系统中,它已经取代了传统的铜线缆。它通过有无光线的速度变化来编制计算机所需要的"0"、"1"码。光缆的重量很轻,通过容量是传统铜线缆的数倍,并且可以用于一些不适合用铜线缆的地区,如潮湿或电磁干扰大的地区。与铜线缆相比,它也更不易被窃听或截取数据,所以保密性好。

5. 无线传输

无线传输以微波、无线电波或红外线为媒介传送文本、数据、图像和声音,常被称为无线信道。

对于大型用户,微波传输信道提供了高频率的服务。可以从公共通信公司租用微波传输设备或构建短程微波网。自己就可以控制,如在校园的建筑物之间传输语音和数据。微波传输要通过位于高楼或塔上的碟型卫星天线,或地球定位轨道上的通信卫星。

当今科技的发展已使碟型卫星接收天线的直径从3英尺减小到18英寸,使其能够适用于住宅,并且价格低廉,便于安装。

无线电波通路大量用于短程语音、数据传输。红外线也可以用于数据传输,尤其是局部传输,如一层楼中的房间或楼层间的传输。事实上,无线电波和红外线信号也用于电视遥控器、计算机无线键盘、鼠标等。

4.2 计算机网络的基本结构

第一代计算机通信网被称为面向终端的计算机网络,结构是以单个主机为中心的星型图,使用远程终端通过电话线路与计算机相连,以实现相互传递数据信息。第二代计算机通信网络是多个计算主机通过通信线路互联起来,为用户提供服务。这种多主机互联的网络也是目前通常所称的计算机网络。第三代计算机通信网络是国际标准化的网络,具有统一的网络体系结构,遵循国际标准化的协议。标准化使得不同类型的计算机能方便地互联,同时还能带来大规模生产、大范围集成和成本降低等一系列好处。

根据应用范围和应用方式的不同,计算机网络可以分为局域网(LAN)、城域网(MAN)、广域网(WAN)和国际互联网(Internet)。网络体系结构包括文件服务器/工作站体系、客户机/服务器(C/S)体系、分布式处理体系以及浏览器/服务器(B/S)多层体系结构。在底层实现上,常见的网络形式包括以太网、令牌环网、高速以太网、FDDI(光纤分布式数据接口)和ATM(异步传输模式)等。

计算机网络可以划分成资源子网和通信子网两个部分。资源子网由主机和终端设备组成,负责数据处理,向网络提供可供选用的硬件资源、软件资源和数据资源;通信子网负责整个网络的通信管理与控制,如数据交换、路由选择、差错控制和协议管理等,通信控制与处理设备(如程控交换机)和通信线路属于通信子网。

4.2.1 网络拓扑结构

网络中的节点相互联结的方式称为网络拓扑,网络的拓扑结构主要有以下几种:

1. 星型结构

如图 4-1 所示，星型结构是以中央节点为中心，将其他多个节点通过点到点的线路联结到中央节点上。中央节点执行集中式通信控制策略，相邻节点通信也要通过中央节点，因而中央节点复杂且负担很重，不仅有路由选择功能，还有存储转发功能，而多个其他点通信处理的负担较小。这种结构主要用于分级的主从式网络，网络实行集中控制。星型结构的优点是结构简单、延迟小，容易进行节点扩充；缺点是可靠性差，一旦中央节点出故障，则整个网络系统瘫痪；此外，每段线路为一个非中央节点专用，线路使用量大，利用率不高。基于交换机的网络普遍采用星型，以程控交换机为中心节点，其他节点通过交换机进行通信。

2. 环型结构

如图 4-2 所示，在环型结构中，多个节点彼此串接并首尾相连，形成闭合环型。在环型结构中，各节点上的计算机地位相等，网络中的信息流是沿环定向流动的。因而网络的传输延迟是确定的。优点是网络管理简单，通信线路节点少；缺点是一旦一个节点出故障，则由于环的断开，造成全网不能工作；另外，当环中节点过多时，传输效率降低，响应时间长。

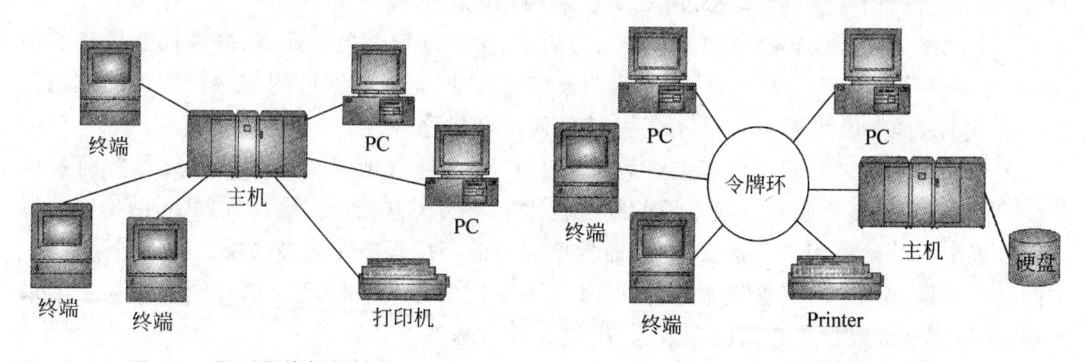

图 4-1 星型网络拓扑结构　　图 4-2 环型网络拓扑结构

3. 总线结构

如图 4-3 所示，在总线结构中，多个节点都联结在一条公共的总线上，每个节点采用广播式发送信息，信号沿着总线向两侧传送，并可以被其他所有节点收到。整个网络上的通信处理分布在多个节点上，减轻了网络管理控制的负担。总线结构的优点是节点增加和拆卸十分方便，便于网络的调整或扩充；所需线路很少，布线容易；可靠性高，某个节点发生故障对整个系统的影响很小；响应速度快，共享资源能力强。缺点是故障隔离困难，如果线路发生故障，则整个总线断开，不能正常工作。

在实际的应用中，网络的拓扑结构往往不是单一的，可能是几种结构的组合。选择拓扑结构时，应将网络应用方式、网络操作系统及现场环境结构结合起来考虑，并考虑布线费用、适应节点调整(增加、拆卸、移动)的灵活性以及网络可靠性等几方面问题。

4.2.2 网络协议

网络协议(protocol)是计算机网络中进行数据交换而建立的规则、标准或约定的集合。例如，网络中一个微机用户和一个大型主机的操作员进行通信，由于这两个数据终端所用字符集不同，因此操作员所输入的命令彼此不认识。为了能进行通信，规定每个终端都要将各

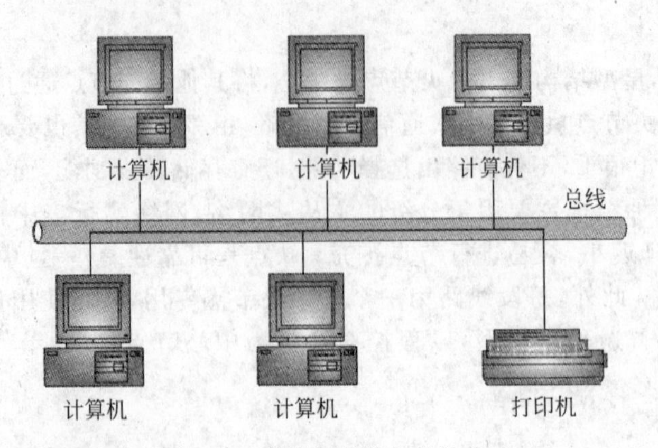

图 4-3 总线型网络拓扑结构

自字符集中的字符先变换为标准字符集的字符后，才进入网络传送，到达目的终端之后，再变换为该终端字符集的字符。当然，对于不相容终端，除了需变换字符集字符外，其他特性，如显示格式、行长、行数、屏幕滚动方式等也需做相应的变换。

一个网络协议至少包括三要素，即：(1)语法，用来规定信息格式、数据及控制信息的格式、编码及信号电平等；(2)语义，用来说明通信双方应当怎么做，协调与差错处理的控制信息；(3)时序，详细说明事件的先后顺序、速度匹配和排序等。

由于网络节点之间联系的复杂性，在制定协议时，通常把复杂成分分解成一些简单成分，然后再将它们复合起来。最常用的复合技术就是层次方式。在层次方式中，结构中的每一层都规定有明确的用户及接口标准，通常把用户的应用程序作为最高层。除了最高层外，中间的每一层都向上一层提供服务，同时又是下一层的用户。物理通信线路是协议中的最低层，它使用从最高层传送来的参数，是提供服务的基础。

各个层次上的各种协议共同组成了网络的体系结构，用以支撑种种复杂的网络应用。例如，在数据收发和网络管理的层次上，主要有 IP 协议、ICMP 协议、ARP 协议、RARP 协议等；在传输控制的层次上，主要有 TCP 协议、UDP 协议等；在应用的层次上，则有 FTP、Telnet、SMTP、HTTP、RIP、NFS、DNS 等大量的协议。

4.2.3 网络体系结构

网络体系结构是指通信系统的整体设计，它为网络硬件、软件、协议、存取控制和拓扑提供标准。目前，最具规范性影响的是国际标准化组织(ISO)在 1979 年提出的开放系统互连(open system interconnection，OSI)的参考模型，而在实践中应用最为广泛的则是互联网中所实施的 TCP/IP 体系结构。

计算机网络是一个非常复杂的系统，需要解决的问题很多并且性质各不相同。所以，在早期网络设计时，就提出了“分层”的思想，即将庞大而复杂的问题分为若干较小的易于处理的局部问题。1974 年美国 IBM 公司按照分层的方法制定了系统网络体系结构(system network architecture，SNA)。现在 SNA 已成为世界上较广泛使用的一种网络体系结构。最初，各个公司都有自己的网络体系结构，就使得各公司自己生产的各种设备容易互联成网，有助于该公司垄断自己的产品。但是，随着社会的发展，不同网络体系结构的用户迫切要求能互相交换信息。为了使不同体系结构的计算机网络都能互联，国际标准化组织

(ISO)于1997年成立专门机构研究这个问题。1978年ISO提出了“异种机联网标准”的框架结构，这就是著名的开放系统互连参考模型(OSI)。

如图4-4所示，OSI参考模型用物理层、数据链路层、网络层、传输层、会话层、表示层和应用层七个层次描述网络的结构，它的规范对所有的厂商是开放的，具有指导国际网络结构和开放系统走向的作用。它直接影响总线、接口和网络的性能。从网络互联的角度看，网络体系结构的关键要素是协议和拓扑。

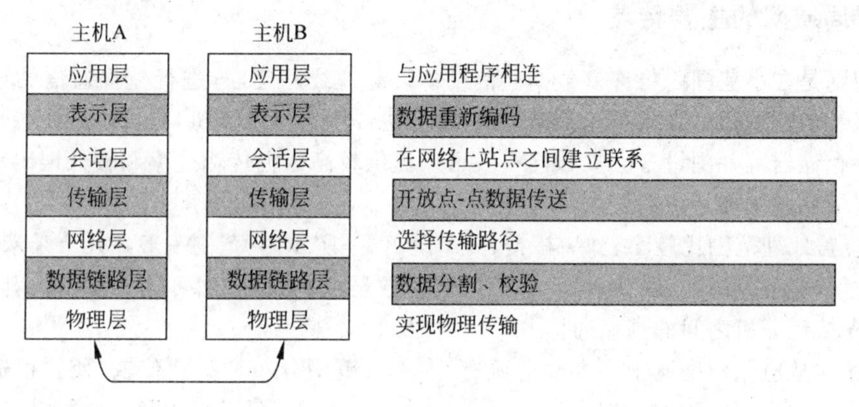

图4-4 OSI参考模型

尽管OSI参考模型得到了全世界的认同，但由于互联网的巨大影响，在实践中应用最为广泛的实际上是互联网中所使用的TCP/IP模型。TCP/IP模型与OSI模型具有内在的一致性，其核心是网络层协议(IP)和传输层协议(TCP)。围绕TCP和IP，一系列的网络协议共同组成了一个全面的协议集(如图4-5所示)，支撑了互联网这一当今世界上影响面最为巨大的计算机网络。

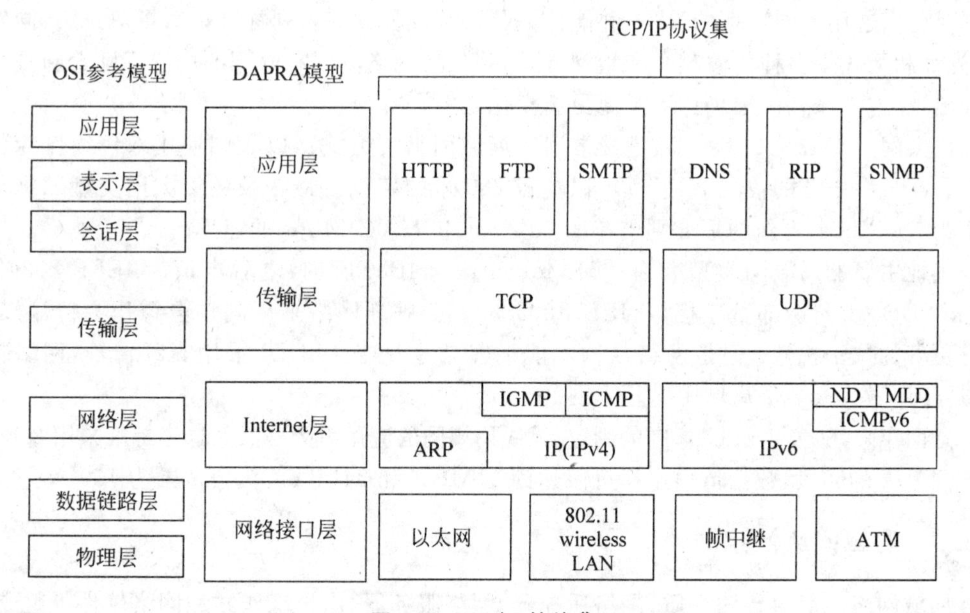

图4-5 TCP/IP协议集

4.3 局域网与广域网

局域网，或称LAN(local area network)，指覆盖局部区域（如办公室或楼层）的计算机网络。广域网(wide area network，WAN)指一个很大地理范围的由许多局域网组成的网络，比如一家大型公司在各地的分公司的内部网络互相联结组成一个网络。

4.3.1 局域网的主要特点

局域网是在小范围内将许多数据通信设备以高速线路互联，进行数据通信的计算机网络。被联结的数据通信设备可以是微型机、小型机或中大型计算机，也可以是终端、打印机、大容量外存储器等外围设备。局域网一般可以提供较高数据传输速率和较低误码率的数据通信。局域网的主要特点有：

- 覆盖地理范围比较小，如一栋楼、一个院落、一所园区，范围一般在几十千米以内。
- 通信速率较高，一般为Mbps（每秒兆位）数量级，如光纤网可达100Mbps，因而可以支持计算机之间的高速通信。
- 通常从应用角度属于一个部门所有，由于小范围分布和高速传输，使它很适合于一个部门内部的数据管理。
- 成本低，便于安装和维护，可靠性高。特别是在微机局域网中采用微型机作为网络工作站，以双绞线或同轴电缆为传输介质，具有很高的性能价格比。

4.3.2 局域网标准

早期的局域网网络技术都是不同厂家所专有，互不兼容。后来，IEEE（国际电子电气工程师协会）推动了局域网技术的标准化，由此产生了IEEE 802系列标准。这使得在建设局域网时可以选用不同厂家的设备，并能保证其兼容性。这一系列标准覆盖了双绞线、同轴电缆、光纤和无线等多种传输媒介和组网方式，并包括网络测试和管理的内容。随着新技术的不断出现，这一系列标准仍在不断地更新变化之中。

以太网(IEEE 802.3标准)是最常用的局域网组网方式。以太网使用双绞线作为传输媒介。在没有中继的情况下，最远可以覆盖200米的范围。最普及的以太网类型数据传输速率为100Mbps，更新的标准则支持1000Mbps和10 000Mbps的速率。

其他主要的局域网类型有令牌环(token ring，IBM所创，之后申请为IEEE 802.5标准)和FDDI（光纤分布数字接口，IEEE 802.8）。令牌环网络采用同轴电缆作为传输媒介，具有更好的抗干扰性；但是网络结构不能很容易地改变。FDDI采用光纤传输，网络带宽大，适于用做连接多个局域网的骨干网。

近两年来，随着802.11标准的制定，无线局域网的应用大为普及。这一标准采用2.4GHz和5.8GHz的频段，数据传输速率可以达到11Mbps和54Mbps，覆盖范围为100米。

4.3.3 局域网络的组成

局域网络一般由传输介质、网络适配器、网络服务器、用户工作站和网络软件等组成。

局域网使用的传输介质主要是双绞线、同轴电缆和光纤，此外，还有一些传输介质附属设备，主要指将传输介质与传输介质、通信设备进行联结的网络配件，如线缆接头、T型接

头、终端匹配器等。

网络适配器是网络系统中的通信控制器，通过网络适配器将网络工作站联结到网络上。微机局域网中的网络适配器通常是一块集成电路板，安装在微机主机的扩展槽上，通过网络配件与传输介质相连。因此，网络适配器有时也称为网卡。

网络服务器是网络的运行和资源管理中心，通过网络操作系统对网络进行统一管理，支持用户对大容量硬盘、共享打印机、系统软件、应用软件和数据信息等共享资源的存取和访问，网络的功能都是通过网络服务器来实现的。网络服务器可以是高性能微机、工作站、小型机或中大型机，一般具有通信处理、快速访问和安全容错等能力。

网络工作站是网络的应用前端，用户通过网络工作站进行网络通信，共享网络资源和接受各种网络服务。网络工作站一般采用微机，除了进行网络通信外，工作站本身也具有一定的数据处理能力。

网络软件包括网络协议软件、通信软件和网络操作系统。网络软件功能的强弱直接影响到整个网络的性能。协议软件主要用于实现物理层和数据链路层的某些功能，如网卡中的驱动程序。通信软件用于管理多工作站的信息传输。网络操作系统负责整个网络范围内的任务管理和资源的管理与分配，监控网络的运行状态，对网络用户进行管理，并为网络用户提供各种网络服务。

图 4-6 显示了一个典型的局域网络的示意图。

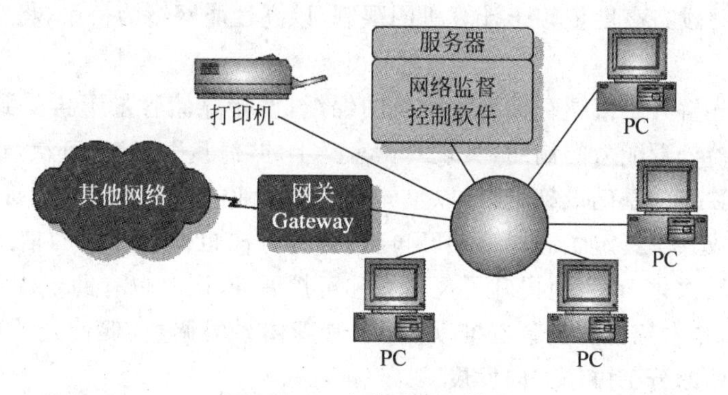

图 4-6 一个典型的局域网

4.3.4 广域网

广域网是能够将地理位置相距较远的多个计算机系统通过通信线路联结起来以实现数据通信的计算机网络（见图 4-7），也可以说是将分散于各地的局域网互联而形成的跨越地区的大型网络。广域网的根本特点是网络中的计算机分布范围很广，从数十千米到数千千米，针对这个特点，单独为每个系统建造一个广域网是极其昂贵和不现实的，因此只能采用公共的网络数据线路来实现。最初的广域网络通信就是采用传统的公共电话网实现，但对于大量数据传输来讲，这种方式性能差、效率低，速率最高不超过 64Kbps，并且误码率很高。随着计算机远程通信需求的不断提高和通信技术的发展，广域网大多采用以分组交换为基础的数据通信网实现。

当前广泛应用的广域网络技术包括数字程控交换网络、光纤分布数字接口网络

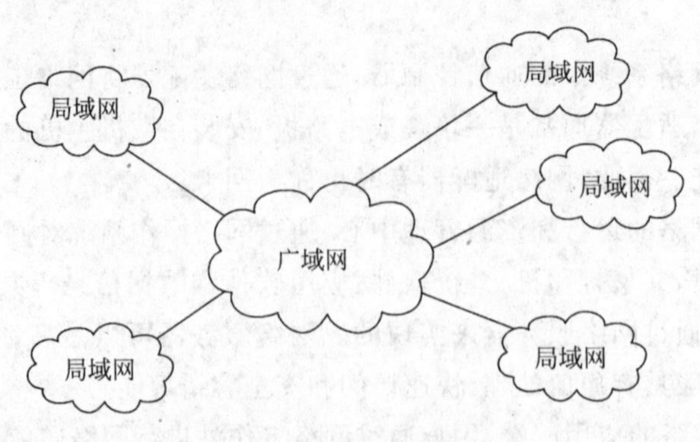

图 4-7　广域网

(FDDI)、基于 TCP/IP 的分组交换网络、综合业务数字网(ISDN)、非对称数字用户线路(ADSL)、卫星通信网络等。

4.3.5　存储网络

近年来,各种类型的信息系统应用导致了数据存储量的激增,从而推动了网络存储技术的出现。在新的形势下,传统的存储技术以及客户机/服务器存储模式已经不堪重负,此时应运而生的存储网络便显现了强大的威力,得到了企业和厂商的广泛关注。存储网络打破了传统模式中存储设备高度依赖于计算机的限制,以高性能网络为桥梁,将存储能力与计算能力分离开来。

这种分离首先解开了束缚存储容量增长的缰绳,使得存储容量不再受到计算机内部体系结构以及服务器处理能力的制约,实现真正意义上的"海量"存储。其次,这种分离使得存储体系成为一种独立的基础设施平台,以整体形式为企业的信息系统应用提供全面的支撑,从而为信息的集成共享奠定了底层基础。再次,这种分离也使得企业的信息系统技术架构得到了进一步的层次化,有力地提升了灵活性和可扩展性,同时也有助于建立纵深的信息安全性体系。此外,技术架构的变革也推动着 IT 管理体系的调整,促使企业内部 IT 管理方式向着更高效有序的分工协作方向发展。

在新的环境中,数据存储不再仅仅扮演附加设备的角色,而是以独立的网络系统的形式存在。存储网络(storage network)最重要的两种形式是网络连接存储(network attached storage,NAS)和存储区域网络(storage area network,SAN)。

NAS 模式建立在现有 TCP/IP 网络的基础上,实施过程较为简便,可以较为迅速地增加存储容量并提升数据共享能力,为初步改造企业存储模式提供了一条较为便捷的途径。NAS 的基本结构如图 4-8 所示。

SAN 则独立于传统网络之外,以高效率的光纤通道技术为存储建立专门的网络。以 SAN 为代表的存储网络具有现代数据存储所需要的高容量、高速度、高可用性、高可扩展性、集成性、远程虚拟存储等特性,并通过两个网络的分离充分保证了应用系统的效率。其未来发展的方向,是可将系统监控、资源管理、系统配置、安全策略、高可靠性、容量计划及冗余管理等众多功能集于一身的集成式数据分发与检索架构解决方案。图 4-9 显示了 SAN 的一种基本结构。

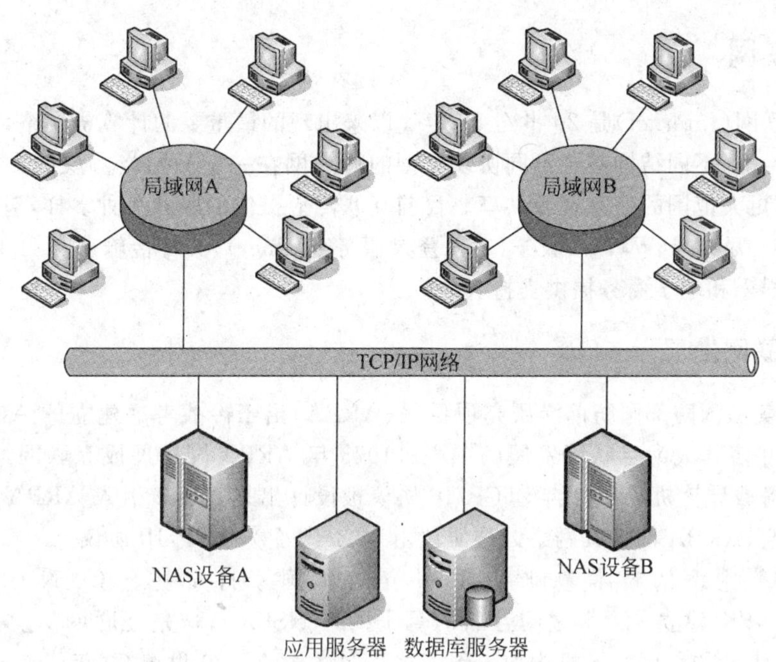

图 4-8　NAS 的基本结构

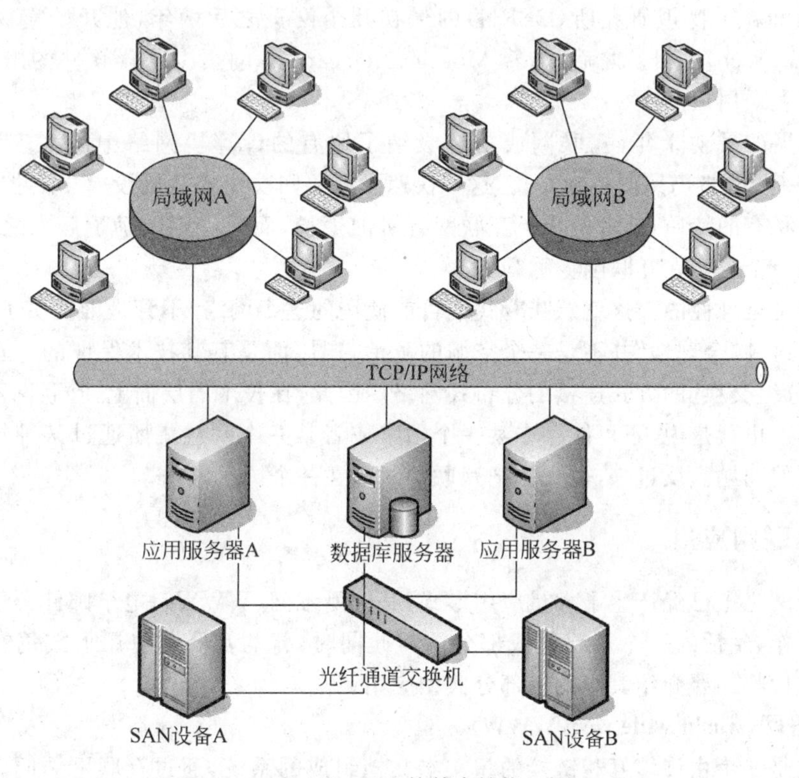

图 4-9　SAN 的基本结构

4.4 互联网

国际互联网(Internet)是20世纪80年代以来出现的最重要的计算机网络，它通过主干网络把不同标准、不同结构甚至不同协议类型的局域网在一定的网络协议的支持下联系起来，从而实现更大范围的信息资源共享。目前互联网上提供的服务多种多样，包括电子邮件(E-mail)服务、万维网(WWW)服务、远程登录服务(Telnet)、文件传输服务(FTP)、新闻组等，为会话、娱乐和电子商务提供支持。

4.4.1 互联网发展

1960年美国国防部国防前沿研究项目署(ARPA)出于冷战考虑建立的ARPA网引发了技术进步并使其成为互联网发展的中心。1973年ARPA网扩展成互联网，第一批接入的有英国和挪威计算机。1974年，TCP/IP协议被设计出来并逐步引入ARPA网络。1983年1月1日起，ARPA网将其网络内核协议由NCP改变为TCP/IP协议。

在ARPA网络的技术基础上，1986年美国国家科学基金会(National Science Foundation,NSF)建立了大学之间互联的骨干网络NSFnet，这是互联网历史上重要的一步，从此之后大量的美国学术机构加入到了这一网络之中。20世纪90年代初开始，整个网络向公众开放。1991年8月，蒂姆·伯纳斯-李(Tim Berners-Lee)在瑞士创立HTML、HTTP和欧洲粒子物理研究所(CERN)的最初几个网页之后两年，他开始宣扬其万维网(World Wide Web)项目。之后，随着Mosaic、Netscape等网页浏览器软件的出现，互联网进一步迈向大众用户。

在其发展的最初十年，互联网成功地吸纳了原有的计算机网络中的大多数(尽管像FidoNet的一些网络仍然保持独立)。这一快速发展要归功于互联网没有中央控制，以及互联网协议非私有的特质，前者造成了互联网有机的生长，而后者则鼓励了厂家之间的兼容，并防止了某一个公司在互联网上称霸。

互联网是全球性的。这就意味着我们目前使用的这个网络，不管是谁发明了它，是属于全人类的。这种"全球性"并不是一个空洞的政治口号，而是有其技术保证的。互联网的结构是按照"分组交换"的方式连接的分布式网络。因此，在技术的层面上，互联网不存在中央控制的问题。也就是说，不可能存在某一个国家或者某一个利益集团通过某种技术手段来控制互联网的问题。反过来，也无法把互联网封闭在一个国家之内。

4.4.2 互联网应用

在互联网之上已经产生了大量应用形式，其中万维网(WWW)、电子邮件等已经成为许多人日常工作、生活的一个重要组成部分。与此同时，新的互联网应用形式仍在不断地出现。以下我们将简要介绍其中的一部分典型应用。

1. 万维网(world wide web,WWW)

万维网是一个由许多互相链接的超文本文档组成的系统，通过互联网访问。在这个系统中，每个有用的事物，被称为一样"资源"，并且由一个全局"统一资源标识符"(URI)标识，这些资源通过超文本传输协议(hypertext transfer protocol)传送给用户，而后者通过单击链接来获得资源。万维网应用建立在一种浏览器/服务器的结构上。浏览器向服务器发出

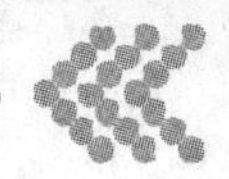

请求以获取网页内容，服务器则负责向浏览器提供其所需要的信息服务。

今天，万维网使得全世界的人们以史无前例的巨大规模相互交流。可以说，万维网是人类历史上最深远、最广泛的传播媒介。它可以使它的用户和分散于这个行星上不同时空的其他人群相互联系，其人数远远超过通过具体接触或其他所有已经存在的通信媒介的总和所能达到的数目。

2. 电子邮件(E-mail)

电子邮件是指通过电子通信系统进行书写、发送和接收的信件。今天使用的最多的通信系统是互联网，同时电子邮件也是互联网上最受欢迎且最常用到的功能之一。电子邮件有时也被简称为电邮或邮件。通过网络的电子邮件系统，用户可以用非常低廉的价格，以非常快速的方式，与世界上任何一个角落的网络用户联系，这些电子邮件可以是文字、图像、声音等各种方式。同时，用户可以得到大量免费的新闻、专题邮件，并实现轻松的信息搜索。

由于电子邮件的使用简易、投递迅速、收费低廉、易于保存和全球畅通无阻，使得电子邮件被广泛地应用，它使人们的交流方式得到了极大的改变。另外，电子邮件还可以进行一对多的邮件传递，同一邮件可以一次发送给许多人。最重要的是，电子邮件是所有网络系统中直接面向人与人之间信息交流的系统，它的数据发送方和接收方都是人，所以极大地满足了大量存在的人与人之间通信的需求。

电子邮件在互联网上发送和接收的原理可以很形象地用我们日常生活中邮寄包裹来形容：当我们要寄一个包裹的时候，我们首先要找到一个有这项业务的邮局，在填写完收件人姓名、地址等之后包裹就寄出，到达收件人所在地的邮局，那么对方取包裹的时候就必须去这个邮局才能取出。同样的，当我们发送电子邮件的时候，这封邮件是由邮件发送服务器(任何一个都可以)发出，并根据收信人的地址判断对方的邮件接收服务器而将这封信发送到该服务器上，收信人要收取邮件也只能访问这个服务器才能够完成。

3. 即时消息

即时消息或即时通信(instant messaging，IM)是一个实时通信系统，允许两人或多人使用网络即时地进行文字消息、文件、语音与视频交流。典型的即时消息服务包括 Microsoft Windows Live Messenger、Google Talk、腾讯 QQ 等。即时通信不同于 E-mai 之处在于它的交谈是即时的。大部分的即时通信服务提供了状态信息的特性(如显示联络人名单、联络人是否在线、能否与联络人交谈等)。

4. IP 电话和视频会议

IP 电话(简称 VoIP，源自英语 voice over internet protocol，又名宽带电话或网络电话)是一种通过互联网或其他使用 IP 技术的网络进行的电话通信。过去 IP 电话主要应用在大型公司的内联网内，技术人员可以复用同一个网络提供数据及语音服务，除了简化管理，更可提高生产力。随着互联网日渐普及，以及跨境通信数量大幅飙升，IP 电话也被应用在长途电话业务上。由于世界各主要大城市的通信公司竞争日益加剧，以及各国电信相关法令松绑，IP 电话也开始应用于固网通信，其低通话成本、低建设成本、易扩充性及日渐优良化的通话质量等主要特点，被目前国际电信企业看成是传统电信业务的有力竞争者。目前最著名的 IP 电话服务包括 Skype 和 Google Voice。

视频会议系统是一种在位于两个或多个地点的多个用户之间提供语音和运动彩色画面的双向实时传送的视听会话型会议业务。大型视频会议系统在军事、政府、商贸、医疗等部门有广泛的应用。近年来，视频通话技术越来越多地应用在人们的日常生活之中。许多即时消息服务，如 Windows Live Messenger、Google Talk 等，都已经添加了视频通话和视频会议的功能。

5. 文件分享

文件分享是指主动地在网络上(互联网或小的网络)分享自己的计算机文件。一般文件分享使用点对点(P2P)模式，文件本身存在用户本人的个人计算机上，大多数参与文件分享的人也同时下载其他用户提供的分享文件。

Napster 是第一个大型的、为许多人使用的文件分享工具，它本来是一个中央集中的工具，用于分享 MP3 文件，后来因唱片商的法律诉讼而关闭。此后，一个叫做 Gnutella 的分散的网络出现了。这个服务完全是开放源代码的，它允许用户寻找任何文件形式，而不仅仅是 MP3 文件。它吸取了 Napster 这样的中央集中制的服务的经验后发展而来，克服了其弱点，在个别连接被中断后依然保证整个网络的运行。除 Gnutella 外，目前使用最为广泛的文件分享工具还包括 BitTorrent 等。

6. 在线视频和网络电视

在线视频和网络电视应用已经在互联网上爆炸般地显现，但仍然存在着巨大的发展空间。目前，像 YouTube、Joost、Hulu、优酷这样的视频网站为人们提供大量可供在线观赏的视频节目。这些视频节目来自各种各样的渠道，既包括大型制片商投以巨资拍摄的作品，也包括一般用户自行录制的节目。在未来的发展中，在线视频和互联网电视将获得更高的画面质量、更强大的流媒体功能，以及更加灵活的个性化、共享等更多优点。

7. 网络游戏和虚拟世界

诸如第二人生(Second Life)、魔兽世界(World of Warcraft)之类的网络游戏已经吸引了数以亿计的用户。新型的虚拟世界(Virtual World)正在网络游戏的基础上发展起来。虚拟世界是一个由联网计算机模拟的虚拟空间，用户可以通过自己的虚拟形象(化身)栖息其中，并可以与其他虚拟形象展开互动、交往。这种栖居通常是通过二维或三维图形体现出来。

目前在互联网上所表现出的“虚拟世界”是以计算机模拟环境为基础，以虚拟的人物化身为载体，用户在其中生活、交流的网络世界(见图 4-10)。虚拟世界的用户常常被称为“居民”。居民可以选择虚拟的三维模型作为自己的化身，以走、飞、乘坐交通工具等各种手段移动，通过文字、图像、声音、视频等各种媒介交流。我们称这样的网络环境为“虚拟世界”。尽管这个世界是“虚拟”的，因为它来源于计算机的创造和想象，但这个世界又是客观存在的，它在“居民”离开后依然存在，真实的人类虚幻地存在，时间与空间真实地交融，这是虚拟世界的最大特点。

图 4-10 一个真实的公司在 Second Life 的虚拟世界中召开会议

8. Web 2.0

Web 2.0 是一系列新兴互联网应用的统称。这些新兴的应用包括社交网络(如 FaceBook)、Blog(如 MySpace)、视频共享(如 YouTube)、音乐社区

(如 last.fm)、协同性知识管理(如 Wikipedia)等。(详细内容请见 9.4.2 节)

Web 2.0 的核心特点是社会性和个性化。Web 2.0 并不是一个技术标准,不过它包含了技术架构及应用软件。它的特点是鼓励作为信息最终利用者通过分享,使得可供分享的资源变得更丰盛。Web 2.0 是网络运用的新时代,网络成为了新的平台,内容因为每位用户的参与而产生,参与所产生的个性化内容,通过人与人之间的分享,形成了现在 Web 2.0 的世界。基于此,IBM 的社区网络分析师 Dario de Judicibus 这样给出了 Web 2.0 的定义:Web 2.0 是一个架构在知识上的环境,人与人之间交互而产生出的内容,经由在服务导向的架构中的程序,在这个环境被发布、管理和使用。

9. 云计算

云计算(cloud computing)是一种基于互联网的计算新方式,通过互联网上异构、自治的服务为个人和企业用户提供按需即取的计算。由于资源是在互联网上,而在计算机流程图中,互联网常以一个云状图案来表示,因此可以形象地类比为云(图 4-11),"云"同时也是对底层基础设施的一种抽象概念。

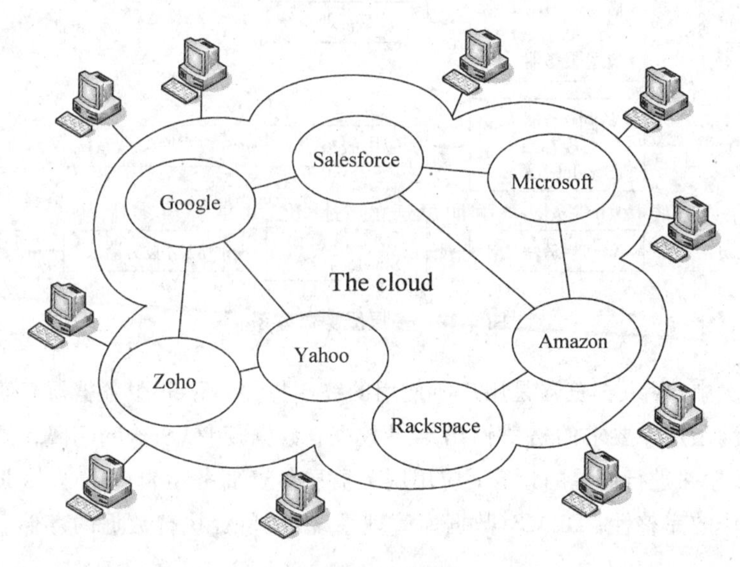

图 4-11 云计算

云计算的资源是动态易扩展而且虚拟化的,通过互联网提供。终端用户不需要了解"云"中基础设施的细节,不必具有相应的专业知识,也无须直接进行控制,只关注自己真正需要什么样的资源以及如何通过网络来得到相应的服务。

4.5 网络应用体系架构

在当前的网络时代中,基于网络,特别是基于互联网的技术是应用系统技术体系的主流。大体上来说,网络应用的技术体系架构已经从最初的单机(主机一终端)架构发展到客户机/服务器(client/server,C/S)体系,进而发展到基于互联网浏览器的浏览器/服务器(browser/server,B/S)体系,也称为多层(multi ticr)应用体系。

在 B/S 结构中,用户通过互联网浏览器(如 Microsoft Internet Explorer、Netscape

Communicator、Mozilla Firefox 等)以基于 Web 的方式访问应用系统,在客户端计算机上不需要进行特别的安装和配置工作,从而大大简化了系统的实施和维护工作。当应用系统进行升级时,只需要更新服务器上的软件即可,而不需要像以往的 C/S 结构那样,逐个对客户端计算机进行更新。

B/S 结构通常都是多层的。“多层”的含义在于将系统服务器的功能分为多个逻辑上的层次,各个层次相互联系,同时每个层次相对独立,但是单独进行调整而不会对其他层次产生影响。如图 4-12 所示,层次的划分具有多种不同的方式,从基本的双层结构到复杂的五层结构都十分常见。

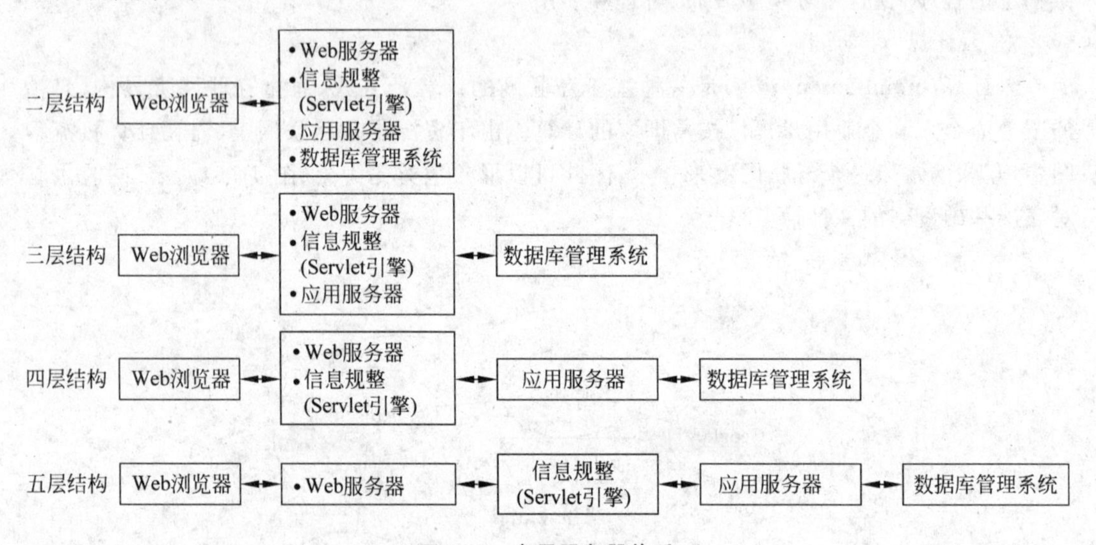

图 4-12 多层服务器体系

在这些层次中,Web 浏览器是用户所使用的终端界面;Web 服务器层负责接收用户输入的数据并以满足用户要求的格式输出结果数据;数据规整(Servlet 引擎)层负责根据需要筛选、转换数据并进行简单的运算;应用服务器层负责商务逻辑(business logic)的执行,并保证应用操作的完整性;DBMS(数据库管理系统)层负责执行数据的存储、管理、更新以及查询等任务。

层次的划分是为了提高逻辑结构上的合理性,每个层次应当具有明确的功能定义,并与相邻的上下层次之间具有简明清晰的数据交换接口。

每个逻辑层次并不一定都位于各自独立的物理服务器(计算机)上。如果有必要,一台服务器可以同时承担多个逻辑层次的运转。应当注意的是,当两个逻辑层次在同一台服务器上运行时,它们仍然是相互独立的,在需要的时候,可以随时把其中的一个层次迁移到另一台服务器上运行,而不需对软件进行重大调整和修改。

另一方面,每一个逻辑层次都可以由多台物理服务器同时运行,并使用专门的控制设备协调各台服务器的负载均衡。从而,整个体系的可扩展性能够得到大幅度的提升。在图 4-13 所示的物理部署结构中,服务端的每个层次(DBMS 层、应用服务器层、Web 服务器层)均使用了多台计算机和负载均衡机制。在需要的时候,每个层次中的服务器数量可以随时增减而不会对其他层次产生影响。

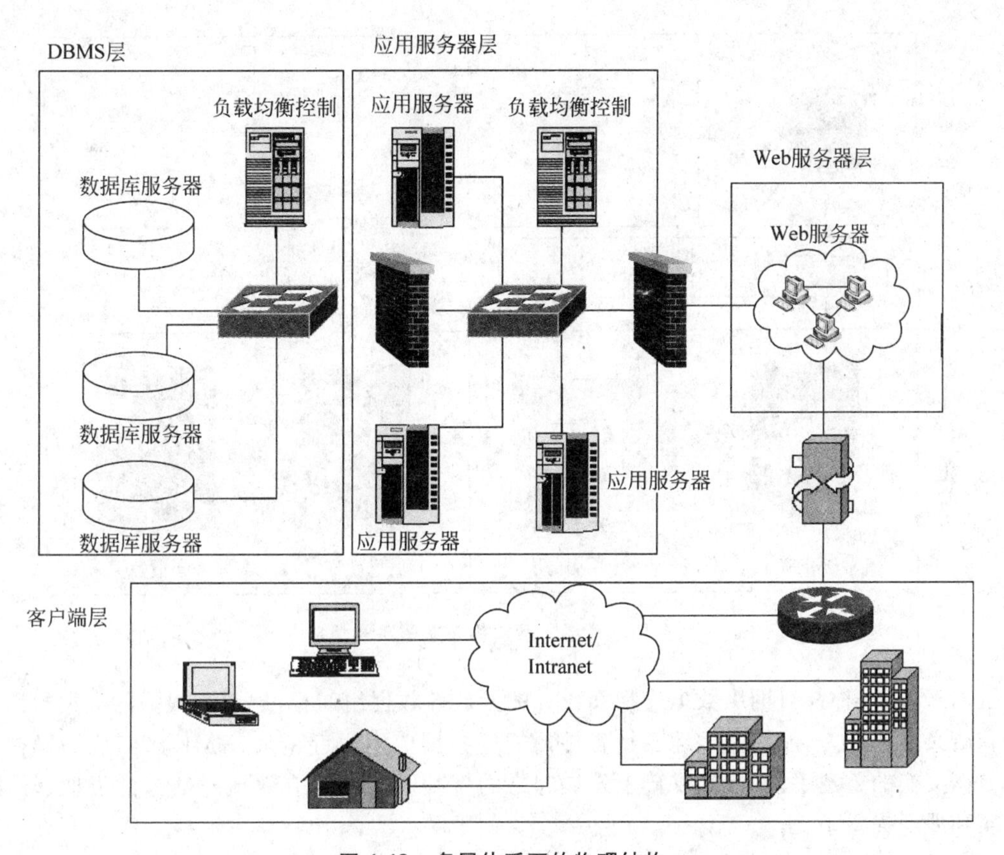

图 4-13 多层体系下的物理结构

同样，在进行软件修改和升级的时候，每个层次上的改动都可以独立进行。例如，当数据查询结果的展现形式需要修改的时候，就只需在 Web 服务器层上对程序进行改动，其他层次则完全按照原有方式运行。

此外，多层次的结构还有利于系统之间集成。从某种意义上来说，系统间集成的实质就是让多个系统使用同一个逻辑层次。例如，在组织中建立中央数据库，为所有应用系统提供 DBMS 服务，实际上就是让多个系统共用同一个 DBMS 层。ERP 产品当中的集成，通常是建立在标准化的 DBMS 层和应用服务层的基础上，所有模块使用相同的 DBMS 和应用服务标准，就能够有效地实现数据和功能上的集成。

另一方面，对于某些在企业中长期使用，在未来一段时间内无法替换的“遗留”系统(legacy system)，多层结构也有利于通过建立接口的方式实现集成。如图 4-14 所示，在多层体系结构下，遗留系统与新建整体信息系统平台之间的集成手段有多种选择。首先，可以通过数据转换、迁移接口建立遗留系统与新平台在数据库层上的联系；其次，可以通过数据提取接口建立新平台应用服务层与遗留系统数据库层的联系；此外，也可以通过应用逻辑接口建立二者在应用服务层上的联系。

在数据的提取、转换和迁移中，近年来所兴起的 XML(extensible markup language，可扩展标记语言)以及建立在 XML 基础上的 Web Services 等技术，可以发挥有效的作用。

XML 由通用标记语言标准(standard for general markup language，SGML)技术简化、

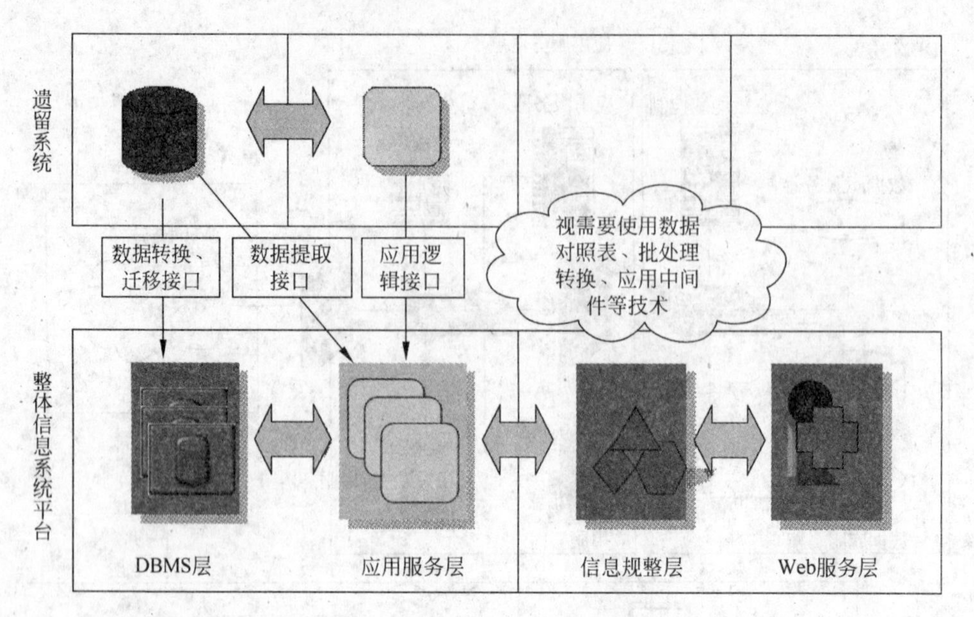

图 4-14　多层体系结构与遗留系统集成

改进而来，是一种针对网络数据交换而设计的开放性数据组织标准，具有很强的数据封装能力和语义描述能力，能够有效地支持各种形式的数据应用。近年来，XML 已经成为异构平台数据交换的首选手段，在其基础上发展起来的各种应用技术有效地对数据的提取、传递、转换和展现提供了支持。

Web Services 技术依托于 XML 数据交换手段，将系统应用功能组织成可以通过 Web 协议(包括 HTTP、FTP、SMTP 等)供应用程序访问、调用的功能服务，从而实现远程、异构的分布式应用功能集成。

本章习题

1. 通信系统包括哪些基本要素？当前的计算机信息系统中主要采用哪些通信技术？

2. 什么是计算机网络？计算机网络包括哪些主要的类别？目前应用中的计算机网络主要采用怎样的拓扑结构？

3. 什么是局域网？什么是广域网？二者之间具有怎样的关系？

4. 什么是互联网？它是如何发展起来的？具有怎样的特点？

5. 互联网上有哪些典型的应用？你认为未来哪些应用将会产生最广泛的影响？

6. 多层次的网络应用体系架构具有怎样的优点？

本章参考文献

[1] Ardagna D F, Francalanci C. A Cost-oriented Approach for the Design of IT Architectures. Journal of Information Technology, 2005, 20(1): 32～51.

[2] C W. Extensible Markup Language (XML) 1.0. 2nd Edition. W3C Recommendation, 2000.

[3] Laudon K C, Laudon J P. Management Information Systems: New Approaches to Organization and Technology, 北京: 清华大学出版社, 1998.

[4] Peterson L L, Davie B S. Computer Networks: A Systems Approach. 北京：机械工业出版社，2005.
[5] Spalding Robert. 存储网络完全手册. 郭迅华，译. 北京：电子工业出版社，2004.
[6] Vacca John. 存储区域网络精髓. 郭迅华，译. 北京：电子工业出版社，2003.
[7] 陈国青，郭迅华. 信息系统管理. 北京：中国人民大学出版社，2005.
[8] 陈国青，李一军. 管理信息系统. 北京：高等教育出版社，2005.
[9] 黄梯云，李一军. 管理信息系统. 修订版. 北京：高等教育出版社，2000.
[10] Haag S, Cummings M, Dawkins J. 信息时代的管理信息系统. 严建援，译. 北京：机械工业出版社，2000.

第 5 章　数据管理技术

信息资源已经成为企业的战略性资源，对信息资源的开发与利用已经成为企业在竞争中生存并获取优势的必要途径。在企业的信息系统环境中，信息资源体现为在信息系统中存储、流动、转换、展示的数据。因而，可以说，对数据的有效管理与利用是信息资源管理的核心任务。本章将介绍对数据管理和应用提供支持的数据库和数据仓库技术。

5.1　数据的组织

数据是信息的存在形式，而信息则是现实世界的反映。图 5-1 显示了从现实世界到信息世界，再到数据世界的映射。

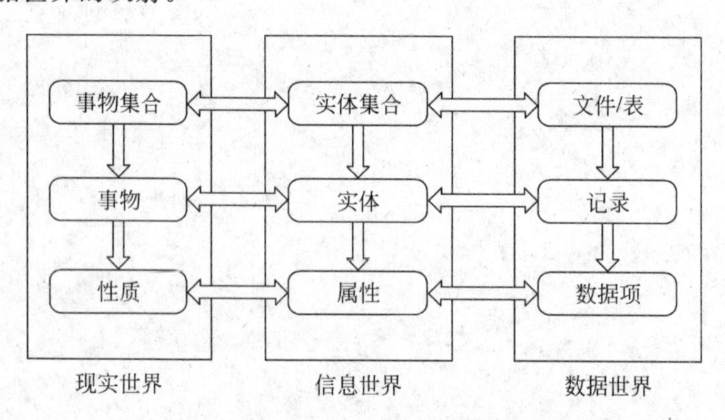

图 5-1　从现实世界到数据世界的映射

这一图示同时也显示了数据组织的层次性。在数据库的层面上，数据所反映的是我们所关注的对象领域(一个企业、一个部门或一个功能域)的全部事物；在数据文件或数据表的层面上，数据所反映的是一类具有共性的事物的集合；在数据记录的层面上，数据所反映的是一个特定的事物对象；在数据项的层面上，数据所反映的是一个事物的某种特定的属性。

对数据的有效组织和管理，关键在于在上述各个层次上建立数据世界与现实世界的准确、完善的对应关系，并以恰当、高效的手段来安排数据世界的各个层次。从这种意义上来说，数据的管理已经从无组织的自由管理方式，发展到数据文件管理方式，进而发展到数据库方式。数据库已经成为现代信息系统中数据组织的主导方式，绝大多数信息系统都是围绕着数据库而建立并运行的。

5.2 数据库与数据管理

早期的信息系统是以程序代码为核心的,数据依附于程序代码,因而也不存在专门的数据管理,数据以零散、自由的方式进行维护。随着应用的发展,数据在信息系统中的基础性地位逐渐体现出来,人们开始采用各种手段对数据进行系统性的组织和管理。大体而言,数据的管理经过了自由管理、文件管理和数据库管理三个阶段。

5.2.1 数据的自由管理方式与文件管理方式

在早期的自由管理方式下,数据的管理并没有得到特别的关注。那时的应用系统主要关注程序功能,数据嵌入在程序中,在程序中完成数据的管理。在这种情况下,程序代码同时也要考虑数据的存储等问题。

这种数据管理方式是十分简陋的,甚至可以说是无序的管理。在这种方式下,数据修改及维护极为困难。同时,数据是紧紧依附于程序代码中的,不同的程序根本无法有效地共享数据。

为了克服这种弊端,人们使用文件系统来保存并管理数据。如图 5-2 所示,在文件管理方式下,数据开始独立于程序之外。数据的存储由文件管理系统直接完成,不需要程序介入。程序通过文件系统读入数据并执行数据操作。与自由管理方式相比,文件管理方式可以降低程序的复杂程度,同时可以在一定程度上实现不同程序间的数据共享。

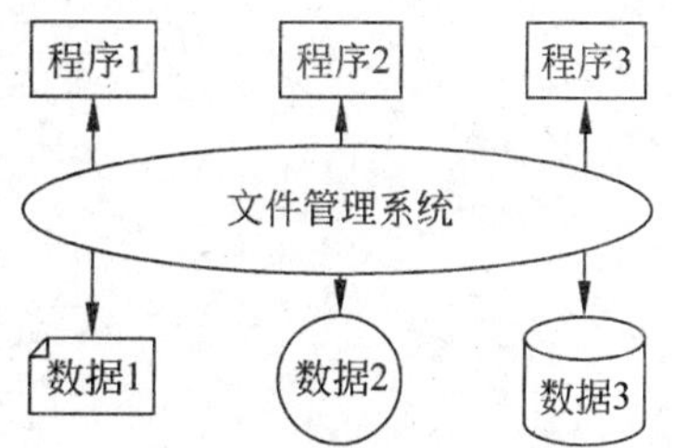

图 5-2 文件数据管理方式

文件系统对数据的处理方式不仅有批处理,而且能够在线实时处理。用文件系统管理数据可以使数据长期保存,并且利用“按文件名访问,按记录进行存取”的管理技术,可以对文件进行修改、插入和删除的操作。文件系统实现了记录内的结构性,但整体无结构。程序和数据之间由文件系统提供存取方法进行转换。在文件系统中,一个文件基本上对应于一个应用程序,即文件仍然是面向应用的。当不同的应用程序具有部分相同的数据时,也必须建立各自的文件,而不能共享相同的数据,因此数据的冗余度大,浪费存储空间。同时由于数据的重复存储、各自管理,容易造成数据的不一致性,给数据的修改和维护带来困难。

从这种意义上来说,文件管理方式在数据存储结构上的标准化程度仍然很低,因而仍然不足以支撑数据的综合性管理和应用。数据库正是在这种形势下诞生的。

5.2.2 数据库与数据库管理系统

数据库(database)是以一定的组织方式存储在一起的相关数据的集合,它能以最佳的方式、最少的数据冗余为多种应用服务,程序与数据具有较高的独立性。

1. 数据库

数据库的两个主要目标是减少数据冗余和获得数据独立性。数据冗余指的是数据的重复,即同样的数据存储在多个文件中。冗余数据意味着对某些事实的修改必须在多处进行,否则它们的值不相等,很难确定哪一个值是正确的。当值不匹配时,这种情况称为数据的不一致性,这是数据冗余代价最大的一个方面。

数据独立性指的是在对数据结构进行修改时,不必修改处理该数据的应用程序。数据独立性是通过把数据说明放入与应用程序物理上分离的表和数据字典中来实现的。数据字典(data dictionary)是数据库中的一个术语，指的是在数据库中存储数据的定义，它是在数据库管理系统的控制下实现的。数据域名称、数据类型(如文本型、数字型或日期型)、数据的有效值及其他特征保存在数据字典里。

2. 数据库管理系统

数据库管理系统(database management system，DBMS)指的是专门用来建立和管理数据库的软件，允许应用程序在不需要在它们的计算机上建立单独文件或数据定义的基础上访问数据库中的数据。如图 5-3 所示，应用程序通过 DBMS 来访问并维护数据，而 DBMS 则以特定的结构化方式来管理和保存数据。

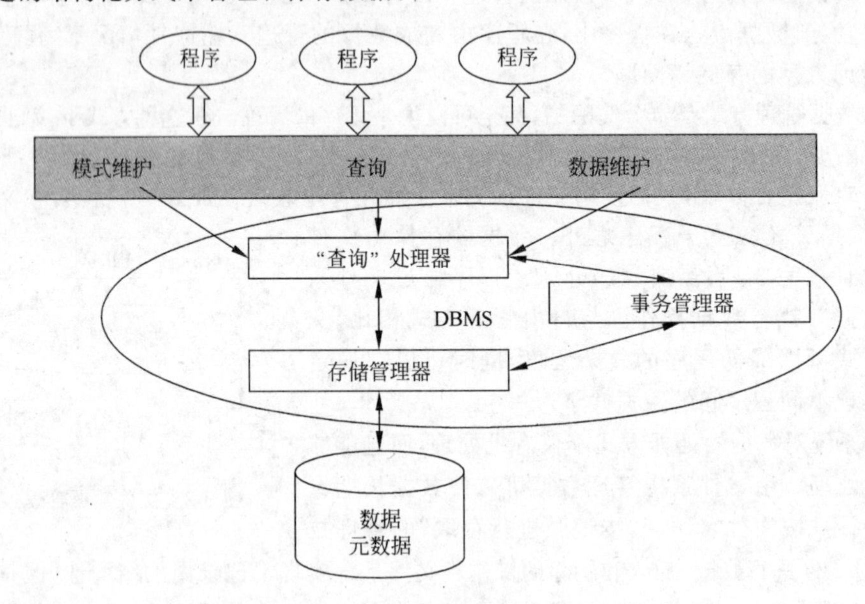

图 5-3 数据库管理方式

使用数据库环境来管理数据，具有多方面的优势：

- 集中管理数据、存取、使用和安全，降低信息系统环境的复杂性。
- 剔除所有包含重复数据的孤立文件，降低数据的冗余和不一致。
- 利用数据建立和定义的集中控制剔除数据的混乱。
- 将数据的逻辑视图与物理视图分开，降低程序与数据之间的相互依赖性。
- 由于允许在非常大量的信息中进行快速低廉的特别的查询，大大增强了信息系统的适应性。
- 大幅度提升了信息的存取和利用的可能性。

正是由于这些原因，数据库和数据库管理系统在现代信息系统中居于核心地位(见图 5-4)。

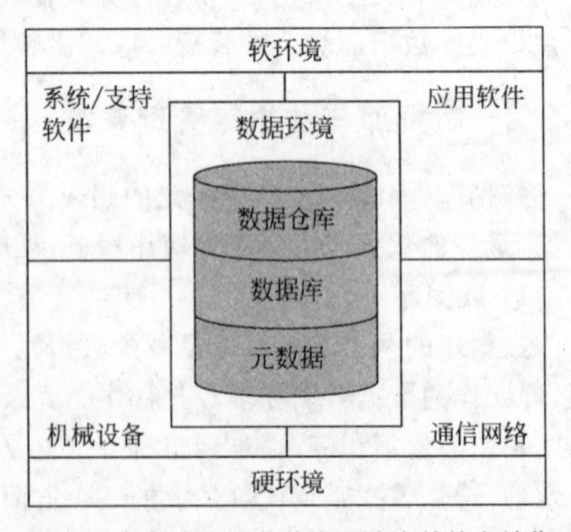

图 5-4 数据库在现代信息系统中的核心地位

3. 关系数据库

在实践中，已经出现了四种用于组织记录及确定记录间关系的主要方法。这些方法就是我们所说的数据库模型(database model)，也可以叫做数据库的结构。这四种数据库结构分别是层次数据库结构、网状数据库结构、关系数据库结构、面向对象数据库结构。

在历史上，层次数据库和网状数据库都曾经产生过很大的影响，但由于其结构上的复杂性，以及在数据组织灵活性方面的欠缺，自 20 世纪 80 年代中后期开始已经为关系数据库所全面取代。关系数据库是过去二十年中占据主导地位的数据库结构形式，目前仍然具有极为旺盛的生命力。面向对象的数据库是在面向对象的分析、设计、编程方法取得长足进步的背景下产生的，其结构有利于与通过面向对象手段建立起来的应用系统实现无缝的联系。然而，由于面向对象的数据存储方式具有访问效率较低的弱点，因而到目前为止真正以这种结构进行存储的数据库并不是太多。大多数面向对象的数据库只是提供面向对象的逻辑访问接口，其实际存储机制仍然是关系数据库结构。

关系数据库是迄今为止影响最为广泛的数据库结构，其基本理论由 Codd 在 1970 年提出。在关系模型下，数据的逻辑结构是二维表。每一个关系为一张二维表，所有的实体以及实体之间的联系均通过关系来描述。如表 5-1 显示的就是一个表示“学生”实体集合的关系二维表。

表 5-1 关系表示例

学 号	姓 名	班 级	性 别
981233	张三	MBA981	男
981236	李四	MBA981	女
981237	王五	MBA982	男
981240	赵六	MBA982	男
…	…	…	…

关系模型中的主要术语包括：

- 关系(relation)。对应于实体集合的二维表。
- 元组(tuple)。也称为记录(record)，即二维表中的一行，对应于一个实体。
- 属性(attribute)。即二维表中的一列(column)，代表实体的一个数据侧面，属性在元组上的取值就是数据项。
- 关系模式。即对关系的描述，用关系名(属性 1，属性 2，…，属性 n)的形式表达。

从结构上来说，关系模型就是一系列用二维表来体现的关系。

关系模型的逻辑结构以关系代数(relational algebra)为依托，关系可以通过各种逻辑运算来实现复杂的数据查询要求。同时，关系模型中具有一系列规范化的要求，以保证数据在各种操作下能保持完整性，并能够在数据维护中避免“修改异常”的出现。这种规范化要求也就是对关系模型设计的约束条件，也称为“范式”(norm form)。相关研究定义了多种不同的范式等级，包括第一范式(1NF)、第二范式(2NF)、第三范式(3NF)、基本范式(BCNF)等。在数据库结构的设计中可以通过关系分解的方式来满足高等级的范式要求。

5.2.3 完整性约束及数据依赖关系

数据完整性约束是关系数据库设计的一项重要内容，主要包括三个方面，即属性的值类

型和值域、实体完整性以及参照完整性。

属性的值类型和值域决定了该属性的基本数据特征。例如，有一属性为“月份”，则该属性的类型应为短整型数字，并且取值范围应在{1,2,3,…,12}之中。再比如“性别”属性，则其取值应在{“男”,“女”}之中。

实体完整性意味着每一条数据记录都应该具有身份标识。在数据库中，便意味着每个数据库表都应当含有一个不能为空且无重复的主码(或称主键)。这一主码可以唯一地标识出一条数据记录(实体)。例如，对于“学生”这一数据表来说，它含有一个非空“学号”属性，该属性值可以唯一地指出某一个学生的数据记录，该“学号”属性即为主码。

参照完整性反映数据属性值之间的某种“存在性”关系，在数据库中体现为数据表之间关系的维护。数据库表之间大量地存在着一对多(1∶n)的关系，对于这样的关系，我们就说，子表(关系中的“多”方)中的属性参照(reference)了主表(关系中的“一”方)属性。一般而言，所参照的主表属性应该是主表的主码。此时，参照完整性的含义便为：当子表中的值存在时，则其所参照的父表中的值应当已经存在，否则，参照完整性便遭到破坏。

图5-5反映了参照完整性的含义，在选课表中出现的学号及课程号，在其所参照的学生表与课程表中都分别相应地存在。这样的完整性约束可以在数据库的建立过程中得到定义。

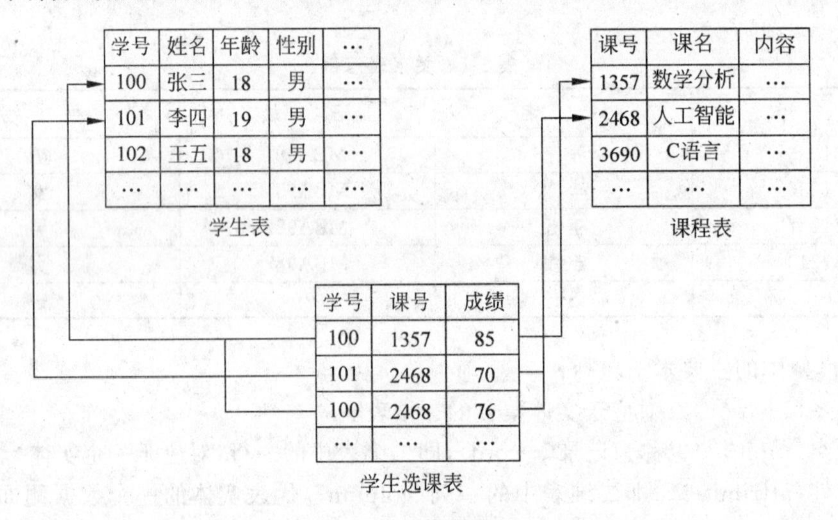

图5-5 参照完整性

数据依赖(data dependency)关系是另一种完整性约束。数据依赖(如函数依赖、多值依赖、连接依赖等)反映数据属性值之间的“对应”关系。以函数依赖为例，属性组B依赖于属性组A(记为A→B)是指：如果任两条记录的A值相等，则必有相等的B值与之相对应。换句话说，A→B反映了“相等的B值对应相等的A值”这样的语义。

在关系数据库建模中，一方面人们希望通过模式分解来获得规范化的关系，从而减少或避免修改异常现象的发生；另一方面，人们也希望分解算法能够具有“依赖保持”的性质，以满足函数依赖这一类完整性约束和对应的语义知识。

5.2.4 ER模型

在实际应用中，要设计关系数据的结构，需要对数据进行建模。具体的建模方法有许多,但是在实际应用中使用的最为广泛的,同时在理论上最为成熟的就是实体关系(entity-relationship,ER)模型方法。ER模型可以很好地对企业中的对象进行抽象和描述,并通过实体、关系、属性这些概念对企业中的静态特点进行归纳。事实上,ER模型是关系数据库建模的一种常用的标准手段。ER模型可以通过结构化的对应方式转化为关系数据库模型。

传统的ER模型通过实体、关系和属性这三个方面来对现实世界中的对象进行描述。一般来说,ER模型是通过图形标识来表示,称为ER图。图5-6列出了基本的ER图中的符号。

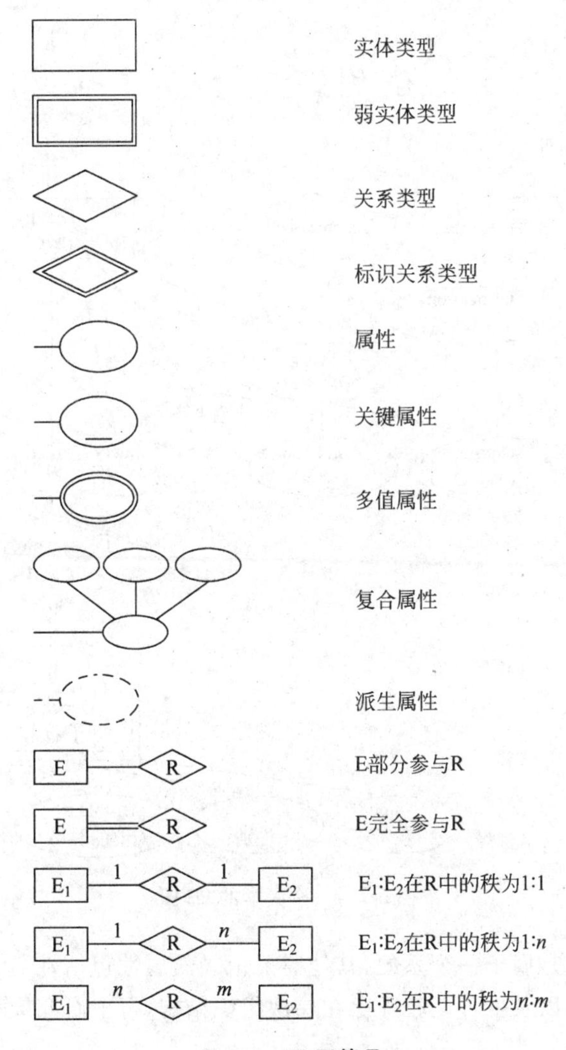

图5-6 ER图符号

图5-7中的ER图显示了一个大学的静态数据模型,从这个模型中我们可以看到如下的一些基本信息。

- 大学是按照系组织而成的。每个系都拥有一个唯一的名称、一个唯一的编码以及一个对系进行管理的系主任。而一个系可以拥有数个办公教学地点。

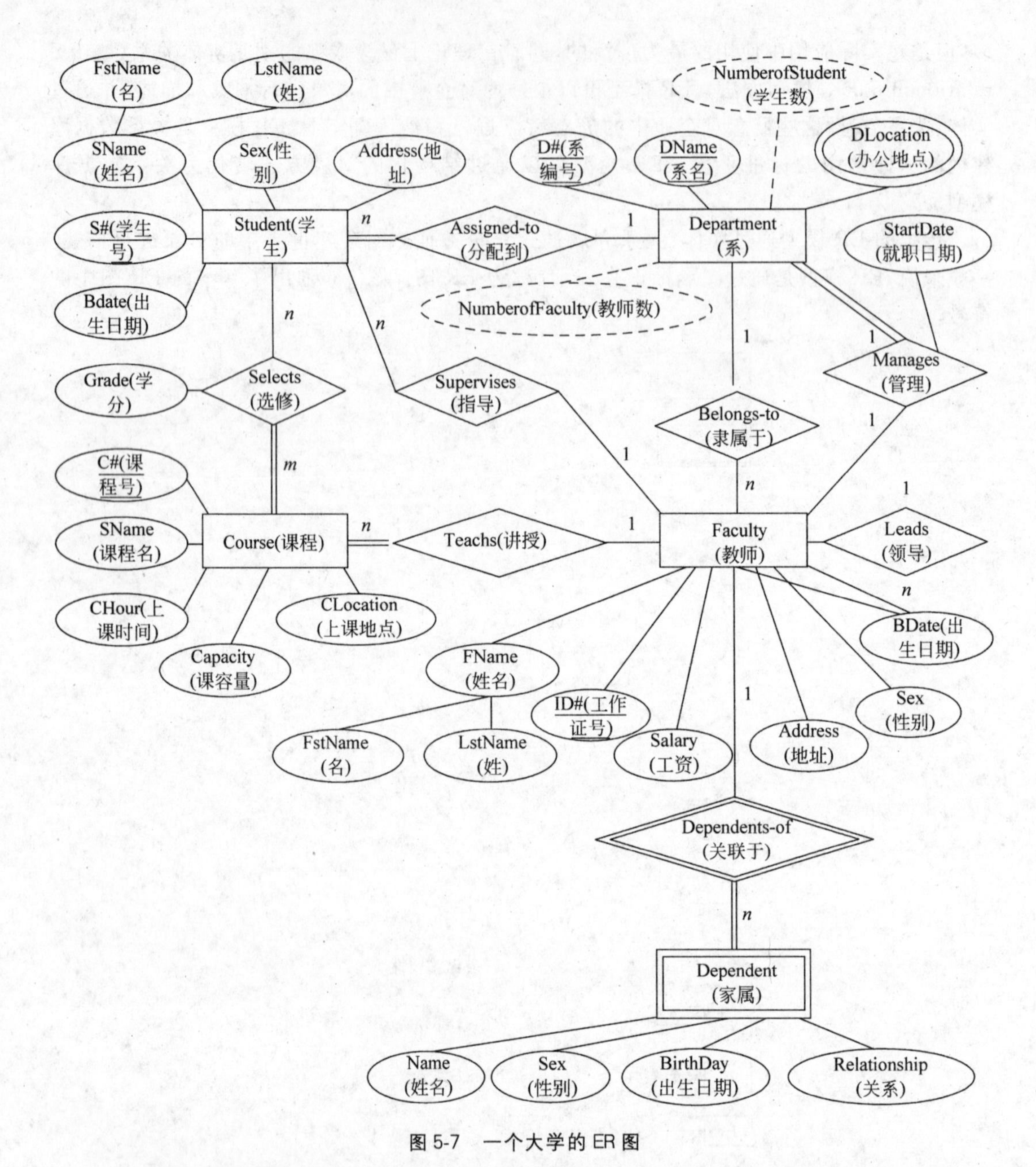

图 5-7 一个大学的 ER 图

- 教师在行政上是属于一个系的，其他需要记录的属性包括姓名、ID＃(工作证号)、地址、性别、薪水以及生日。教师存在层次组织结构，每个研究或教学小组都由一个组长领导。
- 教师教授课程，这些课程都有课程名称、一个唯一的课程号、课时、教授学生最大容量以及所分配的教室。
- 每个学生都被分配到系，并会选修若干课程，课程成绩作为专门的属性保存。另外要保存学生的姓名、学号、性别、生日以及地址。此外，每个从事论文工作的学生还会有一个教师作为他的导师。

- 通常，出于人事管理和医疗保险等需要，学校还记录教师家属的有关信息，比如家属名称、性别、生日和该教师的关系。

下面分别围绕实体、属性和关系三个基本概念来介绍 ER 模型。

1. 实体

一个实体就是现实世界中的一个“事物”，它具有独立存在性，比如一个特定的学生，或是一门特定的课程。每个实体都具有它自己的身份，以及一些用来标识自己的性质。一类具有相同性质的实体就构成了一个实体类型(entity type)。一般来说，一个实体类型包含一组相似的实体。当对某个实体类型的概念进行引用时，它所包含的每个实体经常是作为一个实体实例(entity instance)被引用的。

在 ER 图中(见图 5-7)，一个实体类型通常用一个中间写有实体类型名称的矩形框来表示。例如，学生、课程、教师和系就是在大学 ER 图中所表示的四个实体类型。请注意，这四个实体类型的每个具体的实体实例都具有独立的存在性。然而，并不是所有的实体都能够独立存在，或是能够完全通过自己来确认存在。我们将依赖于其他实体而存在的实体称为弱实体(weak entity)，或称依赖实体。例如一个教师的子女，在整个大学的 ER 图中就是弱实体。一类相似的弱实体就构成了一个弱实体类型。在 ER 图中，一个弱实体类型是用中间写有名称的双线矩形框来表示的。如图 5-7 所示，家属(dependent)就是一个和实体类型教师相关的弱实体类型，而教师实体类型则被称为是弱实体类型的标识主体(identifying owner)。换句话说，如果没有标识主体，弱实体是不可能存在的。

2. 属性

属性用来描述实体的性质。例如，一个教师实体就是通过姓名、ID＃(工作证号)、性别、生日、地址以及薪水来进行描述的。更加精确地说，属性(或属性名称)是和实体类型相关的，而属性值是和实体实例相关的。这样，对于一个特定的实体，它的每个属性都会有一个特定的属性值。一般来说，一个实体会有一个属性值和其他每个实体有所不同。这样的属性被称为是该实体类型的关键属性(key attribute)。关键属性的值用于对实体进行唯一标识。例如，ID＃就是实体类型“教师”的关键属性，C＃(课程号)就是实体类型“课程”的关键属性，而 D＃(系编号)就是实体类型“系”的关键属性。有时候，一个实体类型可能会有不止一个关键属性。对于实体类型“系”，如果假定没有任何两个系被允许有相同的名称，DName(系名)就是另一个关键属性。在 ER 图中，属性名称被放在椭圆中，并通过直线与它的实体类型连接起来。如果是关键属性，则在椭圆中的名称下加下划线。图 5-7 中给出了这些图示。

属性可以被归为六类，分别为单值属性(single-valued attribute)、多值属性(multi-valued attribute)、简单属性(simple attribute)、复合属性(composite attribute)、存储属性(stored attribute)和派生属性(derived attribute)。

对于一个特定的实体实例来说，如果它的一个属性只有一个值，则该属性被称为单值属性。如果一个属性有不止一个属性值，则该属性被称为多值属性。单值属性的一个最为典型的例子就是，实体类型“人”的属性“年龄”。因为对于每个不同的人，年龄的取值只有一个。而多值属性的例子就是实体类型“人”的属性“外语”。某人可能根本就不会说任何外语，而有的人可能会说一门外语，还有的人可能会说两门以上的外语。在 ER 图中，多值属性是用双线椭圆来表示的。在图 5-7 中，DLocation(办公地点)就是一个多值属性，这是因为一个系可能会拥有不止一个地点。

那些不可分的属性称为简单属性。简单属性可以理解为是独立的“原子”，是不可再分的，用来表示它自身的含义。而可以被分成多个组成部分的属性称为复合属性。复合属性的每个组成部分不但具有它自身的含义，而且还可以进一步被分为更小的子部分，而这些子部分可以是“原子”也可能是可以再分的。一般来说，一个复合属性可以通过一个子部分的层次结构（如树状结构）来表示，由构成子部分的简单属性作为叶子节点。需要注意的是，简单属性与复合属性之间的区别和具体的应用环境和背景情况有关。在建模时，有时需要对某个复合属性作为一个单元进行引用，有时又需要对它的组成部分进行引用。如果不需要对某个复合属性的某个组成部分进行引用，则可以将该复合属性（整个地）指定为简单属性。图 5-8 为复合属性地址的层次结构图。

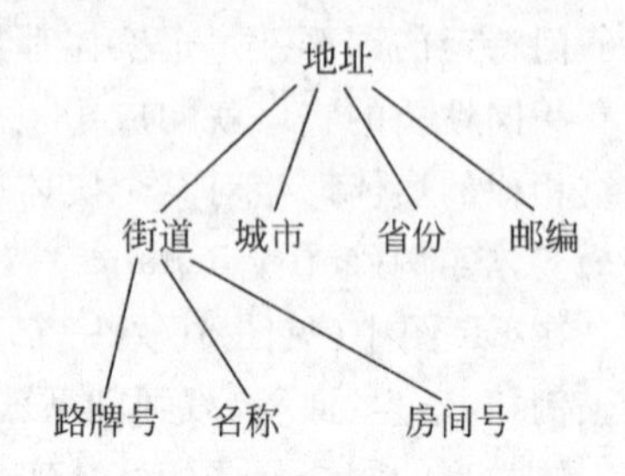

图 5-8 复合属性地址的层次结构图

在 ER 图中，复合属性用椭圆树来表示，在根椭圆中是复合属性的名称（相应的实体类型用直线相连），而其他的椭圆中则是其组成部分。例如，SName（学生姓名）和 FName（教师姓名）就分别是实体类型 Student 和 Faculty 的复合属性，它们都可以被分成 FstName（名）和 LasName（姓）（见图 5-7）。

在某些情况下，一个属性的值可以从其他属性的值或相关的实体或关系中获得。这样的属性被称为派生属性。那么生成派生属性的（非派生）属性称做存储属性。一个派生属性的例子就是实体类型 Person 的属性 Age，该属性值可以从当前的日期和属性 BirthDate 的值中计算得到。在这种情况下，BirthDate 就是存储属性。进一步来说，NumberofFaculty 也是 Department 的派生属性，因为它的每个值都可以通过对隶属于每个系所的教师进行统计得到。在 ER 图中，派生属性用虚线椭圆进行表示。例如，在图 5-7 的大学 ER 图中，有两个派生属性：NumberofFaculty（教师数）和 NumberofStudent（学生数）。

除了以上所介绍的与单个实体类型相关的属性之外，还有一些属性同时和多个实体类型相关。换句话说，这些属性的含义在于实体类型之间的关系上。一个具体的例子就是关系 Selects 的属性 Grade。一个 Grade 的属性值就同时和一个特定的学生和一门特定的课程相关。下面我们将会对关系进行讨论。

3. 关系

所谓关系就是实体之间的联系。连接不同实体类型的关系类型就定义了一个关系集合（或是关系实例集合）。对于一个关系类型，每个相关的实体类型都被称为参与实体类型（participating entity type）。同样，参与实体类型的每个实体实例也被称为参与实体（participating entity）。一个关系实例一定会包含每个参与实体类型的一个实体，这实际上反映了这样一个事实，即参与在该关系实例中的实体在它们对应的现实世界中是以某种方式相互联系。在 ER 图中，每个关系类型是以菱形框表示，在框中是关系的名称，而且它通过一条直线和表示参与实体类型的方框相连。例如，在图 5-7 中，实体类型 Student 和 Course 参与到关系类型 Selects 中，它所表达的现实世界中的语义是“学生选课”。另外，如果一个关系类型将一个弱实体类型连在它的主实体类型上，则该关系类型被称为标识关系类型（identifying relationship type）。在 ER 图中，一个（弱实体类型）的标识关系类型是用

一个双线菱形框表示，框内为标识关系类型的名称。例如，Dependents-of 就是一个标识关系类型，因为它将弱实体类型 Dependent 连到其主实体类型 Faculty 上(见图 5-7)。

一般来说，如果一个关系类型与 n 个实体类型相关联，这样的关系类型被称为 n 元关系类型。于是，一个和 n 个参与实体相连的关系就被称为 n 元关系。在具体应用中，二元关系类型能够表达相当部分的现实世界中的语义。一般而言，多元关系也可以被分解为多个二元关系的组合。

此外，有一种二元关系类型，它是将一个实体类型和该实体类型自身连接起来。在这样的关系中，这个单一的实体类型的两个实体实例将在此关系中分别扮演不同的角色。例如，在图 5-7 中，关系类型 Leads 就代表由同一个参与实体类型 Faculty 所表示的小组领导和下属(小组成员)之间的关系。

值得指出的是，有两种类型的关系约束(relationship constraints)，它们反映了在关系结构上的现实世界中的商务规则(business rules)：一个称为参与约束(participation constraints)；另一个称为秩(cardinality)约束。参与约束经常也被称为完整性约束。如果实体类型 E 的每个实体值都参与了对应的关系 R，则 E 被称为完全参与了 R。如果 E 中至少存在一个实体值 e 没有参与关系 R，则称 E 部分参与 R。例如，如果每个学生都必须选至少一门课程，而有些课程可能没有人选，则实体类型“学生”完全参与关系类型 Selects，而实体类型“课程”部分参与关系类型 Selects。

关于关系的另一个约束是秩约束，它是指相关联的实体之间的对应数目。实体类型 E 和 F 之间的关系类型 R 可能会有 1∶1、1∶n 或 n∶m 关系，具体表示如下：

- 一对一的对应关系(1∶1)：对于 E 中每个值 e，最多在 F 中有一个值和 e 相对应，反之亦然。
- 一对多的对应关系(1∶n)：对于 E 中每个值 e，在 F 中可能存在不止一个值和 e 相对应；而对于 F 中的每个值，最多在 E 中有一个值和 F 相对应。
- 多对多的对应关系(n∶m)：对于 E 中每个值 e，在 F 中可能不止一个值和 e 相对应，反之亦然。

在 ER 图中，前面所说的一个实体类型完全参与关系类型由双线将实体类型(矩形框)和关系类型(菱形框)连接起来，而部分参与则由一条直线将实体类型和关系类型连接起来。另外，对应比例 1∶1、1∶n 或 n∶m 中“∶”两边的数字将分别放在菱形框的两边。具体来说，一个 1∶n(一对多)关系类型 R(E_1，E_2)是将 1 放在靠 E_1 这一边，而将 n 放在靠 E_2 这一边，这就表示了对于 E_1 中的实体实例 e_1，在 E_2 中会有多个实体实例和 e_1 相对应，而对于 E_2 中的实体实例 e_2，在 E_1 中只有一个实体实例与之相对应。最后，我们看看图 5-7 是如何表示这些关系约束的。由于每个给定的课程必须被学生选中而且必须被教师所教授，所以我们说 Course 完全参与了 Selects 和 Teaches。同样的，每个学生必须属于某个系，每个教师也必须属于某个系，而每个系必须要有教师以及每个系都由一个系领导来管理。这些约束就分别是 Assigned-to 关系中的 Student 的完全参与，Belongs-to 关系中的 Faculty 的完全参与，以及 Manages 关系中的 Department 的完全参与。另外，每个弱实体天然就有一个主体实体，所以任何弱实体类型都是完全参与对应的标识关系类型。在图 5-7 中，Dependent 就完全参与关系 Dependents-of。

以上所给出的完全参与的情况在 ER 图中都是用双线表示的。在另一方面，图中的单线就表示了部分参与的情况。具体来说，一个学生可以不选课程而只是在导师的指导下进行论文研究，所以 Student 是部分参与了关系 Selects。一个学生也可能没有任何导师而只有他所选课程的任课教师。在这种情况下，Student 部分参与了关系 Supervises。通过同样的方法，我们可以分别确定 Supervises 关系中的 Faculty 的部分参与，Assigned-to 关系中的 Department 的部分参与，Teaches 关系中的 Faculty 的部分参与，Dependents 关系中的 Faculty 的部分参与，以及 Leads 关系中的 Faculty 的部分参与。请注意，部分参与或完全参与是和背景和环境有关的，在描述时必须保证能够较好地反映实际情况的语义。例如，如果大学规定不允许系是纯研究机构，只有教师而没有自己的学生，换句话说就是，如果每个系必须拥有学生，则 Department 就是完全参与关系 Assigned-to。

而由对应关系(1∶1、1∶n、n∶m)表示的秩约束同样也和背景环境有关。例如，现在我们有一条规则要求每门课程必须由一名教师来教授，这就形成了1∶n 的关系。如果可以不止一个教师成员讲授一门课程，则对于 Course 和 Faculty 来说，n∶m 的对应关系可能更加适合。类似的，在 Department 和 Faculty 之间的 Manages 关系的1∶1 的对应就反映了每个系是由一个系领导所管理的，而每个系领导只能管理一个系。如果大学改变了这个规则，使得一个系领导可以管理不止一个系所，则在以上的 ER 图中的 Faculty 和 Department 之间的 Manages 关系对应为1∶n。

5.2.5 ER 模型到关系数据库的转换

ER 模型是适应关系数据库的发展需要而产生的，二者之间存在着千丝万缕的紧密联系。从一个设计良好的 ER 模型当中，可以十分迅速地获取相应的关系数据库模式。目前已经有相当多的开发工具支持这一转化过程，例如著名的数据库建模工具 ERWin，各大数据库供应商所提供的开发工具如 Oracle Developer、Sybase PowerDesigner 等。使用这些工具，只要设计好 ER 模型，软件就能够自动地将之转化为数据库结构，甚至可以根据设定的参数直接建立数据库。它们的主要元素之间的对应关系大体上可由图 5-9 表示。

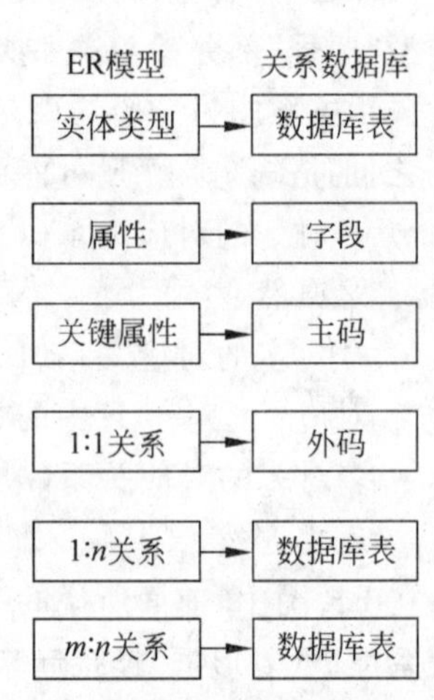

图 5-9 ER 模型与关系数据库结构

5.2.6 在线事务处理(OLTP)

20 世纪 50 年代，当计算机系统开始得以应用于商业企业中时，计算机的功能十分有限，效率也很低，它既不能提供及时的人机交互，也没有良好的用户界面。因此计算机只是作为取代大量人力计算的工具。当时比较多的是采用一种称为批处理(batch processing)的形式来应用计算机，也就是将大量的任务累积起来，定期地一次性提交给计算机进行处理。这种情况的造成主要是因为计算机的处理能力还很低，而且总体来说，计算机资源还比较有限，所以采用批处理的方式可以更加有效地利用计算机的资源。

很明显，批处理的方式对于商务处理有着很大的缺陷，最主要的问题就是一旦开始运行，就不能改变计算机的操作。这样的缺陷就限制了事务处理的效率，将整个商务流程割裂了，即计算机系统在很大程度上被孤立在整个商务流程之外。除非有大量简单重复的工作

需要计算机来完成之外,其他的商务业务对计算机的依赖程度很低。

而到了20世纪80年代以后,基于关系数据库管理系统(RDBMS)的事务处理逐渐成为商业界IT应用的主流。随着计算机硬件技术按照摩尔定律的速度进行发展,特别是个人计算机的出现,使得信息系统不仅仅是个别企业的竞争法宝,而成为了任何一个企业的必备工具。但总体来看,在这个阶段,企业的IT应用主要还是着重于对业务职能的自动化以及对信息的储存、汇总、统计、查询等方面,而分析能力比较弱。因此,这样的信息处理模式称为事务处理。进而,在网络应用和实时交互处理功能日益强大和普遍的今天,基于在线计算的事务处理被称为在线事务处理(online transaction processing,OLTP)。

5.2.7 数据库技术的新发展

随着数据管理要求的不断提高,具备各种新特性的数据库技术也不断出现。以下我们将对数据库技术的新发展进行简要的介绍。

1. 面向对象数据库

尽管关系数据库模型十分简单灵活,但它仍是基于数据项的,这些数据项只能描述一些包含固定域的固定记录。在现实中,管理者使用的大量信息都存储于组织内的记录中。这些信息描述了组织运作的结果,比如销售发票、给厂商付款、给工人的工资等。但是,当今管理所使用的非文本信息的比例日益提高,如图像、图画、声音、录像等非文本数据。这些数据是由多媒体系统、计算机辅助软件工程、计算机辅助设计及其他工程设计系统产生的。这些信息系统的信息可以分布在信件、报表、备忘录、杂志文章、工程草图、图表、图形、教学影片或其他对象中。

这些对象中的数据与典型的面向事务处理数据库系统中的信息有很大的区别。对于后者,具体的信息必须以特定的规范方式输入,而且管理者通常想完成的也只是做总结、合计或列出某些选项数据等。对于前者,数据可以不是事务,取而代之的可以是许多在类型、长度、内容和形式上有实质差异的复杂数据类型。如今,面向对象数据库技术看起来最适于管理上述种种数据类型。

在面向对象的数据库中,每个对象的数据、描述对象的行为、属性的说明三者是封装在一起的。其中对象之间通过消息互相作用,且每个对象都由一组属性来描述。例如,在一个建筑图纸数据库中,"建筑"这一对象与其他数据一样都要包含类型、尺寸、颜色等属性。每个对象还要包括一套方法或例行过程。例如,与某维护建筑的图纸封装在一起的方法有在屏幕上显示、旋转、收缩、爆破等。

具备相同属性及方法的对象被归为一个类。例如,建筑、楼层、房间就是建筑图纸数据库中分属三个类的对象,更进一步说,某对象的行为及属性可以由同一个类中的其他对象所继承。这样,与维护建筑在同一个类中的建筑可以继承该建筑的属性及行为。这种方式减少了编程代码总量,加速了应用程序的开发,结果产生了一个巨大的"可重用对象"库,其中的对象可以重复使用。将库中对象集成到一起,就可以生成新的应用程序,就如同一辆车由许多零部件组装在一起一样。

2. 超媒体数据库

超文本文件是以卡片、页和书等为文件单位组织起来的文件,包括与其他卡片、页和书的链接。超媒体数据库是以超文本作为记录的系统。超媒体系统可以由一个组织的内、外

部文件构成。例如，这些文件可以位于一个或多个与万维网连接的计算机上，Web 网是互联网（一种全球范围的互联网）的一部分。超媒体数据库也可以由属于组织内的超文本文件构成。这些文件在组织内部网络上就可以得到。

大多数公司之所以对超媒体数据库感兴趣，是因为超媒体文件包括文本、图片、声音、视频等多种数据类型，而且读取这种文件——无论文件是在同一个楼内的计算机系统，还是在其他国家的计算机系统上，都只需一种软件——浏览器。更进一步地，以超媒体文件存储的信息可以用非连续方式存取，只需在文章中找到链接处，用鼠标单击一下便能做到。事实上超媒体文件中的每个链接都与其他的数据、图片、声音以及文本相连。这些信息既可以是内部资源，也可以是外部资源。

在许多组织中，只要将现存的文件，包括复合文件都转换成 HTML 格式，并让用户通过 Intranet 系统来访问这些文件，组织中的每个人就能够快速地利用组织现有的信息。例如，在一套常用的文件中包括职工培训材料、设备使用手册及面向新员工的文件，通过将这些文件保存在数据库中，并转化为 HTML 格式，这些文件就很容易传到组织的各个角落，并且更新时也更加快捷方便。这就为公司节省了大笔的打印费和分发文件的费用。

3. 图像数据库

多媒体、CAD/CAM、画图程序以及许多制作一种或多种图像的软件已经可以制作出图像。如果这些图像能够找到转换成员工所需的格式的话，整个组织的员工就可以利用这些图像。图像管理软件的功能就是将图像存入图像数据库以便快速查找和访问，同时，将其转化为所需的格式时也比较方便。

有些数据库系统允许记录像存储数据一样存储图像。例如，有些 DBMS 就允许在记录中存储图片。这些图片可以摄自照相机，也可以由扫描仪扫入，或从计算机屏幕复制下来。因此应用这种软件，员工记录不仅能包含员工的传统文本信息、数字数据，还可包含员工的照片。可想而知，在一个大公司中，员工的照片对于人事部门来说多么有用处。在打招呼的时候，管理者就可以叫出员工的名字。在自动保险业中存储数据和图像也是一种很好的应用。存货的照片对于库存管理员也可以派上用场，因为库存管理员知道货品在货架上是什么样子，在取货时就不会出错。

4. 文档数据库

在信件、备忘录、报告及组织的其他文档中的数据，也就是组织的文档数据库，在数量、重要性上都可以与组织的财务数据相匹敌。然而，一个组织的文档总是分散在组织各部门或分部的各种能够找到的存储介质上，如文件柜、硬盘等。要想找到一份需要的文件如大海捞针一般。文档管理软件则不论文档位于何处都可以方便地进行查找和选择，或以其他方式操作这些文档。查找和选择功能通常是通过应用关键字来实现的。

文档管理系统也可以处理复合文档，即那些不仅包含文本而且包含图像、声音等的文档。功能齐全的文档管理系统应该提供以下服务方式：扫描、索引、存储、转换、分发、搜索、查看和打印。索引功能应该有为文件图像和声音提供关键字的能力。转换处理通常包括扫描文档的功能，使文档能被文字处理软件处理。

文档建立以后，由用户完成对文件的简要描述。其中包括作者、主题词以及其他有关的文档数据。文档管理系统为每个文件的关键信息建立一个索引，并负责对索引的维护。系

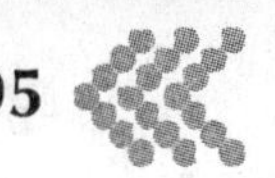

统可以使用索引搜索文件，也可以直接查找文本里的字符串。

文档管理系统可以从许多来源获得文档，如扫描仪、传真以及文本格式、图形格式存储的文件，还可以直接从 E-mail 系统接收文档并允许用户对文本和图像做注释。

5. 通用数据库系统

许多关系数据库管理系统的开发商已将其产品升级为可容纳各种数据类型的系统，并将其称为通用数据管理系统。通用数据管理系统能处理各种类型的数据——传统文本数据以及图像声音、超媒体文件、标准文本。

5.3 数据仓库与分析处理

与事务处理相比，分析处理是数据资源开发与利用的更高层次。在这个层次上，人们要求信息系统具有对多方面数据进行综合性分析的能力，这就要求建立一个面向分析的、集成保存大量历史数据的新型数据管理机制。这一机制就是数据仓库(data warehouse)。数据仓库为分析处理提供了数据基础，而分析处理就是利用多种运算手段，对数据仓库中所提供的数据进行面向管理决策的统计、展示和预测。

5.3.1 从事务处理到分析处理

一般而言，信息处理的任务包括信息获取(information capture)、信息传递(information conveyance)、信息创造(information creation)、信息存储(information cradle)和信息通信(information communication)。信息获取就是从企业内部和外部获得最为基本的信息。而信息传递是信息获取的反过程，就是将企业中的信息以最有效的方式提交给其他实体，如用户。信息存储将有用的(如以后会使用到的)信息存储起来。随着存储技术的发展，如何有效合理地存储信息成为了一个重要的问题。同时，大量积累的数据也给信息的处理带来了困难。所谓信息通信就是通过媒体将信息传送给他人或是另一个地点。目前互联网以及基于互联网的应用的发展的一个核心问题就是确保信息通信的有效性和安全性。

信息创造和其他四个信息处理任务的不同之处在于，信息获取、信息传递、信息存储和信息通信基本上不涉及对信息的加工。信息创造就是对已有的信息进行处理以获得新的信息。而这个工作是许多企业业务和管理决策的核心内容。比如，银行中对每一笔存款都需要根据额度和时间以及利率来计算利息；商品零售公司根据以前的业务数据来预测本季度的可能销售额，等等。

事务处理和分析处理都是信息创造过程。如前所述，事务处理侧重于对组织的业务职能的自动化，典型的处理形式是统计报表和数据查询。而分析处理则侧重于对信息的分析，通常涉及对信息的切分、多维化、前推和回溯以及回答 what-if 问题。很明显，分析处理相对于事务处理来说，更与中高管理层的业务范围相关，并更集中于对企业管理决策的支持。常见的分析处理应用如多维视图、预测、敏感性分析、成本控制等。同时，分析处理往往需要较为强大的软硬件以及复杂的分析方法与工具的支持。由于网络应用和在线计算已经成为分析处理支撑技术的基本成分，分析处理一般被称为在线分析处理(online analysis processing)，即 OLAP。OLTP 和 OLAP 的关系如图 5-10 所示。

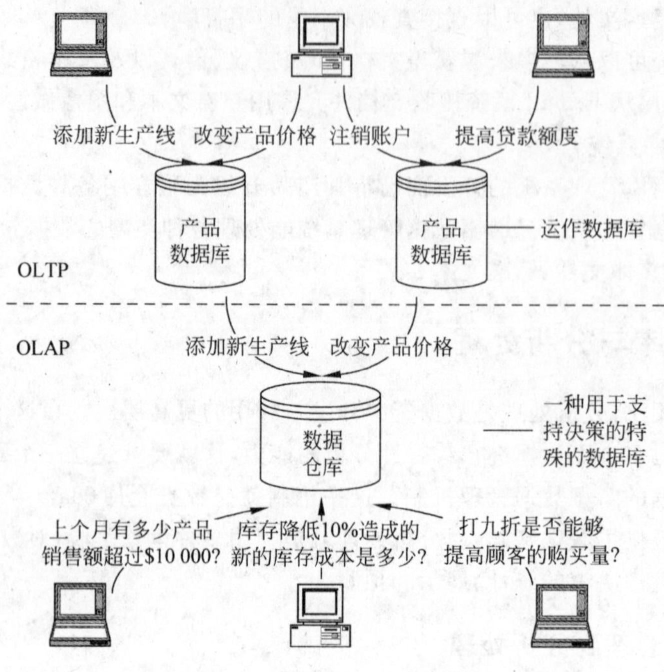

图 5-10 OLTP 和 OLAP 的关系

5.3.2 数据仓库

在图 5-10 中，出现了一个称为数据仓库（data warehouse）的概念。事实上 OLAP 之所以能够高速发展，就得益于数据仓库技术的出现和完善。由于这两者结合得相当紧密，以致在实际应用中，OLAP 应用和数据仓库应用经常是指同一个任务。所谓数据仓库，就是把一个组织中的历史数据收集到一个中央仓库中以便于处理，它是支持决策过程的、面向主题的、集成的、随时间而变的、持久的数据集合，是当今信息管理中的主流趋势之一。数据仓库是 OLAP 应用的环境和基础。从最基本的功能来看，它和数据库一样也是用来存储结构化的数据的。但是它和数据库还有许多不同之处。

数据仓库和传统的数据库相比具有以下特征：

- 面向主题。数据仓库可以根据最终用户的观点组织和提供数据。而大多数运作的系统只能按照应用的观点组织数据，因为这样可以使应用程序访问数据的效率更高一些。一般来说，按业务易于检索和更新的目标来组织数据，分析人员就可利用图形化的查询工具来分析业务问题。但是实际情况并非如此，特别是由于决策者所需要的信息的形式可能是多种多样的，不可能简单地归纳成为标准化的面向业务的形式，因此数据仓库作为新型的数据存储方式，它更加侧重于从决策支持的最终用户，即决策者的角度来组织和提供数据。也就是说，它是由商业用户存取而不是程序员存取。
- 管理大量信息。大多数数据仓库包含历史数据。而这样的数据在运作中的数据库应用系统中通常被删除，因为应用程序已经不再需要了。而数据仓库的目标就是应用大量的历史数据，并通过对历史数据的分析可以确认一些模式，预测趋势，从而达

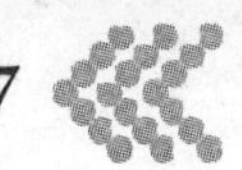

到决策支持的目的。因此数据参考必须管理大量的信息，故而它就要提供概括和聚集机制来对巨大的数据容量进行分类。简而言之，数据仓库可以使用户在“森林中找到树木”。因此数据仓库要在粒度的不同层次上对信息进行管理。由于需要管理所有的历史数据和当前数据，所以数据仓库的容量远远大于一般的数据库。

- 信息存储在多个存储介质上。因为必须管理大量信息，所以数据仓库的数据往往存储在多个介质上。
- 跨越数据库模式的多个版本。因为数据仓库必须存储和管理历史数据，这些历史信息都是在不同时间的数据库模式的不同版本中，所以数据仓库有时还必须处理来自不同数据库的信息。
- 信息的概括和聚集。通常数据库中存储的信息对于进行决策似乎过于详细。数据仓库可以将信息概括和聚集并以人们易于理解的方式提供出来。概括和聚集对于理解大量信息是极为重要的。
- 从许多数据来源中将信息集成并使之关联。由于要管理本组织的历史信息，而在操作这些信息时要涉及多个应用程序和多个数据库，所以需要数据仓库收集和组织这些应用程序多年来所获得的数据。由于存储技术、数据库技术和数据语义的差异，这个任务具有相当的挑战性。

数据仓库中的数据来自于多种来源，包括业务数据库、财务数据库、文档资料、外部数据等。一般而言，其中的大部分数据来自于数据库。从这些来源获得的数据需要经过抽取、转换、装载的过程，才能纳入数据仓库之中。这种抽取、转换、装载过程通常由 ETL 模块(extraction, transformation, and loading)完成。ETL 的主要功能是提取来自于数据库的数据，对之进行整理、转换、数据规范检查等工作，并与外部数据进行一些必要的整合、清理、重构，把清理后的数据装载入数据仓库中，保证数据符合数据仓库的要求。同时该模块还具有定期进行抽取、转换和转载数据的功能。

ETL 是数据仓库系统的一个重要的组成部分。ETL 提取和清理数据的能力，在很大程度上决定了数据仓库所能够获得的数据质量。在各种主流的数据仓库产品(如 Oracle Express Server、Essbase/DB2 OLAP Server 等)中，均配套提供了强有力的 ETL 工具。

之所以我们能将 OLAP 应用构建于数据仓库，而不是数据库之上，主要有以下三个技术方面的原因：首先，计算机处理速度的阶跃式增长，单位字节的存储成本和处理成本大幅度降低，是保证数据仓库能够有效运行的物理基础；其次，决策分析理论的完善和应用使得数据仓库中的分析技术能够有效实现，使得决策人员可以直接从系统中获得需要的决策支持信息；再次，传统的信息处理方式是根据用户的需要，通过系统能够接受的任务形式得到目标结果。而在数据仓库系统中，数据用于支持各种分析任务，并生成多角度、多层次和不同粒度上的分析结果，人们通常无法提前预测或控制决策数据的存取路径。这些数据仓库技术的特点为 OLAP 的应用提供了坚实的基础。

5.3.3 在线分析处理(OLAP)

在日常管理中，企业管理人员除了要解决基本的信息处理的问题，还需要解决复杂的问题。这时他可能就要利用分析处理功能了。例如，可能会有以下的问题：

- 中西部以及山地区域的商店在 11 月份售出的滑雪橇有多少是由 A 公司制造的？与

去年和前年相比销售额有何不同？与实际计划相比又有何不同？本月的销售额度应该是多少？

- 公司在本季度末应该保存有多少辆蓝色小型运货车的库存？这些货车应该具有 CD 唱机，拥有 3 个座位，标价小于 87 000 元。这就需要对过去五年内每一季度的存货进行统计，与实际的计划相比，并比较季度前后的季度存货。

以上的两个例子中的问题就需要通过在线分析处理(OLAP)来解决。比如，在为 A 公司制定销售计划时，就需要通过近几年、几个季度和几个月的销售情况来确定销售的模式，然后根据该模式来预测本月的销售额度，从而制定销售计划。

上述的例子说明了商业数据事实上是一种多维数据，也就是说，对于同样的数据，从不同角度来看它就具有不同性质。但是这些性质之间是相互联系的，而且通常具有一定的层次。例如，销售数据、库存数据和预算数据之间的相互联系和相互依赖的特点。而且在分析销售模式时，要对年、季度、月这些不同层次上的数据分别进行处理。由于目前的商业活动是在全球经济下展开的全球性竞争，它需要寻找可使其产品和服务具有明显竞争力且与众不同的市场。寻找新的市场机会，细分微观市场，并得到定位市场计划是最基本的要求。为了能够满足这些要求，必须采用多维分析。

在多维分析中，数据是按维来表示的，例如产品、地域和顾客。维通常按层次组织，例如，城市、省、国家、洲。时间是另一种标准维，它具有自己的层次，例如天、周、月、季度和年。不同的管理者可以从不同的维度(即视角)去考查这些数据。如图 5-11 所示，对于一套销售额数据，财务经理、区域经理、产品经理以及其他管理人员，可以分别从自己所关心的侧面去加以审视。

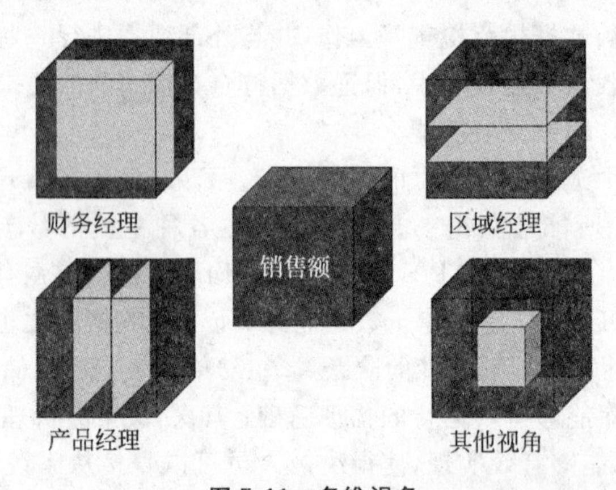

图 5-11 多维视角

这种在多个不同的维度上对数据进行综合考查的手段，也就是通常所说的数据仓库的多维查询方式，其中主要包括：

- 切片(slice)。在某一个维度上选取特定的值，在该维度值保持不变的情况下，根据其他的维度对数据进行展现。这就好像从数据的多维立方体中“切”出一个截面来一样。
- 切块(dice)。限定一个或多个维度的取值范围而得到的数据展现结果，就好像从多维立方体中“切”出一个立方数据块来一样。
- 旋转(pivot)。转换维度以获得所需的分析视角。

- 下钻(drill-down)。选定特定数据范围之后,进一步查询细节数据。从另一种意义上来说,钻取就是针对多维展现的数据,进一步地探求其内部组成和来源。只要维度具有层级结构,下钻处理就是可行的。
- 上卷(roll-up)。选定特定的数据范围之后,对之进行汇总统计以获得更高层面的信息。上卷操作同样要求维度具有层级结构。

图 5-12 显示了一个按照时间、国家和销售员姓氏三个维度组织的销售数据多维分析表。

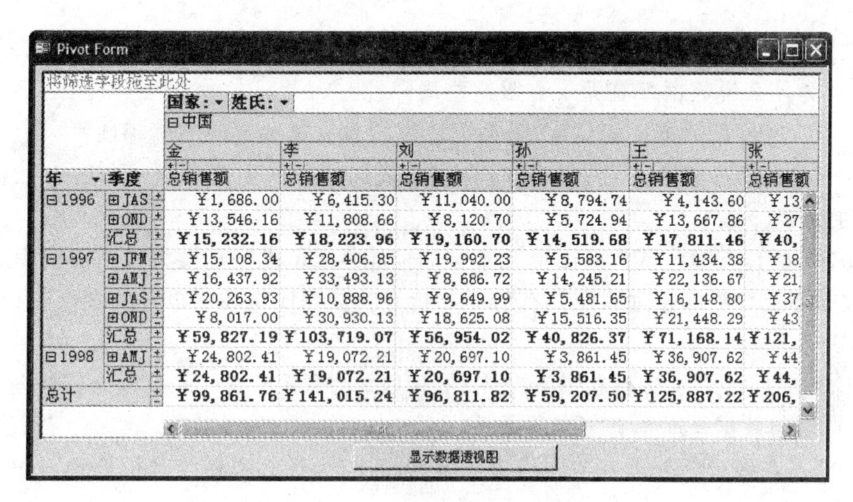

年	季度	金 总销售额	李 总销售额	刘 总销售额	孙 总销售额	王 总销售额	张 总销售额
1996	JAS	￥1,686.00	￥6,415.30	￥11,040.00	￥8,794.74	￥4,143.60	￥13
	OND	￥13,546.16	￥11,808.66	￥8,120.70	￥5,724.94	￥13,667.86	￥27
	汇总	**￥15,232.16**	**￥18,223.96**	**￥19,160.70**	**￥14,519.68**	**￥17,811.46**	**￥40,**
1997	JFM	￥15,108.34	￥28,406.85	￥19,992.23	￥5,583.16	￥11,434.38	￥18
	AMJ	￥16,437.92	￥33,493.13	￥8,686.72	￥14,245.21	￥22,136.67	￥21
	JAS	￥20,263.93	￥10,888.96	￥9,649.99	￥5,481.65	￥16,148.80	￥37
	OND	￥8,017.00	￥30,930.13	￥18,625.08	￥15,516.35	￥21,448.29	￥43
	汇总	**￥59,827.19**	**￥103,719.07**	**￥56,954.02**	**￥40,826.37**	**￥71,168.14**	**￥121,**
1998	AMJ	￥24,802.41	￥19,072.21	￥20,697.10	￥3,861.45	￥36,907.62	￥44
	汇总	**￥24,802.41**	**￥19,072.21**	**￥20,697.10**	**￥3,861.45**	**￥36,907.62**	**￥44,**
总计		**￥99,861.76**	**￥141,015.24**	**￥96,811.82**	**￥59,207.50**	**￥125,887.22**	**￥206,**

图 5-12 销售数据的多维分析表

总的来说,在线分析处理主要完成以下一些功能:

- 给出数据仓库中数据的多维的逻辑视图。
- 通常包含交互式查询和对数据的分析。交互式通常有多种方法,包括细分较低级别的详细数据或统揽较高级别的概括性和聚集数据。
- 提供分析的建模功能。基于数据,根据已有的决策分析模型确定合适的变量、比率等计算引擎或多维的数字数据。
- 在各个维度上对数据进行多层次的概括统计,并能够实现不同维度的交叉概括计算。
- 支持功能模型以进行预测、趋势分析和统计分析。
- 检索并显示二维或三维表格、图表和图形化的数据,并且应该能够容易地变换基准轴,这一点相当重要,因为对于商业用户,他们需要从不同的角度来分析数据;并且在分析一个侧面的数据时,产生的问题可能需要在另一个侧面中来检验。
- 迅速响应查询,这样才能保证和商业活动同步,从而才有实际应用价值。
- 具有多维数据存储引擎,按阵列存储数据,这些阵列是商业维的逻辑表示。

目前,各厂商已经推出了为数众多的数据仓库和 OLAP 的产品,其中较为著名的包括 Oracle Express Server、Oracle Discoverer、IBM DB2 OLAP Server、Sybase Adaptive Server IQ 等。这些产品已经得到了较为广泛的应用。另外,一些专门针对某些业务领域的 OLAP 应用产品,例如面向销售分析的 Oracle Sales Analyzer 等,也具有比较大的影响。

随着数据仓库和 OLAP 技术的不断成熟,它在企业中的应用前景也逐渐广阔。但是需要指出的是，基于 OLAP 技术所得到的分析结果通常是运用已有的知识（如业务规则和商务规律）来建立决策分析模型，并通过数据仓库的支持进行多维视角、预测和回溯分析。

对于数据资源的进一步利用，是运用智能化的手段挖掘那些未知的潜在知识，用以支持组织的管理决策。这种潜在的知识可能会对企业在竞争中获取战略优势具有更为重要的意义。我们将在第 6 章中对数据挖掘和商务智能进行专门的讨论。

本章习题

1. 数据的组织方式经历了哪些主要的发展阶段？传统的文件系统组织方式存在着哪些局限性？为什么说数据库有助于克服这些局限性？

2. 与层次和网状数据库相比，关系数据库结构具有哪些方面的优越性？

3. 什么是数据库管理系统？数据库管理系统包括哪些主要的组成部分？数据库应用系统中包括哪些要素？

4. ER 模型具有哪些基本的图形元素？如何能将 ER 模型转换为关系数据库的结构？

5. 数据库及数据库管理系统具有怎样的特点？数据库与在线事务处理(OLTP)系统具有怎样的关系？

6. 什么是数据仓库？数据仓库与数据库有何区别与联系？什么是在线分析处理(OLAP)？在线分析处理与数据仓库具有怎样的关系？

7. 什么是在线分析处理？与在线事务处理相比，为什么说在线分析处理是信息资源利用的更高层次？

本章参考文献

[1] Codd E F. A Relational Model of Data for Large Shared Data Banks. Communications of the ACM, 1970,13(6): 377-387.

[2] Elmasri R, Navathe S B. Fundamentals of Database Systems, Menlo Park, Calif. Addison-Wesley,1999.

[3] Inmon W H. Building the Data Warehouse. New York: J Wiley,2002.

[4] Laudon K C, Laudon J P. Management Information Systems: New Approaches to Organization and Technology. 北京：清华大学出版社，1998.

[5] Martin J. Strategic Data Planning Methodologies, Lancashire. England: Savant Research Studies for Savant Institute,1980.

[6] Ullman J D, Widom J. A First Course in Database Systems. Upper Saddle River, N. J.: Prentice Hall International,1997.

[7] 陈国青，郭迅华. 信息系统管理. 北京：中国人民大学出版社，2005.

[8] 陈国青，雷凯. 信息系统的组织、管理与建模. 北京：清华大学出版社，2002.

[9] 陈国青，李一军. 管理信息系统. 北京：高等教育出版社，2005.

[10] 高复先. 信息资源规划——信息化建设基础工程. 北京：清华大学出版社，2002.

[11] 黄梯云，李一军. 管理信息系统. 修订版. 北京：高等教育出版社，2000.

[12] 萨师煊，王珊. 数据库系统概论. 第三版. 北京：高等教育出版社，2002.

第6章　数据挖掘与商务智能技术

进入20世纪80年代以来，随着计算机技术的飞速发展以及人工智能、数据仓库、统计分析、专家系统以及数据可视化等技术的集成，人们得以从一个新的方向去思考决策分析问题：当面临大量数据的时候，人们不是根据已知的领域知识和规则来构造模型，并通过数据进行模型检验或预测，而是首先考虑基于大量数据的领域知识和模式的发现与获取。这需要通过强大的计算能力，对数据进行多层次和多角度的处理，从而得到新颖的、具有潜在有用性的知识。由于这些知识是事先未知的，而且也不是通过已有的规则或模式推断得到的，如果它反映了商务运作中潜在的某种规律性，并被及时利用和把握，将有助于获得竞争优势。

面向这种决策知识的发现是信息创造的更高形式，也是企业信息化的更高层次，我们称之为商务智能(business intelligence)。商务智能的核心技术是数据挖掘(data mining)。顾名思义，数据挖掘是在庞大的“数据山脉”中将有价值的“知识矿藏”挖掘出来。

6.1　商务智能概述

“智能”这个名词很长时间以来更多出现在计算机、机器人以及自动化等工程领域，而和商务联系在一起称为“商务智能”也就是近二十年的事。从广义上来看，商务智能指的是在商业运作中，采集、集成、分析和表达海量业务信息，并进一步为商务决策提供支持的方法、技术和应用。

6.1.1　商务智能技术的发展

近二十年来，商务智能的概念和方法的提出以及迅速发展，与信息技术的发展密切相关。在20世纪80年代后期，信息技术得到迅猛的发展，并开始从军事和大型工业用途转向民用和中小型企业，随着信息技术的不断普及和推广，企业普遍告别了非自动化数据采集时代。而在此之前，企业运作信息的采集、整理、传递以及分析还很大程度上依赖于人工和纸质。这样的情况会带来三方面的不足：首先，数据的采集和保存非常困难，使得能掌握的数据量较小；其次，数据的再次加工和分析难度很大；最后，由于计算能力严重不足，大量数据很难进行处理。由此，企业在进行管理决策时更多只能依靠经验和直觉。即使是采用一些方法和工具进行分析，所掌握的数据也非常有限，而且计算难度也很大。

而随着信息技术的发展，计算机在企业中得到广泛应用，生产、采购、营销、人力资源、财务等各个部门都通过计算机系统以及数据库系统来保存、加工和整理数据。特别是随着20

世纪末网络技术和移动通信技术的兴起,使得数据的自动化采集的程度越来越高,数据的数字化程度也越来越高,数据采集的成本和加工的成本也越来越低。

上述这种变化对企业运作的影响是深远的,特别是一些大规模业务数据分析模型和软件得到采用,也大大加强了企业从历史数据中汲取和归纳知识的能力,并反过来进一步加深了企业对大规模数据分析和信息处理方法和工具的使用。比如,可以通过对营销数据的汇总分析,通过聚类方法来确定亏盈市场并调整营销策略;可以通过对客户数据的整理和分类分析,来确定客户的购买行为模式,等等。根据神州数码的高层管理人员表述,该公司在引入 ERP 系统后,原来销售数据需要经过一个月的时间才能有效汇总,而现在今天的销售数据第二天就可以得到,而且还可以通过系统内置的分析处理功能,进行智能化查询和分析,从而大大加强为企业决策支持的能力。

在这个背景下,经过一段时间的业务运作,企业中经常能保有大量甚至是海量的业务数据。一方面,相对于传统的数据匮乏情况而言,海量的业务数据中能隐藏着业务运作规律,以及反映市场特征和客户行为模式的潜在商务知识;另一方面,这种潜在隐藏的知识和规律并不是显而易见的,需要采用统计、人工智能、机器学习等智能化方法挖掘得到。但是这样挖掘得到的结果相对于一般显见的知识而言,往往更加具有新颖性,相对于企业决策而言,具有更大的边际价值。由于这种过程需要采用智能技术对海量数据进行加工和分析,而且所得到的新颖知识也具有智能性可以用于商业决策中以提升企业竞争力,因此将这个过程称为商务智能。同时,由于从技术层面上来看,是采用智能技术在海量数据中挖掘得到隐藏的新颖知识,因此很多时候也称为知识发现(knowledge discovery)和数据挖掘(data mining)。

虽然经过了近二十年的发展,但商务智能相对于信息系统的其他学科而言,还是一个很新的领域,而且其内涵和外延还在不断地演化中。一个比较全面和普遍接受的定义如下:商务智能是在计算机软硬件、网络、通信和决策等多种技术的基础上出现的用于处理海量数据的一项技术,是一种基于大量信息基础上的提炼和重新整合过程,其基本功能是让企业内部员工以及企业外部的客户、供应商和合作伙伴,实现对信息的访问、分析和共享。它有助于提高企业的运作效率,建立有利的客户关系,提高产品的竞争力,将帮助企业从现有的信息和数据中提炼更多的价值,并实现知识共享和知识创造。

其他具有代表性的定义包括:

- 商务智能是指通过资料的萃取、整合及分析,支持决策过程的技术和商业处理流程,其目的是为了使使用者能在决策的时候,尽可能得到更好的协助。
- 商务智能是运用数据仓库、在线分析和数据挖掘技术来处理和分析数据的技术,它允许用户查询和分析数据库,进而得出影响商业活动的关键因素,最终帮助用户做出更好、更合理的决策。
- 商务智能是通过利用多个数据源的信息以及应用经验和假设,来促进对企业动态性的准确理解,以便提高企业决策能力的一组概念、方法和过程的集合。它通过对数据的获取、管理和分析,为企业组织的各种人员提供信息,以提高企业战略和战术决策能力。
- 商务智能是通过获取与各个主题相关的高质量和有意义的信息来帮助人们分析信息、得出结论、形成假设的过程。

尽管上述这些定义的表达和侧重不尽相同，但这些定义也体现出某些共性，它正是商务智能的本质，即对海量商务信息的搜集、管理、分析整理、展现的过程，目的是使企业的各级管理与决策者获得知识或洞察力，是企业智能化决策的重要手段和工具。

从技术实现的角度来看，商务智能是通过采用知识发现和数据挖掘的方法帮助用户对自身业务经营做出正确明智决定的系统和工具。知识发现和数据挖掘是一种决策支持过程，它主要基于人工智能、机器学习、统计学等技术，高度自动化地分析企业原有的数据，做出归纳性的推理，从中挖掘出潜在有效的模式和新颖知识，预测客户的行为，帮助企业的决策者调整市场策略，减少风险，做出正确的决策。

6.1.2 商务智能与管理决策

在信息匮乏的年代，企业管理层更多依靠个人经验进行管理，制定决策。但现代信息技术的发展极大地推动了经济的发展和生产率的提高，人类已步入信息爆炸的时代。情况相比于过去可以说是天翻地覆的变化。例如，2003 年，如沃尔玛这样的大型零售商每天处理的交易量在 2000 万，存储在 10TB 的数据库中。而在 20 世纪 50 年代，最大规模的企业所保有的数据库也就在几十 MB 的规模。在这样一个信息时代，企业将面对海量的数据和信息，而缺乏有效信息处理手段已经取代信息匮乏成为现代企业管理与决策的最大威胁。例如，从 2008 年上半年的数据来看，香港证券交易所每天处理的交易量超过 500 万条，百度每小时能处理超过 8 千万条在线访问，eBay 每天处理的在线数据量高达 2PB($1PB=10^3TB=10^6GB=10^9MB$)，Google 每天处理超过 20PB 的数据量，等等。这样巨大的海量数据无疑将对企业搜集、管理、分析整理数据，以提供他们进行管理的必要信息而快速做出决策方面增加新的难度。而实际上，数据量的大规模增长是促进商务智能得到高速发展的最重要的原因。

如何帮助企业管理层在最短的时间内面对浩瀚如海的数据做出最为快速和科学的反应和处理，以提高企业决策水平，从而获得新的竞争优势，将显得尤为迫切和重要。而商务智能技术的科学合理应用将有助于真正实现基于数据分析和处理的智能化决策机制。如在欧美发达国家，以数据仓库、联机分析处理和数据挖掘为基础的商务智能应用首先在金融、保险、证券、电信、税务等传统数据密集型行业取得成功。据 IDC 对欧洲和北美 62 家采用了商务智能技术的企业的调查分析发现，这些企业的 3 年平均投资回报率为 401%，其中 25% 的企业的投资回报率超过 600%。因此，商务智能在企业信息化工作的一开始就应该成为一个明确的目标。一般现代化的业务操作，通常都会产生大量的数据，如订单、库存、交易账目、通话记录及客户资料等。如何利用这些数据增进对业务情况的了解，帮助我们在业务管理及发展上做出及时、正确的判断，也就是说，怎样从业务数据中提取有用的信息，然后根据这些信息来采用明智的行动，这就是商务智能的课题。

作为一种新型整合的信息系统，商务智能系统与其他在不同历史阶段的信息系统，如电子数据处理(EDP)系统、管理信息系统(MIS)、决策支持系统(DSS)以及专家系统(ES)等有所不同，从广义上来看，商务智能系统可以视为是以上这些系统的一个整合和更高阶段的表现。例如，没有成熟的电子数据处理系统，就不可能实现自动化的数据采集和存储功能；没有管理信息系统的支持，就不可能实现业务系统的自动化以及海量信息流和数据流的有效查询和汇总；没有决策支持系统的发展，就不可能有管理决策技术和方法的集成化和成熟应用；没有专家系统的尝试，就不可能为商务智能系统提供必要的知识管理和智能分析的工具。正是在上述系统的发展和演化的基础上，随着计算机和网络技术的阶跃式发展和广泛应用，才形成了商务智能滋养的土壤和发展的空间。此外，进入21世纪以来，由于市场竞争越来越激烈，企业内外部环境的变化也越来越快，使得企业对信息系统的要求也越来越高，主要体现在两个方面：响应速度快和智能水平高。这些企业管理决策上的变化和要求都促使着商务智能的出现和发展。

从近几年商务智能的表现来看，确实也对提升企业智能化决策水平做出了贡献。商务智能可以支持企业内各种角色的应用，如战略决策层将通过建立战略企业管理模式的商务智能系统来实时了解企业对战略目标的执行程度；中、高层管理人员通过建立运营智能系统来随时了解企业运行情况；企业分析研究人员则可通过商务智能分析工具对企业现状进行分析，向高层领导提供分析结果，支持决策。因此，商务智能技术对提升企业智能化决策水平的支持与贡献作用体现在以下四个方面：

(1) 商务智能技术能够帮助企业实现商业信息收集和处理的自动化，以降低运营成本。互联网的出现及其飞速发展，一方面，极大地增加了企业或个人获取信息的便利性，另一方面，浩瀚如海的数据和信息却使我们驾驭和获取有效信息面临新的难题。面对数以百万的数据，商务智能系统会完成大量重复的、乏味的而且耗时的信息的自动搜集、过滤工作，而最终将有用信息甚至分析结果传递给使用者。这无疑将大大降低企业的运营成本。

(2) 商务智能能够帮助企业真实地分析财务状况和盈利水平，规范企业的业务行为和管理行为，使企业的管理决策实现由人为经验型到科学决策型转变。商务智能为企业管理者提供了新的数据分析工具，使得企业管理者可以从全新的角度看待数据，发现新知识，这成为决策时的重要依据。此外，面对可能瞬息万变的市场，运用商务智能工具可以做出更快更好的决策，而且是基于海量数据科学分析后的决策，可以避免人为经验可能导致的随意性和纰漏。

(3) 使用商务智能可以使企业深入了解自己的客户并保持稳定的客户群。在企业外部互联网中，商务智能被用到应用程序中，它允许公司借助互联网提供新的服务和与客户、合作伙伴以及供应商建立更牢固的关系。在客户关系管理时，寻找、开拓和关心客户的基本前提是要理解现有客户的行为。通过把顾客数据转换成个性化的智能来增加顾客满意度和忠诚度，提高“高价值用户”的收益性。这在企业处于经济发展缓慢期和预算非常紧张时更是显得弥足珍贵。

(4) 许多企业已经实施了一些如ERP、CRM之类的集成应用系统，但是还没有获得收益，商务智能的引入可以帮助企业整合这些集成应用系统，使这些相对独立、各自为战的系统发挥更大的作用，使数据信息得到更有效的利用。

综上所述，商务智能的兴起不仅仅是信息系统发展到现阶段的一个必然，也是为了适应和满足企业管理和决策支持对信息系统的新要求而形成的一种新方法和新技术。

6.2 商务智能过程

商务智能的关键在于在海量数据中进行知识发现，与其说它是一门新的技术，不如说它是一些不同领域技术的集成和整合。这些领域包括人工智能、统计、数据仓库、在线分析处理(OLAP)、专家系统以及数据可视化等。而正是这些领域中的理论和技术的不断磨合和

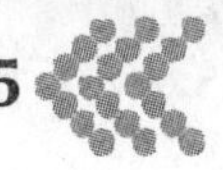

提炼，使得商务智能的概念以及方法得以产生和不断成熟。

一般来说，商务智能是一种非常规(unusual)的过程，通过这种过程，可以在数据中识别出有效的、新颖的、潜在有用的并最终能够被理解的知识模式。

6.2.1 知识发现

知识发现具有以下两个方面的特征：

首先，知识模式是从数据中得到的，数据是一系列事实的集合，而知识模式是使用一种形式化语言来进行的表达，表达描述了事实集合的子集中的一种显著的事实。如果将一种表达称为知识模式，这说明了这种表达比将事实子集中的事实进行穷举要简单而且在某种测度标准下不具有信息损失。例如，通过某种知识发现方法得到一个顾客细分的结果子集为{41岁顾客，42岁顾客，48岁顾客，43岁顾客，64岁顾客……}，可以归纳为"40岁之上的顾客"或者"中年以上的顾客"等。这样所得到的结果比穷举更加简洁，而且事实上更加有意义。

其次，知识发现强调模式的有效性、新颖性、潜在有用性以及最终能被理解。简而言之，有效性是指在满足约束条件的前提下，可行区域越小越好，即提高结果的确定程度。新颖性、潜在有用性和最终能被理解的特点说明了知识的特征，这表明了通过该过程所识别出的模式正是知识。

6.2.2 知识发现过程

商务智能是要从海量数据中挖掘得到新颖知识，这个过程比较复杂且需要多个步骤才能完成。概括来说，整个知识发现过程可以归纳为以下九步：

(1) 理解所要进行研究的领域、与之相关的以前的知识以及用户的目标。

(2) 创建/选择目标数据集合。选择一个数据集合，或是一个变量子集或数据样本，并在这个集合上进行知识发现。

(3) 数据清理和预处理。该步骤由一些基本的操作组成。它包括在合适的前提条件下去掉干扰和不相干的因素；为模型创建或噪声处理收集必需的信息；决定处理遗失数据段的方法；处理时序信息和已有的变化。

(4) 数据缩减和投影。根据任务目标来寻找能代表数据的有用性质。通过减小范围或进行转换来减少必须要考虑的变量数目，或是寻找数据的更简单的表示方式。

(5) 选定数据挖掘任务。决定商务智能过程的目标是要进行分类(classification)、关联(association)、回归(regression)、聚类(clustering)或其他。不同的数据挖掘任务对应着不同的数据挖掘算法。

(6) 选择数据挖掘算法。选择合适的算法，以便能从选定的数据域中找到正确模式。这是相当关键的一步，由于数据语义和形式的千差万别，不可能存在一种普适的模型和算法来处理所有的问题，因此要慎重地决定所使用的算法，因为这直接关系到算法的效率和结果的优劣。

(7) 数据挖掘过程。即是在一定的表达形式或在一组表示方法(分类规则或树、回归、聚类等)中寻找感兴趣的模式(interesting patterns)。前面的六个步骤是保证这一步顺利、正确实施的前提。

(8) 对挖掘出来的模式进行解释，也许需要返回到前七个步骤中的任何一步以进行进一步的反复迭代。

(9) 完善和巩固所发现的知识。将发现的知识合成到性能指标体系(performance system)中，或是汇总成文档并报告给相关部门。这一过程中也包括对以前的知识的检验，以及解决新发现的知识和已有的知识之间可能存在的潜在的冲突。

以上九个步骤是强调不断交互和反复，即其中许多步骤都需要用户参与以进行决策。其中步骤5、步骤6和步骤7是整个过程中的一个关键子过程，称为数据挖掘(data mining)。

简单而言，数据挖掘是整个知识发现过程的一个子过程，它由一些特定的数据挖掘算法组成，其功能和目的是在可以接受的计算效率的限制条件下，生成一个关于事实的模式表达。实际上，从技术角度来看，数据挖掘就是知识发现过程的核心步骤，而这也是很多文献中对于数据挖掘、知识发现和商务智能不加区分的主要原因。知识发现过程是利用数据挖掘方法(算法)，根据一定的标准和约束来提取所需要的知识的过程。在此过程中，对数据库首先要进行一些所需的预处理、采样以及转换操作，以及后续的评价。而整个过程应用于商务领域中，并用来支持决策分析，因此称为商务智能。

6.2.3 知识表达形式与数据挖掘

正如前面所提到的，数据挖掘技术是对一些相关技术的集成，数据挖掘的方法也都是基于机器学习、模式识别以及统计方法等来实现的。需要说明的是，不同的技术所得到的方法、所得到的知识的表达形式是不同的。从知识的表达形式上看，可以将数据挖掘主要分为下面四类方法。

(1) 分类分析(classification analysis)：分类分析可以认为是一种最基本的数据分析手段。例如，信用卡用户可以分为按时还款客户和拖欠还款客户，银行贷款客户可以分为按时还款、延期还款和恶意拖欠三类，等等。通常来说，分类过程是一种函数建立的过程。通过该函数可以将一个数据项映射(map)或分类到预先定义好的类中。一般来说，分类分析也是基于历史数据来建立得到分类器模型，并进一步用以预测。

(2) 回归分析(regression analysis)：回归也是一种函数建立的过程，但是与分类分析不同的是，它是通过函数将一系列因变量映射为一个数值量。一般来说，是采用基于统计分析的线性回归、非线性回归等许多方法来实现。例如，根据历年的劳动力水平、总投资等因变量来回归得到与GDP有关的回归模型方程，进一步用以预测。

(3) 关联规则(association rules)：大规模客户交易数据库中会存在着数据项之间所潜在的相互关系的知识模式，如“年轻顾客会购买Levi's牛仔裤”，“购买《信息系统》一书的顾客经常会购买《C语言》一书”等。这样的模式成为关联规则。这种规则在现代网上推荐系统中用的非常多，例如Amazon.com和taobao.com上就广泛采用了关联规则分析方法来更好地促进销售。

(4) 聚类分析(clustering analysis)：聚类是一种对数据的一般性质进行描述的说明方法。通过这种方法可以根据某种测度将相似的对象聚集在一起，并进一步针对该聚类进行分析和决策。聚类分析的应用非常广泛，在航空航天、医药、大型工程、化工、心理学、语言学以及社会学等领域都得到了广泛的应用。

以上的几种方法所得到的是不同表达形式的知识。根据知识表达形式的不同，所采用

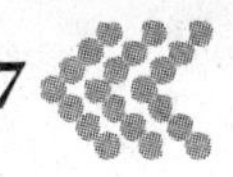

的方法也有所不同。而不同的知识表达形式其意义和实际应用价值也有所不同。在6.3节中分别针对不同的知识表达形式的数据挖掘方法进行介绍。

最后需要强调的是,虽然数据挖掘技术是整个知识发现的核心过程,但是它着重于技术部分,在整个知识发现过程中相对来说是可控的,即可以通过构建具体的模型、算法、相应的系统来实现,但是对于发现知识的整个九个过程来说,仅仅是过程5、6和7还不够,前期的问题的选定、范围界定、数据选择、数据预处理也相当重要,直接影响到输入到数据挖掘处理过程中的数据的质量。而对于后期的结果的评价和完善更加是一个非常难以标准化的过程,特别是整个指标评价体系的建立过程的可控性十分差,通常这个过程需要人(专家、用户、决策人员等)的大量介入,但是这个过程的重要性是毋庸置疑的。

6.2.4 数据预处理

商务智能所采用的数据挖掘方法可以在海量数据中有效挖掘得到新颖的知识。但是这并不表示任何数据都可以直接用来进行分析和处理。一些必要的预处理对工作不但可以减少后续分析和处理的工作量,而且还有利于有价值的知识模式的提取。

一般来说,数据预处理的步骤包括数据集的整理、数据采样、数据清洗、缺失数据处理、初步统计分析等。在大多数情况下,在拿到初始数据后,上述的步骤或多或少都需要进行。下面就分别进行简要介绍。

1. 数据集整理

经过几十年的信息化发展,目前大多数电子化数据都存储在数据库或数据表中,总的来说,都是以二维表的形式进行存储,即属性表示为列变量,而记录是保存在行变量中。因此,在采集和整理数据挖掘所需要的数据时,也需要将相关的数据都整理在一个或多个二维表中。因为大多数的数据挖掘方法都是基于二维表开发和实现的。

在数据集整理时,还有一个需要注意的问题是,通常要进行数据挖掘的数据量会很大,因此在采集和整理数据时,需要特别注意数据的一致性以及完整性,以避免不必要的失误给后续的工作带来根本性的影响。

2. 数据采样

虽然大量的优化数据挖掘方法可以有效地处理和加工大规模数据集,但是由于许多企业级的数据量经常是海量的,如记录个数达到10GB甚至更多,属性个数上百或更多,限于目前计算机的运算能力,对于这种规模的数据,数据挖掘的时间和过程也会非常长。总的来说,所有数据挖掘方法或者是对记录个数或者是对属性个数的增长都十分敏感。一般来说,关联规则的挖掘算法对于n个记录是多项式级的增长时间,即$O(n^k)$,而对于m个属性个数则是指数级的增长时间,即$O(2^n)$。显然这种增长速度是相当快的。如果数据表的属性个数上百,那么对于任何算法来说,都是一个比较痛苦的长时间过程。

因此,在这种情况下,对数据进行必要的、合理的且具有代表性的采样,是一种非常有效的处理手段。数据采样是在记录维度上进行缩减,即通过随机采样等方法从海量数据中抽取少量的记录。从统计学的角度来看,在很多情况下,采样规模如达到几百条记录,所挖掘得到的知识模式就具有足够的代表性。

但是需要强调的是,采样只能在记录维度上,而不能在属性维度上。因为在属性维度上采样会造成结构信息的丧失,从而造成语义知识的丢失。

3. 数据清洗

通过采样方法可以有效降低需要挖掘的记录的个数，但是实践表明，大多数影响挖掘效率的因素是属性个数(算法效率相对于属性个数通常是指数级)。因此，如果能有效降低属性个数，则能更为有效地提高挖掘的效率。此外，如果能将不必要的属性剔除，则更加有益于挖掘得到的知识模式的精简。

首先，需要强调的是，在进行数据采集和预处理时，并不是属性越多越好。实际上，在现实世界中，许多表示对象某些特征的属性是相关的，而不是独立的。特别是在处理和加工与经济、金融与财务相关的数据时，属性相关的情况就更为多见，如GDP与国民收入，成本与价格，等等。这种情况下，如果能根据问题需要对一些相关性很大的属性进行删减将对后续的工作有所裨益。

当然，数据清洗的过程还包括将有明显错误和冲突的数据进行修正，如果实在是无法修正的，如果是某记录的错误值较多，就要删除该记录；如果是某个属性的数值的质量无法确保，也只能删除该列属性。这种放弃是必要的，因为留着错误的数据，造成的危害比没有数据更大，而且极具迷惑性。此外，对于所谓的异常数据(outlier)，则需要认真甄别，因为有的时候的异常数据可能是由于噪声引起的，这种时候可以删除；而还可能存在的情况是由于数据反映了实际系统的临界值，因此对于异常数据必须参照问题背景进行仔细分析。

这样，通过数据采样和数据清洗后，就可以不但提高数据质量而且降低数据规模。那么从具体应用角度来看，究竟是多少属性和多少记录搭配会比较好？根据统计学家的研究，一个最基本的底线是每个属性至少有10条记录(这一般都能满足)。而根据Delmaster和Hancock在2001年给出的经验法则，则要求在分类分析中，数据量至少为$6\times m\times p$，其中m为属性个数，p为需要进行分类的类别数。

4. 缺失数据处理

缺失值指的是应该有但却没有的数据。在很多情况下，缺失值用NULL来表示。但是需要注意的是，有的时候NULL是有语义的，例如银行数据中的NULL很多时候用来表示当前账号停止，而并不表示数据缺失。这种时候需要区别对待。

当确实碰到重要的数据缺失时，如果能找出原因并恢复数据则是上上之选。但是很多时候并没有这么幸运，这种时候有两种解决问题的方法：一种方法是试着填写数值，例如采用该属性的平均值或是众数(即最常见的数值)。但是这种时候要小心，因为可能会对实际数据的分布造成影响，从而影响到数据挖掘的效果；另一种比较复杂的方法是采用回归或者神经元网络等技术来计算和预测相应的数值。但是除非万不得已，一般不建议采取第二种方法，因为复杂的技术和精确的结果并不一定有相关性。

此外，目前还采用一种新型的技术来处理缺失值，即利用软计算方法，如模糊逻辑和不确定性测度方法等。这种方法认为数据中广泛存在着噪声，其中缺失值也是一种噪声数据，而噪声也反映了数据的真实性。而在海量数据中，潜在的模式可以通过对噪声的统计和加总来削减。进一步，通过构造不确定性测度来评估噪声对知识模式的影响程度。

5. 初步统计分析

经过上述几种方法进行预处理后，在正式采取数据挖掘方法进行分析之前，一般建议采用一些初步的统计分析方法对数据的基本统计特征进行考查。因为通过一些基本的统计特征值可以对数据的基本信息有所掌握和评估，例如，均值、中位数、众数、最大值、最小值、标

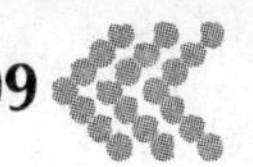

准差、数据个数等。如果有条件,还可以进一步估计属性值序列两两相关系数,以及数据直方图、数据分布拟合图等。总之,通过这些初步统计分析,可以对所要处理和加工的数据的基本特征有所掌握。特别是如果发现有异常情况,还可以尽早进行分析、甄别和处理。

上述介绍的数据预处理方法比较具有代表性,但是在具体使用中要根据具体问题的背景以及数据自身的特点灵活掌握。在进行了合理的数据预处理之后,就可以针对不同的知识表达形式,采用相应的数据挖掘方法进行分析和处理。

6.3 数据挖掘方法

下面将对几种主要的数据挖掘方法分别进行介绍。

6.3.1 分类

分类分析是最常见的数据挖掘任务之一。事实上,分类是人类认识世界的基本方法之一。为了理解并与周围环境交流,我们每天都在进行分类工作,例如我们将生物分为界、门、种和纲等,将物质分解到不同的元素中,将人分为不同种族,将药品分为处方药和非处方药,等等。

分类分析是对对象的特征进行分析,并将之归类到已定义类中。在数据挖掘中,分类的对象通常表示为数据库和数据表中的记录。要进行分类分析,首先要有一个清晰定义的类,还要有一系列已经分类的实例和记录。分类过程实际上是先根据已有的数据以及定义好的类,通过训练抽象出一个分类模型(也称为分类器),然后将之应用于对未分类数据进行分类。在商务智能应用中,常见的分类分析应用的实例包括将信用卡申请者根据财务情况分为低、中和高风险,根据贷款客户的特征分为按时还贷、延时还贷和不良还贷,等等。

因此,分类是一个两步过程。第一步,基于训练数据集,采用分类算法来构造分类器。所谓训练数据集,是指一个已有的数据集,其中每条记录都已经属于一个已知的类别中。根据不同的分类算法,可以构造的分类器的形式有决策树、神经元网络、规则集以及贝叶斯网络等。一旦训练得到分类器,就要进行第二步,即使用分类器对新数据集进行分类。这个新数据集称为测试数据集。这个步骤是根据分类器来进行预测。例如,某公司有一个直邮清单数据库,每条直邮清单保存了一个顾客姓名、性别、年龄、职业等属性值,以及包括分发介绍信产品和促销活动的信息后该顾客是否采取购买行为,即可以分为购买和不购买两个类。通过对此数据库进行分类分析,可以得到相应的分类器,即可以根据顾客的相关属性值来预测该顾客能否购买。假定有新的顾客添加到数据库中,则可以根据该分类器来预测此顾客能否购买,从而可以决定是否给该顾客直邮奏效材料。这个问题是在商务智能中的精准营销问题,通过分类分析方法可以有效解决。

上述过程还涉及一个分类精度的问题。一般来说,分类精度越高越好。但是预测精度很大程度上取决于训练数据集是否具有代表性。此外,对于分类分析方法进行评估的标准还包括如下几方面:

(1) 速度:即生成和使用分类器的计算花费。

(2) 鲁棒性:即给定噪声数据,分类器能够正确预测的能力。

(3) 可伸缩性:即在大量数据规模时,有效构造分类器的能力。

(4) 可解释性:即通过训练得到的分类器可理解和被解释的层次和水平。

具体的分类方法有许多。常用的方法包括决策树分类、贝叶斯分类、神经元网络分类等。但是无论是哪一种方法，其目的是要构造出分类属性与类别的映射关系，这种映射关系可以通过规则集、神经元网络结构，或者是数学函数进行表达。

6.3.2 聚类

与分类不同，聚类分析是将一个数据对象的集合按照某种标准进行划分，但是要划分的类是未知的。其结果是使得在一个聚类内部的数据对象按照该标准具有极高的相似性，而类与类之间的数据对象的相似性很低。

聚类是一种重要的人类行为。例如，人类在进化和发展过程中，就会通过不断地改进下意识中的聚类模式来区分猫和狗，或者动物和植物，等等。事实上，人类正是以这种聚类的方法不断对事物进行分析，从而抽象出现代人所采用的种种概念。在商务应用中，聚类分析也得到广泛应用，包括消费模式行为识别以及市场划分和研究，对汽车保险单持有的分组，对不同消费群行为的归纳，对网络上产品推荐信息的汇总，等等。

聚类分析是一种数据简化技术，它把基于相似数据特征的变量或个案组合在一起。这种技术对发现基于相似特征，如人口统计信息、财政信息或购买行为进行客户细分非常有价值。从统计学的观点来看，聚类分析是通过数据建模简化数据的一种方法。传统的统计聚类分析方法包括系统聚类法、分解法、加入法、动态聚类法、有序样品聚类、有重叠聚类和模糊聚类等。采用 k-均值、k-中心点等算法的聚类分析工具已被加入到许多著名的统计分析软件包中，如 SPSS、SAS 等。

从机器学习的角度来讲，簇相当于隐藏模式。聚类是搜索簇的无监督学习过程。与分类不同，无监督学习不依赖预先定义的类或带类标记的训练实例，需要由聚类学习算法自动确定标记，而分类学习的实例或数据对象有类别标记。聚类是观察式学习，而不是示例式的学习。

从实际应用的角度来看，聚类分析是数据挖掘的主要任务之一。就数据挖掘功能而言，聚类能够作为一个独立的工具获得数据的分布状况，观察每一簇数据的特征，集中对特定的聚簇集合作进一步的分析。聚类分析还可以作为其他数据挖掘任务(如分类、关联规则)的预处理步骤。

主要的聚类方法包括基于划分的方法、基于层次的方法、基于密度的方法、基于网格的方法、基于模型的方法等。聚类是得到广泛应用的一个数据挖掘方法。但是在应用中，要注意这些聚类方法有两个显著的局限。第一个局限要聚类结果明确，就需要分离度很好的数据。几乎所有现存的算法都是从互相区别的不重叠的类数据中产生同样的聚类。但是，如果类是扩散且互相渗透，那么每种算法的结果将有所不同。结果，每种算法界定的边界不清，每种聚类算法得到各自最适合结果，每个数据部分将产生单一的信息。为解释因不同算法使同样数据产生不同结果，必须注意判断不同的方式。对于商务应用来说，正确解释来自任意算法的聚类内容的实际结果会存在困难(特别是边界)。最终，将需要检验可信度，通过序列比较来指导聚类解释。这种时候，可以考虑引入模糊逻辑来将聚类边界模糊化，从而使得结果的语义解释性更强。第二个局限由线性相关产生。上述的所有聚类方法分析的仅是简单的一对一的关系。因为成对的线性比较会大大减少发现简单关系的计算量，但会忽视商务和经济系统多因素和非线性的特点。

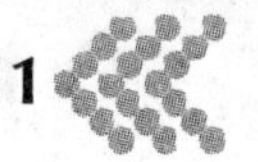

因此，与其他数据挖掘方法一样，在应用聚类分析时，只能将其结果作为决策支持的参考，要结合问题背景、应用环境等审慎判断。

6.3.3 关联规则

大规模客户交易数据库中会存在数据项之间所潜在的相互关系的知识模式，如“年轻顾客会购买 Levi's 牛仔裤”，“购买《信息系统》一书的顾客经常会购买《C 语言》一书”，等等。这样的模式称为关联规则。这种规则在网上推荐系统中用得非常多，例如 Amazon. com 和 taobao. com 上就广泛采用了关联规则分析方法来更好地促进销售。而英国的 Safeway 大型超市也通过关联规则方法对上架商品进行分析，发现有一部分相对滞销的产品居然是消费额最高的 25%的贵客的购买对象。因此，为了能够使得效益最大化，该商场仍然继续供应这批产品，而非简单撤下。

关联规则挖掘就是在给定的事务处理数据库中发现到所有满足最小支持度(α)和最小置信度(β)的形如 A⇒B 的规则，其中 A 和 B 分别为属性的集合，其语义为“在整个数据库中，同时购买 A 和 B 的顾客的比例为 α，而在购买 A 的顾客中会购买 B 的顾客比例为 β”。

关联规则挖掘已经成为商务智能中引人注目且发展相当迅速的分支。关联规则作为一种知识类型，由于它的直观性以及语义上的意义非常明确，因此在企业决策中得到了广泛的注意和应用。

6.4 复杂类型数据挖掘

前面几节所介绍的数据挖掘方法和商务智能应用都是基于标准数据库而进行的，其特点为数据高度结构化，具体来说就是通过二维表的形式来表达。但是随着数据处理工具、先进数据库技术特别是互联网技术的高速发展，大量形式各异的复杂类型的数据不断涌现，例如非结构化数据、文本/超文本数据、多媒体数据等。这些数据逐渐在我们的生活和工作中占据了显著的地位，因此商务智能方法和数据挖掘技术所面临的一个重要课题就是针对复杂类型数据进行挖掘和知识发现。而由于复杂数据不具备标准数据库的结构化特征，因此必须开发和采用新的技术。

复杂类型数据对象当然多种多样，但是从目前的应用角度来看，以下几方面的复杂类型数据应用较广，研究较多：空间数据、多媒体数据、时序数据与序列数据、文本数据、网络数据等。

6.4.1 空间数据挖掘

空间数据库存储了大量与空间有关的数据，例如地图、遥感图片、医学图像等。空间数据库与传统数据库相比有显著不同的特征。空间数据会包括距离、位置、色块、气温等信息，而且通常按照复杂、多维的空间索引结构组织数据。对数据的访问需要通过空间推理、地理计算和空间知识表示技术。

而空间数据挖掘是指对空间中非显式存在的知识、空间关系或其他有意义的模式等进行提取。例如，通过对地质断裂带应力分析可以推断出哪些地方近期发生地震的概率较高，这个挖掘过程中，不但需要对地质断裂带的地理位置数据进行处理，还需要结合地震历史数据和时间数据进行挖掘。因此，空间数据挖掘需要综合数据挖掘与空间数据库技术，它可用于对空间数据的理解、空间关系和空间与非空间数据间关系的发现、空间知识库的构造、空间数据库的重组和空间查询的优化。空间数据挖掘在地理信息系统(GIS)、地理市场、遥感、图像数据库探测、医学图像处理、全球导航系统、交通控制、环境研究等许多领域有广泛的应用。

而采用传统的统计技术虽然可以很好地处理空间数据库中的数值型数据,并可以对空间现象提出相应的模型,然而由于空间数据库中存在大量的图像、地理位置等信息,而且更为重要的是,统计方法一般假设数据间是统计上独立,而空间对象经常是相互关联的,因此传统统计技术不适合直接应用到空间数据上。而空间数据挖掘则将传统的空间统计分析技术加以扩展,与数据库系统进行结合,并改进与用户的交互,以提高新知识发现的效率和效果。

空间数据挖掘的方法包括空间多维分析、空间关联分析、空间聚类分析和空间分类分析等。

6.4.2 多媒体数据挖掘

多媒体数据库是指存储和管理大量多媒体对象的数据库,如音频数据、视频数据、图像数据等。随着多媒体应用的普及,大量的多媒体数据库广泛存在于各种应用领域中,如人脸识别系统、语音识别与模式匹配等。典型的多媒体数据库系统包括 Google Earth、百度图像、人类基因数据库等。

由于多媒体数据相对于传统数值型数据而言,无法直接采用数值计算的方法来进行,因此就需要引入更多的技术来进行分析。如:如何判断不同图像的相似性,如何实现相似音频的搜索,如何对海量图片进行分类和聚类,等等,这些都需要更多地对多媒体对象进行处理,以提炼出适当的特征向量,并进一步基于此进行数值计算。

总的来说,虽然对于多媒体数据,特别是图像和音频数据的处理在一些领域中已经有了比较成熟的方法和应用,如在反恐档案和追踪系统中,恐怖分子图像查询和搜索、音频匹配与语音识别等方面。但是相对于其他的数据挖掘领域,多媒体数据挖掘仍然是一个比较困难和充满挑战的领域。

6.4.3 时序数据和序列数据挖掘

时序数据库是指由随时间变化的序列值或事件组成的数据库,即每个数据对象都有一个相应的时间属性值。时序数据是非常常见的一种数据,例如股票市场的每日行情、气象数据、医疗信息等。而序列数据库是指由有序事件序列组成的数据库,数据对象可能没有具体的时间标记,但是有先后顺序。例如,Web 页面访问序列就是一种序列数据,但通常并不记录访问的时间。

由于时序数据以及序列数据广泛存在于生活和工作中,特别在商务运作中,大量与业务运行时间和序列相关的数据保存在数据库中,对于这样的数据进行分析以得到有用的模式是一种非常有意义的过程。时序数据库和序列数据库挖掘的主要内容包括趋势分析、相似性搜索以及序列模式挖掘。

趋势分析是非常常见的分析手段,在传统统计技术中,已经得到广泛研究;在商务活动中,也广泛得到应用。如分析股票的中长期趋势,分析天气变化趋势,分析经济周期运行趋势，等等。一般来说，可采用移动平均方法来进行处理。

在通常数据库查询时要找出符合查询条件的精确数据，而对于时序和序列数据而言，很难有精确相似的情况，因此需要采用相似性搜索方法。相似性搜索是要找出与给定查询序列相似的数据序列。相似性搜索在对金融市场的分析、医疗诊断分析等领域中大有用武之地。

序列模式挖掘是指挖掘相对时间或其他模式出现高的模式。例如，一个序列模式的例子是"连续三天多云可能会造成下一天雨"或者"原材料板块股票连续一周上涨后建材板块股票会上涨"等。由于很多商业交易、通信记录、天气数据以及生产过程都是时间序列数据，因此在针对目标市场、客户定位、气象预报等数据分析中，序列模式挖掘很有前途。

6.4.4 文本数据挖掘

一类非常重要也非常常见的非结构化数据是文本数据。文本数据来自各种数据源，如新闻文章、研究论文、电子书籍、电子邮件和 Web 页面等。这些数据并不是以结构化数据的形式保存在数据库中，而是表示为大段的文本。

文本数据库中存储最多的数据是半结构化数据，它既不是完全结构化的也不是完全无结构的。例如，一个电子邮件中既包括标题、作者、出版日期、长度和时间等结构化数据，也包含大量非结构化数据内容，如内容文本和摘要等。

针对这种情况，传统的信息检索技术已经不适应日益增加的大量文本数据处理的需求。针对这种需求，一些新的文本数据处理和挖掘的方法逐渐涌现并为人所熟知。例如，Google 和百度搜索引擎就是典型的文本挖掘的系统应用。

6.4.5 网络挖掘

互联网的出现为人类提供了一个巨大的、分布广泛的全球性的信息服务中心。它涉及新闻、广告、消费信息、金融服务、教育、政府、电子商务等各种信息。随着 2000 年之后的通信技术和电子商务的发展，互联网成为了为人类的生活和工作提供前所未有的信息服务的平台和数据源。这个数据源非常大，为数据挖掘提供了丰富的资源。但是同时，也对有效地基于网络的知识发现和商务智能应用带来了挑战。这些挑战体现为数据量过于庞大，对已有的数据挖掘和商务智能方法带来挑战。而且网络数据的复杂性更大，网络数据具有极强的动态性，用户需求也多种多样，等等。面临这些问题，如何基于网络背景来进行有效的数据挖掘并真正为用户提供有意义的知识成为了一个极具挑战性的领域。

网络数据挖掘的内容也十分广泛，目前比较多的应用包括：

(1) 网页有效排序。大家都知道给定一个关键字，通过网络搜索引擎可以搜索出上万条的网页链接，但是如何对这些网页按照重要性进行排序是一个复杂的学术和应用问题。目前 Google 所采取的 PageRank 方法可以视为是目前应用最为广泛的方法。

(2) 链接结构挖掘。互联网的一个基本特征就是网页之间互相提供链接。那么这些链接所共同构成的拓扑结构可以反映出网络组织的结构。通过对链接结构的挖掘可以优化网络组织结构，而且还可以提高网站或网页的受关注程度，从而可以更好地提升企业的认知度。

(3) Web 文档的自动分类和组织。根据估计，每天新增加的网页数量达到上千万个，如何对这些文档进行有效管理、分类、组织和维护就成为了一个困难的问题。例如，Yahoo!根据已知的文档作为训练集，用于导出新文档的分类模式，就是一种有益的尝试。

(4) Web记录挖掘。互联网上每天都有上亿用户进行浏览和单击。随着电子商务的兴起，通过Web浏览记录来分析顾客的行为模式并进行进一步分析，不但可以改进Web服务器的性能，而且可以从中提炼出有效的消费模式，用于进行营销推荐。

此外，随着互联网的普及，许多企业信息系统也逐渐转移到互联网上，因此许多常用的数据挖掘方法和商务智能应用也都逐渐进行了扩展以适应整个互联网的大背景。

6.5 商务智能应用与发展趋势

6.5.1 商务智能的决策考量

商务智能系统作为企业信息系统的一个更新阶段，不但要建立在成熟的企业信息系统之上，而且还要能进一步融合数据挖掘方法来有效发现潜在新颖知识，并为企业发展提供决策支持。但是，企业如何才能应用好商务智能，并不是一件容易的事情。简单来说，有如下几方面的因素需要认真考量：

(1) 要根据企业自身的特点考虑是否应用商务智能技术，以及构建怎样的商务智能系统，切忌盲目跟风。由于各个企业在市场中的地位、发展理念、战略目标、规模实力等情况的迥异，并不是每个企业都适合实施商务智能技术，也并不是每个企业都要建立“面孔相似”的商务智能系统及平台。如在我国，对于开展信息化较早的行业，如电信和金融，已经有几十年的电子化经验，并有非常好的开发队伍，商务智能也就成为它们的必然选择，并需要一个完整的商务智能解决方案；而另外一些企业(如中小企业)，不可能像银行、电信那样投资大量资金做商务智能，或者也不需要非常全面的商务智能解决方案，它们所需要的商务智能必须是一个非常简单、适用、易安装、易操作的系统。因此，企业在实施商务智能技术时一定要深入调查研究，进行详尽的可行性分析，多倾听专家的意见。

(2) 树立商务智能技术应用的成本收益观，切不可盲目认为只要构建了自己的商务智能系统，就会获得“一本万利”的效果。成本收益分析是经济学的基本分析工具，它对企业战略管理与决策也同样适用并十分重要。商务智能系统的构建是要耗费成本的，如整个系统硬件的配置、商务智能软件的购买与更新、熟悉商务智能工具和分析的管理人员和业务人员等人力资源的培养，等等，这些都会花费企业大量的人力和财力；而另一方面，商务智能技术给企业带来的收益可能是渐进的、隐蔽的和不可预测的。一般而言，只有当建立商务智能系统的收益大于成本时，商务智能的建立才是理性的。当然，值得注意的是，商务智能给企业带来的收益可能是远期的潜在收益，因此，在进行成本收益分析时一定要有长远的目光，不能因为一时的急功近利而因噎废食。

(3) 应用商务智能技术既要充分考虑技术因素，还要注重相应企业文化及理念的培育。毋庸置疑，商务智能技术对大力提升企业的智能化决策水平提供了新的工具和手段，但企业能否真正从商务智能中获得预期的效果，既取决于一些技术因素，还会受到诸如企业文化理念的影响。技术因素包括实施商务智能的数据仓库技术、专家智能系统的进步、相应配套计算机软件的开发等。而文化因素则是指企业能否塑造自身独有的企业文化，而这种企业文化的塑造必须是能够不断吸纳和整合企业的各种运作理念并贯穿于整个企业的日常管理和经营之中，当然也包括对商务智能理念和思想的整合与贯彻。事实上，成功的企业文化，其力量是无穷的，它能将企业的战略、组织、结构、资源等有序结合起来，以在竞争中保持一种整体优势。

(4) 建立完善的企业信息系统，做好实施商务智能的基础性工作。商务智能的目的，就是要根据数据仓库中的历史数据，帮助企业管理者做出决策。成功的数据分析与挖掘应用依赖于大量的、长期的、真实的历史数据积累，对于许多信息化建设起步较晚的企业，首先踏踏实实地做好基础数据库的建设更为重要，这也是为进一步走向商务智能打下基础。

6.5.2 商务智能系统框架和产品

目前国外已在市场、金融、工业、医疗保健和科学研究等领域开发了众多的知识发现和商务智能应用系统。目前的商务智能和数据挖掘工具一般分为三类：

- 通用单任务类。这类工具已开发出许多，主要采用了决策树、神经网络、基于实例和基于规则的方法，所用的发现任务大多属于归类范畴。在具体应用中，主要用于知识发现的数据挖掘步骤，而且需要相当工作量的预处理和后处理。这种系统一般功能比较单一，更多是针对专业用户来完成特定的任务。所以这种类型的系统更多是一种专门工具，而不能称为企业解决方案。
- 通用多任务类。这类系统可以执行多个领域的知识发现和数据挖掘任务。一般集成了归类、可视化、类聚和概念描述(简约)等多项发现策略。而且由于这种系统集成了相应的软硬件，并由专业的系统集成公司提供全面的服务和规划，因此通常的企业解决方案中比较多地应用这种系统。
- 面向专门领域类。即用于专门领域的知识发现和数据挖掘。这类工具包括用来产生反映市场零售额变化情况分析报告的 Opportunity Explore 和分析篮球比赛统计数字寻求最佳阵容的 IBM Advanced Scout 等。一般来说，这种系统针对性较强，对于某个商业领域或是某种类型的企业具有很强的决策支持作用，但应用领域比较小，不能应用于其他方面或是其他的领域。所以这种系统经常是特定企业根据自身的情况进行定制，不具有通用性。

在市场上，一般应用比较多的是第二种类型，而且这也是将来企业应用的主流。而且这种类型的商务智能系统解决方案的特征比较突出，也比较全面。仅作为示例，图 6-1 给出一个一般性的商务智能系统架构的示意图。

上述架构的部件包括：

(1) 商务智能应用程序。这些应用程序是为特定行业和/或应用领域定制的完备的商务智能解决方案软件包。这些软件包使用商务智能结构中的其他部件。

(2) 决策支持工具。这些工具涵盖的范围很广，从基本的查询和报表工具到先进的 OLAP 和数据挖掘工具。所有的工具均支持图形化客户机界面。其中许多工具还可以使用 Web 界面。目前，这些工具中的绝大多数是为处理由数据库产品管理的结构化数据而设计的。

(3) 访问支持工具。它们由应用程序接口和允许客户机工具访问和处理由数据库或文件系统管理的业务信息的中间件组成。数据库中间件服务器使客户机能透明地访问多个后端数据库服务器，称为联邦数据库。Web 服务器中间件允许 Web 客户机建立与联邦数据

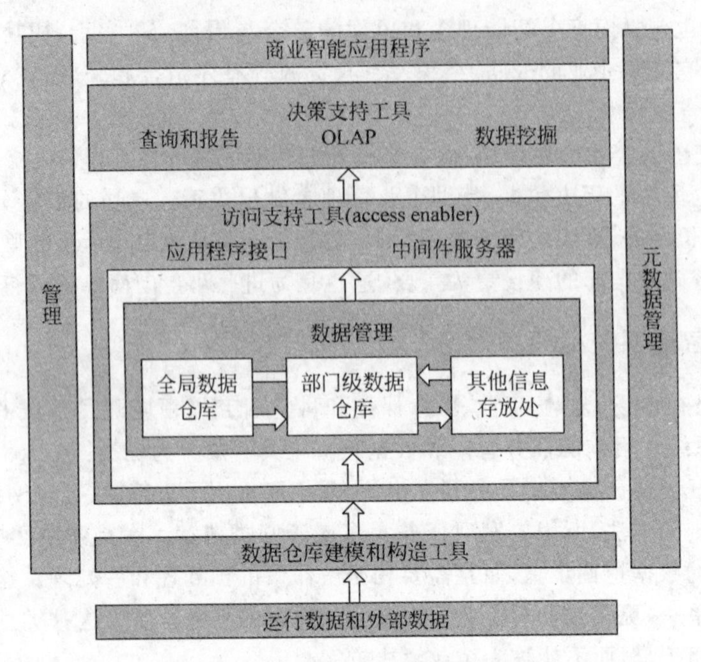

图 6-1 商务智能系统架构的示意图

库的连接。

(4) 数据管理。这些产品用于管理最终用户感兴趣的业务信息。

(5) 三级信息存储。结构的顶层是全局数据仓库,集成了企业级的业务信息。中间一层是部门级数据仓库,包含各个特定业务单位、用户组或部门的业务信息。这些部门级的数据仓库可以直接从生产系统产生,也可以从全局数据仓库中建立。结构的底层是其他信息存储,其中包含为某个具体用户或特定应用定制的信息。

(6) 数据仓库建模和构造工具。这些工具用于从生产系统和外部数据源系统俘获数据,加以净化和转化,然后将信息放入全局或部门级数据仓库中。

(7) 元数据管理。该部件管理与整个商务智能系统有关的元数据(数据字典),包括开发人员和管理员使用的技术元数据,以及为业务用户提供支持的商务元数据。

(8) 管理。该部件涵盖了商务智能管理的方方面面,包括安全和授权管理、备份和恢复、监视和调整、操作和日程安排以及审计和记账。

6.5.3 商务智能的应用

前面我们介绍了商务智能的基本理论以及数据挖掘的基本方法,但是如 6.5.2 节所述,针对不同的具体问题,需要定制专门的商务智能系统和数据挖掘工具。本节将针对一些在商务应用领域中主要的商务智能应用进行介绍。

1. 金融数据挖掘与商务智能

金融和银行系统是应用信息系统最早也最成熟的领域,在互联网时代也是最早网络化的领域。而且由于银行和金融系统对数据质量的要求很高,因此经过长时间的运作,银行和金融机构中通常都拥有大量的且相对比较完整、可靠和高质量的数据。这就大大方便了系统化的数据挖掘并进行商务智能分析。一些主要的应用包括利用分类分析方法对贷款偿还进行预测，利用回归分析方法对收益率进行预测，利用聚类和分类方法对目标市场客户进行分析和归类；利用关联规则分析方法对金融欺诈进行分析，等等。

2. 营销与客户关系管理

零售业是商务智能得到快速应用和发展的领域，这是因为零售业积累了大量的销售数据、顾客购买历史记录、货物进出、消费和服务记录等。特别是在电子商务时代，网上购物活动使得数据可以得到自动加载和更新。因此，利用这些营销数据进行商务智能分析，并为进一步的营销提供决策支持，就成为了提升企业竞争力的关键要素，因此在营销领域的商务智能专门被称为客户关系管理。一些主要的应用包括利用聚类和分类分析方法识别顾客购买行为，利用关联规则分析发现顾客购买模式，利用序列分析发现顾客购买趋势，利用分类分析方法对顾客忠诚度进行分析，等等。通过这些方法可以进一步改进服务质量，并可以进一步提升零售推荐服务的价值。

3. 电信业中的数据挖掘

电信业是继互联网后又一高速发展的新经济产业，电信业已经从单纯地提供语音通话服务演变为提供综合电信服务，如语音、传真、寻呼、移动电话、图像、音频(彩铃)、电子邮件和 Web 数据传输等。而且电信业的发展使得有线网络和无线网络逐渐融为一体，从而绽放出更大的能量。而且电信系统以其高水平的数据加工和高速的数据传输特点，成为了海量数据存储和加工量最大的领域之一，也为商务智能的开展提供了良好的基础。而且电信行业的迅速扩张和激烈竞争，也使得越来越有必要利用商务智能分析手段来更好地理解商业行为、确定优势模式、捕捉盗用行为，以及更好地利用资源。一些主要的应用包括利用聚类分析方法对盗用和异常模式进行分析，利用序列分析方法对通信模式进行分析，利用关联规则方法对客户行为模式进行分析，等等。

其他数据挖掘方法得到广泛应用的领域还有生物医学，特别是 DNA 测序分析。军事领域也是数据挖掘得到重视的一个领域。

6.5.4 商务智能的发展趋势

商务智能的概念从提出到实现大发展已经有 20 多年的历史，经过这 20 多年，商务智能从概念到方法都发生了巨大的变化。但是在信息技术得到前所未有应用的今天，我们仍然无法对商务智能的全景做一个归纳，因为商务智能仍然还在高速发展变化中。

但是我们可以从目前的一些需求来对商务智能在不久的将来的发展趋势做一个大尺度的推测，即以下两个方面将是商务智能发展的重点。

1. 商务智能技术标准

正如关系数据库之所以在 20 世纪 70 年代末 80 年代初得到快速发展，并成为数据库技术的绝对主流，是因为关系数据库的一些基础方法，如 ER 图、关系代数、SQL 等逐渐成为了数据库的技术标准。因此，无论界面如何，底层数据读取方式如何，技术标准的统一确保了数据库系统的通用性，并从根本上促成了关系数据库的流行。

而商务智能系统要得到发展，目前面临的一个瓶颈就是缺乏技术标准。各大主流商务智能厂商，如 IBM、Oracle、SAS、Business Objects 等都不断推出自己的商务智能系统，所采用的技术标准差异很大。虽然各有优点，但没有一套技术标准可以得到普遍认可。这也造成了商务智能虽然得到了企业界的认可，所有的企业都将布局商务智能系统作为下一个努力目标，但在实施层面，却不得不选取千差万别的技术方案。这样一方面造成各企业间的商务智能系统无法有效连接和沟通，另一方面也造成企业内部的商务智能系统开发成本过高。因此必须逐渐形成统一的商务智能的技术标准。目前，有些学者提出了类似 SQL 的 DMQL 语言等技术标准，试图推动商务智能技术标准，但是还处于初期阶段。

2. 移动商务智能

回顾一下历史，就可以发现商务智能的概念虽然在 20 世纪 80 年代末就在学界提出，但是真正被业界所接受和广泛认同，还是在 20 世纪末。进入 21 世纪以来，基于互联网的商务智能技术和方法已经得到了大规模的发展，如本章所介绍的商务智能和数据挖掘方法都是基于在互联网环境下的海量数据而提出的。但是随着这几年移动通信技术的发展和功能扩展，移动网络已经逐渐成为与传统互联网并驾齐驱的大网络环境，而且在移动网络上的服务和数据类型逐渐丰富。此外，通过底层协议，移动网络和传统互联网也实现了无缝融合。这种态势已经而且还将更为明显地影响商务运作方式。因此，在这种情况下，传统应用于互联网环境下的商务智能和数据挖掘方法就需要进行改造和扩展，以适应移动网络环境下的实时性、广泛性等特点。

因此，下一阶段，移动商务智能将会成为商务智能乃至信息系统发展的重点。

本章习题

1. 什么是数据挖掘？数据挖掘在商务智能应用中有何地位与作用？

2. 数据挖掘包括哪些主要的方法？这些方法各有怎样的特点？适用于怎样的决策分析需求？数据挖掘方法具有怎样的发展趋势？

3. 商务智能应用系统包括哪些主要的结构和功能？如何才能建立并实现有效的商务智能应用？

本章参考文献

[1] Brachman R J, Anand T. The Process of Knowledge Discovery in Databases: A Human-centered Approach. Advances in Knowledge Discovery and Data Mining, AAAI Press/The MIT Press, 1996. 37～58.

[2] Jiawei Han, Micheline Kamber. Data Mining: Concepts and Techniques, Morgan Kaufmann.

[3] Ivano Ortis, IDC Company Report. Retail BI: Strategic Approach Versus Application Fragmentation, http://www.idc.com.

[4] Shmueli G, Patel N R, Bruce P C. Data Mining for Business Intelligence: Concepts, Techniques, and Applications in Microsoft Office Excel with XLMiner, Wiley Publishers, 2006.

[5] Agrawal R, Srikant R. Fast Algorithms for Mining Association Rules. Proceedings of the 20th International Conference on Very Large Databases. Santiago, Chile, September, 1994.

[6] Michael J A Berry, Gordon S Linoff. Data Mining Techniques: For Marketing, Sales and Customer Relationship Management, Wiley, 2004.

[7] 陈国青，郭迅华. 信息系统管理. 北京：中国人民大学出版社，2005.

[8] 薛华成. 信息资源管理. 北京：高等教育出版社，2002.

[9] 陈国青，卫强. 商务智能原理与方法. 北京：电子工业出版社，2009.

[10] 陈国青，雷凯. 信息系统的组织·管理·建模. 第一版. 北京：清华大学出版社，2002.

第7章 企业资源计划与流程管理

本章学习目标：

- 信息系统是企业资源计划的重要工具，并基于此产生了ERP
- 企业资源计划系统的发展历程
- 企业资源计划的基本内容
- 什么是BPR
- 如何建立企业的流程模型
- BPR的实施步骤

前导案例：ERP系统如何帮助联想提升管理水平

联想最开始搞信息化的主要考虑是解决财务问题，当时的管理信息系统是以财务为核心。在联想计算机业务进入飞速扩张期时，旧的财务系统已支持不了那么大的业务量。销售小票和库存单据都是成麻袋地送到财务部，财务部在加人加班加点的情况下还是算不准账，几十人一起赶工半个多月才能做出上个月的报表。到后来，数据太多了，系统甚至有崩溃的可能。

当时联想的产、供、销各环节和财务都是隔离的，各种业务先在各部门内流转，最后"批处理"地反映给财务。财务只起到了记账和核算的作用，起不到对业务的支撑作用。在实施ERP之前，联想的成本核算完全是模糊的、滞后的，销售发生后的月末才能结算出成本，并且是混在一起的大成本。销售部得不到财务准确、实时的数据支持，完全是"跟着感觉走"，甚至出现了业务部门看上去赚钱的产品实际是亏损的，表面上亏的却赚了。处于被动地位的财务还容易造成管理漏洞，导致各种"跑冒滴漏"现象的出现。以往，财务是在看到采购入库后通过库房传来的入库单才知道采购的发生，上亿元的采购合同有很大的"空子"可钻，采购部门因此才被称为最有"油水"的部门。比如有一个进100块硬盘的小采购合同，1000元一个，总价10万；但到货后采购员发现坏了两块，为了省去索赔的麻烦，他擅自把单价和数量一改就入库了。更严重的情况发生在联想进行某次全年结算时，发现以前的财务核算少计了2700万的辅料成本。原因是这部分成本之前一直被计入在线存货，由于业务繁忙，生产线不能停线盘点，以致不断积累，年终盘点时才发现问题。结果，这部分成本大大冲减了当季利润，不仅差一点造成当季亏损，而且说明前三个季度的财务报告都存在不同程度的虚假盈利。基于不准确的财务报告而进行的经营分析出现了很大偏差，直接影响了下一财年的预算编制。

IT 产品几乎不到一年就会升级换代，联想于是把 IT 产品比做是刚刚采摘的“鲜果”，在生产、运送到售卖的过程中，如果一不小心造成积压，就会烂在手里。但是，实施 ERP 之前，管理者并不能随时掌握自己的存货到底有多少，滞留在渠道中的有多少，存货的即时价值是多少。某次物料会议上，时任公司总经理的杨元庆发现自己的仓库里竟然还有两年前购入的 486 处理器。

处于快速发展中的联想一直想进行规范的管理，虽然看上去有大量纸面制度，但实际上还是要靠人治，组织沟通非常复杂，不仅未能遏制因各种原因导致的“跑冒滴漏”，还大大增加了交易成本。

实施了 ERP 之后，联想犹如“脱胎换骨”般得到了巨大的发展，销售、采购、库房、生产的全部过程都和财务紧密挂钩；原始数据只需唯一的一次输入，就能被有权限的人员共享，且一旦被录入就不能随意更改，更改就会留下记录；所有作业都必须且能够在系统中实时地反映出来；整个集团实现了真正的一体化和透明化。借助先进的信息系统，联想还大刀阔斧地进行了组织结构变革，将产品导向的事业部重组为客户导向的业务群组结构。

借助 ERP，联想的财务真正起到了事前预算、事中控制、事后准确核算的作用。无论是全世界哪个地方发生的业务或是开支都要进入系统才能实现，并且一进入系统总部财务就能进行跟踪，各地方分支或核算单位的报表对于总部来说是完全透明的。如今的销售人员根本不接触销售票据和资金，采购人员发出订单后就由财务监控和执行，所有人员的开支都有财务的监管，财务与各业务部门之间的“墙”被推倒了，原来的“财权一支笔”被分解为由多个环节衔接而成的流程，业务部门上下级之间也变成了透明的，这样减少了作假账和腐败的可能性，大大降低了企业的经营风险。

联想高峰期日出货量超过 6 万台，如何不让“鲜果”烂在仓库里成为联想控制成本、保证利润的关键。有了 ERP 之后，在一个透明的数据平台上，联想可以根据库存数据和历史销售数据自动生成详细的采购计划，而且可以实时看到每一颗“鲜果”的位置与状态，进而合理地进行实时控制。

联想的管理也更加规范、透明。以前，杨元庆交代下去的事情，他要亲自问才能知道事情推进的情况。现在，他可以很方便地查看从采购到销售整个流程中联想上上下下所有员工的行为——所有联想人在杨元庆那里都是这只透明鱼缸中的一只透明鱼。在这样的系统体制下，哪里不透明，就意味着哪里出现了问题，发现有不透明的鱼，就可以在第一时间把它捞出鱼缸。

据统计，ERP 系统正常运营后，联想为客户的平均交货时间从 11 天缩短到 5.7 天，应收账周转天数从 23 天降到 15 天，订单人均日处理量从 13 件增加到 314 件，独立核算法人单位结账天数只需 0.5 天，集团结账天数从 30 天降低到 6 天，订单周期由 75 小时缩减到 58 小时，财务报表从 30 天缩至 12 天。联想的运作成本大幅降低，企业利润也实现了较大增长。

案例思考题：

1. ERP 可以解决企业管理中的哪些问题？
2. 案例中 ERP 在制造和分销性企业的主要功能有哪些？为什么能发挥这些作用？
3. ERP 如何改变了企业的财会工作的职能？
4. 成功的 ERP 实施会有哪些效果？

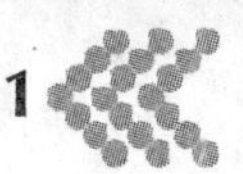

7.1 概述

ERP是企业资源计划(enterprise resource planning)的英文缩写,其概念由美国Gartner Group于1990年年初作为新一代的MRPⅡ(manufacturing resource planning)提出。经过短短几年时间,传统MRPⅡ软件供应商已普遍宣布自己的集成系统是ERP产品。本节从ERP概念的历史演变出发,力图让读者对ERP的核心观念有个全面的了解。

7.1.1 ERP概念的提出

1990年4月12日,Gartner Group公司发表了以《ERP:下一代MRPⅡ的远景设想》为题的研究报告,第一次明确提出了ERP概念:"ERP是基于客户机/服务器架构,使用图形用户界面,应用开放系统开发。除了MRPⅡ已有的标准功能,它还包括其他特性,如质量管理、过程运作管理以及报告管理等。特别需要强调的是,ERP采用的技术将同时给用户软件和硬件两方面的独立性从而更加容易升级。ERP的关键在于所有用户能够裁剪其应用,因而具有天然的可用性。"

Gartner在这份报告中提到了两个集成的概念:内部集成(internal integration)和外部集成(external integration)。内部集成实现产品研发、核心业务和数据采集方面的集成;外部集成实现企业与供需链上所有合作伙伴的集成。之后,Gartner又陆续发表了一系列的分析和研究报告。在当时,因为ERP是来自于制造业的信息系统概念,因此所有这些研究报告都归类于"计算机集成制造(CIM)"类别中。

随着ERP概念的发展,企业内部集成的范围也在扩大,Gartner随后又指出内部集成应包括三方面:产品研发集成、核心业务集成和数据采集集成。

1. 产品研发集成

就MRPⅡ来说,只是实现了内部核心业务的信息集成,在PDM(产品数据管理,product data management)问世之前,它还没有实现与产品研发的信息集成,Gartner提出的产品研发集成更多的还是在理念上的集成。随着PDM/PLM技术的发展,现代的ERP系统需要把产品研发管理作为一个重要的集成模块来看待,并逐步实现了制造与产品研发的有机集成。

2. 核心业务集成

所谓核心业务,通常是指一个主导企业的营销、制造、采购、发运和财务等几方面的业务,也就是实现并跟踪物料和资金流的主要业务流程,见图7-1。图中"计划与控制"是协调各个核心业务运作的神经中枢,这也是为什么MRP、MRP Ⅱ、ERP的命名中都有"计划(planning)"的原因。

美国生产与库存管理协会(APICS)主编的《MRPⅡ标准系统》一书中,对作为一个制造业MRP Ⅱ软件的运行机理和功能做了比较详细的规定,归纳了MRP Ⅱ的基本功能。在这里我们可以看出,尽管MRP Ⅱ系统还有许多不完善的地方,但是从它所覆盖的业务范围来看,已经包括了制造业中以产供销计划与控制为主线的所有核心业务。换句话说,ERP内部集成中的核心业务信息集成,早已在MRPⅡ系统里得到实现。

ERP是对MRPⅡ的超越,MRPⅡ软件产品侧重按照功能来设置各个子系统,而ERP产品侧重于按照流程来设置程序之间的链接,而这种链接的顺序又可以按照流程的变化进

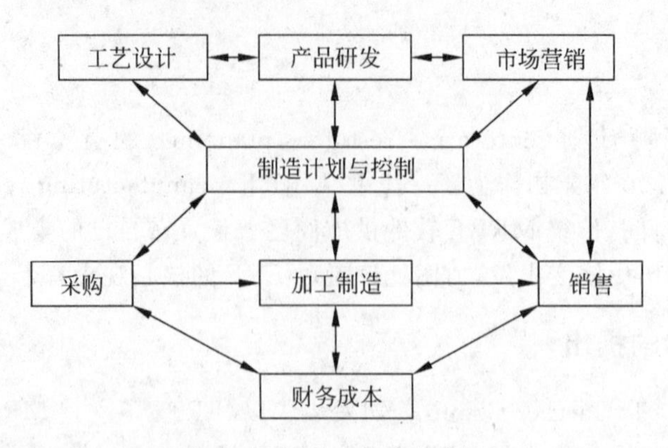

图 7-1 制造业的核心业务

行合理调整，它能适应企业业务流程重组的要求。

3. 数据采集集成

在 ERP 概念提出之前已经有了各种类型的数据采集器(data collector)，这是一种收集生产作业执行信息，并与 MRP Ⅱ系统终端连接、实现数据转换的电子装置，比如流程工业采用的分布式控制系统(DCS)，就在一定范围内实现了自动数据采集集成的功能。

数据集成需要新的数据获取技术手段，比如条形码技术的发展，为数据集成带来了飞跃式的发展。近年来以 RFID(radio frequency identification，射频标签)为代表的无线通信技术也已经开始广泛用于数据采集，这必将带来数据集成的新的革命。

从 Gartner 的定义来看，ERP 仍然是以 MRPⅡ为核心，但在功能和技术上却超越了传统的 MRPⅡ。到现阶段，对 ERP 的定义有广义和狭义两种看法，狭义的看法把 ERP 依然看做是企业内部的管理系统；而广义的看法则把它看做是面向整个供应链的企业资源计划系统，它随着信息技术和经济管理理论的进步，内涵不断得到丰富。

7.1.2 ERP 软件的迅速发展

信息技术在商业领域的应用以及产品化，以财务软件的发展和应用最为典型。此外，在企业物流管理领域，库存、采购、销售等领域的 IT 需求也不断得到总结和应用，形成了 MRP 等信息系统，随着这些系统的不断整合，一些以 ERP 为主流概念的软件公司也应运而生。比如德国 SAP 公司，根据企业管理的共性，逐渐将 MRP 等系统集成在一起，并不断丰富软件在其他管理领域的知识，由此形成了现在功能仍在日益丰富的 ERP 系统。

20 世纪 90 年代，一些 MRPⅡ软件的传统供应商在增加了 Gartner 最初提出的一些扩展功能并采纳了其对 ERP 提出的技术需求或者解决了千年虫问题之后，也把已有的 MRPⅡ产品易名为 ERP。

这种软件易名现象使得 ERP 的概念变得模糊，它在某种程度上已经变为“管理软件”的代名词。一些 ERP 资深顾问认为：ERP 实际上已经开始演变为一个大众化的通俗概念，ERP 其实就是企业管理信息化的同义词，只要是企业管理信息化的内容就应该属于 ERP 的范畴。

进入 21 世纪，世界管理软件业经历了不断的兼并重组，市场集中度逐渐提高。2003 年 7 月 SSA 公司收购了 ERP 老牌劲旅 BANN，Peoplesoft 收购了 J. D. Edwards。Oracle 公司

借助其强大的数据库市场和软件开发能力，在20世纪90年代进军ERP软件市场后，迅速发展成为管理软件领域中的一支重要力量。2004年12月Oracle公司以107亿美元成功收购了仁科公司，从而成为全球第二大ERP软件供应商，在2005年又收购了Retek公司。此外，微软(Microsoft)也已经进军到管理软件领域，并迅速成长成为ERP领域中的又一支重要力量。到目前为止，国外的管理软件领域形成了以SAP、Oracle为龙头的通用管理软件阵营，同时还有很多专业软件公司推出了针对不同行业的ERP系统。

我国ERP的应用与开发起步较晚，回顾我国的MRPⅡ/ERP的应用和发展过程，大致可划分为四个阶段：

第一阶段：启动期。这一阶段几乎贯穿了整个20世纪80年代，其主要特点是立足于MRPⅡ的引进、实施以及部分应用阶段，其应用范围局限在传统的机械制造业内(多为机床制造、汽车制造等行业)。由于受多种障碍的制约，应用的效果有限，被人们称为“三个三分之一论”阶段，也就是“国外的MRPⅡ软件三分之一可以用，三分之一修改之后可以用，三分之一不能用。”

第二阶段：成长期。这一阶段大致是从1990年至1996年，其主要特征是MRPⅡ/ERP的应用与推广取得了较好的成绩，从实践上否定了以往的观念，人们在实施中认识到了管理方法的价值。这个阶段被人们称为“三个三分之一休矣”的阶段。

第三阶段：加速期。该时期是从1997年开始到2003年前后，其主要特点是ERP概念得到迅速普及，并在全国各种企业中快速推广，其应用范围从制造业扩展到了第二、第三产业。由于不断的经验积累，这一阶段ERP应用的效果也得到了显著提高，因而中国ERP应用进入了加速发展的阶段。

第四阶段：成熟期。该时期是从2003年开始到现在，其主要特点是ERP在一系列大型企业中得到了成功应用，企业对ERP的认识也逐渐成熟，已经超越了简单的概念引入阶段，而进入到了相对成熟的ERP应用阶段。在这一时期，本地化的ERP软件企业迅速发展，在一定程度上加速了我国企业应用管理软件的进程。

虽然中国的ERP实践起步比较晚，但发展的速度却非常快。由于市场膨胀过快，在第二和第三两个阶段涌现出了大量打着ERP旗号的软件企业，这在一定程度上又加剧了当时ERP概念的混乱程度。事实上，从2003年以后，我国企业更多地意识到ERP中的管理理念，也开始注重企业自身从管理变革角度对ERP的尝试，因此在对待ERP软件的态度上，我国企业也更加务实，这在一定程度上也促进了我国ERP软件企业的发展。

7.2 ERP的发展历史：从MRP到MRPⅡ

从20世纪60年代发展到今天，起源于制造业的ERP系统经历了不同的变革，按照时间的先后，这些阶段包括MRP、MRPⅡ、ERP等。虽然各阶段系统的名字和内容各有不同，但从信息集成的角度分析，其核心思想在于信息集成的范围不断扩大，由此所解决的问题、运行的机理、所包含的管理思想也在不断丰富。

7.2.1 物料信息的集成：MRP

MRP (material requirement planning)是以物料需求的计划与控制为主线的管理思想，基于此形成的信息系统被称为MRP。在当时，企业管理者经常头痛的事就是“产供销严重脱节”。销售部门好不容易签下了销售合同，生产部门说计划排不下去；一旦生产计划能安排了，供应部门又说材料来不及采购。在仓库里，生产要用到的物料经常出现短缺，而无用的物料却又长期大量积压。MRP(物料需求计划)就是解决产供销脱节问题的信息管理系统；用通俗的话说就是要做到“既不出现短缺，又不积压库存”。

1. 供销矛盾的解决初探：订货点法

在20世纪60年代前，企业生产能力较低，制造资源矛盾的焦点是供需矛盾，计划管理问题局限于确定库存水平和选择补充库存策略的问题。人们尝试用各种方法确定采购的批量和安全库存的数量，经济批量的订货点法成为最初的科学计划理论，如图7-2所示。

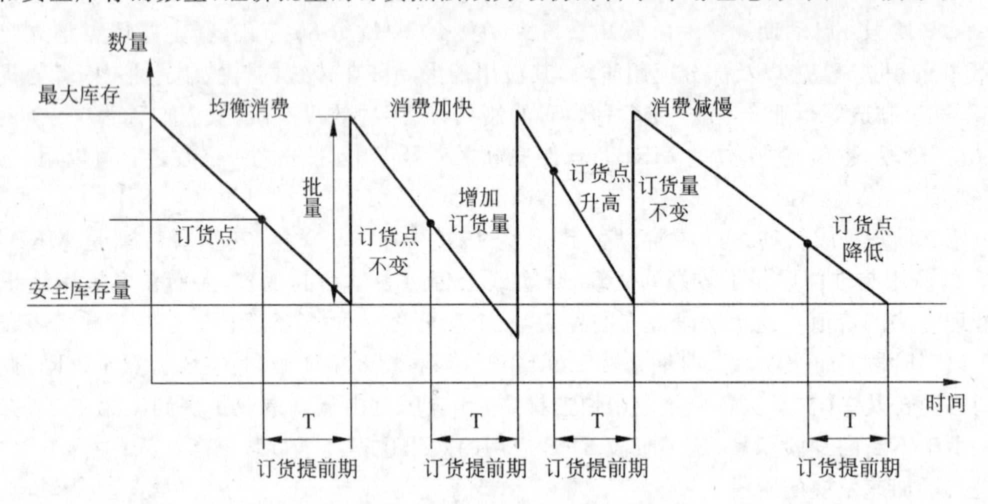

图7-2 经济批量的订货点法

图7-2显示了公式中几个变量的关系。

订货点＝单位时段的需求量×订货提前期＋安全库存量

订货点法的有效性取决于大规模生产环境下物料需求的连续稳定性，适用于成品或维修备件等相对独立的物料的库存管理。

需要注意的是，这个时候采购、库存和生产没有建立直接联系。然而，在实际企业运作中，由于顾客需求不断变化，产品以及相关原材料的需求在数量上和时间上往往是不稳定和间歇性的，这使得该方法的应用效果大打折扣。特别是在离散制造行业(如汽车、机电设备等行业)，由于产品结构复杂，涉及数以千计的零部件和原材料，生产和库存管理的问题更加复杂。

2. 物料清单(bill of materials，BOM)

任何制造业的产品，都可以按照从原料到成品的实际加工装配过程划分层次，建立上下层物料的从属关系和数量关系，对这种关系的描述模型一般称为物料清单。通常称上层物料为母件，下层物料为子件；母件与子件的关系是相对而言的，一个物料既是上层物料的子件，又是下层物料的母件。以一个简单方桌的物料清单为例，如图7-3所示。

方桌这类产品的结构是一个上窄下宽的正锥形的树状结构，其顶层“方桌”是出厂产品，也就是通常说的“最终产品”，是属于企业市场销售部门的业务，也是生产部门的最后一道装配或包装工序；各个“树根的根须”，即各个最底层均为采购的原材料或配套件，是企业物资供应部门的业务；介乎其间的是加工制造件或装配组件，是生产部门的业务。由市场(企业

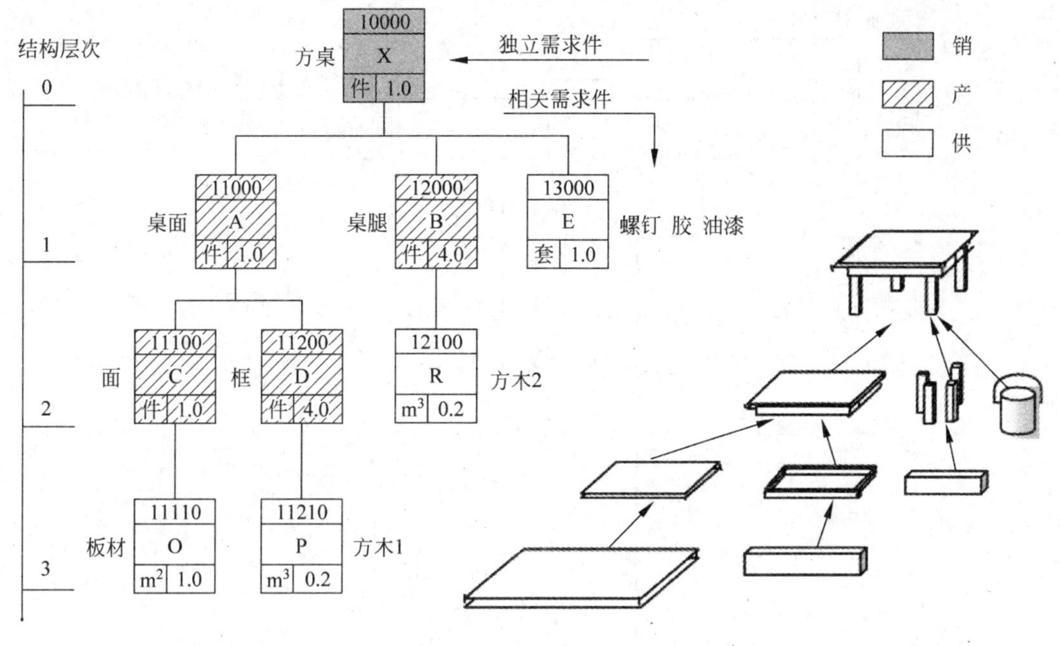

图 7-3　产品 BOM 示意图

外部)决定性能规格和需求量的物料(出厂产品)称为独立需求件,就是说,不是企业所能决定的需求;把由出厂产品决定需求量的各种加工和采购物料称为相关需求件,就是说,这些物料的需求受独立需求件的制约。

不难看出,通过一个产品结构就可以把制造业的三大主要部门的业务——销、产、供部门的业务信息集成起来,解决了手工管理经常遇到的销、产、供相互脱节的现象。产品结构说明了每个物料在产品层次中相互之间的从属关系和数量关系,照此配套,可以明了生产出厂产品必须供应的物料及其相互关系。但是,此时还没有完全说明怎样才能满足“既不出现短缺,又不积压库存”的要求,即仅说明“数量”问题,但是还没有说明“日期”问题。为此,需要进一步把产品结构从层次坐标转换到一个时间坐标上去,变成时间坐标的产品结构,如图7-4所示。

时间坐标上的产品结构模型集成了销售、生产、采购企业三大主要业务部门的需求与供应信息,这个模型中包括物料的数量和需用时间,它是一种传统生产管理中常提到的“期量标准”,但不同点在于它是动态的。由于产成品、采购件和加工件都集成在一个模型中,只要顶层的“独立需求”有了变化,“相关需求”立即发生相应的变化。与此同时,生产计划和采购计划同步生成和修订,这样就减少了业务流程的层次。销售-生产-采购三者的计划是基于优先顺序的“一体化计划”,从而不但解决了产供销严重脱节的矛盾,又解决了快速响应和应变的问题。

MRP 的理想境界是根据需求时间使物料供应做到“不多、不少,不早、不晚”;这也正是JIT(just in time,准时制生产)追求的境界。所以在以市场需求为导向的前提下,MRP 与JIT 并没有本质的区别。对 MRP 系统来讲,“少”和“晚”是不允许的,因为不能满足客户的要求;但是,可以多些,就是安全库存;可以早些,就是安全提前期;二者也可以结合起来应用。MRP 作为一种计划工具,较之作为执行为主的 JIT 系统而言,会考虑较多的不确定因素。

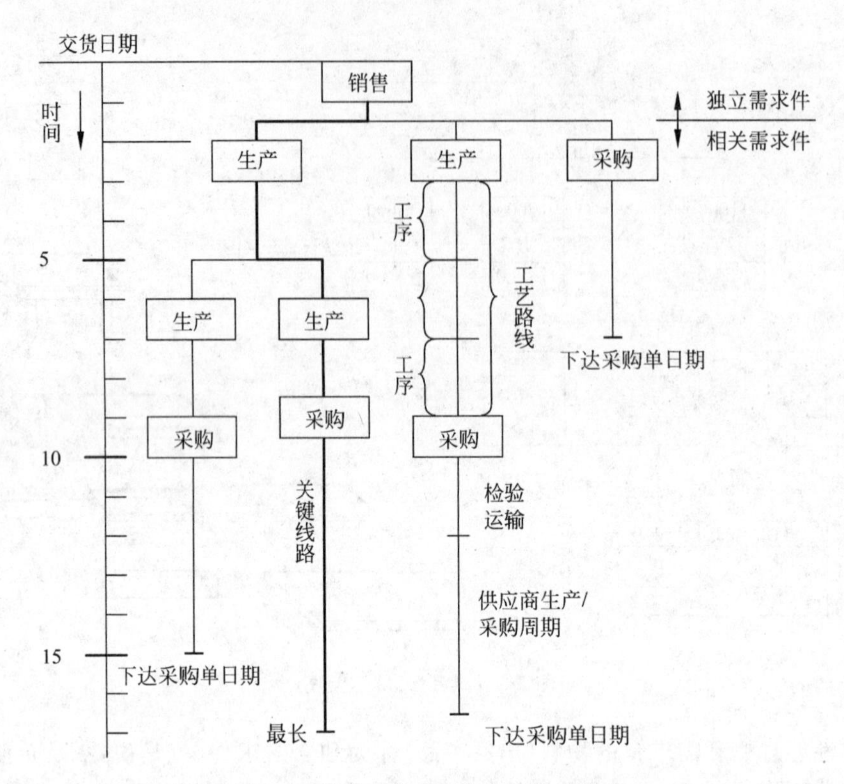

图 7-4　以时间为坐标的产品结构模型

3. MRP 的逻辑流程

20 世纪 60 年代初，多品种小批量生产被认为是最重要的生产模式，生产中多余的消耗和资源分配的不合理大多表现在物料的多余库存上。为了解决原材料库存和零组件投产计划等问题，美国 IBM 公司奥列基博士(Dr. Joseph A. Orlicky)首先提出了以相关需求原则、最少投入和关键路径为基础的“物料需求计划”原理，简称 MRP (material requirement planning)。MRP 将企业生产中的物料分为独立需求和相关需求两种类型，并按需用时间的先后(优先级)及提前期(以完工或交货日期倒计时)的长短，确定各个物料在不同时段的需求量和订单下达时间。

MRP 的基本内容是编制零件的生产计划和采购计划。然而，要正确编制零件计划，首先必须落实产品的生产进度计划，就是主生产计划(master production schedule，MPS)，这是 MRP 进行物料计算的依据。主生产计划是将生产计划大纲规定的产品系列或大类转换成特定的产品或特定部件的计划，据此可以制定物料需求计划、生产进度计划与能力需求计划。所以主生产计划在 MRP 中起到交叉枢纽的作用。MRP 计算的依据是：主生产计划(MPS)、物料清单(BOM)、库存信息，它们之间的逻辑流程关系见图 7-5。

因此 MRP 的基本任务是：从产品的生产计划(独立需求)导出相关物料(原材料、零部件等)的需求量和需求时间(相关需求)；根据物料的需求时间和生产(订货)周期来确定其开始生产(订货)的时间。主生产计划、物料清单和库存信息是 MRP 的三项基本输入数据。其中，主生产计划决定 MRP 的必要性和可行性，另外两项是计算需求数量和时间的基本数据，它们的准确性直接影响 MRP 的运算结果。

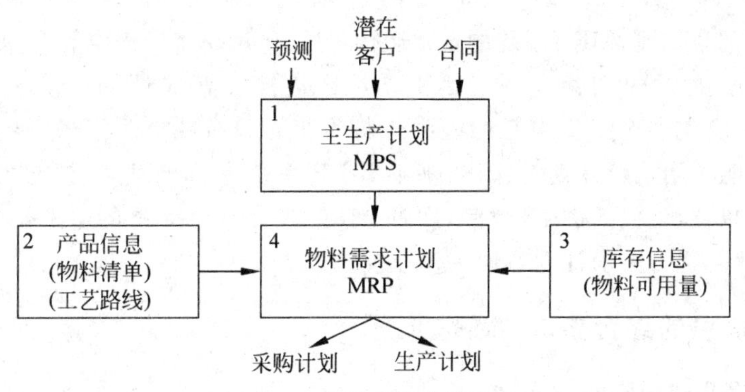

图 7-5 MRP 的逻辑结构流程图

4. 闭环 MRP

随着企业的需求发展和竞争的加剧,企业对自身资源管理范围扩大,单纯面向物料的MRP 已经无法解决企业面临的生产压力。为此需要在企业资源的规划中,把企业自身的能力也反映到计划中。因此,MRP 的范围扩展到了与生产能力相关的人力和设备等更多资源的计划与控制,这就是闭环 MRP。

初期 MRP 能根据有关数据计算出相关物料需求的准确时间与数量,但它还不够完善,其主要缺陷是没有考虑到生产企业现有的生产能力和采购的制约。因此,计算出来的物料需求的日期有可能因设备和工时的不足而没有能力生产,或者因原料的不足而无法生产。同时,它也缺乏根据计划实施情况的反馈信息对计划进行调整的功能。闭环 MRP 系统除了物料需求计划外,还将生产能力需求计划、车间作业计划和采购作业计划也全部纳入MRP,形成一个环形回路,如图 7-6 所示。

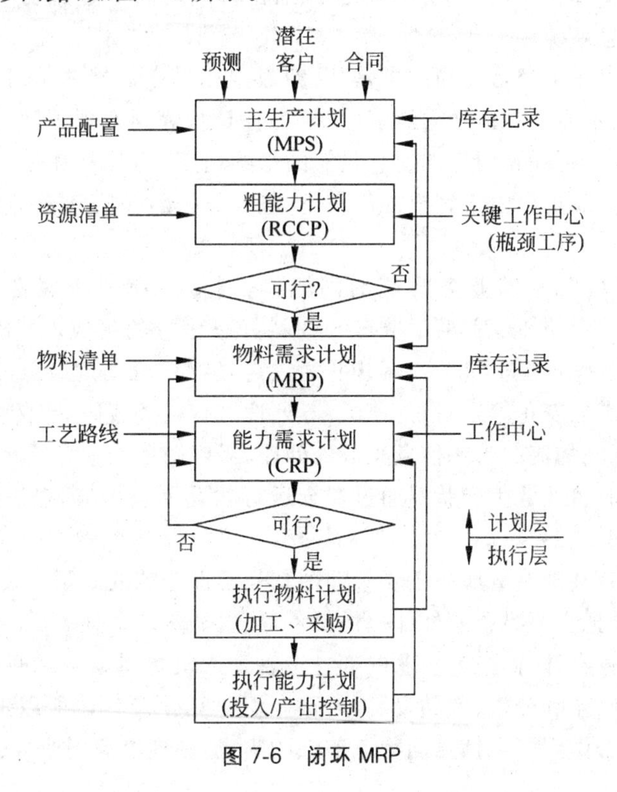

图 7-6 闭环 MRP

从图 7-6 中可以看到，MRP 系统的正常运行，除了要反映市场需求和合同订单以外，还必须满足企业生产能力的约束条件。因此，要制定能力需求计划（capacity requirement planning，CRP），并与各个工作中心的能力进行平衡。只有在做到能力与物料需求均满足负荷需求时，才能开始执行计划。这样，基本 MRP 系统进一步发展，把能力需求计划和执行及控制计划的功能也包括进来，因此，闭环 MRP 成为一个完整的生产计划与控制系统，它的重要功能就是能力需求计划与现场作业控制。

7.2.2 制造信息的综合集成：MRPⅡ

1. 制造信息集成范围的扩大

闭环 MRP 虽然是一个完整的计划与控制系统，但它还没有阐明执行计划以后给企业带来什么效益，这些效益是否实现了企业的总体目标。企业的经营状况和效益终究是要用货币形式来表达的，因此 20 世纪 70 年代末，在 MRP 系统已推行将近 10 年后，一些企业又提出了新的课题，要求系统在处理物料计划信息的同时，能够同步处理财务信息。也就是说，企业要求财务会计系统能同步从生产系统获得资金信息，随时控制和指导经营生产活动，使之符合企业的整体战略目标。

为了做到这点，必须在闭环 MRP 的基础上，把企业的宏观决策纳入到企业管理系统中，就是说，把说明企业远期经营目标的经营规划、说明企业销售收入和产品系列的销售与运作规划（sales and operations planning，SOP）纳入到系统中来。这几个层次，确定了企业宏观规划的目标与可行性，形成一个小的宏观层的闭环，是企业计划层的必要依据。同时，又必须把对产品成本的计划与控制纳入到系统的执行层中，要对照企业的总体目标，检查计划执行的效果。这样，闭环 MRP 进一步发展，把物料流动同资金流动结合起来，形成一个完整的经营生产信息系统。

企业管理者的另一个经常头痛的事是“财务数据和生产数据总是对不上号”，财务报表在时间上严重滞后，不能及时地暴露经营生产中的问题，等到发现了问题再处理，已经给企业造成了损失。生产需要的物料，即使有足够的采购周期，仍会因为资金不到位而不能及时供应。销售出去的商品也会由于客户的信誉度、应收账账龄等信息不完整，而不能及时收回货款。

MRPⅡ就是解决财务和业务脱节的问题，它通过具有成本属性的产品结构（成本 BOM），赋予物料以货币价值，实现了资金与物料静态信息的集成。MRPⅡ系统的成本计算是在正确的 BOM 基础上进行的。MRPⅡ通过定义物料流动的事务处理过程（如物料位置、数量、价值和状态的变化等），对每一项事务处理过程赋予代码，定义会计科目上的借、贷关系，实现了资金流同物流的动态信息集成的问题，做到财务与业务同步，或“财务账”与“实物账”同步生成，随时将经营生产状况通过资金运行状况反映出来，提供给企业的经营管理者，以便及时处理。

MRPⅡ在 MRP 基础上增加的主要管理理念是管理会计的应用。会计可理解为一种信息系统，现代会计学把主要为企业外部提供财务信息（如资产负债表、损益表和现金流量表）的会计事务称为财务会计，而把为企业内部各级管理人员提供财务信息的会计事务称为管理会计（如成本控制、盈利分析、产品发展分析等）。电算化会计之所以不足，其要害就是忽视了管理会计。能否做到资金信息同物流信息的集成，做到财务同业务的集成，是判断企业

是否实现 MRPⅡ系统的主要标志，也是区别电算化会计同 MRPⅡ系统的主要标志。

2. MRPⅡ的逻辑流程

1977 年 9 月，美国著名的生产管理专家奥列弗·怀特（Oliver W. Wight）在美国《modern materials handling（现代物料储运）》月刊上由他主持的“物料管理专栏”中，首先倡议给把资金信息集成进来的 MRP 系统一个新的称号——制造资源计划（manufacturing resource planning）系统，英文缩写还是 MRP，为了与原来的物料需求计划区别而记为 MRPⅡ。于是，在 20 世纪 80 年代，人们把生产、财务、销售、工程技术、采购等各个子系统集成为一个一体化的系统，称为 MRPⅡ。

MRPⅡ的基本思想就是把企业作为一个有机整体（见图 7-7），基于企业经营目标制定生产计划，围绕物料集成组织内的各种信息，实现按需、按时进行生产。

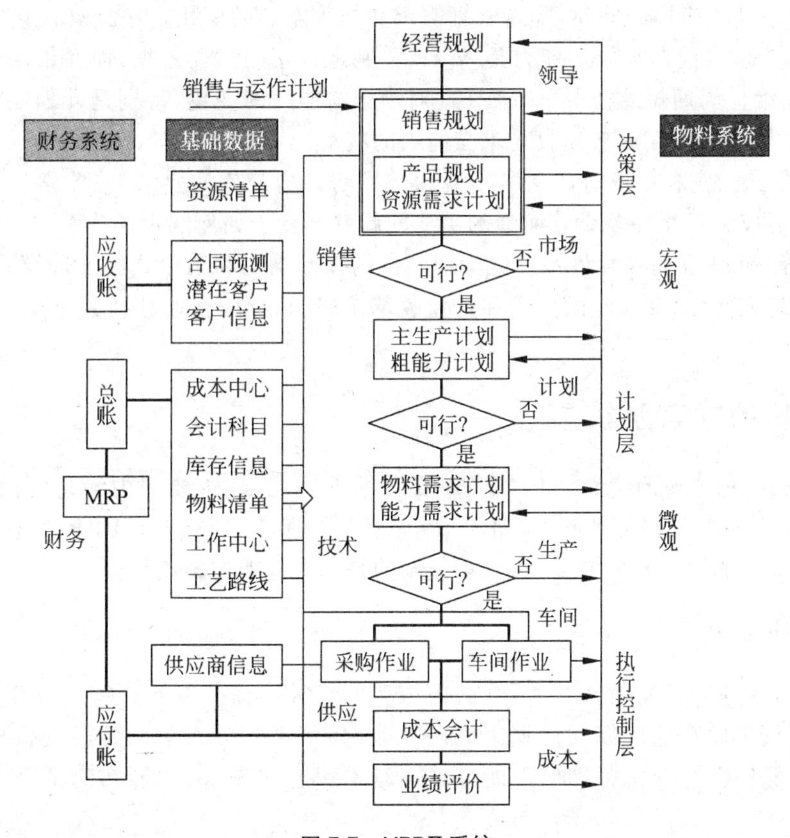

图 7-7 MRPⅡ系统

MRPⅡ是一种计划主导型管理模式，计划层次从宏观到微观、从战略到技术、由粗到细逐层优化，但始终保证与企业经营战略目标一致。MRPⅡ以计算机为手段，能够以手工无法比拟的效率处理复杂的计划问题。由于事先尽可能周密的计划安排，使得复杂的生产活动，特别是机械制造业的多品种、中小批量的生产有了合理的组织与科学的秩序。MRPⅡ中的一些基本思想和计划方法，如独立需求、相关需求、毛需求、净需求、MPS、MRP、CRP、RCCP 等，完善与发展了生产管理的方法与技术，是生产管理方法的重大创新。

如前所述，MRPⅡ 同 MRP 的主要区别之一就是它运用管理会计的概念，MRPⅡ把传统的账务处理同发生账务的事务结合起来，不仅说明账务的资金现状，而且追溯资金的来龙去脉。例如，将体现债务、债权关系的应收和应付同采购业务和销售业务集成起来，同供应商或客户的业绩或信誉集成起来，同销售和生产计划集成起来等，使与生产相关的财务信息直接由生产活动生成，保证了“资金流(财务账)”同“物流(实物账)”的同步和一致，改变了资金信息滞后于物料信息的状况，便于企业管理者据此实时做出决策。

此外，MRPⅡ同闭环 MRP 相比，还有一个区别就是增加了模拟功能。MRPⅡ不是一个自动优化系统，管理中出现的问题千变万化，很难建立固定的数学模型，不能像控制生产流程那样实现自动控制。但是，MRPⅡ系统可以通过模拟功能，在情况变动时，对产品结构、计划、工艺、成本等进行不同方式的人工调整并进行模拟，从而预见到“如果怎样——将会怎样(what-if)”。通过多方案比较，能够为管理人员提供一种最简明易懂的决策工具，寻求比较合理的解决方案。

MRPⅡ在广泛应用的同时，随着管理需求和技术发展的变化，也表现出一些不足：

(1) 需求量、提前期与加工能力是 MRPⅡ 制定计划的主要依据，而在市场形势复杂多变、产品更新换代周期短的情况下，MRPⅡ对需求与能力的变更，特别是计划期内的变动适应性差，需要较大的库存量来吸收需求与能力的波动。

(2) 竞争的加剧和用户对产品多样性和交货期日趋苛刻的要求，使单靠“计划推动”式的管理难以适应。现在许多企业面临的主要问题并不在于如何制定准确而周到的计划。

(3) 现有 MRPⅡ商品软件系统庞大而复杂的体系结构和集中式的管理模式，难以适应使用者对系统方便性、灵活性的要求和企业改革发展的需要，企业往往并未从 MRPⅡ获得预期的效益。

7.3 ERP 的内容及扩展

按照 Gartner 公司的定义，ERP 是 MRPⅡ的下一代，它主要的内涵是“打破企业的四壁，把信息集成的范围扩大到企业的上下游，从而管理整个供需链”。ERP 似乎没有一个像 MRP 和 MRPⅡ那样的数据模型，它更多强调的是一个框架逻辑模型。

7.3.1 ERP 的内容

任何一个企业都不能独立生存，它必须依赖上游(供应商)和下游(客户)等合作伙伴的支持。因此仅仅做企业内部的信息集成还不够，必须要把信息集成延展到供应链的上下游。这样才能解决企业常碰到的不能准确实时掌握客户需求、不能实时地掌握供应变化等问题。

尤其是进入 21 世纪经济全球化的时代，企业的供需关系和市场竞争的范围更是扩大到了全世界范围。这时，仅仅有企业内部的信息管理系统就显得不足了。快速变化的市场要求企业必须与所有的供应商和客户进行信息集成；“管理整个供需链”就是现今 ERP(企业资源计划)要解决的问题。现代 ERP 的理念之所以能够实现和发展，完全依托于信息技术和网络通信技术的迅猛发展以及因之而生的一系列新的管理理念和方法。

1. ERP 的内涵延拓

从 MRP 到 ERP 的发展过程，就像水的波纹一样，由中心逐渐向外扩张。我们说 MRP 是制造业 ERP 的核心，因为它就是处在水波的中心，而且波纹首先就是由它引发的。见图 7-8。

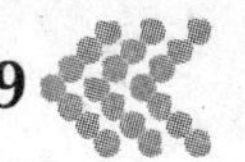

是否实现 MRPⅡ系统的主要标志，也是区别电算化会计同 MRPⅡ系统的主要标志。

2. MRPⅡ的逻辑流程

1977 年 9 月，美国著名的生产管理专家奥列弗·怀特(Oliver W. Wight)在美国《modern materials handling(现代物料储运)》月刊上由他主持的“物料管理专栏”中，首先倡议给把资金信息集成进来的 MRP 系统一个新的称号——制造资源计划(manufacturing resource planning)系统，英文缩写还是 MRP，为了与原来的物料需求计划区别而记为 MRPⅡ。于是，在 20 世纪 80 年代，人们把生产、财务、销售、工程技术、采购等各个子系统集成为一个一体化的系统，称为 MRPⅡ。

MRPⅡ的基本思想就是把企业作为一个有机整体(见图 7-7)，基于企业经营目标制定生产计划，围绕物料集成组织内的各种信息，实现按需、按时进行生产。

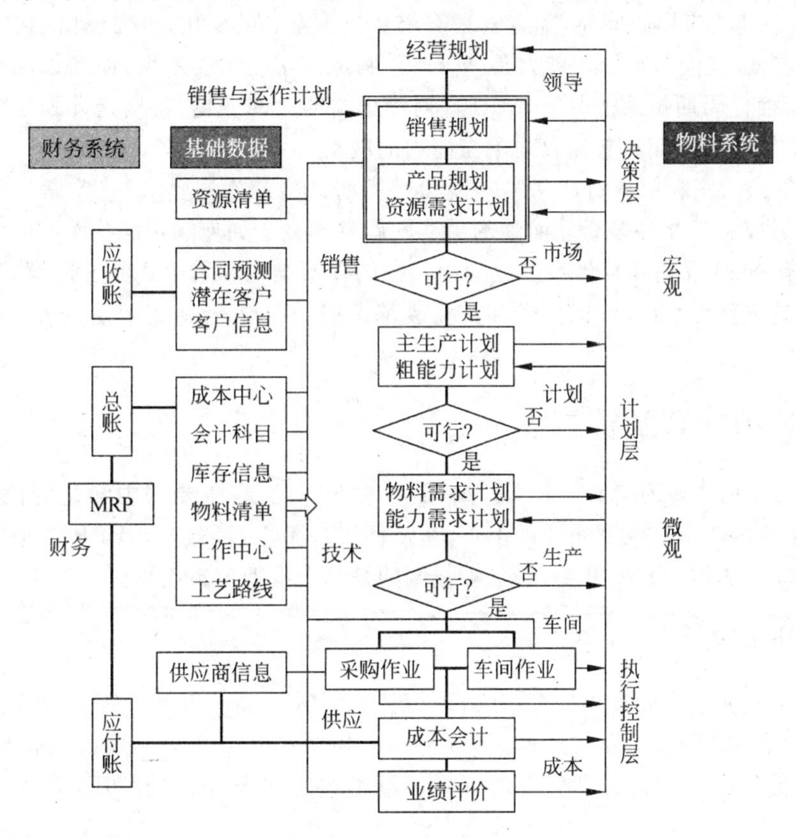

图 7-7 MRPⅡ系统

MRPⅡ是一种计划主导型管理模式，计划层次从宏观到微观、从战略到技术、由粗到细逐层优化，但始终保证与企业经营战略目标一致。MRPⅡ以计算机为手段，能够以手工无法比拟的效率处理复杂的计划问题。由于事先尽可能周密的计划安排，使得复杂的生产活动，特别是机械制造业的多品种、中小批量的生产有了合理的组织与科学的秩序。MRPⅡ中的一些基本思想和计划方法，如独立需求、相关需求、毛需求、净需求、MPS、MRP、CRP、RCCP 等，完善与发展了生产管理的方法与技术，是生产管理方法的重大创新。

如前所述，MRPⅡ 同 MRP 的主要区别之一就是它运用管理会计的概念，MRPⅡ把传统的账务处理同发生账务的事务结合起来，不仅说明账务的资金现状，而且追溯资金的来龙去脉。例如，将体现债务、债权关系的应收和应付同采购业务和销售业务集成起来，同供应商或客户的业绩或信誉集成起来，同销售和生产计划集成起来等，使与生产相关的财务信息直接由生产活动生成，保证了“资金流(财务账)”同“物流(实物账)”的同步和一致，改变了资金信息滞后于物料信息的状况，便于企业管理者据此实时做出决策。

此外，MRPⅡ同闭环 MRP 相比，还有一个区别就是增加了模拟功能。MRPⅡ不是一个自动优化系统，管理中出现的问题千变万化，很难建立固定的数学模型，不能像控制生产流程那样实现自动控制。但是，MRPⅡ系统可以通过模拟功能，在情况变动时，对产品结构、计划、工艺、成本等进行不同方式的人工调整并进行模拟，从而预见到“如果怎样——将会怎样(what-if)”。通过多方案比较，能够为管理人员提供一种最简明易懂的决策工具，寻求比较合理的解决方案。

MRPⅡ在广泛应用的同时，随着管理需求和技术发展的变化，也表现出一些不足：

(1) 需求量、提前期与加工能力是 MRPⅡ 制定计划的主要依据，而在市场形势复杂多变、产品更新换代周期短的情况下，MRPⅡ对需求与能力的变更，特别是计划期内的变动适应性差，需要较大的库存量来吸收需求与能力的波动。

(2) 竞争的加剧和用户对产品多样性和交货期日趋苛刻的要求，使单靠“计划推动”式的管理难以适应。现在许多企业面临的主要问题并不在于如何制定准确而周到的计划。

(3) 现有 MRPⅡ商品软件系统庞大而复杂的体系结构和集中式的管理模式，难以适应使用者对系统方便性、灵活性的要求和企业改革发展的需要，企业往往并未从 MRPⅡ获得预期的效益。

7.3 ERP 的内容及扩展

按照 Gartner 公司的定义，ERP 是 MRPⅡ的下一代，它主要的内涵是“打破企业的四壁，把信息集成的范围扩大到企业的上下游，从而管理整个供需链”。ERP 似乎没有一个像 MRP 和 MRPⅡ那样的数据模型，它更多强调的是一个框架逻辑模型。

7.3.1 ERP 的内容

任何一个企业都不能独立生存，它必须依赖上游(供应商)和下游(客户)等合作伙伴的支持。因此仅仅做企业内部的信息集成还不够，必须要把信息集成延展到供应链的上下游。这样才能解决企业常碰到的不能准确实时掌握客户需求、不能实时地掌握供应变化等问题。

尤其是进入 21 世纪经济全球化的时代，企业的供需关系和市场竞争的范围更是扩大到了全世界范围。这时，仅仅有企业内部的信息管理系统就显得不足了。快速变化的市场要求企业必须与所有的供应商和客户进行信息集成；“管理整个供需链”就是现今 ERP(企业资源计划)要解决的问题。现代 ERP 的理念之所以能够实现和发展，完全依托于信息技术和网络通信技术的迅猛发展以及因之而生的一系列新的管理理念和方法。

1. ERP 的内涵延拓

从 MRP 到 ERP 的发展过程，就像水的波纹一样，由中心逐渐向外扩张。我们说 MRP 是制造业 ERP 的核心，因为它就是处在水波的中心，而且波纹首先就是由它引发的。见图 7-8。

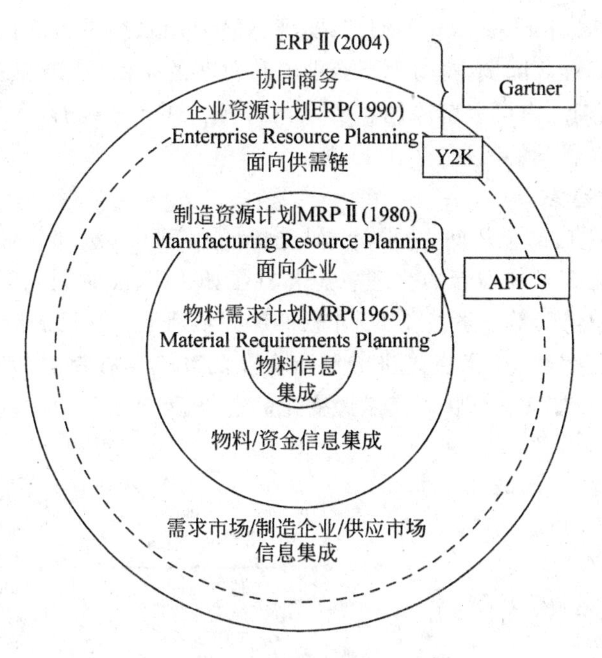

图7-8　信息集成范围的扩展

在这里有几点需要说明。

(1) MRP和MRPⅡ是由美国生产与库存管理协会(APICS)提出和推广的；ERP是由美国Gartner Group公司首先提出的。APICS是一个资源管理教育机构，而Gartner是一个权威的信息技术咨询公司。前者的文献比较兼顾管理科学与信息技术的结合，而后者则比较侧重于信息技术应用的发展与分析。两个机构观察问题出发点的差异，会带来社会上对MRPⅡ和ERP理解和宣传上的偏差。因此需要把信息技术问题和管理问题紧密地结合起来，以管理变革为导向，站在企业用户的立场来宣传推广各种信息管理系统，而不是单纯研究软件产品的市场。

(2) 21世纪到来之前，出现了令人恐慌一时的"千年虫(Y2K)"问题。不少MRPⅡ软件公司，在解决了"千年虫"问题之后，就把自己软件的名称由MRPⅡ改为ERP。Gartner Group公司对ERP的定义还包括当时一些新技术的应用，如4GL、GUI、RDBM、C/S结构等，这些技术现在已经不新了，但当时有些MRPⅡ软件在采用了这些技术之后，为了商业目的，为了适应时代的潮流，也把自己产品的名称改为ERP。这种现象使得不少没有见过或用过成熟MRPⅡ软件的人会误认为ERP(实际上是解决了Y2K问题或采用了当时的一些新技术的MRPⅡ)是一种面向企业内部的信息管理系统。

事实上，ERP是在经济全球化和互联网广泛应用的背景下出现的，随着信息技术在企业中发挥的作用日益重要，对ERP的理解也在不断深化，现在比较普遍的看法是ERP是企业管理的集成系统。

(3) 2000年10月Gartner公司亚太地区副总裁、分析家B. Bond等提出ERPⅡ的概念，尽管国外对ERPⅡ的定义有不少争议，认为对ERPⅡ所下的定义都是ERP已经包含的内容，是"新瓶装旧酒"，但是Bond的分析报告中有两点是应当肯定的：一个是"协同商务"的商务运作概念，一个是为了实现协同商务必须具备的技术条件即"企业应用系统集成

(enterprise application integration,EAI)”,实现不同应用系统平台之间的信息集成。做到这两点既有技术和标准等问题,也有属于企业文化范畴的诚信、承诺和经营目标等方面的非技术性问题,不是短期之内可以解决的。所以,在讨论ERP系统时,不能就技术论技术,它还涉及大量人文社会科学的问题。

2. ERP的变化趋势

MRPⅡ概念产生后的十年间,企业计划与控制的原理、方法和软件都逐渐成熟和完善起来。在此期间又出现了许多新的管理思想和方法如JIT(准时制)、CIMS(计算机集成制造系统)和LP(精益生产)等。各个MRPⅡ软件厂商不断地在自己的产品中加入新内容,逐渐演变形成了功能更完善、技术更先进的制造企业的计划与控制系统。在此基础上,ERP的内涵也在不断丰富,图7-9反映了其发展变化的趋势。

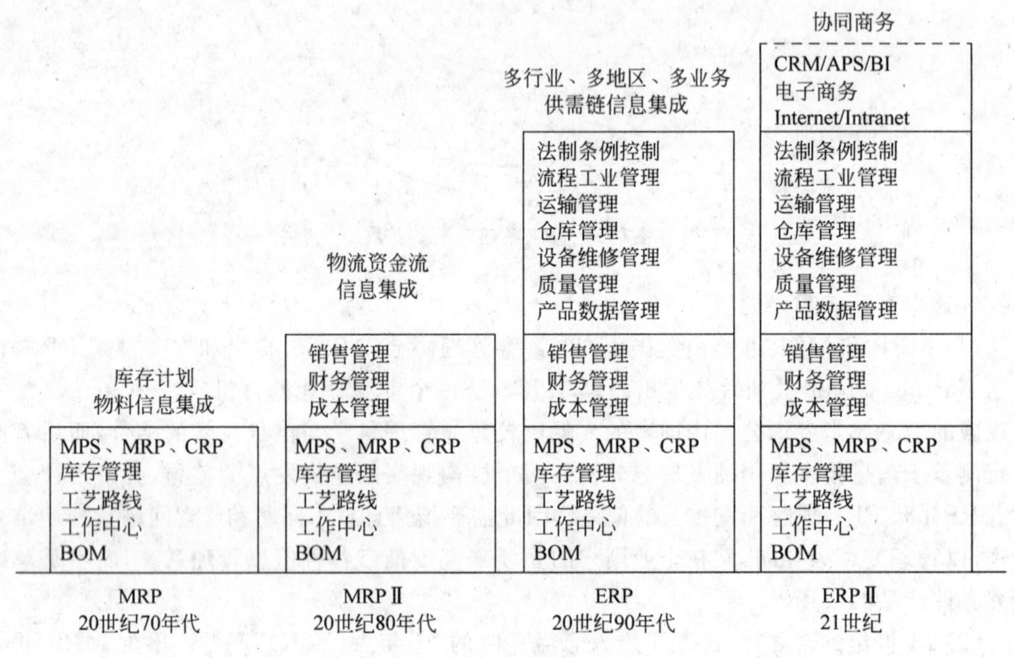

图7-9 ERP发展趋势图

具体地讲这种变化趋势包括:

(1) 注重对整个供应链的管理支持。通过链上信息的共享,加强对合作伙伴与客户信息的管理。也就是说,企业资源的范围已经超过了原有的单一企业的范畴,在逐渐向企业的上下游延展。

(2) 注重知识管理。现代企业更加注重对信息的深度利用,强调企业知识的收集、创新、传递与利用。知识管理已成为许多企业增强竞争能力、提高其市场价值的战略措施。

(3) 数据分析能力不断得到加强。采用数据仓库、数据挖掘技术等,直接针对企业经营管理者面对的问题提供分析工具,使得管理者能够从纷繁复杂的海量数据中找到规律和价值。

(4) 更加开放的集成系统。新的ERP系统应用互联网技术、移动通信技术等,与电子商务平台相互集成。为了实现企业内外的协同运作,美国生产与库存管理协会(APICS)提

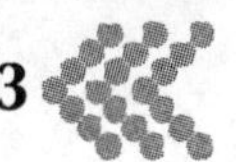

出未来的 ERP 将要朝着全面企业集成(TEI)的方向发展。其基本含义就是在现有 ERP 的基础上,通过更大范围的应用扩展和管理、技术、信息的集成实现全面企业集成。

3. ERP 的本质:供需网络上的资源优化

供需链管理是围绕供应者与需求者之间的物流和资金流进行信息共享和经营协调,从而实现稳定、高效、柔性的供需关系。

供需链虽然早已客观存在,但是供需链的概念是在 20 世纪 80 年代才提出来的,它不是一种简单的机械结构,而是一种交叉错综的网络系统,是商品生产供需关系的系统工程的形象表达。企业的客户还有客户,供应商还有供应商;一个企业的供应商可能同时是另一个企业的供应商,一个企业的客户又可能同时是另一个企业的客户。整个社会生产就是众多首尾相连、交叉错综的供需网络。这个网络说明企业内部的物流、资金流和信息流与供需双方的物流、资金流和信息流是息息相关的。

供需链管理是在物流的基础上发展起来的管理思想,但是它的内涵已大大超过物流的范围。进入 20 世纪 90 年代,随着网络通信技术的迅猛发展,在互联网的支持下,供需链管理理论有了更广阔实践和应用的可能。

为了做到迅速掌握需求、组织供应,为客户创造价值,首先要理解供需链上的各种资源,我们可以用三种"流"的形式来概括供需链上的资源,也就是信息流、物流、资金流,在此基础上又衍生出了业务流、价值流、工作流等流程。这些"流"相互关联、相互影响,形成了一个完整的系统。供需链管理实质上就是对几种"流"进行不断优化的过程,如图 7-10 所示。

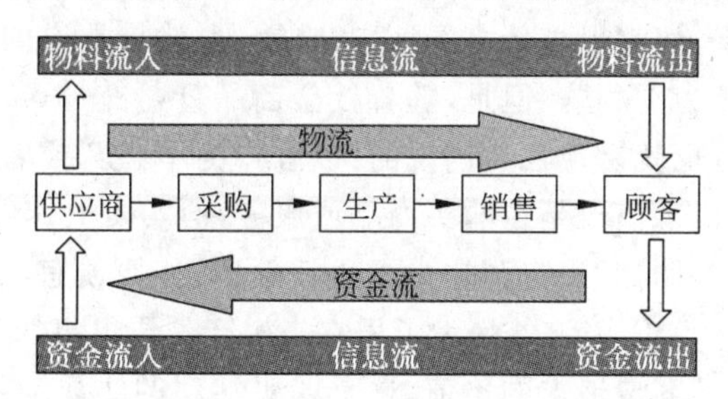

图 7-10 经济实体间的五种流形成了供需链

1) 信息流

国外曾有文章讨论"是先有物流还是先有信息流",对此,首先应当分析信息的类型,把信息流分成需求信息和供应信息两种不同流动方向的信息。"物"之所以流动(流动性),是因为有需求(相关性),这个需求来自"需求信息"。需求信息(如预测、客户订单、生产计划、作业计划、采购合同等)从需方向供方流动,这时还没有物料流动,但是它却引发物流,是供需链存在的源头。而供应信息(如入库单、完工报告单、库存记录、可供销售量、提货发运单等)与物料一起沿着供需链从供方向需方流动。从供需链的网络形式来看,信息的流动也是交叉错综的。从广义上讲,物料、资金都是通过信息的形式来实现的,因此企业信息流的优化贯穿于管理变革的全过程。

2) 物流

任何制造业都是根据客户或市场的需求,开发产品、购进原料、加工制造出成品,最后以商品的形式销售给客户,并提供售后服务。物料从供方开始,沿着各个环节向需方移动。为了保持物料的合理流动,在各个环节之间,都存在运输、搬运和作为供需不平衡缓冲措施的仓储。物流是供需链上最显而易见的流动资源，也是人们在现实中研究较多的一种资源。当然，ERP 系统中的计划与控制功能不仅针对物流，同时也针对资金和成本的计划与控制。

3）资金流

物料是有价值的，物料的流动引发资金的流动。企业的各项业务活动都会消耗一定的资源、发生成本。消耗资源会导致资金流出，只有当消耗资源生产出的产品出售给客户后，资金才会重新流回企业，并产生利润。因此，供需链上还有资金的流动。一个商品的经营生产周期，是从接到客户订单开始到真正收回货款为止。仅仅用“销售额”或“销量第一”来衡量企业业绩，不看资金回笼，不看利润，不看利润的增长，不能说明企业效益的实质。为了合理利用资金，加快资金周转，必须通过企业的财务成本系统来监控和调整供需链上的各项生产经营活动；或者说，通过资金的流动来监控和调剂物料的流动，通过投资收益率和资金周转率的高低评价企业经营效益。同样，商品的成本也必须从整个供需链上下游各个环节的总体运营成本来考虑，而不能只局限于企业内部。

为此，ERP 系统应能提供对资金预算、资金流动的监控、分析产品获利、优化总体运营成本等各种功能。此外，在资金流方面还有面向资本和金融市场的融资和资本运作问题，一些领先的 ERP 软件也提供了支持。

在这三种基本资源基础上，企业中还存在着大量的交叉流程，比如价值流、业务流等。

1）价值流

长期以来，在社会商品生产尚不充分的情况下，即处于卖方市场的情况下，企业的经营思想往往是“我生产什么，你就得买什么”；以产定销，也就是常说的“以产品为中心”，或者更确切地说“以推销产品为中心”。但是，随着社会商品日益充分，买方市场逐渐形成，以产定销逐渐转到以销定产，也就是现在人们说的“以客户为中心”，或者说“以客户满意度为中心”。从表面上看，客户似乎仅仅是在购买商品或服务，但实质上，客户是在购买商品或服务所能给自己带来的价值。例如，买空调是为了生活舒适，还要便宜、省电、低噪音、保持空气清新、耐用、维修方便等；工厂买设备是为了用它来生产需要出售的产品，设备早一天投产，就早一天获利。这些都是客户追求的价值，这是购买活动的实质动机。各种物料在供需链上移动，是一个不断增加其技术含量或附加值的增值过程，因此，供需链还有增值链的含义。在信息流、物流、资金流优化的基础上，对企业价值产生过程进行进一步分析和优化，就是价值流的管理。

2）业务流

信息、物料、资金都不会自己流动，物料的价值也不会自动增值，都要靠人的劳动来实现，要靠企业的业务活动——业务流（business flow）或工作流（work flow）才能流动起来。业务流决定了各种流的流速（生产率）和流量（产量），决定了企业的效益，是企业业务流程重组（BPR）研究的对象。企业的体制和组织机构必须保证工作流的畅通，以便对瞬息万变的环境迅速做出响应，加快各种流的流速。在此基础上，企业利用 ERP 系统不断增大业务流的流量，为企业谋求更大的效益。

7.3.2 ERP 的企业价值

应用 ERP 的目的很多，成功的应用无疑会全面优化企业流程，加强信息传递的及时性和准确度，提高整体运营效率的同时提供决策支持，这一切都需要管理者重新认识和构建企

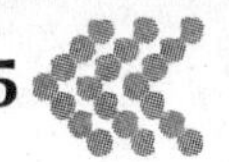

业，在 ERP 提供的数字企业模型中发挥信息技术优势，运筹帷幄。

1. 企业为什么要应用 ERP

ERP 的发展历程展现了管理思想与信息技术不断结合的阶段成果，然而这一切发展的背后，更重要的是企业竞争环境对企业管理思想和管理方法不断提出挑战，以及 ERP 在企业竞争中所发挥的作用。图 7-11 总结了不同时期企业的经营方向、面临的主要问题、ERP 的发展阶段及其理论基础，展示了不同阶段 ERP 的发展动因及其生命力。

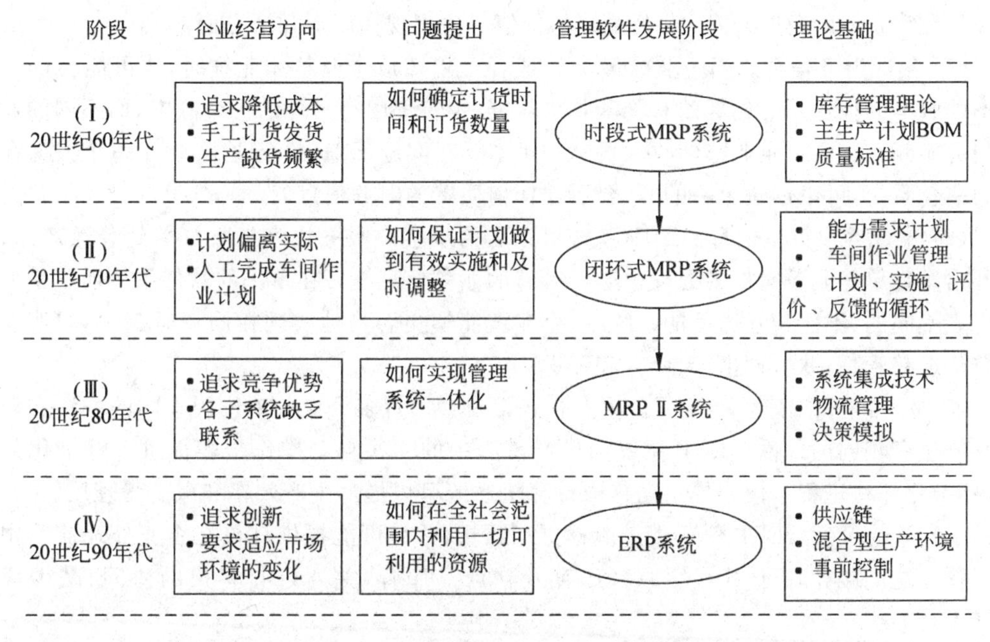

图 7-11 企业持续竞争与 ERP 竞争优势

总体而言，目前企业面临两个方面的问题：(1)市场竞争：市场经济的发展，使企业面临的是一个全球化的市场，今后的竞争不再是单独的企业与企业间的竞争，而是企业联盟与企业联盟或者说是供需链与供需链之间的竞争，这直接关系到企业的生存；(2)企业内部管理：要求及时掌握、正确分析企业内部的各种信息，做出准确的决策，这是企业发展的基础。

值得注意的是，ERP 所代表的信息技术的应用，从最初的库存订货点方法到整个生产计划与控制管理，乃至企业供应链的管理，是一个由“点”到“面”、由工具到平台的发展过程。目前，能否适应经济全球化的挑战，成为企业生存发展必须正视的紧迫问题。

2. ERP 数字企业的价值

ERP 系统的出现和应用，强化了部门之间的连接，为所有部门构筑了一个基于 ERP 的统一运作平台。借助信息技术提供的时空优势，任何时间任何有权限的人都可以看到和处理任何地域的信息和事务。企业的运营将更多地依靠数字企业的运营，更多的业务将转化为对信息的处理，企业的经营效益和管理效率将更多来自于信息管理效率的提升。

ERP 是一项系统工程，它把企业所有与生产经营直接相关部门的工作联结成一个整体，使企业各部门都依据同一数据信息进行管理，任何一种数据变动都能及时地反映给所有部门，做到数据共享。在统一的数据库支持下，按照规范化的处理程序进行管理和决策。

比如，要提高市场竞争，就要迅速响应客户需求，并按时交货，这就需要市场销售和生产制造两个环节很好地协调配合。在手工管理的情况下，销售人员很难对客户作出准确的供货承诺：一方面由于企业缺少一份准确的主生产计划，对于正在生产什么以及随时发生的变化很难得到准确及时的反映；另外，部门之间的通信也不通畅。供货承诺只能凭经验做出，按时供货率得不到保证。

从数字企业的角度来看，ERP 系统的价值主要表现在以下几个方面：

(1) 集成财务信息。当企业的最高管理者希望知道企业整体业绩时，他可能会得到许多不同版本的报告。财务部门有一套收入数据，销售部门有另外的一个版本，而不同的业务部门可能都有自己对企业整体收入贡献的版本。在实施 ERP 的企业中，由于每个人都在使用同一套系统，可以创建单一的、不会引起任何质疑的财务信息。

(2) 集成客户订单信息。ERP 系统可以成为从客户服务代表接收订单到装运产品、财务开出发货单等业务操作的处理中心。所有的业务信息统一在单一的软件系统而不是分散在许多不同的、不能相互通信的系统中，企业就能够更容易地实现在同一时刻、不同地点对订单的追踪管理，并协调生产、库存和配送。

(3) 标准化和加速生产进程。生产企业常常会发现多个业务单位用不同的方法和计算机系统生产相同的部件。ERP 系统为生产流程中的一些自动操作步骤提供了标准化的方法，标准化那些进程。使用单一的集成计算机系统可以提高生产效率和减少管理层。

(4) 降低库存。ERP 使得生产流程更加顺畅，并尽可能提供订单在企业处理流程中的可视化。这能减少用于生产的原料库存及在产品库存，并通过与客户的协同，减少成品库存。

(5) 标准化人力资源信息。在有多个业务单位的企业，人力资源部门往往没有一个统一、简单的方法来统计员工的工作量，并与员工进行积极沟通。ERP 的应用可以帮助企业建立一种透明的人力资源管理体制，在这个体制中，每一个员工都有一个工作评价标准，并以此作为对员工的奖励标准，使每个员工的报酬与他的劳动成果紧密相连，以保证每个员工都自觉发挥最大的潜能去工作。

(6) 集成不同时间、不同来源的信息。ERP 记录了大量的企业运营历史信息，对企业是一笔宝贵的知识财富，在不断总结的基础上可以提高企业的整体知识能力。

信息是数字企业的血液，新鲜、通畅的血液流动是保证企业机体健康运转的基石。基于数字企业的信息管理，使企业可以实现真正的基于信息的管理：信息技术的使用有效地提高了处理速度并降低了信息的处理成本；企业范围内的信息共享减少了信息搜集和整理的时间和成本，提高了企业的响应速度；企业各部门信息的集成，提高了管理决策的效率，提高了经营管理的精度。

7.4 ERP 与流程管理

流程管理主张通过重新设计工作方式和业务流程给企业带来巨大的收益。在 ERP 的实施应用中，管理者根据企业的实际情况和具体问题可以做出多种多样的流程及蓝图设计。但这些设计都应该以流程管理的基本理论为指导思想。

7.4.1 流程管理的概念

流程管理(process management)的核心是流程，流程是任何企业运作的基础，企业所有的业务都是需要流程来驱动。一个企业中不同的部门、不同的客户、不同的人员和不同的供应商都是靠流程来进行协同运作，流程在流转过程中可能会带着相应的数据文档、产品、财务数据、项目、任务、人员、客户等信息进行流转，如果流转不畅一定会导致这个企业运作不畅。

一般认为，流程管理是一种以规范化地构造端到端的卓越业务流程为中心，以持续地提高组织业务绩效为目的的系统化方法。它应该是一个操作性的定位描述，指的是流程分析、流程定义与重定义、资源分配、时间安排、流程质量与效率测评、流程优化等。因为流程管理是为了客户需求而设计的，因而这种流程会随着内外环境的变化而优化。

7.4.2 流程的描述及建模方法

对企业流程的理解与描述是 ERP 实施中蓝图设计的必要环节；流程建模是进行业务流程管理的有效工具，而进行流程梳理及优化是 ERP 成功实施的有利保证。

1. 流程的结构

业务流程是由一系列相关的活动组成的。一个企业可以包含很多流程，在这些流程中，又可能包含若干子流程。这样，导致企业的有些流程可能相当复杂，由几十个甚至上百个活动构成，涉及许多职能部门和人员。分析和管理这样复杂的流程是非常困难的工作。为便于分析和识别业务流程，可以将复杂流程按其活动的逻辑关系划分成几个阶段，并据此把业务流程分解成一组逻辑上相关的子流程，例如，订单处理流程包括签订单、采购原材料、产品制造、供货、财务结算等子流程。

子流程的目标是为上一级流程服务。根据流程的复杂程度，子流程还可以继续分解为下一级子流程或活动，活动还可以继续细分成一组具有较为规范的操作程序，一般由个人或小组执行的任务。业务流程的这种结构特性被称为层次结构特性(如图 7-12 所示)。

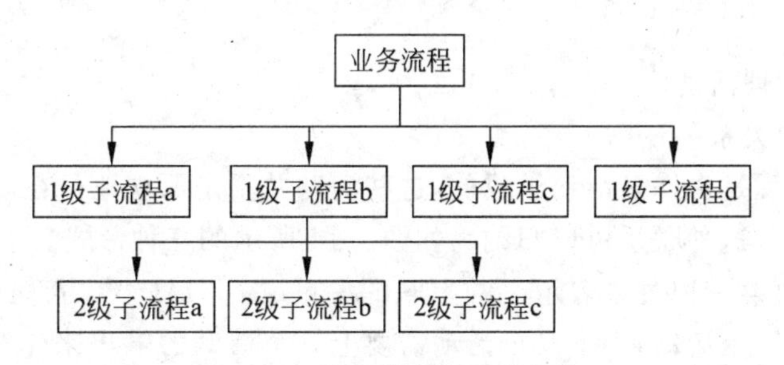

图 7-12 业务流程的层次结构

业务流程的这种层次结构使人们能容易地从总体上分析一个企业的所有业务流程，将其中的复杂流程分解成较简单的、易于管理的子流程和业务活动，并从中识别出“问题流程”或“问题活动”(如成本高、交货期长的流程或活动)，为实施流程管理提供一种总体思路。

2. 活动的描述

1）活动的表示

活动是构成企业业务流程的基本元素，活动与活动之间存在着相互作用和相互联系，这种作用与联系使一系列活动构成了企业的业务流程系统。

一个活动本身可以看做是对信息和物料的转换过程，给一个特定的活动输入信息和物料，经过活动的转换，输出我们需要的信息和物料，这就是活动的功能。活动在转换的过程中，需要某种规则的制约，并且需要消耗一定的资源。因此，用图形的方法表示活动如图 7-13 所示。

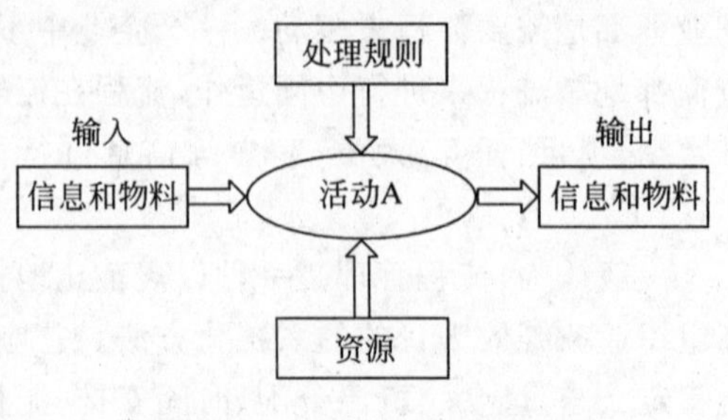

图 7-13 活动 A 的图形表示

图 7-13 表示活动 A 在一定的处理规则作用下，利用一定的资源，把输入的物料和信息经过特定的变换，产生需要的输出——经过变换后的信息和物料。当处理规则、输入的信息和物料发生变化时，产生的输出也相应发生变化。

在活动的输入中，资源是用来补充活动消耗的，例如机械加工中电力、润滑油等的输入，与物料和信息的输入目的不同。资源的输入是为了维持活动的进行并且为活动的进行创造条件。而物料和信息的输入是为了使这些输入的物料和信息经过活动的转变，产生出人们需要的物料和信息。

2）活动的分类

一个业务流程中可以包含很多的活动，为了研究方便，把这些活动分成不同的类别。企业中的活动可以包含以下几种类型：

- 战略决策活动。
- 经营计划活动。
- 技术活动。
- 供应活动。
- 生产活动。
- 营销活动。
- 财务活动。
- 其他组织管理活动。

3）活动之间的关系

企业的业务流程是由许多活动组成的，这些活动并不是孤立地存在，而是存在着相互作用、相互联系的关系，这种联系可以归纳为如图 7-14 所示的三种形式。

图 7-14 所示的第一种关系表示一种串联的关系(图 7-14(a))，流程只有在上一个活动结束后才能进行下一个活动，即下一个活动需要上一个活动的输出来作为自身的输入。第二种关系为并行关系(图 7-14(b))，两个活动执行不同的子任务，如果两个活动之间存在着信息、物料的交互传递，那么，这两个活动之间的关系就成为第三种情况，称为反馈关系(图 7-14(c))。

3. 业务流程图

活动之间的各种关系可以清楚地在业务流程图中表达出来，目前，企业的各种流程，都是通过业务流程图来表达的。

业务流程图是按时间的先后顺序或依次安排的工作步骤，用标准化的图形形式表达的

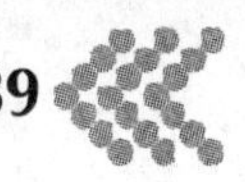

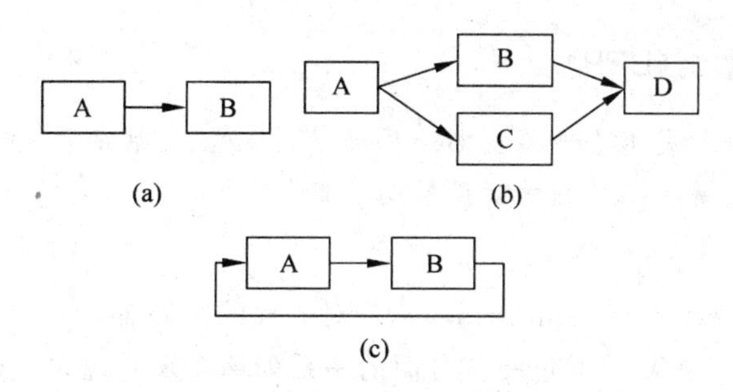

图 7-14 活动之间的关系

过程模型，在 ISO 9000 系列管理中，要求企业的运营过程或管理过程就用这种方式来表达，这种模型在企业中也称为"业务流程图"或"管理流程图"或"作业流程图"。

例如，某集团公司的预算编制流程用流程图的形式表达出来，清楚地表明了这一流程的执行顺序和执行部门，图 7-15 描述了这一业务流程。

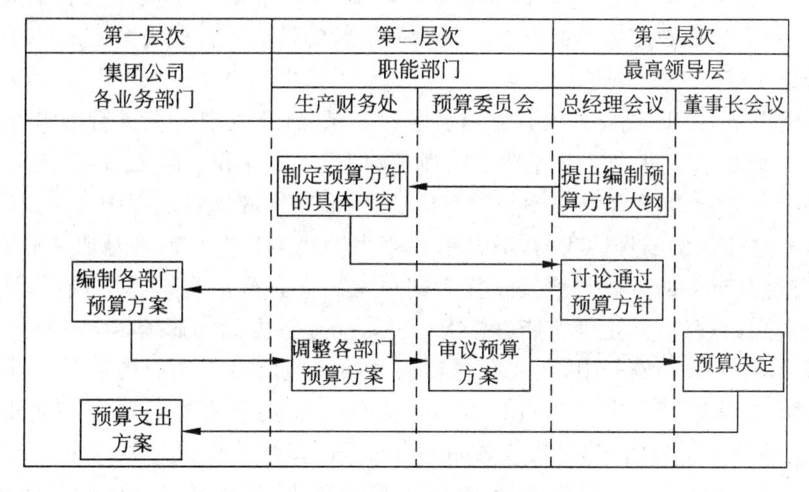

图 7-15 某集团公司预算编制流程图

不同的企业可能采用不同的符号来表达业务流程，但比较多的是表达业务处理、输入/输出信息、审批、检查、判断、停顿(中止或暂存)等活动种类，但也有把活动种类划分得非常细致的，可达二十多种。

4. 业务流程的状态模型

流程结构建模是从企业流程整体来考虑活动之间的邻接关系，反映了流程的静态特征。而流程状态建模反映了流程中活动的状态变化，反映了流程的动态特性。当某一个活动被执行以后，流程就由一个状态转化为另一个状态，反映这种状态转移关系的建模方法有 PERT(计划评审技术)、GRAI 和 Petri 网等。

5. 业务流程中信息流的建模方法

信息是企业业务流程处理的一个主要对象，业务流程的信息视图着重刻画了企业业务流程中信息流的变化过程。信息系统领域在这方面的研究很多。主要的建模方法有结构化方法和面向对象方法等。

7.4.3 企业流程重组(BPR)

“业务流程重组是对企业的业务流程进行根本性、彻底的再设计，从而获得在成本、质量、服务和速度等方面业绩的戏剧性的改善。”

—— Dr. Michael Hammer

BPR(business process reengineering)不是对流程的小修补，而是巨大的改变和戏剧性的提高。这种戏剧性的提高是通过在各方面的一系列革新来实现的，包括企业的组织结构、管理制度、工作定义、评估体系、技能培训以及最重要的——对信息技术的应用。BPR涉及企业运作的各个方面，这种层次、规模的变化可能让企业获得巨大的成功，也可能失败，甚至导致企业的破产。

成功的BPR会带来各方面业绩的巨大进步，包括利润上升、成本下降、生产能力提高等直接表现，以及产品质量、顾客服务、员工满意程度、整体获利能力等的相应提高。BPR决不是空谈，而是会实实在在地带来这些好处。BPR可以帮助一个成功的企业扩大竞争优势，也可以让一个濒临破产边缘的企业有脱胎换骨般的进步。那些失败的BPR项目往往是由于不恰当地实施了一些措施。

在很多情况下，BPR项目并没有达到预期的效果，研究发现已经进行的BPR项目中大约有70%是失败的。一些企业在花费了相当多的人力、物力和时间之后，系统的改进甚微，而另外一些企业进行的BPR项目不但没有成功，反而在实施项目过程中使企业原有的一些优势丧失了。这样的例子告诉我们，BPR有相当大的风险。但是或许是成功后的效果太诱人了，还是有越来越多的企业甘愿冒这样大的风险。而且确实有成功的例子，证明了BPR决不是不切实际的理论，而是确实能够极大地提高企业各方面的业绩。

在许多BPR失败的例子中，往往在项目的开始阶段就由于企业内部对BPR思想及如何实施存在疑惑而延误了项目的进程。而且有的企业甚至直接跨越了在企业之中宣传BPR思想、消除员工疑惑这个阶段，直接进行了实施，其结果可以想象。对于企业来说，往往知道需要适时进行改变以适应市场、竞争环境的变化，但是却不知道改变什么及如何改变。在这种情况下就具体实施BPR改变，造成了许多BPR项目的失败。BPR项目失败的另一个主要原因是企业忽视了信息技术对于BPR的重要性。但是由于有越来越多的企业实施BPR项目，随着理论的发展和实践经验的丰富，有关为了BPR的成功所必须进行的工作已经越来越清晰。这会帮助企业避免错误，成功地实施BPR。

1. BPR的发展过程

在1990～1993年间，Dr. Michael Hammer、James Champy、Thomas Davenport这几位管理学家，在对世界范围内许多成功的企业进行了大量的调查研究之后，分别提出了BPR的概念。

Hammer是《商业周刊》评选出的20世纪90年代最有影响力的四位管理学家之一。同获此殊荣的还有Champy，他是CSC Index公司的首席执行官，他收集了在相应行业中成功企业的各方面信息，并将其管理活动和效果进行了分类。他们提出了诸如“什么促使企业获得成功？为什么？”和“什么活动对企业的成功没有帮助？为什么？”等类似问题，并且进行了细致的研究。他们发现几乎所有的成功地改变业务流程的公司使用的方法都十分相似，他们将这一套方法命名为业务重组(business reengineer，BR)。

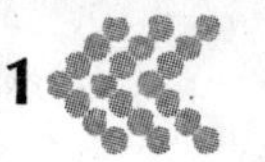

Thomas Davenport 也进行了类似的研究，提出了类似的问题。通过在 Ernst & Young 咨询公司进行的信息技术与战略公司方面的工作，他对进行业务流程重组的公司进行了深入的研究，积累了许多有关方法的信息和丰富的经验，这些信息和经验会提高项目成功的概率，他将此命名为流程革新(process innovation，PI)。

尽管有些许不同，但是业务重组(BR)和流程革新(PI)都提出了重新定义业务流程来体现企业战略需求的概念。事实上，它们在一些关键活动上是相同的。由于流程是这些管理思想的中心所在，所以人们接受了 BPR 作为统一的名称。在这之后，无数的书籍、文章、软件被学者、管理顾问、软件厂商开发出来，以帮助企业实施 BPR。

现在人们在 BPR 项目的实施上积累了很多的经验，但是许多管理专家仍为实施 BPR 项目所需的活动进行争论。虽然存在争论，但是在那些关键活动上各方已经达成了共识。而且在那些争论中有相当一部分是和特定企业的具体情况有关的，在本书中我们无须讨论到那样的深度。

在这一节中，我们将简要介绍成功实施 BPR 项目的一些必要活动，这些活动可以说是 BPR 的核心活动。此外，本节还包括了管理咨询公司对 BPR 实施提出的一些建议措施。这些方法、过程及其目的可以帮助企业在实施 BPR 的过程中，适应本企业的行业、人员、企业文化等特点。

2. 实施 BPR 的步骤

“业务流程重组是一个新的概念，但是企业有必要来实施。”

——Peter F. Drucker

管理专家将 BPR 的实施过程分成了七个阶段，其中最开始的工作——整个企业范围内的交流、沟通、培训是最困难的部分。具体来讲，BPR 实施过程分为以下七个阶段：

(1) 开始组织变革。

(2) 建立负责重组的组织结构。

(3) 识别 BPR 机会。

(4) 理解现有流程。

(5) 对业务流程进行重组。

(6) 制定新的业务流程蓝图。

(7) 进行项目实施转变。

阶段一：开始组织变革

在这一阶段的主要活动有：

- 评估当前企业状况。
- 解释变革原因。
- 描述改变后的设想状况。
- 进行广泛的沟通。

第一步是细致地认清组织是如何运作的，分析的重点是运作过程和效果。进行这些分析的主要原因是确定是否有通过 BPR 带来巨大进步的可能。对于一些企业，只需要进行一些小规模的变革就可以了，例如 CPI 公司就经过分析决定进行 TQM(全面质量管理)，而不是 BPR。这些类似的小型变革也可以给企业带来一定的进步，而且其风险要小得多。

进行分析时需要考虑以下几个主要问题：

- 现在业务是如何运行的？
- 需要在哪些方面进行改变？
- 可能出现哪些新情况？

下一步是在企业范围内寻找那些对企业目标或企业职能有负面影响的过程。具体来讲可能是市场需求的下降，或者是竞争对手在产品革新中有了重大的进步。不管具体原因如何，企业应该明确能否在目前状况下适应市场和竞争环境。这里不能有丝毫的懈怠，因为有很多企业就是因为懈怠而丧失了部分的业务，甚至是整个企业。最后企业应该明确未来的方向，以及与之相适应的业务运行方式，并且制定一些容易衡量的指标来明确努力的方向。

如果企业要改变运行方式，必须发挥员工的积极性。员工是改变的实施者，如果没有好好调动员工的主观能动性，可能会出现很多意想不到的麻烦。制定战略和实施计划是重要的，但是它们只是项目实施的工具，具体的改变还是要由人来完成。

由于BPR通常会使整个企业产生很大的变化，因此整个企业范围的交流沟通是必需的。对那些工作性质发生改变的员工进行培训，让他们了解改变的原因和目的。如果企业的员工对将要进行的变革没有一个统一的理解，在实施过程中就会出现误解、迷惑以及对未来预期的不确定，这有可能造成变革的失败。如果所有人都明确变革的必要性，并且同心协力地为建立新系统而努力，对BPR是十分有好处的。

为了迎接变革，每个员工都应该了解企业目前的状况，认识变革的必要性，明确如何实施变革以使企业生存发展。

阶段二：建立负责重组的组织结构

这一阶段的主要活动有：

- 建立一个适合BPR实施的组织结构。
- 设定实施BPR需要完成的任务。
- 挑选参与的人员。

为了支持重组工作，必须建立一个与之相适应的组织结构。尽管这一阶段包含的活动不多，但其对BPR的成败有极大的影响。在这里明确BPR与交流、沟通、培训、破坏(原有业务流程)、建设(新流程)之间的关系。需要注意的主要问题是：

- 参与BPR的人员有哪些？
- 他们的职责分别是什么？
- 由谁来管理他们的工作情况？
- BPR的实施过程对日常业务有什么影响？

在重组工作中，最重要的人员之一是BPR的项目负责人。这个工作必须由公司的高层人员来担当，他必须有足够的权力以便在项目实施过程中指挥他人，同时他必须有调动他人积极性的能力。必须牢记的是，如果没有高层人员的参与和支持，BPR在实施过程中就很难克服企业内部的阻力，导致项目的失败。

对于主要的业务流程，应该任命一个流程负责人，由他来指挥整个流程的改造并且对结果负责。这种将一个业务流程交给一个特定人员来负责的方法，可以避免扯皮、推卸责任等情况，从而保证流程改造的效果以及工作进度。通常BPR项目的总负责人也兼任一个重要

流程的负责人。

在正式开始工作以前，流程负责人需要召集一些人员组成一个重组工作小组，由这个小组来实际完成流程重组的工作。每一个为了特定流程组织起来的工作小组应该由多方面的人员组成，包括内部人员和外部人员。内部人员是实际运作流程的，他们清楚流程的优势和劣势；而外部人员由于思维不受原有流程的限制，往往可以提出一些有创造性的想法。这样的工作小组人员不要太多，一般来讲5～10人就可以了。由于小组成员要负责调查研究当前流程，进行流程的再设计并且对变革的实施进行控制和整体把握，这就要求这些人员必须在其负责的领域中是称职的。小组中的公司内部的人员可以帮助小组与公司的雇员进行沟通，减小公司人员对新系统的抵触。

在BPR的开始阶段，建立一个指导委员会会对项目实施有很大的帮助，尤其是在大型或复杂项目中。指导委员会可以制定出一个有关项目实施的整体计划书，用来指导整体项目的实施，以减少可能产生的混乱。

最后需要说明的是，一个在BPR方面有丰富经验的专业人士将对项目起到难以估量的作用。这样的专业人员能够为重组工作小组提供相关工具、技术、方法等方面的信息支持，从而让工作小组能很出色地完成任务。

在BPR项目中，关键人员的作用经常被低估。在一篇发表在《哈佛商业评论》上的关于BPR的调查报告中，将“执行人员能力一般”列为项目失败的四项主要原因之一。在那篇报告中提到，许多企业由于害怕BPR的实施影响到当前的业务，而不愿意将最优秀的人员分派到项目的实施工作中来。报告中具体的细节可以参见表7-1。

表7-1 BPR成功与失败的原因

成功实施的五个要点	设定一个鲜明的目标。这个目标必须在企业范围内广泛地传播，并且保证一定的理解程度
	要求高层管理人员将20%～50%的时间和精力投入项目中。从一开始大约20%，到最后约50%，随着项目实施的深入逐渐增加
	建立一个有关顾客需求、经济杠杆点、市场趋势的全方位的回顾分析
	分配一个公司副总裁或者聘请一个专家来管理控制项目的实施。要求负责人至少将50%的时间和精力投入到项目中来
	为了新流程的顺利实施，挑选一个容易成功的有代表性的试点来进行BPR。在实施过程中考察新流程对各方面的影响以及出现的问题，为项目的整体实施做准备。试点的成功会加强人们对BPR的理解，增强人们的信心，减少人们对项目的怀疑
导致项目失败的四点原因	给项目分配一些能力平平的人员。企业经常由于害怕对当前业务产生影响，而不把最优秀的人员分派到项目中来。这种做法的后果是十分残酷的——往往就是项目的失败
	只注重计划。尽管很多企业投入了大量的资源来制定、审核计划，但是没有一个明晰的评估标准来对项目实施后的流程进行评估
	对一些特殊问题处理不当。许多公司不能明确地评估企业的技术水平、组织结构或者是系统的“瓶颈”，如果能够得到外部专家的帮助则成功的希望大增。更严重的是，项目经常由于企业内部的矛盾斗争而不能完全实现
	忽视沟通的重要性。企业经常忽视在项目的全过程中各方面人员沟通的重要性，由一个高层人员来专门负责沟通各方面的关系是一个很好的解决办法

阶段三：识明 BPR 机会

这一阶段的主要活动如下：

- 明确核心流程。
- 寻找潜在的支持变革的人。
- 收集行业内部信息。
- 收集行业外部信息。
- 挑选出需要进行重组的流程。
- 将挑选出的流程进行排序。
- 评估当前的企业战略。
- 与顾客交流，获取顾客信息。
- 分析顾客的实际需求。
- 规划新流程目标。
- 准备新流程所需的关键元素。
- 认清实施中的潜在障碍。

在这一阶段进行的工作，与一般概念的辨别商业机会不同。首先将企业在一个较高的层次上以业务流程为基本单位进行划分，而不是通常情况下的以业务领域(市场、生产、财务等)进行划分。这些主要的业务流程通常不会太多，可以将它们称为企业的核心业务流程。通常情况下这一工作需要的时间也不多，但是其难点在于进行这一工作需要对企业如何认识自己有很好的把握。这一阶段的工作关键是要认清流程的界限(从哪里开始，到哪里结束)，这对于确定重组项目的规模和范围是很有帮助的。

在通常情况下，以顾客的观点来观察企业的运作方式有助于辨别企业的核心流程。举例来说，当德州仪器公司为其半导体产业部列出核心流程时，只列出了 6 个：战略管理、产品开发、顾客服务与支持、订单完成、生产能力计划和顾客沟通。注意，每一个流程都将一定的输入转换成为一定的输出。

在这个时候，应当开始思考那些将要进行的改变可能对流程产生的影响。在很多情况下，变革会由于以下的原因而不能进行下去：对信息的使用，对信息技术的使用，以及人的因素。试着回答下面的问题：

- 什么样的新信息可以被企业获取并使用？
- 最新的相关技术有哪些？其可能对业务和顾客产生哪些影响？
- 组织承担多种职责的工作组、设定补偿系统、激励系统等这些工作有没有可借鉴的有效方法？

在大多数的情况下，对信息、信息技术的运用和有关人员中任何一项进行改变时，都需要其他两项进行相应的改变，以保持系统的效率。当确定了核心流程之后，就需要决定对哪些流程进行重新设计。在这里，最行之有效并且目的性强的方法是，将先前调查过的核心流程与竞争对手或者其他行业企业的相似流程进行比较。不能仅仅满足于比竞争对手优秀，因为其他行业中也许有某个企业，完成相似的任务更有效率。

如果企业完成一项订单需要 6 个月，而竞争对手只需要两个星期，那么这个业务流程就应该被选入需要重组的候补流程之中。通常我们寻找一个流程的整体最低表现，来决定需要重组的流程。在挑选过程中，企业要遵照三条准则：

（1）最无效原则，即哪一个业务流程是效率最低的。

（2）重要性原则，即哪一个业务流程对顾客的影响最大。

（3）可行性原则，即哪一个业务流程在目前可以进行改变。

挑选一个成功希望很高的并且可以以快速见效的流程来开始重组工作，对于提高企业各个阶层员工的信心和干劲有很大帮助。将选中的流程按照重要性的程度排出一个日程表——流程重组的次序。

下一步是对目前企业战略的评估。一般来讲，当前的企业战略并没有将注意力集中于如何运行业务流程，由此需要定义一个全新的企业战略。新的企业战略必须体现业务流程的中心地位。顾客是企业的一个重要的信息来源，这些信息有助于设定新的企业运行方向。因此必须仔细地研究顾客，不仅仅是顾客的一些表面特征和想法，更要明确顾客的真实需求。业务流程的目标应当将顾客的需求、企业的竞争策略和业务的最优化运作结合在一起。当然除了设定目标以外，还需要建立对关键指标的评估方法，描述关键流程的系统特征，以完善新流程的设计。

阶段四：理解现有业务流程

第四阶段的主要活动有：

- 理解采用当前步骤的原因。
- 为现有业务流程建模。
- 理解当前是如何利用各种技术的。
- 明确信息的使用情况。
- 理解当前的组织结构。
- 比较现有的业务流程和新的业务流程。

在这一阶段，我们已经知道要对哪些业务流程进行重组，于是需要分析一下为何当前的流程表现出当前的状态。在这里“理解”是一个关键，不需要将系统运行的方方面面都弄清楚，只需要理解一些流程运作的关键。而且对于进行过的工作，一定要达到相当的理解程度，否则可能形成分析中的“盲点”，以致对项目实施产生后患。我们应该把精力放在理解当前流程如此运作的内在原因上，从而在进行流程重组时就可以设法避免类似的情况出现。一旦新流程的目标有了清晰的定义（见阶段三），就可以与现有流程进行比较，从而明确现在所处的位置以及还有多少工作需要进行。

为现有业务流程建模是这一阶段工作中的一个重点，不仅对理解当前业务流程有帮助，还对计划如何从原有流程转变到新流程有帮助。同时对人员的调动、组织结构的变化、信息需求以及理解当前信息的使用情况有帮助。在模型中通常包含以下信息：业务流程的输入（任务的时间、数据要求，资源状况等）和流程的输出（输出的数据、成本、产量、生产周期、瓶颈所在等）。

理解当前流程是如何使用信息的也是重要的工作之一。下面的问题对于进行这方面的分析会有一定的帮助：

（1）全体雇员都得到其需要的信息了吗？

（2）是否存在一些业务活动对一些本应该在企业内部共享的信息制作了副本，从而浪费了时间和系统资源？

（3）为什么一些技术只为某些事物服务？

(4) 现有的沟通效率如何?

(5) 现有系统是否容易使用?还是由于违反了人的思维习惯从而影响了使用效率?

(6) 现有业务流程在哪些方面利用了技术的长处?在哪些技术的使用上还有不恰当的地方?

最后应当以对当前使用的技术、信息系统进行逐一的成本、可用性和收益的全面评估来结束这一阶段的活动。

阶段五:对业务流程进行重组

主要活动有:

- 保证负责重组工作的小组人员来源的多样性。
- 对当前的流程运作假设进行分析。
- 对改变步骤进行集体讨论。
- 集体讨论一些 BPR 的原则性问题。
- 对新技术的影响进行估计。
- 考虑各方面的预期。
- 将顾客需求放在首位。

在这一阶段,真正意义上的重组工作开始了,从分析、计划阶段转入实际的操作阶段。重组工作小组应当包括设计人员、实施人员和一些技术人员,而且这些人员应当是由业务流程内部和外部的人员共同组成的。

内部人员应该可以发现一些以前没有发现的与当前流程有关的信息,并且这些人员将在工作小组中承担很重要的一部分工作,对于重组工作的顺利进行起到极大的帮助作用。

与内部人员几乎同等重要的外部人员,可以以一种很清晰的目光来审视目前业务流程及其运作假设,从中发现一些内部人员很难发现的问题。

紧接着,技术人员将对如何以更有效的方式应用各种技术提出建议,换句话说,技术人员的参与将对未来系统的技术使用产生重大影响。另外,技术人员和外部人员还将承担创造性思维的工作,帮助系统突破一些观念、技术等方面的限制。

由于在上一阶段中我们已经对当前系统的运作方式有了充分的了解,到了这一阶段,就应该尝试着对当前系统运行中的假设提出一些问题。

- 现有业务流程的运行方式的内在原因是什么?
- 顾客对业务流程运行步骤有什么要求?

在很多情况下,一些运行假设可以被抛弃,从而应用一些新的、更适应客观情况的运行假设。但是,估计一下打破这些运行假设对其他方面的影响也是很有必要的。

工作小组需要对新业务流程进行细致的集体讨论。Dr. Hammer 曾经提到,集体讨论中应当对下面这些 BPR 的基本原则进行讨论:

- 将多项工作合并成为一项。
- 由雇员来做决定。
- 流程步骤应该是自然的。
- 业务流程应该具有多样性。
- 将人力物力投入到最需要的地方。
- 减少监督和控制。

- 将调节步骤减到最少。
- 由管理人员提供关系中的一个侧面。
- 混合的集中/分散化是否更有优势。

举例来说,混合的集中/分散化运作对具有交叉功能的工作组的工作有促进作用。从理论上来说,这些工作小组应该可以识别那些需要集中的业务流程,而且这种能力正是这些小组的价值所在。一个企业可以使用一个集中式的数据库来保存所有顾客的信息,但是这个数据库应该能由销售、采购、财务等不同的业务流程使用。

在进行集体讨论的时候,重组工作小组还必须考虑新技术的应用,主要是对新技术对各方面可能产生的影响进行衡量。一般来讲,涉及的主要技术有下面几个:

- ERP系统。
- 互联网技术。
- 分布式计算机平台。
- 客户机/服务器技术。
- 办公自动化技术。
- 群件(groupware)技术。

在寻找原有信息的新的使用方法时,重组工作小组还应该尽力挖掘新的信息来源。对业务流程的改变可能让企业收集到以前收集不到的数据,而这些数据将有助于管理者进行决策。另一项好处是,由于数据在企业内的共享,消除了许多原有的信息障碍,从而可以加强企业内部的沟通合作。

在重组工作中,对企业的运行模型和管理策略的评估也是必要的。新的功能交叉的工作部门可能不能很好地适应传统的组织结构,进一步来说,新的工作部门需要新的评估体系和激励机制。在这一阶段,需要明确一个观念,那就是新的以业务流程为基础的企业需要与之相适应的企业组织结构。

最后,重组工作小组在对业务流程的设计中,必须考虑利益相关者(stakeholder)的影响。所谓利益相关者,就是指那些有能力影响企业同时也被企业影响的人,包括业务流程内外的很多人。通常情况下,外部人对于系统如何运作并不感兴趣,只关心系统的产出。

在整个这个阶段,重组工作小组必须时刻关注那些与进行重组的流程有关的其他业务流程。需要注意例如"客户机/服务器系统的应用对其他流程有何影响?与之相关的业务流程是否也需要重组?"等类似问题。注意重组工作不是与其他工作相互独立的,不能脱离其他工作而单独进行。

阶段六:制定新的业务流程蓝图

这一阶段的主要任务有:

- 定义新的工作流程。
- 为新的业务流程步骤建模。
- 为新流程的信息需求建模。
- 建立有关新的组织结构的文档。
- 描述新的技术应用。
- 记录新的人员管理系统。
- 描述新流程所需的企业文化和价值观。

蓝图是为了使实施工作按照设计者意图进行所必需的详细工作计划。在BPR的过程中,必须建立蓝图来记载所有需要的细节,以保证项目实施的正确性和完整性。这一阶段的工作是在上一阶段的成果基础上,为实际实施制定详细计划。

制定蓝图的过程包括为新的业务流程及其信息需求建模。在第四阶段,我们已经建立了一个大致的描述型模型,在这一阶段需要建立一个更加细致的模型,从而完整地体现与原有系统的差别。通过制定信息模型,或者称为数据模型,来描述新的业务流程是如何让不同的业务部门使用那些共享信息的。

在蓝图中还应该包括经过重新设计的企业的组织结构模型,这种模型需要用一种与传统的组织结构图不同的图表来表示。在这种图表中,不仅包括新的业务流程步骤,还包括流程中的工作人员,以及重组工作小组所处的位置。同时在图中还应该包含一些与业务流程有关的信息。

完成了上面的工作之后,就需要进行下一步的工作——定义支持新业务流程的各种细节。尽管在项目实施过程中可能只有一些小变动,或者可以很容易地通过调整一些技术设置就可以完成任务,在这一阶段也需要建立有关的技术和技术细节的详细文档,为快速开发应用程序打下基础。

与新的信息系统、业务领域有关的价值观、信仰体系,新的管理策略,以及评估、监控、激励系统也应该写进蓝图。业务流程重组或许会对企业权利系统产生相应的影响,这就需要在进入实施阶段以前对相关人员的权利、责任进行划分。

阶段七:进行项目实施转换

最后这一阶段主要包括以下活动:

- 制定实施策略。
- 建立具体的转换活动计划。
- 设定转换过程中的评估方法。
- 对相关人员进行相应的处置。
- 按计划逐步进行实施。
- 建立新的组织结构。
- 评估当前的工作能力和机能。
- 设定员工的新任务及职能要求。
- 重新配置人力物力。
- 制定培训计划。
- 针对新业务流程进行培训。
- 针对新的技术进行培训。
- 培训管理人员对系统的简单使用。
- 决定如何开始新技术的使用。
- 应用新的技术。
- 观察效果。

到了这个阶段,应该已经为变革做好了充分的准备,已经进行了各方面的交流沟通,制定了实施战略,分析了原有状况,为新的业务流程制定了蓝图。现在到了将前面的全部努力整合起来进行变革的时候,一切都是为了让企业适应目前以及以后的市场需求。

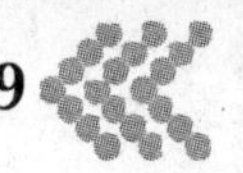

这一阶段的第一步是制定实施策略，寻找一条当前业务流程和新业务流程之间的通道。一般来讲，转换策略包括：

- 直接进行完全转换。
- 分阶段办法。
- 选取流程进行实验。
- 建立全新的业务单元。

在这里需要注意的是新的业务流程与其他流程之间的关系。如果只对一个业务流程进行重组，其必定存在与其他原有业务流程的相互作用。如果对多个业务流程进行重组，那么就不仅仅是与原有流程的相互作用，还需要考虑新的流程之间的相互作用。因此，在进行新业务流程的设计时，应该让新的流程具备一定的可塑性，以便进行修改。

成功的项目实施不仅依赖于项目实施过程中计划的变更，更依赖于企业人员对新的业务流程的适应，而这与员工的态度和预期有很大的关系。BPR项目的实施需要对原有业务流程进行重新设计，而新的业务流程需要新的组织结构、新的技术应用和与之匹配的企业文化。同时由于业务流程的改变，管理结构也相应地产生了变化，而且由于员工的工作也发生了变化，相应地要求员工具备新的技能并且达到相应的水平。

在转换过程中，需要一些标志工作状况的“路标”。从评估原有的技能水平(包括运行技能，技术能力等)开始，这些评估需要认真地进行，并且对得到的结果进行相应的分析反馈。在掌握了新的业务流程所需要的技能水平和当前的技能水平之后，它们之间的差距就自然清楚了。现有技能水平能否满足新流程的要求？为了满足新流程的技能要求需要加强哪些方面？这时需要建立一个涉及每个员工的培训计划表。培训的目的不仅仅是让员工具备相应的业务能力，更重要的是让他们明确其工作是如何与顾客相联系的。

金字塔形的培训方法是一种行之有效的关于团队建设、员工自治以及有关BPR项目知识的培训方法。有关信息系统方面的培训可以让员工了解新的信息系统并且熟练使用；有关业务流程方面的培训可以帮助员工理解从简单的线性系统到复杂的非线性系统；对管理人员的培训可以增强他们听取意见、处理纠纷的能力。同时如果在新的业务流程中使用了诸如TQM(全面质量管理)、SPC(流程控制)、CPI(持续流程改进)等机制的话，也需要进行相应的培训。最后需要指出的是，一个结构化的持续在职培训将为系统提供一种即使人员、时间发生改变，系统仍可持续运行的能力。

在进行任何像BPR这样大的变革的时候，企业员工去适应这样的变革都有一定的困难。新的业务流程往往伴随着人们的疑惑、失望和恐慌，如果一个转换策略可以将这一切尽可能地减少，那么这个策略就是成功的。企业必须尽可能地将实施过程中的混乱控制在可以控制的范围之内，以便将精力和时间花费在重组工作和员工培训上。

企业信息系统的改变将涉及对软件、硬件、信息的重新组织、修改、更新。为了确保成功，应当先在局部进行试验，从而积累经验，提高信心。尽管新的信息系统中存在缺陷的可能性不高，而且就算系统是经过实践检验的，但是混合运作的新旧系统往往还是会出现各种问题。单步式方法是在新系统完全建成时一次性地替换原有信息系统，这种方法的风险是比较大的，但是其与BPR的“要么成功，要么失败”的特性是相符的。与单步式方法相对应的是多步式方法，但是由于多数重组之后的业务流程与原有流程相差很大，多步式的方法往往不能完全体现新流程的效果，直到全部完成为止。另外需要注意的是，单步式方法见效的

速度要比多步式方法快得多。

为了让新的信息系统可以使用原有的信息，在一些方面提高了对数据的要求，在其他方面的要求则有所降低。一般情况下，原有系统中约30％～40％的数据可以舍弃，其原因是这些数据只与原有信息系统有关。另外，原有系统在一些方面对数据的采集、整理方式并不符合新系统的要求，这就需要新系统在那些方面进行加强。新系统的信息需求蓝图有助于这些工作的执行。

7.5 ERP的实施与应用

7.5.1 ERP实施的任务与特征

任何一个ERP要在企业获得成功，取得效益，最重要的是要落实到ERP的实施和应用上，实施的成败最终决定着ERP软件产品思想的充分发挥。由于ERP是信息技术与管理技术的结合，因此，在企业中成功应用和实施ERP不能仅仅依靠软件系统，必须首先从企业的组织和管理问题出发，遵循ERP的应用规律和实施方法论。有关实施方法论的研究颇多，在实际工作中，各软件厂商和咨询公司也有自己特定的工作方法，图7-16描述了一个一般性的ERP实施方法论的基本框架。

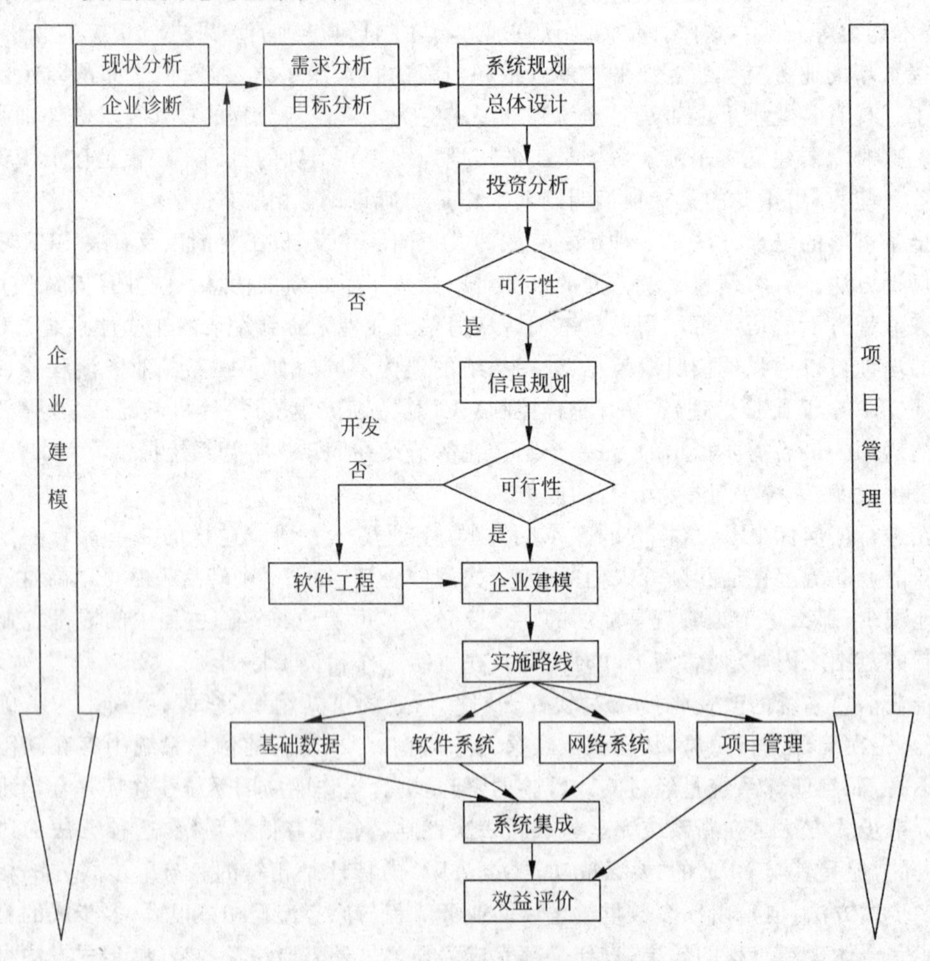

图7-16 ERP实施方法论的基本框架

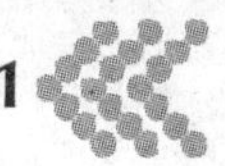

ERP实施从企业的现状分析出发，进行企业诊断和需求分析，以此进行目标定位和ERP支持机制的引入，进而站在企业信息化的高度进行企业信息系统的系统规划，以及ERP管理模式的详细设计，并经过投资预算分析和可行性论证，才正式立项，开展项目管理工作。在系统设计时，可以先期进行企业"信息资源规划"，描绘出企业的数据信息模型和功能模型，作为后续工作的参考和软件选型的技术依据。在系统实施的全过程，均可借助于企业建模的方法，获得全过程的支持。接下去，就是一些ERP实施路线、数据基础工作、软件系统、网络系统、系统集成、效益评估等常见的实施工作方法。

贯穿于整个ERP应用过程的是以企业建模和项目管理为主线，以人员组织管理、实施流程管理、产品选型管理为重点，遵循ERP应用模式的总体规范，形成一个完整的ERP实施方法论的理论体系。

企业建模是理解复杂企业系统的基础，是ERP各实施角色沟通的技术工具，也是计算机系统运行的先行基础。利用相关的建模与分析方法及参考模型，可加快系统的实施进程，并利用整体建模工具保障建模过程的一致性和规范性，实现企业系统的有效集成。

ERP系统的实施是一项牵动企业管理模式变革的项目工程，实施中加强项目管理对项目的成功具有重要作用。典型的项目管理包括项目的组织管理、配置管理、进度管理、质量管理、风险管理、项目监理几个方面。对ERP项目所有方面的计划、组织、管理和监控，是为了达到项目实施后的预期成果和目标而采取内部和外部的持续性的工作规则。这是对时间、成本，以及产品、服务细节的需求相互间可能发生矛盾进行平衡的基本原则。项目管理同样可借助于项目管理控制的软件工具来支持。

ERP实施成为ERP应用的关键环节，与ERP软件研发共同构成ERP厂商致力研究和解决的重点问题。越是复杂的系统，其相应的实施方法论越是重要。许多软件厂商的ERP系统都配有相应的实施方法和实施工具。

7.5.2 ERP实施中的各种角色

ERP实施中共有三类角色，ERP实施的成功有赖于他们之间的有效沟通与通力合作。

1. ERP软件供应商

供应商同时也是软件开发商，他们投入大量的时间和精力于软件的研发。他们创建了能够解决某些特定商业运作问题的系统。随着公司开发ERP软件包过程的不断深入，有许多因素强迫ERP供应商对其产品精益求精并尽力扩展其功能，这些因素包括从具体实施中获得的经验、使用者的反馈、进入新市场的要求以及竞争压力等。随之而来的是，ERP内涵的丰富、各种新功能的引进以及好的想法的相互借鉴等。供应商们竭尽全力使系统更高效、有弹性，容易实施和使用，并且随着最新技术的引入，他们还要对自己的产品不断升级。

首先，当公司与供应商签完合同后，供应商应该提供产品及一系列书面材料，并且有责任解决项目实施小组在实施过程中遇到的种种问题。

供应商的另一个角色是充当培训者——为公司将来系统实施过程中的重要人物提供培训。这一培训非常重要，其内容包括软件包的工作原理、主要组成部件、数据和信息的流动、什么是弹性、什么可以配置、什么可以客户化、存在哪些限制、优缺点何在等。

供应商的责任不只是培训，也要提供项目支持并在实施过程中实现质量控制。此外，供应商还担负有其他的一些责任：软件包与具体公司运作要求之间会有距离，因此系统可能要进行客户化，一旦做出决策，供应商就有责任提出必要的修正方案，在做出系统修正后，公司应该与供应商签署一份保证书以保证尽管系统做过修正，公司仍有权享受软件升级改进的服务。

2. ERP 实施顾问

商业顾问擅长于开发技术和项目实施的方法论，能够有效处理实施过程中出现的种种问题，他们是经营管理的专家，拥有在不同行业实施不同 ERP 项目的丰富经验。

顾问要对项目实施的各个阶段负责，以确保要求的运作在规定的时间里按要求的质量水平完成，并使参与人员真正高度有效地参与进来。为了实现他们的承诺，他们就要把自己所掌握的技巧和方法转化到实际工作计划中来——方法要细化成任务并落实到具体个人。每个阶段、每个任务的时间安排也要确定下来，从而最终敲定项目计划。顾问给项目带来了额外的价值，他们的实际操作经验使公司受益匪浅，他们知道什么该做，什么不该做，从而避免了“出错—改正”的实施途径，一次性成功会给公司节省大量的人力、物力和财力。

顾问在评价现在的公司流程时一定要保持公允的态度。他们应该尽全力改进公司的现有流程以使之适合初始的 ERP 软件包，这可以优化系统的实际绩效并且最大程度地增大将来操作人员的满意度；顾问还有责任对系统客户化进行分析和界定，详细说明每个领域某项做法的优劣并最终获得一个中肯的解决方案。

顾问必须对工作的大环境和可发展空间有高度的了解，清楚什么时候应该向公司管理层预警以保证不危及项目的顺利实施；此外，顾问还要留下技术文献资料，因为项目实施完后，顾问将会离开，然而他们的知识还要留在公司里，因此顾问要培训足够的公司员工使项目能够继续开展下去。

3. ERP 企业最终用户

一旦 ERP 项目落实，最终用户就要面临着从旧系统到新系统的转变，旧的工作流程将会改变，工作性质将会产生大的跃迁。人的本性是抵抗变化的，而实施 ERP 系统时，必定是一个大规模的变动，就如前几节我们一直提到的，人们总会有这样那样的顾虑，如果管理层不注意到这些问题，不提前设定解决方案，就一定会带来麻烦。

然而我们应该注意到，ERP 系统在取消许多既有的工作职位的同时又开辟了许多新的附带有更多的责任和价值的工作。我们容易看到技术革新的自动化取消了下述一系列工种：记录、控制、计算、分析、文档、准备报告等，但我们也必须指出失业的工人由此可以得到更多的就业机会：离开单调乏味的职员岗位到一个新的充满挑战的环境中，以实现其自身价值。如果公司能让它的雇员们清楚地认识到这一点并帮助他们完成这次转变（如给他们提供培训），那么 ERP 实施的一个最主要的障碍就得到了解决。

7.5.3 ERP 实施中的企业建模

模型是实际事物、实际系统的抽象。它是针对所需要了解和解决的问题，抽取其主要因素和主要矛盾，忽略一些不影响基本性质的次要因素，形成对实际系统的表示方法。模型的表示形式是可以多种多样的，可以是数学表达式、物理模型或图形文字描述等。总之，只要能回答所需研究问题的实际事物或系统的抽象表达式，都可以称为模型。在企业集成系统的研究中，由于企业实际问题的复杂性、不确定性和人的因素、主观因素的存在，我们应用更多的是图形模型和文字描述模型。

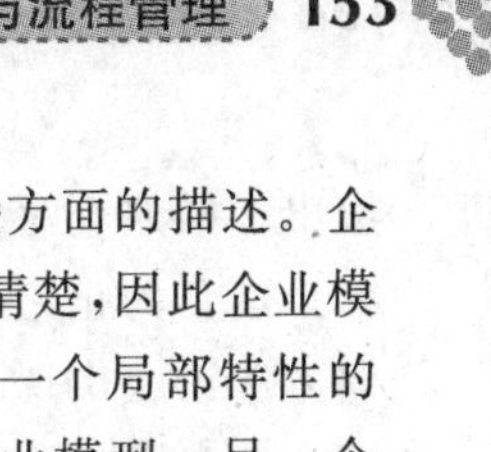

企业模型是人们为了了解企业而经过抽象得到的关于企业某个或某些方面的描述。企业是一个非常复杂的社会、经济、物理系统，它一般不可能用一个模型描述清楚，因此企业模型的一个显著特点是它通常是由一组模型组成的，每个子模型完成企业某一个局部特性的描述，按照一定的约束和连接关系将所有的子模型组成在一起构成整个企业模型。另一个特点是企业模型的多视图特性，即需要采用多个视图之间相互补充，共同完成对企业的描述任务，比如用功能视图描述企业的功能特性，信息视图描述该企业使用的数据之间的关系，组织视图描述企业的组织结构，过程视图描述企业的业务过程等。由于这些不同的企业视图描述的是同一个企业对象，所以这些视图之间具有内在的联系，它们相互制约又相互集成。

国内也有学者提出了集成化建模系统结构，包括过程模型、产品模型、功能模型、信息模型、组织模型、资源模型六个模型。

1）过程模型

过程模型是一种通过定义组成活动及其活动之间逻辑关系来描述工作流程的模型，它描述企业业务过程、产品开发过程和制造过程中各种活动及它们之间的逻辑关系，过程建模方法根据过程目标和系统约束，将系统内的活动组织为适当的经营过程。

2）产品模型

产品模型描述产品类型和产品结构等信息，也包括产品和其他企业要素之间的关系。它侧重于表达整个企业的产品类型和产品结构，包括与过程视图、组织视图、资源视图相对应的产品基本结构单元属性信息的定义，以及产品结构树和其他视图关联矩阵的定义。

3）功能模型

功能模型以功能活动为视角对整个企业进行描述，它不仅有助于管理企业，还有助于改进企业现状、促进企业演化。系统的集成更离不开功能模型的建立，功能模型描述了企业各功能模块之间的关系。

4）信息模型

信息模型从信息的角度对企业进行描述。企业信息系统用于存储、维护、处理与企业相关的所有信息，而信息是集成的基础，是联系各个功能元素的纽带，因此建立企业信息模型是非常重要的，它为信息共享提供了帮助。通过对系统决策过程的建模，可以了解系统的决策制定原则和机理，了解系统的组织机构和人员配置。

5）组织模型

组织模型描述组织结构树、团队、能力、角色和权限等。

6）资源模型

资源模型描述企业的各种资源实体、资源类型、资源池、资源分类树、资源活动矩阵等。

企业建模是一个通用的术语，它涉及一组活动、方法和工具，它们被用来建立描述企业不同侧面的模型。企业建模是根据关于建模企业的知识、以前的模型、企业参考模型、领域的本体论和模型表达语言来完成建立全部或部分企业模型（过程模型、数据模型、资源模型、新的本体等）的一个过程。

国内外在建模与仿真分析方面的研究已经开展多年，取得了丰富的研究成果，在企业建模方面也取得相当多的研究成果。另外工作流建模技术、面向对象建模方法也取得了不少研究成果。这些方法从不同的角度和出发点提出了自己对于企业这个复杂系统的理解，并给出了描述企业的方法，同时也开发了许多相应的工具系统。

迄今为止，企业建模体系的概念和必要性已被人们广为接受，与企业建模框架对应的建模方法论也出现了诸如 Zachman 框架、计算机集成制造开放系统体系结构（CIMOSA）、普渡企业参考体系及方法学（PERA）、通用企业参考体系结构与方法学（GERAM）、集成信息系统的体系结构（ARIS）和动态企业建模方法（DEM）等不少有代表性的成果。

现有的企业模型框架通常采用多个视图、从生命周期的多个阶段、从通用到具体的多个抽象层次等多个维度对企业进行建模。视图、生命周期、通用性这三个维度反映了企业最主要的特征，多视图支持从不同角度描述同一个企业对象，支持不同建模人员的任务协同；通用性层次反映了由抽象到具体的过程，便于重用现有的建模成果；生命周期维反映了模型的构造过程。不同的企业模型框架在对各维度的展开程度、建模方法学、建模工具支持等方面存在差异，进而表现为各模型的表达能力、可操作性、模型的开放性及模型实际应用情况的差异。

企业模型作为一项支持企业集成与优化的共性技术，是对企业系统中与给定目标有关的特性加以抽象表达的工具方法。无论采用哪种思想理论对企业进行优化改造，都必须以充分认识、完整表达和准确分析企业行为为基础。因此，企业模型是 ERP 成功实施的前提。现代企业的高度复杂性，已使人们认识到用全方位企业模型体系来描述企业对象的必要性。研究一种既能完整地表达企业结构，支持企业诊断优化，又能充分考虑 ERP 实施的要求，支持 ERP 快速正确实施的建模方法，具有重要的意义。

1. 从 ERP 产业分工看企业建模

把信息处理技术和计算机技术接口的开发工具作为直接面向企业管理的支撑工具，显然是存在鸿沟或者跨度太大的问题，所以必须寻找一种基于企业管理抽象研究和信息处理技术的工具，作为面向企业管理的支撑工具。但由于企业的行业特征、企业的管理个性等特点，导致企业管理的千变万化，如果不能够对企业管理进行分行业和分管理领域的结构化，那么进入企业管理领域依然是蓬乱难以梳理的。

要对企业管理进行研究，就必须对企业管理的对象企业进行描述，建立在企业建模基础上的分行业和管理领域进行研究分析的企业管理，才可能是有条理和可以梳理的。为此我们可以建立一个如图 7-17 所示的 ERP 产业分工模型。

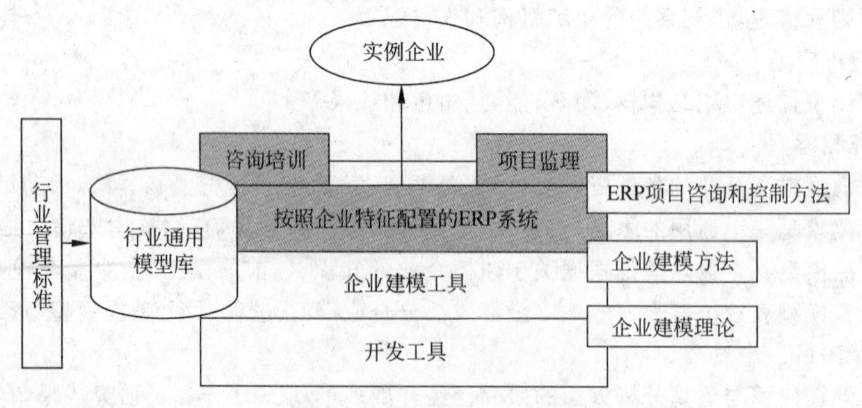

图 7-17 ERP 产业分工模型

从图 7-17 可以看到从开发工具到实例企业的管理推动，需要跨越企业建模工具、配置好的 ERP 系统以及咨询培训和项目监理等三个台阶。显然带着开发工具直接面向企业管理软件开发的方式，存在着一种跨越性的知识缺陷，这是导致 ERP 项目高失败率的重要原因。而且也可以看到，对于一个实例企业，必须有行业通用模型库的支撑，才可能顺利地完成该实例企业的 ERP 项目，并且持续地推进该企业的信息化进程。

从图 7-17 中我们可以看到，要顺利地实现从开发工具到实例企业信息化的跨越，必须要以企业建模工具为基础，基于行业通用的模型库，创建企业个性化的 ERP 系统，然后在咨询和培训以及项目监理的推动下，持续地推动企业的信息化进程和管理进步。在图中也能够看到我们至少需要四个标准：企业建模理论、企业建模方法、ERP 咨询培训和监理方法以及行业管理标准。在这四个标准中，企业建模理论是最核心和最根本的，没有企业建模理论就没有企业建模工具，就没有基于企业建模工具的企业建模方法和 ERP 实施方法，也就无法基于企业建模工具建立可以量化的行业管理精华——行业通用模型库。

企业建模理论是利用开发工具创建企业建模工具的基础；企业建模方法是基于企业建模工具的企业描述和业务流程描述的方法；ERP 咨询培训规范了 ERP 项目的推动内容；ERP 项目监理方法明确了 ERP 项目推动的步骤以及各合作方的责任；行业管理标准则是对行业内各个企业管理精华的总结和升华，然后利用行业管理标准指导实例化企业的管理实践。

2. 从 ERP 实施阶段看企业建模

ERP 系统本质上是个数据处理、事务管理和决策支持的企业信息系统，在系统的不同开发阶段、不同开发层次上表现出一套功能模型、信息模型、数据模型、组织模型、资源模型、控制模型和决策模型等的有序的企业模型组合。所谓有序是指这些模型是分别在系统的不同开发阶段、不同开发层次上建立的，所以 ERP 系统的企业建模支持了 ERP 系统实施的全过程。在企业实施 ERP 是一个复杂的系统工程，这除了需要实施者有良好的理论、技术和丰富的实践经验，随着 CIMS 理论和实践的发展，针对 ERP 工程的实施，国外提出了多种系统建模、设计和分析方法论，如上文提到的 CIMOSA、PERA、ARIS、DEM 等，这些方法论各有特色。

由于 ERP 实施分为各个阶段来进行，企业建模要支持 ERP 的实施，必须贯穿 ERP 实施的整个过程，因此企业建模也是分阶段进行的。在不同的阶段，ERP 实施对企业模型的需求不同，同一个企业的模型在不同阶段也是不同的。

在企业建模中，通过版本号来区分同一企业在不同阶段的不同模型。将企业不同版本模型按版本顺序依次列出，形成企业模型的时间维，清楚地把握企业模型在各个阶段之间的进度和变化，有利于总结建模经验，并应用在新一阶段的建模过程中。企业模型的时间维直接映射到 ERP 实施的生命周期，更能有效地指导 ERP 的实施，加快 ERP 的实施进度。企业模型以统一视图为核心，包括组织视图、资源视图、产品视图和信息视图，从不同的角度描述企业 ERP 系统的各个侧面。在通用层次维，采用构件和参考模型相结合的方法。可以利用构件生成参考模型，并在参考模型的支持下，快速生产企业模型，当参考模型不能满足企业建模需要时，通过增加新的模型构件和修改参考模型中的构件，快速准确地生成符合企业实际情况的专用模型。

本章习题

1. 请结合教材及相关网站的评论，阐述你对 ERP 的理解。
2. 什么是 MRP、MRPⅡ、ERP？
3. 查阅文献，讨论企业资源及其管理的范畴，以及企业资源计划与企业管理的关系。
4. 举例说明 ERP 的企业价值。
5. 什么是流程管理？BPR 的实施步骤和需要注意的问题是什么？
6. ERP 的实施与企业建模之间的关系是什么？

本章参考文献

[1] 安迪. 台前幕后——讲述联想，SAP 和德勤的 ERP 故事. 软件世界，2002.
[2] 苟娟琼，常丹，孟婕. ERP 原理与实践. 北京：清华大学出版社与北京交通大学出版社联合出版，2005.
[3] 陈启申. ERP——从内部集成起步. 北京：电子工业出版社，2005.
[4] 王海林，吴沁红，杜长任. 会计信息系统. 北京：电子工业出版社，2006.
[5] 张岩. 联想集团的信息化之路：以"透明化"模式重构企业权利，《现代制造》2003 年第 06 期，34-38.
[6] 朱岩，苟娟琼. 企业资源规划教程. 北京：清华大学出版社，2007.

第8章　跨组织信息系统

本章学习目标：

- 跨组织信息系统的基本概念
- 客户关系管理的定义、主要内容和实施方法
- 供应链管理的定义、主要内容和实施方法

前导案例：太保北京分公司CRM应用案例

中国太平洋财产保险股份有限公司北京分公司(以下简称太保北京)在北京城郊区县分设有多家支公司，承保人民币和外币的各种财产保险，包括财产保险、工程保险、责任保险、信用保险等，具备承保卫星、船舶、飞机、铁路、电厂、海上石油开发等高技术、高风险业务的能力。

保险业的销售管理特点是既有面向个体客户的关系型销售，又有面向大客户的项目型销售，销售人员工作的独立性强、日程安排的随机性和变化性大。保险公司销售给客户的产品(险种)是对客户的一种承诺和服务，需要管理好保单的销售与理赔，并通过对客户成本(赔款)与保费的对比分析进行客户风险评估，以准确判断客户续保的可能性，从而保证收益，抵御风险与损失。

公司的销售管理需求是：管理好高价值客户，通过不断维护、管理、稳定发展客户关系，把一个新保/转保客户发展成为续保客户，并在此基础上扩大其他险种的销售。同时，对于重大项目，需要通过严格的项目控制和多部门的工作协同来确保达到销售目标。如何增强销售人员日常工作的计划性，同时能够让管理者进行有效监控，对重大项目实时跟踪，及时掌握进展情况并做必要指导，这些都是在销售管理上迫切需要加强的方面。

为此，太保北京总经理室决定引入CRM系统，以求管理好高价值客户，管理好保单的销售与理赔，以及对销售人员的日常工作进行有效支持。经过选型和考察，决定采用北京联成互动软件公司的MyCRM for SFA系统。经过一个多月的软件安装和实施准备，CRM系统开始试运行；又过了四个月后，进入了系统运行的成熟阶段。

完整的客户资料的建立是CRM系统的基础，也是项目实施中最重要、最艰难的阶段。刚开始时，业务人员对CRM系统有抵触情绪，不愿把自己积累的客户资料输入到公司的CRM系统中。另外，在已录入的客户数据中，部分数据不完整且存在失真，客户联系人资料空缺或不实的情况较多，如有的业务员录入的客户名称是李先生、张小姐，而电话、地址等都没有录入；失真则是业务人员的判断误差，如在50万级别以上的客户数据中有近1/3不属于这个规模。因此公司花了大量的时间在基础数据的准备上,没有急于快速实施。为保证基础数据的准确,公司实行了管理层逐级负责制:各级管理人员都必须定期对自己权限内可以查看的客户资料做审核,每一级领导都必须掌握其直接下属和间接下属的客户数据,并确保其真实性和完备性。

CRM 系统为公司带来的收益主要有以下几个方面:

1. 对客户的有效管理

保险销售的目标一是找到新保/转保客户,发展成为续保客户,在此基础上不断扩大其对其他险种的购买;二是稳定客户关系,使其由不稳定逐步向长期稳定的方向发展。应用 CRM 系统对客户信息进行动态集中的管理,可以从保单与收款的情况、赔款与费用的情况、客户接触历史的情况、投保项目的跟踪情况等方面不断完善,不同角色通过视图与报表的设置实现对客户价值的分级管理,从而提升与扩大客户价值。

应用 CRM 系统还可以管理好高价值客户,多角度、量化评估客户价值。在 CRM 系统中,累计投保额可从客户的累计保单、保费准确反映;潜在投保额可从客户自定义字段"潜在投保险种"进行评估;理赔额可从费用项目类型为"赔款"的费用明细中准确反映;销售费用即是用于发展客户的各种日常业务费用;投保难度可从机会管理的周期、效果、升迁耗时及预计投保额等方面进行评估。

此外,关系型销售最重要的是对关键联系人的管理。CRM 系统对联系人的信息进行了详尽全面的归集和描述,并且通过对联系人的婚姻、配偶、子女、爱好等状况的了解,使管理联系人可通过任意条件的筛选组合进行关怀。

2. 对销售过程的分阶段管理

根据公司的销售规律,CRM 系统把销售机会到销售订单实现的全过程划分成若干阶段。在每个销售阶段中建立基于目标的任务安排,推动各阶段的不断升迁,使销售进程的推动成为主动和可控的过程,从而增加销售成功率。

CRM 系统为公司提供了严格的保单审核流程。销售人员把客户签好的保单送交出单中心,出单员输入系统后提交给销售人员,由销售人员核实确认,正确的保单再由出单员修改并重新提交给销售人员审核。保单到期时,再由出单员及时关闭。通过这样的控制,严格把控保单记录的正确性。

对于重大项目的销售,比如对某次卫星发射作担保,需要高层出面谈判,需要高风险部的技术专员把关,研究项目的风险及保险条款的制定,需要内部各部门的讨论与决策。因此各部门、各角色之间的工作协同尤其重要。系统通过销售机会的分阶段管理,目标、任务、行动的共享,完成销售项目的控制与人员的工作协同。

3. 对人员绩效考核的管理

在绩效考核方面,CRM 系统有对新客户/机会开发的数量、新客户保单的数量/金额、签单保费与收款、费用等考核指标。在实施 CRM 系统之前,公司考核业务员的业绩是以财务管理系统的数据为准,而财务系统是围绕险种来设计的,同一客户的信息被分散保存在不同的子系统中,不便对某一客户的资料进行全面系统的分析。CRM 系统以客户为中心设计,原财务系统的客户信息需要全部导入新的 CRM 系统,业务员的业绩考核也以 CRM 系统的数据为依据。系统运行逐渐成熟后,公司乘势推广应用范围,除了客户资料、费用资料外,日程和待办事宜管理也列入员工全年考核评优标准之一。

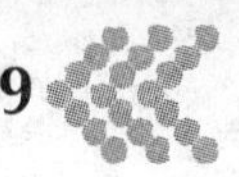

公司也开始考虑如何进一步利用系统的数据挖掘、数据分析功能，为决策层提供更有价值的客户信息，同时逐步解决业务系统与CRM系统的数据集成等问题。

案例思考题：

1. 从对外的客户关系角度来看，CRM系统有哪些功能？
2. 从内部管理角度来看，CRM系统有哪些功能？
3. 从案例中归纳，实施CRM有哪些主要工作和关键步骤？
4. CRM应用的成功需要哪些管理流程和制度保障？

企业竞争环境变化使得企业不得不跳出自身的视角，关注企业边界之外的世界。同时，信息技术的发展使得企业与外面的世界打交道更加顺畅、便捷、低成本，于是越来越多的企业开始关注跨组织的信息系统(inter-organization systems，IOS)。IOS是指那些跨越了组织边界把公司和它的消费者、分销商、供应商等合作伙伴连接在一起的信息系统。IOS中最为引人注目的目前是客户关系管理系统(customer relation management，CRM)和供应链管理系统(supply chain management，SCM)，它们也是企业内部ERP向上游和下游的自然扩展。

8.1 客户关系管理系统(CRM)

《楚天都市报》的一则报道说：香港和内地的一些不法人员相互勾结，用一张假身份证在武汉市的同一个地点，同时通过中国电信武汉公司报装了48部电话。接着，这些不法之徒通过非法架设卫星接收设备，将经由美国打往越南、古巴的国际长途电话转接到这48部电话上，导致该公司在不到一个月的时间，形成了560万的无主话费。报道还说，这个被称为"6·29"的专案是一个典型的高科技犯罪，是新型的案件，对这类案件的涉案者定什么罪，我国的法律没有具体规定。

电信企业不禁想到：我们如何才能防范这样的事情？我们有没有什么对策，能够在这种事情刚刚发生在"萌芽"的状况时就将它扼杀了。回答是：答案早就有了，这种"无法定罪"的所谓"高科技犯罪"，其实早就有着能够在它刚一露头就被置于死地的"天敌"，它是一种信息化的手段，即"CRM"。我们假定在这次"6·29"案件中深受其害的武汉电信已经有了一套"CRM系统"，接着再来看看"CRM系统"是如何在这一事件发生的过程中发挥防范作用的。

最初，当客户用一张身份证在武汉同一个地址报装48部电话时，这套系统就会对受理这项业务的人员提出警示，因为系统对客户进行了划分，对"自然人"和"法人"有不同的标准，持身份证报装电话只能够以"自然人"对待。并且系统对业务员的权限进行了设置，业务员只能够受理一个"自然人"在同一地点报装两部电话的请求。因为对武汉市电信用户的统计来看一个"自然人"报装两部电话占的比例都很少。由于报装48部电话超出了业务员的权限，业务员会通过系统请示他的上司，得到批准之后，才能够受理。否则的话，系统不会进行下一个流程的操作。客户价值分析是CRM系统中的重要环节。系统根据这个"自然人"报装48部电话的信息，会确认这个客户是一个大客户，同时就会将这个"大客户"的详细资料转给公司的"大客户部"。接下来，"大客户部"则会根据客户的有关背景信息进行"客户信用度分析"，评估这个客户的"信用等级"，以便为其提供"量身打造"的专门服务。在对"大客户"进行服务的同时，系统会要求业务员确认"大客户"的话费缴付方式，是银行转账，还是现场缴付。如果“大客户”选择了银行转账，那么系统就会及时和客户开户银行的系统连接，查看“大客户”的账号是否有效，是否有支付能力，等等，如果“大客户”选择了现场缴付，系统会给出一个武汉市“自然人”通话费的平均值再乘上一个系数作为这个“大客户”每一部电话每一个月通话的最高限制。系统同时将计算后的数值自动输入到交换机，一旦“大客户”的通话费用超过这个限制，系统就会自动停机。这样，盗打电话就很难发生了。

案例思考题：

1. CRM的哪些具体功能有助于避免这类事件的发生？

2. 除了CRM中的客户信息以外，还有哪些信息需要从其他系统中获得(或说向CRM提供数据)，才能避免这类事件？

8.1.1 客户关系管理概述

客户关系管理(customer relationship management，CRM)起源于20世纪80年代初提出的“接触管理”(contact management)，即专门收集整理客户与公司联系的所有信息。到20世纪90年代初期则演变成为包括呼叫中心资料分析的客户服务(customer care)。经历了近三十年的不断发展，客户关系管理不断演变发展并趋向成熟，最终形成了一套完整的管理理论体系。

从20世纪80年代中期开始，为了降低成本，提高效率，增强企业竞争力，许多公司进行了业务流程的重新设计。为了向业务流程的重组提供技术，特别是信息技术的支持，很多企业采用了企业资源管理系统(enterprise resource planning，ERP)或与之名称不同但实质类似的信息系统，这一方面提高了企业内部业务流程(如财务、制造、库存、人力资源等诸多环节)的自动化程度，使员工从日常事务中得到了解放，另一方面也对原有的流程进行了优化。企业在完成了提高内部运作效率的任务以后，可以有更多的精力关注企业与外部利益相关者之间的互动，从而创造更多的商业机会。在企业的诸多相关利益者中，企业产品和服务终端消费者，也就是客户的重要性日益突显。企业的客户(无论是个体还是组织)也要求企业更多地尊重他们，在服务的及时性、质量等方面都提出了更高要求。由于客户相关数据的海量性，企业在处理与外部客户的关系时，越来越依赖于信息技术，于是CRM系统应运而生。

CRM是一套基于大型数据仓库的客户资料分析和管理系统。CRM通过先进的数据仓库技术和数据挖掘技术，分析现有客户和潜在客户相关的需求、模式、机会、风险和成本，从而最大限度地赢得企业整体经济效益。

8.1.2 CRM与消费者价值选择的变迁

随着市场的不断变化和技术的不断进步，消费者的价值选择也在不断地发生变化，客户关系管理的理念就是随着这种变化而不断演进。我们可以把这种变化分为三个阶段：

第一阶段是“理性消费时代”。在这一时代恩格尔系数较高，社会物质尚不充裕，人们的生活水平较低，消费者的消费行为是相当理智的，不但重视价格，而且更看重质量，追求的是物美价廉和经久耐用。此时，消费者价值选择的标准是“好”与“差”。

第二阶段是“感觉消费时代”。在这一时代，社会物质和财富开始丰富，恩格尔系数下降，人们的生活水平逐步提高，消费者的价值选择不再仅仅是经久耐用和物美价廉，而是开始注重产品的形象、品牌、设计和使用的方便性等，而选择的标准开始是“喜欢”和“不喜欢”。

第三阶段是“感情消费时代”。随着科技的飞速发展和社会的不断进步，人们的生活水平大大提高，消费者越来越重视心灵上的充实和满足，对商品的需求已跳出了价格与质量的层次，也超出了形象与品牌等的局限，而对商品是否具有激活心灵的魅力十分感兴趣，更加着意追求在商品购买与消费过程中心灵上的满足感。因此，在这一时代，消费者的价值选择是“满意”与“不满意”。

对企业而言，围绕消费者价值选择的企业管理的中心也随着消费者价值选择的改变在不断变化。依据不同历史时期消费者选择的特点，我们把不同的企业管理中心观念分成五个阶段。

第一阶段是“产值中心论”。其基本条件是市场状况为卖方市场，总趋势是产品供不应求。当时，制造业处于鼎盛时期，企业只要生产出产品就不愁卖不出去。因此，这一阶段企业管理的中心概念就是产值管理。

第二阶段是“销售额中心论”。由于现代化大生产的发展，以产值为中心的管理受到了严峻的挑战，特别是经过了1929～1933年的经济危机和大萧条，产品的大量积压使企业陷入了销售危机和破产威胁，企业为了生存纷纷摒弃了产值中心的观念，此时企业的管理实质上就是销售额的管理。为了提高销售额，企业在外部强化推销观念，开展各种促销活动来促进销售指标的上升，对内则采取严格的质量控制来提高产品质量，以优质产品和高促销手段来实现销售额的增长，这就引发了一场销售竞争运动和质量竞争运动。

第三阶段是“利润中心论”。由于销售竞争中的促销活动使得销售费用越来越高，激烈的质量竞争又使得产品的成本也越来越高，这种“双高”的结果虽然使企业的销售额不断增长，但实际利润却不断下降，从而与企业追求的最终目标利润最大化背道而驰。为此，企业又将其管理的重点由销售额转向了利润的绝对值，管理的中心又从市场向企业内部渐移，管理的目标移向了以利润为中心的成本管理，即在生产和营销部门的各个环节上最大限度地削减生产成本和压缩销售费用，企业管理进入了利润中心时代。

第四阶段是“客户中心论”。由于以利润为中心的管理一方面往往过分地强调企业利润和外在的形象，而忽略了顾客需求的价值，这种以自我为中心的结果导致了客户的不满和销售滑坡；另一方面，众所周知成本是由资源的消耗或投入组成的，相对而言它是一个常量，不可能无限制地去削减，当企业对利润的渴求无法或很难再从削减成本中获得时，当他们面临顾客的抱怨声，甚至弃之而去时，他们自然就将目光转向了顾客，更多地了解和满足顾客的需求，并企图通过削减客户的需求价值来维护其利润。这就使利润中心论退出了历史舞台，企业开始从内部挖潜转向争取客户，这时顾客的地位被提升到了前所未有的高度，企业管理由此进入了以客户为中心的管理。

第五阶段是“客户满意中心论”。在确立了以客户为中心之后，其实质就是以顾客的需求为中心，市场是由需求构成的，需求构成了企业的获利潜力，而需求的满足状态制约着企业获利的多少。随着经济时代由工业经济社会向知识经济社会过渡，经济全球化和服务一体化成为时代的潮流，顾客对产品和服务满意与否，成为企业发展的决定性因素，而在市场上需求运动的最佳状态是满意，顾客的满意就是企业效益的源泉。因此，“客户中心论”就升华并进入更高的境界，转变成为“客户满意中心论”，这是当今企业管理的中心和基本观念。而“客户关系管理”就是顺应这种变化而产生出来，并已经成为企业管理新时代的新内容和决定性的因素之一。

8.1.3 CRM的思想与基本功能

CRM作为企业跨组织管理的重要工具，主要是围绕客户来进行的，其核心管理思想包括以下几个方面：

1. 客户是企业发展最重要的资源之一

随着人类社会的发展，企业资源的内涵也在不断扩展，早期的企业资源主要是指有形的资产，包括土地、设备、厂房、原材料、资金等。随后，企业资源概念扩展到无形资产，包括品牌、商标、专利、知识产权等。再后来，人们认识到人力资源成为企业发展最重要的资源。到了信息时代，信息又成为企业发展的一项重要资源。由于信息存在一个有效性问题，只有经过加工处理变为"知识"的信息才能促进企业发展，为此，"知识"成为当前企业发展的又一项重要资源。

而在如今客户导向的时代，客户的选择决定着一个企业的命运，因此，客户已成为当今企业最重要的资源之一。CRM系统中对客户信息的整合集中管理体现出将客户作为企业资源之一的管理思想。在很多行业中，完整的客户档案或数据库就是一个企业颇具价值的资产。通过对客户资料的深入分析将会显著改善企业营销业绩。

2. 对企业与客户发生的各种关系进行全面管理

企业与客户之间发生的关系，不仅包括单纯的销售过程所发生的业务关系，如合同签订、订单处理、发货、收款等，而且要包括在企业营销及售后服务过程中发生的各种关系，如在企业市场活动、市场推广过程中与潜在客户发生的关系，在与目标客户接触过程中，内部销售人员的行为、各项活动及其与客户接触全过程所发生的多对多的关系，还包括售后服务过程中，企业服务人员对客户提供关怀活动、各种服务活动、服务内容、服务效果的记录等，这也是企业与客户的售后服务关系。

对企业与客户间可能发生的各种关系进行全面管理，将会显著提升企业营销能力，降低营销成本，控制营销过程中可能导致客户抱怨的各种行为，这是CRM系统的另一个重要管理思想。

3. CRM进一步延伸了企业供应链管理

20世纪90年代提出的ERP系统，原本是为了满足企业的供应链管理需求，但ERP系统的实际应用并没有达到企业供应链管理的目标，这既有ERP系统本身功能方面的局限性，也有IT技术发展阶段的局限性，还有企业管理水平方面的限制。最终现实中的ERP系统往往又退回到帮助企业实现内部资金流、物流与信息流一体化管理的系统上来。

CRM系统作为ERP系统中销售管理的延伸，借助互联网技术，突破了供应链上企业间的地域边界和不同企业之间信息交流的组织边界，建立起企业自己的多渠道整合的营销模式。CRM与ERP系统的集成运行解决了企业供应链中的下游客户端的管理，将客户、经销商、企业销售部全部整合到一起，实现企业对客户个性化需求的快速响应；同时也帮助企业尽可能消除营销体系的中间环节，通过扁平化营销体系来缩短响应时间，降低销售成本。

客户关系管理的概念可以从两个层面进行考虑：其一是解决管理理念问题，其二是在管理理念的指导下利用现有的现代计算机通信技术进行客户关系管理，包括如何确定服务的对象，怎样向他们提供服务等。其中，管理理念的问题是客户关系管理成功的必要条件，

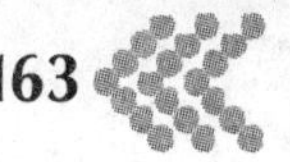

这个问题解决得不好，客户关系管理就失去了基础；而没有信息技术的支持，客户关系管理工作的效率将难以保证，这个问题是客户关系管理的核心问题。

基于信息技术的客户关系管理，其功能结构如图 8-1 所示。

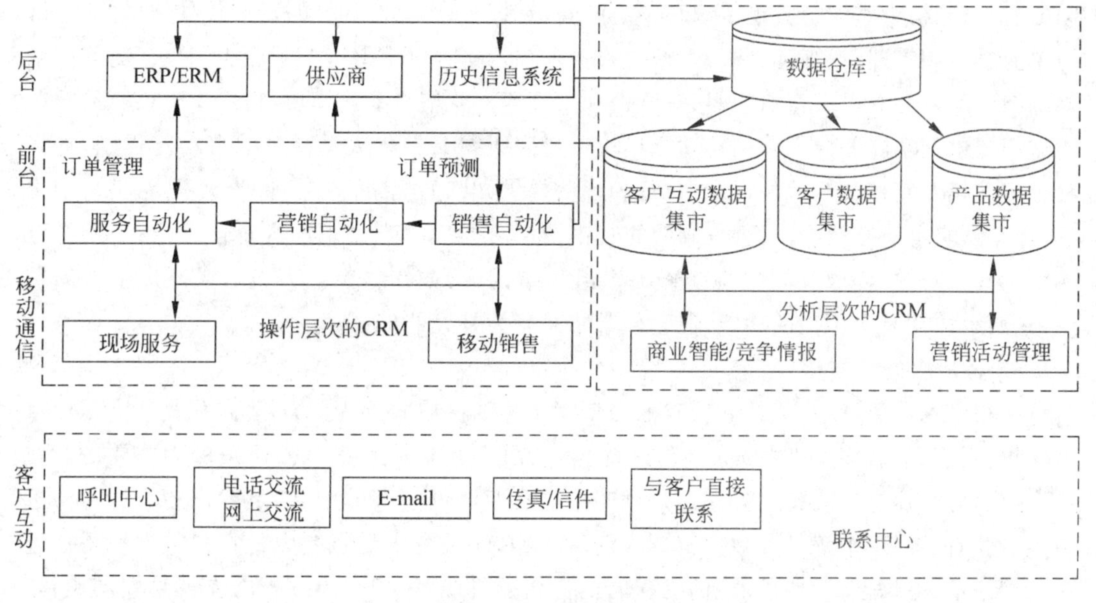

图 8-1 CRM 功能结构

从图 8-1 可以看出，CRM 的功能可以归纳为三个方面：对销售、营销和客户服务三部分商业流程的信息化；与客户进行沟通所需要的手段（如电话、传真、网络、E-mail 等）的集成和自动化处理；以及将上面两部分所产生的信息进行加工处理，主要是利用商业智能技术来对企业战略战术决策进行支持。

具体地说，一个成功的 CRM 至少应该包括如下功能。

1. 销售

在采用 CRM 解决方案时，比较容易为人们所接受的功能是销售力量自动化（sales force automation，SFA）。实际上，SFA 也是早期的针对客户的应用软件的出发点。但从 20 世纪 90 年代初开始，其范围已经大大地扩展，目前 SFA 更强调以整体的视野，提供集成性的方法来管理客户关系。

就像 SFA 的字面意思所表明的，SFA 主要是提高专业销售人员的大部分活动的自动化程度。它包含一系列的功能，来使得销售过程自动化，并向销售人员提供工具，提高其工作效率。它的功能一般包括日历和日程安排、联系和账户管理、佣金管理、商业机会和传递渠道管理、销售预测、建议的产生和管理、定价、领域划分、费用报告等。

例如，有的 CRM 产品具有销售配置模块，允许系统用户（不论是客户还是销售代表）根据产品部件确定最终产品，而用户不需晓得这些部件是怎么连接在一起，甚至不需要知道这些部件能否连接在一起。由于用户不需技术背景即可配置复杂的产品，因此，这种销售配置工具特别适合在网上应用，如 Dell 计算机公司，允许其客户通过网络配置和订购个人计算机。自助的网络销售能力，使得客户可通过互联网选择、购买产品和服务，使得企业可直接与客户进行低成本的、以网络为基础的电子商务。

2. 营销

作为对SFA的补充，又出现了营销自动化模块，它为营销提供了独特的能力，如营销活动(包括以网络为基础的营销活动和传统的营销活动)计划的编制和执行、计划结果的分析，清单的产生和管理，预算和预测，营销资料管理，"营销百科全书"(关于产品、定价、竞争信息等的知识库)，对有需求客户的跟踪、分销和管理等。营销自动化模块与SFA模块的不同在于它们提供的功能差异。营销自动化模块不局限于提高销售人员活动的自动化程度，其目标是为营销及其相关活动的设计、执行和评估提供详细的框架。在很多情况下，营销自动化和SFA模块是补充性的。例如，成功的营销活动可能获得有需求的客户信息，为了使得营销活动真正有效，应该及时地将线索提供给执行的人，如销售专业人员。在客户生命周期中，这两个应用具有不同的功能，但它们常常是互为补充的。

3. 客户服务与支持

在很多情况下，客户保持和获利能力依赖于提供优质服务的能力，客户只需轻点鼠标或一个电话就可以转向企业的竞争者，因此，客户服务和支持对很多公司是极为重要的。在CRM中，客户服务与支持主要是通过呼叫中心和互联网实现的，在满足客户的个性化要求方面，它们的速度、准确性和效率都令人满意。CRM系统中的强有力的客户数据使得通过多种渠道(如互联网、呼叫中心)的纵横向销售变得可能，当把客户服务与支持功能同销售、营销功能比较好地结合起来时，就能为企业提供很多好机会，向已有的客户销售更多的产品。客户服务与支持的典型应用包括客户关怀、次货与订单跟踪、现场服务、常见问题及解决方法的数据库、维修行为安排和调度、纠纷解决记录、服务协议和合同、服务请求管理等。

4. CRM渠道：多渠道的客户互动

企业有许多同客户沟通的方法，如面对面的接触、电话、呼叫中心、电子邮件、互联网、通过合作伙伴进行的间接联系等。CRM有必要为上述多渠道的客户沟通提供一致的数据和客户信息。我们知道，客户经常根据自己的偏好和沟通渠道的方便与否，掌握沟通渠道的最终选择权。例如，有的客户或潜在的客户不喜欢那些不请自来的电子邮件，但企业偶尔打来电话却不介意。因此，对这样的客户，CRM应该提示营销人员避免向其主动发送电子邮件，而应多利用电话这种方式。

统一的渠道能给企业带来效率和利益，这些收益主要从内部简洁的技术框架和外部关系管理方面表现出来。就内部来讲，建立在集中的数据模型的基础上，统一的渠道能改进前台系统，增强多渠道的客户互动。集成和维持上述多系统间界面的费用和困难经常使得项目的开展阻力重重，而且，如果缺少一定水平的自动化，在多系统间传递数据也是很困难的。就外部来讲，企业可从多渠道间的良好的客户互动中获益。如客户在同企业交涉时，不希望向不同的企业部门或人提供相同的重复的信息，而统一的渠道方法则从各渠道间收集数据，这样客户的问题或抱怨能更快、更有效地被解决，提高客户满意度。

围绕这些功能，不同的CRM产品给出了各具特色的支持软件，以Oracle公司的产品为例，其CRM功能如表8-1所示。

表 8-1 Oracle公司CRM功能

主要模块	目　标	该模块所能实现的主要功能
销售模块	提高销售过程的自动化和销售效果	销售：是销售模块的基础，用来帮助决策者管理销售业务，主要功能包括额度管理、销售力量管理和地域管理
		现场销售管理：为现场销售人员设计，主要功能包括联系人和客户管理、机会管理、日程安排、佣金预测、报价、报告和分析
		现场销售/掌上工具：这是销售模块的新成员，该组件包含许多与现场销售组件相同的特性，不同的是，该组件使用的是掌上计算设备
		电话销售：可以进行报价生成、订单创建、联系人和客户管理等工作，还有一些针对电话商务的功能，如电话路由、呼入电话屏幕提示、潜在客户管理以及回应管理
		销售佣金：它允许销售经理创建和管理销售队伍的奖励和佣金计划，并帮助销售代表形象地了解各自的销售业绩
营销模块	对直接市场营销活动加以计划、执行、监视和分析	营销：使得营销部门实时地跟踪活动的效果，执行和管理多样的、多渠道的营销活动
		针对电信行业的营销部件：在上面的基本营销功能基础上，针对电信行业的B2C的具体实际增加了一些附加特色
		其他功能：可帮助营销部门管理其营销资料，列表生成与管理，授权和许可，预算，回应管理
客户服务模块	提高那些与客户支持、现场服务和仓库修理相关的业务流程的自动化并加以优化	服务：可完成现场服务分配、现有客户管理、客户产品全生命周期管理、服务技术人员档案管理、地域管理等。通过与企业资源计划(ERP)的集成，可进行集中式的雇员定义、订单管理、后勤管理、部件管理、采购管理、质量管理、成本跟踪、发票、会计等
		合同：此部件主要用来创建和管理客户服务合同，从而保证客户获得的服务水平和质量与其所花的费用相当。它可以使得企业跟踪保修单和合同的续订日期，利用事件功能表安排预防性的维护活动
		客户关怀：这个模块是客户与供应商联系的通路。此模块允许客户记录并自己解决问题，如联系人管理、客户动态档案管理、任务管理、基于规则解决重要问题等
		移动现场服务：这个无线部件使得服务工程师能实时地获得关于服务、产品和客户的信息。同时，他们还可使用该组件与派遣总部进行联系
呼叫中心模块	利用电话来促进销售、营销和服务	电话管理员：主要包括呼入/呼出电话处理、互联网回呼、呼叫中心运营管理、图形用户界面软件电话、应用系统弹出屏幕、友好电话转移、路由选择等
		开放连接服务：支持绝大多数的自动排队机，如Lucent、Nortel、Aspect、Rockwell、Alcatel、Erisson等
		语音集成服务：支持大部分交互式语音应答系统
		报表统计分析：提供了很多图形化分析报表，可进行呼叫时长分析、等候时长分析、呼入呼叫汇总分析、座席负载率分析、呼叫接失率分析、呼叫传送率分析、座席绩效对比分析等
		管理分析工具：进行实时的性能指数和趋势分析，将呼叫中心和座席的实际表现与设定的目标相比较，确定需要改进的区域
		代理执行服务：支持传真、打印机、电话和电子邮件等，自动将客户所需的信息和资料发给客户。可选用不同配置使发给客户的资料有针对性

续表

主要模块	目　　标	该模块所能实现的主要功能
呼叫中心模块	利用电话来促进销售、营销和服务	自动拨号服务：管理所有的预拨电话，仅接通的电话才转到座席人员那里，节省了拨号时间
		市场活动支持服务：管理电话营销、电话销售、电话服务等
		呼入/呼出调度管理：根据来电的数量和座席的服务水平为座席分配不同的呼入/呼出电话，提高了客户服务水平和座席人员的生产率
		多渠道接入服务：提供与互联网和其他渠道的连接服务，充分利用话务员的工作间隙，收看 E-mail、回信等
电子商务模块		电子商店：此部件使得企业能建立和维护基于互联网的店面，从而在网络上销售产品和服务
		电子营销：与电子商店相联合，电子营销允许企业能够创建个性化的促销和产品建议，并通过 Web 向客户发出
		电子支付：这是 Oracle 电子商务的业务处理模块，它使得企业能配置自己的支付处理方法
		电子货币与支付：利用这个模块后，客户可在网上浏览和支付账单
		电子支持：允许顾客提出和浏览服务请求、查询常见问题、检查订单状态。电子支持部件与呼叫中心联系在一起，并具有电话回拨功能

无论 CRM 软件系统的实际功能如何，企业在决定应用 CRM 时最为重要的还是吸收其管理理念，并在实施 CRM 的过程中贯彻落实这一理念。

8.1.4 CRM 的实施

虽然 CRM 在理念上得到了大多数企业的认同，但真正实施起来还是有很多问题，一些企业实施 CRM 项目的结果也并不令人满意。其中的原因很多，但大多不是信息技术上的问题，而是管理上的问题。所以，实施 CRM 更为重要的是做好一场管理变革。

从管理的视角来看，客户关系管理的实现有赖于企业员工艰苦细致的努力工作，而不是喊喊口号、花笔资金上马一个信息系统就可以完成的。如何发现企业与客户的互动过程中所存在的问题、激励员工解决这些问题、获得员工对 CRM 系统的拥护是企业实施 CRM 的永恒主题，企业不可能一劳永逸地解决这些问题。根据 CRM 的实施经验，可以把 CRM 的建设分为几个阶段，如表 8-2 所示。

表 8-2　CRM 的实施阶段

阶　　段	活　　动
Ⅰ 识别你的客户	将更多的客户名输入到数据库中
	采集客户的有关信息
	验证并更新客户信息，删除过时信息
Ⅱ 对客户进行差异分析	识别企业的“金牌”客户
	哪些客户导致了企业成本的发生？
	企业本年度最想和哪些企业建立商业关系？选择出几个这样的企业
	上年度有哪些大宗客户对企业的产品或服务多次提出了抱怨？列出这些企业
	去年最大的客户是否今年也订了不少的产品？找出这个客户
	是否有些客户从你的企业只订购一两种产品，却会从其他地方订购很多种产品？
	根据客户对于本企业的价值（如市场花费、销售收入、与本公司有业务交往的年限等），把客户分为 A、B、C 三类

续表

阶段	活动
Ⅲ与客户保持良性接触	给自己的客户联系部门打电话，看得到问题答案的难易程度如何
	给竞争对手的客户联系部门打电话，比较服务水平的不同
	把客户打来的电话看做是一次销售机会
	测试客户服务中心的自动语音系统的质量
	对企业内记录客户信息的文本或纸张进行跟踪
	哪些客户给企业带来了更高的价值？与他们更主动地对话
	通过信息技术的应用，使得客户与企业做生意更加方便
	改善对客户抱怨的处理
Ⅳ调整产品或服务以满足每一个客户的需求	改进客户服务过程中的纸面工作，节省客户时间，节约公司资金
	使发给客户的邮件更加个性化
	替客户填写各种表格
	询问客户，他们希望以怎样的方式、怎样的频率获得企业的信息
	找出客户真正需要的是什么
	征求名列前十位的客户的意见，看企业究竟可以向这些客户提供哪些特殊的产品或服务
	争取企业高层对客户关系管理工作的参与

8.1.5 实现CRM的关键成功因素

CRM从引入到我国开始，已经得到了众多企业的应用。在现实中，虽然有很多成功的案例，但也不乏失败的案例。通过对成功和失败企业的对比分析，我们可以看到，成功实施CRM需要关注如下七个方面：

1. 高层领导的支持

这个高层领导一般是企业的销售副总、营销副总或总经理本人，他是CRM项目的坚定支持者。领导在项目实施中的主要作用体现在三个方面：首先，他是一个目标设定者，也就是从公司战略的角度为CRM设定明确的目标；其次，他是一个动员者，也就是动员企业上下认识到这样一个工程对企业的重要性和领导者对实现CRM的坚定决心；最后，他是一个推动者，保证向CRM项目提供为达到设定目标所需的时间、财力和其他资源。

2. 专注于流程

成功的CRM项目小组应该把注意力放在流程上，而不是过分关注于技术。从CRM的实施经验可以看到，技术只是促进因素，本身并不是全部的CRM解决方案。因此，好的项目小组开展工作后的第一件事就是花费时间去研究现有的营销、销售和服务策略以及流程，并找出改进流程的方法和路径。

3. 技术的灵活运用

在那些成功的CRM项目中，他们的技术选择总是与要改善的特定问题紧密相关。例如，如果销售管理部门想减少新销售员熟悉业务所需的时间，这个企业应该选择“营销百科全书”功能。所以，技术选择的标准应该根据业务流程中存在的问题来进行，而不是简单地调整流程来适应技术要求。

4. 组织良好的团队

CRM的实施队伍应该在四个方面有较强的能力：首先是业务流程重组的能力；其次

是对系统进行客户化和集成化的能力，特别对那些打算支持移动用户的企业更是如此；再次是对IT部门的要求，如网络大小的合理设计、对用户桌面工具的提供和支持、数据同步化策略等；最后，实施小组具有改变管理方式的技能，这对于帮助用户适应和接受新的业务流程是很重要的。

5. 重视人的因素

很多情况下，企业并不是没有认识到CRM项目中人的重要性，而是对如何做不甚明了。我们可以尝试如下几个简单易行的方法：一是请企业的未来CRM用户参观实实在在的客户关系管理系统，了解这个系统到底能为用户带来什么；二是在CRM项目的各个阶段(需求调查、解决方案的选择、目标流程的设计等)，都争取最终用户的参与，使得这个项目成为用户负责的项目；三是在实施的过程中，千方百计地从用户的角度出发，为用户创造方便。

6. 分步实现

欲速则不达，这句话在CRM项目实施过程中显得尤为重要。企业首先应该有一个对CRM实施的总体战略，理清楚在客户关系方面企业面临的问题以及问题的重要程度。通过进一步的流程分析，可以识别客户管理业务流程中的一些重要又比较容易着手的领域，确定实施的优先级和实施的步骤。这样，在项目实施中，每次只解决几个最重要的问题，而不是毕其功于一役。

7. 系统的整合

CRM的方方面面既有一定的独立性，又互相关联。CRM系统各个部分的集成对CRM的成功很重要。CRM的效率和有效性的获得有一个过程，它们依次是：终端用户效率的提高、终端用户有效性的提高、团队有效性的提高、企业有效性的提高、企业间有效性的提高。

8.1.6 CRM的未来

CRM技术和市场的发展趋势对于CRM系统的用户、CRM软件开发商的重要性是不言而喻的，也是专业媒体、咨询公司和研究机构所关心的话题。AMT的一个研究小组给出了对CRM产品的未来走向的预测：

- 前台和后台的信息系统将进一步融合。后台软件产品的供应商，如ERP厂商，将继续扩充自身的前台管理功能。前台软件的供应商也将增强自身的前台产品与其他后台产品的集成能力。
- 呼叫中心的功能将大大扩充，真正实现电话、WWW、E-mail、传真、无线通信、直接接触等的融合，成为联系中心。
- 基于网络的自助服务将成为企业向用户提供服务的重要方式。
- 现有的CRM产品将融入更多的合作伙伴关系管理(PRM)的功能。而PRM产品将会有更细、更具先进性的行业解决方案，并将融进分销系统软件和电子商务软件的一些功能，获得较大发展。
- 未来的CRM产品将融入知识管理和竞争情报的部分理念，成为知识管理和竞争情报的有力工具。

8.2 供应链管理(SCM)

美联制衣不仅为国际品牌企业贴牌(OEM)生产成衣(西服、衬衫等),同时也生产自营品牌的男女款休闲服。在多年的发展中主动参与定制需求产生过程,整合外部资源发展定制能力,并在工艺流程上大胆尝试工序备货结合定制订单拉动的延迟生产模式,取得了较好的绩效表现,被下游主要客户列为A类供应商。

与其他企业不同,美联制衣在为国际品牌企业的OEM生产中并没有完全被动地接受下游订单,而是与下游合作发展定制能力:

一方面,美联制衣作为制造商,同样关注消费潮流的变化,在季度初都会联合专业机构的设计师进行市场预测,并根据预测生产出样品推荐给下游客户,而下游客户则在此基础上根据已方要求提出定制改进方案,据此确定订货需求。此举通过预测样品对下游客户的定制需求进行中和,避免完全处于被动接受地位,不仅能够帮助企业提前做好采购和生产准备,缩短交货周期,也同时有利于加强上下游合作,提升议价能力。

另一方面,美联制衣根据定制特点,优化品类结构与生产工艺,沿工艺流程分析从物料到成衣的实物形态变化,找到了工艺流程中的“推-拉”结合点,即备货半成品到结合点,然后根据定制要求进行下一步工序动作。此举有效保证了“美联制衣”对订单的响应速度,在满足定制要求的同时缩短了交货能力,同时也降低了因为定制而带来的不确定性。若要等待定制需求转变为订单再进行拉动生产,其交货周期将长得不可接受。实际上,响应速度也应是定制能力的一个重要表现。

8.2.1 供应链管理概述

1. 供应链管理产生的背景

供应链管理(supply chain management,SCM)是一种当前比较流行的跨组织信息系统,是现代企业管理理论研究的重要内容之一,也是我国企业管理的发展方向之一。SCM起源于ERP的广泛应用,它将企业内部经营所有的业务单元如订单、采购、库存、计划、生产、质量、运输、市场、销售、服务等以及相应的财务活动、人事管理等问题均纳入一条供应链内进行统筹管理。

在20世纪90年代,世界经济的发展及信息技术的广泛应用,使整个世界日益成为一个紧密联系的经济体,每个国家的经济系统已经密切地联系在一起。与严峻的市场环境相呼应的是市场竞争的特点也在不断变化。随着经济的发展,影响企业在市场上获取竞争优势的主要因素也发生着变化,与20世纪的市场竞争特点相比,21世纪的企业竞争又有了新的特点:

(1) 产品生命周期越来越短

随着消费者需求的多样化发展,企业的产品开发能力也在不断提高。目前,国外新产品的研制周期大大缩短。例如,AT & T公司新电话的开发时间从过去两年缩短为一年;惠普公司新打印机的开发时间从过去的4.5年缩短为22个月,而且这一趋势还在不断加强。与此相应的是产品的生命周期缩短,更新换代速度加快。由于产品在市场上存留时间大大缩短了,企业在产品开发和上市时间的活动余地也越来越小,给企业造成巨大压力。例如,当今的计算机相关的新产品层出不穷,已经让消费者应接不暇。虽然在企业中流行着“销售一代、生产一代、研发一代、构思一代”的说法，然而这毕竟需要企业投入大量的资源，一般的中小企业还显得力不从心。

(2) 产品多样性迅速增加

互联网的迅速发展释放了大量潜在的需求，消费者需求的多样化越来越突出，厂家为了更好地满足其要求，便不断推出新的品种，从而引起了一轮又一轮的产品开发竞争，结果是产品的品种快速增长。以图书为例，亚马逊(Amazon. com)上的图书种类已经超过 200 万种。为了吸引用户，许多厂家不得不绞尽脑汁不断增加花色品种。但是，如果按照传统的思路，每一种产品都生产一批以备用户选择的话，那么制造商和销售商都要背上沉重的负担，因此产业链上下游迫切希望能够协调运作。

(3) 对交货期的要求越来越高

经济活动节奏越来越快的结果就是每个企业都感到用户对时间方面的要求越来越高。这一变化的直接反映就是竞争主要因素的变化。20 世纪 60 年代的企业间竞争的主要因素是成本，到 20 世纪 70 年代时竞争的主要因素转变为质量，进入 20 世纪 80 年代以后竞争的主要因素转变为时间。这里所说的时间要素主要是指交货期和响应周期。用户不但要求厂家要按期交货，而且要求的交货期越来越短。我们说企业要有很强的产品开发能力，不仅指产品品种，更重要的是指产品上市时间，即尽可能提高对客户需求的响应速度。例如，在 20 世纪 90 年代初期，日本汽车制造商平均 2 年可向市场推出一个新车型，而同期的美国汽车制造商推出相同档次的车型却要 5～7 年。可以想象，美国的汽车制造商在市场竞争中该有多么被动。对于现在的厂家来说，市场机会几乎是稍纵即逝，留给企业思考和决策的时间极为有限。如果一个企业对用户要求的反应稍微慢一点，很快就会被竞争对手抢占先机。因此，缩短产品的开发、生产周期，在尽可能短的时间内满足用户要求，已成为当今所有管理者最为关注的问题之一。

(4) 产品与服务的个性化程度越来越高

进入 20 世纪 90 年代的用户对产品质量、服务质量的要求越来越高。用户已不满足于从市场上买到标准化生产的产品，他们希望得到按照自己要求定制的产品或服务。这些变化导致产品生产方式革命性的变化。传统的标准化生产方式是“一对多”的关系，即企业开发出一种产品，然后组织规模化大批量生产，用一种标准产品满足不同消费者的需求。然而，这种模式已不再能使企业继续获得效益。现在的企业必须具有根据每一个顾客的特别要求定制产品或服务的能力，即所谓的“一对一(one-to-one)”的定制化服务(customized service)。企业为了能在新的环境下继续保持发展，纷纷转变生产管理模式，采取措施从大规模生产(mass production)转向大规模定制(mass customization)。例如，以生产芭比娃娃著称的玛泰尔公司，从 1998 年 10 月起，可以让女孩子登录到 barbie. com 设计她们自己的芭比朋友。她们可以选择娃娃的皮肤弹性、眼睛颜色、头发的式样和颜色、附件和名字。当娃娃邮寄到孩子手上时，女孩子会在上面找到她们娃娃的名字。这是玛泰尔公司第一次大量制造“一个一样”的产品。再如，位于美国戴顿的一家化学公司，有 1700 多种工业肥皂配方，用于汽车、工厂、铁路和矿石的清洗工作。公司分析客户要清洗的东西，或者访问客户所在地了解要清洗的东西，之后，公司研制一批清洁剂提供给客户使用。大多数客户都会觉得没有必要再对另一家公司描述他们清洁方面的要求，所以该化学公司的 95%的客户都不会离去。不过，应该看到，虽然个性化定制生产能高质量、低成本地快速响应客户需求，但是对企业的运作模式提出了更高的要求。

由此可见，企业面临外部环境变化带来的不确定性，包括市场因素（顾客对产品、产量、质量、交货期的需求和供应方面）和企业经营目标（新产品、市场扩展等）的变化。这些变化增加了企业在供应链管理方面的复杂性，主要表现在以下几个方面：

(1) 大量的不确定性因素如上所述，现在的企业面临的环境，无论是企业内部环境，还是外部环境，均存在许多事先难以预测的不确定性因素。对少品种的大批量生产，一般说是一种平稳的随机过程，而对多品种、小批量需求，则是非平稳过程和单件类型等的突发事件。

(2) 大多数的离散事件动态过程这一点主要是对加工-装配式产品生产而言的。与化工、石油、电力等连续生产过程的企业不同，加工-装配式的制造企业是一种离散过程，尽管也有流水线，但是它的零件是在不同设备上一个个生产出来的，它的最终产品是由各种零件装配而成的。这种过程在生产组织上遇到了计算上的复杂性困难，要想得到优化结果几乎是不可能的。

(3) 具有大量非线性与非结构化问题的现代制造业的生产管理过程中，除了可以用现有理论和数学方法描述的结构化问题成分外，还有目前尚不能或只能部分地描述非结构化的成分。对于结构化部分，也有不少过程呈现非线性关系。这说明人们对生产管理中的许多规律还没有掌握，只能靠管理人员的经验甚至是直觉来把握。

在这样的环境下，人们很早就注意到了外部环境的变化对管理模式的影响问题，并从技术和组织的角度采取了许多措施，提出了许多适应竞争环境变化的有效方法。例如，已在企业中得到较为广泛应用的产品设计 CAD/CAM、柔性制造系统（FMS）、计算机集成制造系统（CIMS）、MRPⅡ/ERP、JIT、精细生产等，都可以认为是为了提高企业对用户需求的有效响应而采取的措施。归纳起来，制造型企业的管理模式变化可分为两个大的阶段。

1) 基于单个企业的管理模式

所谓基于单个企业的管理模式，是指管理模式的设计以某一个企业的资源利用为核心，资源的概念仅局限于本企业。这里仅举两个常见的例子：

(1) 成组技术

成组技术（group technology，GT）的概念始于 20 世纪 50 年代的前苏联，由米特洛凡诺夫首先提出。成组技术当时称为成组工艺，目的是解决零件品种多、批量小带来的问题。他把结构、工艺路线相似的零件构成一个零件组，在零件组中选择一个典型零件，并根据典型零件选择配套的设备和工艺装备，通过扩大零件组的“组批量”来降低单件小批生产的成本。经过德国、美国、英国、日本等国许多学者的研究和推广应用，后又与数控技术和计算机技术、生产管理、产品设计、资源配置等结合起来，将成组的概念扩展至生产计划、生产作业计划及生产管理整个系统，发展成为成组技术。

(2) 柔性制造系统

随着计算机技术的发展和在企业中应用的不断深化，首先由英国人创造了柔性制造单元（flexible manufacturing cell，FMC）。所谓 FMC，就是在成组技术的基础上引入计算机控制和管理，提高了加工的自动化和柔性，从而进一步发展了成组技术的概念和应用。进一步地，在 FMC 中又增加了计算机控制和调度功能，通过计算机可以实现 24 小时连续工作，实现了不停机转换零件品种和批量。同时，在加工中心之间通过自动导向小车或传送带运输零件。

2）基于扩展企业的管理模式

20 世纪 80 年代后期，美国意识到了必须夺回在制造业上的优势，才能保持在国际上的领先地位。于是他们就向日本学习精益生产方式，并力图在美国企业中实施。但是由于文化背景和各种社会条件的差别，其效果总是不尽如人意。1991 年，美国国会提出要为国防部拟定一个较长期的制造技术规划，要能同时体现工业界和国防部的共同利益。于是，委托里海大学的艾科卡研究所编写了一份“21 世纪制造企业战略”的报告。里海大学邀请了国防部、工业界和学术界的代表，建立了以 13 家大公司为核心的、有 100 多家公司参加的联合研究组。前后耗资 50 万美元，花了 7500 多人时，分析研究了美国工业界近期的 400 多篇优秀报告，提出了“敏捷制造”(agile manufacturing，AM)的概念，描绘了一幅在 2006 年以前实现敏捷制造模式的图画。

该报告的结论性意见是：全球性的竞争使得市场变化太快，单个企业依靠自己的资源进行自我调整的速度赶不上市场变化的速度。为了解决这个影响企业生存和发展的世界性问题，报告提出了以虚拟企业(virtual enterprise，VE)或动态联盟为基础的敏捷制造模式。提出敏捷制造是一次战略高度的变革。敏捷制造面对的是全球化激烈竞争的买方市场，采用可以快速重构的生产单元构成的扁平组织结构，以充分自治的、分布式的协同工作代替金字塔式的多层管理结构，注重发挥人的创造性，变企业之间你死我活的竞争关系为既有竞争、又有合作的“共赢”(win-win)关系。

由此可见，在全球化的背景下，制造企业的联合，尤其是供应链上企业的联合，已经成为历史发展的必然。

2. 供应链管理模式的产生与发展

企业内部做到大而全，也就是所谓“纵向一体化”，会产生大量的问题。为此，从 20 世纪 80 年代后期开始，国际上越来越多的企业放弃了这种经营模式，随之而来的是“横向一体化(horizontal integration)”思想的兴起，即利用企业外部资源快速响应市场需求，本企业只抓最核心的东西——产品方向和市场。至于生产，只抓关键零部件的制造，甚至全部委托其他企业加工。例如，福特汽车公司的 Festiva 车就是由美国人设计，在日本的马自达生产发动机，由韩国的制造厂生产其他零件和装配，最后再在美国市场上销售。

制造商把零部件生产和整车装配都放在了企业外部，这样做的目的是利用其他企业的资源促使产品快速上马，避免自己投资带来的基建周期长等问题，赢得产品在低成本、高质量、早上市诸方面的竞争优势。“横向一体化”形成了一条从供应商到制造商再到分销商的贯穿所有企业的“链”。由于相邻节点企业表现出一种需求与供应的关系，当把所有相邻企业依此连接起来，便形成了供应链(supply chain)。

这条链上的节点企业必须达到同步、协调运行，才有可能使链上的所有企业都能受益。于是便产生了供应链管理(supply chain management，SCM)这一新的经营与运作模式。根据美国的 A. T. Kearney 咨询公司的研究，企业应该将供应职能提高到战略层次的高度来认识，才有助于降低成本、提高投资回报。创造供应优势取决于建立一个采购的战略地位。企业和供应商伙伴形成一个共同的产品开发小组。伙伴成员从共享信息上升到共享思想，决定如何和在哪里生产零部件或产品，或者如何重新定义使双方获益的服务。所有企业一起研究和确定哪些活动能给用户带来最大的价值，而不是像过去那样由一个企业设计和制造一个产品上的绝大部分零件。比较研究发现，美国厂商普遍采用“纵向一体化”模式进行管理，而日本厂商更多采用“横向一体化”。美日两国企业的这种管理模式的选择，与他们的生产结构有着密切联系。当时美国企业生产一辆汽车，购价的 45%由企业内部生产制造，55%由外部企业生产制造。然而，日本厂商生产一辆汽车，只有 25%的购价由企业内部生产制造，外包(outsourcing)的比例很大。

这也许在某种程度上说明美国汽车缺乏竞争力的原因。在美国，随着劳动力成本上升，已有越来越多的公司经理人员选择了“外包”策略。外包策略的最主要原因是为了控制和降低成本，提高公司的核心业务能力和积蓄形成世界级企业的能量。总而言之，就是为了在新的竞争环境中提高企业的竞争能力。由此可见，敏捷制造和供应链管理的概念都是把企业资源的范畴从过去单个企业扩大到整个社会，使企业之间为了共同的市场利益而结成战略联盟，因为这个联盟要“解决”的往往是具体顾客的特殊需要(至少有别于其他顾客)，例如，供应商就需要与顾客共同研究，如何满足他的需要，还可能要对原设计进行重新思考、重新设计，这样在供应商和顾客之间就建立了一种长期联系的依存关系。供应商以满足于顾客、为顾客服务为目标，顾客当然也愿意依靠这个供应商，当原来的产品用完或报废需要更新时，还会找同一个供应商。这样一来，借助敏捷制造战略的实施，供应链管理也得到越来越多人的重视，成为当代国际上最有影响力的一种企业运作模式。

供应链管理利用现代信息技术，通过改造和集成业务流程、与供应商以及客户建立协同的业务伙伴联盟、实施电子商务，大大提高了企业的竞争力，使企业在复杂的市场环境下立于不败之地。根据有关资料统计，供应链管理的实施可以使企业总成本下降 10%；供应链上的节点企业按时交货率提高 15%以上；订货-生产的周期时间缩短 25%～35%；供应链上的节点企业生产率增值提高 10%以上，等等。这些数据说明，供应链企业在不同程度上都取得了发展，其中以“订货-生产的周期时间缩短”最为明显。能取得这样的成果，完全得益于供应链企业的相互合作、相互利用对方资源的经营策略。试想一下，如果制造商从产品开发、生产到销售完全自己包下来，不仅要背负沉重的投资负担，而且还要花相当长的时间。采用了供应链管理模式，则可以使企业在最短时间里寻找到最好的合作伙伴，用最低的成本、最快的速度、最好的质量赢得市场，受益的不止一家企业，而是一个企业群体。因此，供应链管理模式吸引了越来越多的企业。供应链集成的示意图如图 8-2 所示。

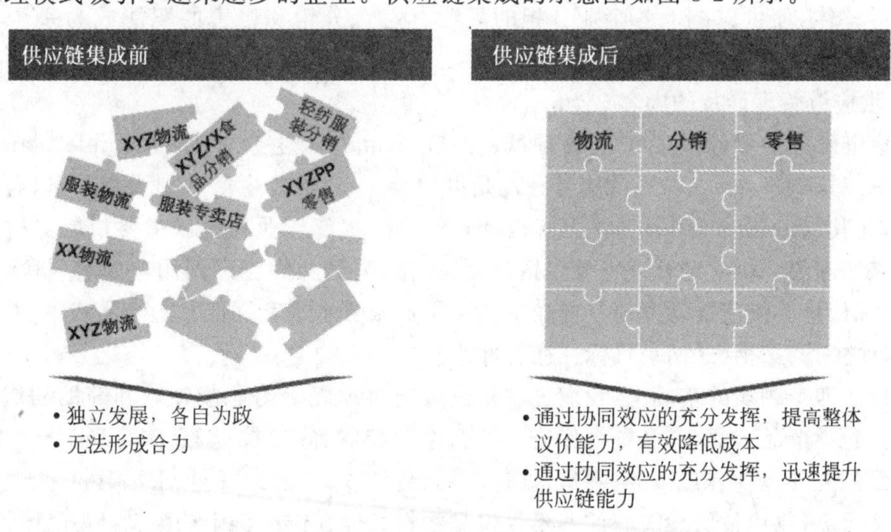

图 8-2 供应链集成的示意图

有人说，21世纪的竞争不是企业和企业之间的竞争，而是供应链与供应链之间的竞争。那些在零部件制造方面占有独特优势的中小型供应商企业，将成为大型的装配主导型企业追逐的对象。日本一名学者将其比喻为足球比赛中的中场争夺战，他认为谁能拥有这些具有独特优势的供应商，谁就能赢得竞争优势。显然，这种竞争优势不是哪一个企业所具有的，而是整个供应链的综合能力。

8.2.2 供应链管理的概念、结构模型和特征

1. 供应链管理的概念

不同的学者对供应链给出了不同角度的定义。早期的观点认为：供应链是制造企业中的一个内部过程，它是指把从企业外部采购的原材料和零部件，通过生产转换和销售等活动，再传递到零售商和用户的一个过程。传统的供应链概念局限于企业的内部操作层上，注重企业自身的资源利用。

有些学者把供应链的概念与采购、供应管理相关联，用来表示与供应商之间的关系，这种观点得到了研究合作关系、JIT关系、精细供应、供应商行为评估和用户满意度等问题的学者的重视。但这样一种关系也仅仅局限在企业与供应商之间，而且供应链中的各企业独立运作，忽略了与外部供应链成员企业的联系，往往造成企业间的目标冲突。

供应链管理是一种集成的管理思想和方法，它涵盖了供应链中从供应商到最终用户的物流的计划和控制等职能。例如，伊文斯(Evens)认为："供应链管理是通过前馈的信息流和反馈的物料流及信息流，将供应商、制造商、分销商、零售商，直到最终用户连成一个整体的管理模式。"菲利浦(Phillip)则认为供应链管理不是供应商管理的别称，而是一种新的管理策略，它把不同企业集成起来以增加整个供应链的效率，注重企业之间的合作。最早人们把供应链管理的重点放在管理库存上，作为平衡有限的生产能力和适应用户需求变化的缓冲手段，它通过各种协调手段，寻求把产品迅速、可靠地送到用户手中所需要的费用与生产、库存管理费用之间的平衡点，从而确定最佳的库存投资额。因此其主要的工作任务是管理库存和运输。现在的供应链管理则把供应链上的各个企业作为一个不可分割的整体，使供应链上各企业分担的采购、生产、分销和销售的职能成为一个协调发展的有机体。

2. 供应链管理涉及的内容

供应链管理主要涉及四个主要领域：供应(supply)、生产计划(schedule plan)、物流(logistics)和需求(demand)。供应链管理是以同步化、集成化生产计划为指导，以各种技术为支持，尤其以Internet/Intranet为依托，围绕供应、生产作业、物流(主要指制造过程)、满足需求来实施的。供应链管理主要包括计划、合作、控制从供应商到用户的物料(零部件和成品等)和信息。供应链管理的目标在于提高用户服务水平和降低总的交易成本，并且寻求两个目标之间的平衡(这两个目标往往有冲突)。

在以上四个领域的基础上，我们可以将供应链管理细分为职能领域和辅助领域。职能领域主要包括产品工程、产品技术保证、采购、生产控制、库存控制、仓储管理、分销管理等。而辅助领域主要包括客户服务、制造、设计工程、会计核算、人力资源、市场营销等。

由此可见，供应链管理关心的并不仅仅是物料实体在供应链中的流动，除了企业内部与企业之间的运输问题和实物分销以外，供应链管理还包括以下主要内容：

- 战略性供应商和用户合作伙伴关系管理。
- 供应链产品需求预测和计划。
- 供应链的设计(全球节点企业、资源、设备等的评价、选择和定位)。
- 企业内部与企业之间物料供应与需求管理。
- 基于供应链管理的产品设计与制造管理、生产集成化计划、跟踪和控制。
- 基于供应链的用户服务和物流(运输、库存、包装等)管理。
- 企业间资金流管理(汇率、成本等问题)。
- 基于 Internet/Intranet 的供应链交互信息管理等。

供应链管理注重总的物流成本(从原材料到最终产成品的费用)与用户服务水平之间的关系,为此要把供应链各个职能部门有机地结合在一起,从而最大限度地发挥出供应链整体的力量,达到供应链企业群体获益的目的。有学者总结了供应链管理的原则、模型、方法和标准,如表 8-3 所示。

表 8-3 供应链管理的内容

SCM 的原则	• 根据需求区分客户群 • 根据市场需求信号制定计划 • 设计更贴近客户的产品 • 以客户为导向的制造 • 策略性的确定货源和采购 • 客户化物流网络 • 建立供应链技术策略 • 建立供应链绩效指标
SCM 的模型	库存管理模型(单级库存管理与多级库存、独立项目存货模型、最优订货批量模型与最优生产批量模型等)、运输管理模型(后勤网络设计、最优运输模型、货物转运模型等)、设施地点规划模型等
SCM 的方法	QR(quick response,快速反应)、ECR(efficient consumer response,有效客户反应)、CRP(continuous replenishment program,连续补充系统)、VMI(vender managed inventory,供应商管理的库存)、3PL(3rd party logistics,第三方物流)、TOC(theory of constraints,约束理论)中的瓶颈识别、生产率会计、零反应时间法等
SCM 的标准	SCOR(供应链参考运作模式,SCM 的一种国际实现标准),由 SCC(供应链协会,一个独立的、不以盈利为目的、拥有 700 个会员单位以上的组织)制定,这种技术化的探讨可以一直深入到底层的算法层次,比如,运输管理中有个问题是,如何在复杂的地理网络中优化决定车辆线路,以减少运输费用,有效利用车辆

8.2.3 供应链管理的三个范畴

供应链管理目前在企业中得到了广泛的应用,从企业应用的范围来看,可以把供应链管理的实施分为三个范畴:

1. 企业内部供应链

供应链管理起源于 ERP(企业资源计划),是基于企业内部范围的管理。它将企业内部经营所有的业务单元如订单、采购、库存、计划、生产、质量、运输、市场、销售、服务等以及相应的财务活动、人事管理均纳入一条供应链内进行统筹管理。当时企业重视的是物流和企业内部资源的管理,即如何更快更好地生产出产品并将其推向市场,这是一种"推式"的供应链管理,管理的出发点是从原材料推到产成品、市场,一直推至客户端;随着市场竞争的加剧,生产出的产品必须要转化成利润企业才能得以生存和发展,为了赢得客户、赢得市场,企业管理进入了以客户及客户满意度为中心的管理,因而企业的供应链运营规则随即由推式转变为以客户需求为原动力的"拉式"供应链管理。这种供应链管理将企业各个业务环节的信息化孤岛连接在一起,使得各种业务和信息能够实现集成和共享。企业内部供应链如图 8-3 所示。

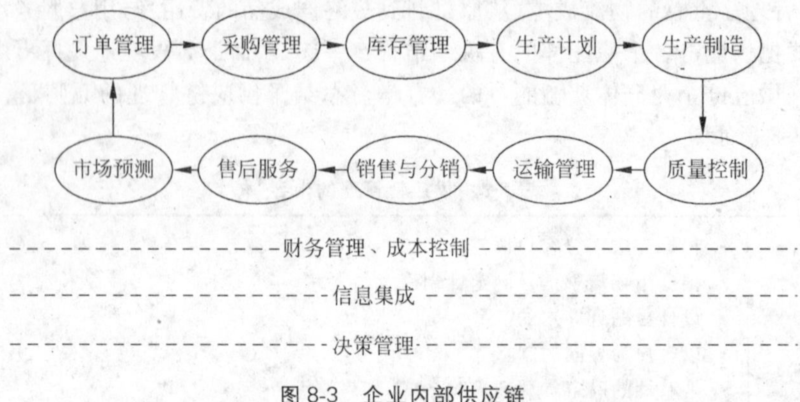

图 8-3 企业内部供应链

2. 产业供应链或动态联盟供应链

随着全球经济的一体化,人们发现在全球化大市场竞争环境下任何一个企业都不可能在所有业务上成为最杰出者,必须联合行业中其他上下游企业,建立一条经济利益相连、业务关系紧密的行业供应链实现优势互补,充分利用一切可利用的资源来适应社会化大生产的竞争环境,共同增强市场竞争实力。因此,企业内部供应链管理延伸和发展为面向全行业的产业链管理,管理的资源从企业内部扩展到了外部。在这种供应链的管理过程中,首先,在整个行业中建立一个环环相扣的供应链,使多个企业能在一个整体的管理下实现协作经营和协调运作。把这些企业的分散计划纳入整个供应链的计划中,实现资源和信息共享,从而大大增强了该供应链在大市场环境中的整体优势,同时也使每个企业均可实现以最小的个别成本和转换成本来获得成本优势。例如,在供应链统一的计划下,上下游企业可最大限度地减少库存,使所有上游企业的产品能够准确、及时地到达下游企业,这样既加快了供应链上的物流速度,又减少了各企业的库存量和资金占用,还可及时地获得最终消费市场的需求信息,使整个供应链能紧跟市场的变化。

其次,在市场、加工/组装、制造环节与流通环节之间,建立一个业务相关的动态企业联盟(或虚拟公司)。它是指为完成向市场提供商品或服务等任务而由多个企业相互联合所形成的一种合作组织形式,通过信息技术把这些企业连成一个网络,以更有效地向市场提供商品和服务来完成单个企业不能承担的市场功能。这不仅使每一个企业保持了自己的个体优势,也扩大了其资源利用的范围,使每个企业可以享用联盟中的其他资源。例如,配送环节是连接生产制造与流通领域的桥梁,起到重要的纽带作用,以它为核心可使供需连接更为紧密。在市场经济发达国家,为了加速产品流通,往往是以一个配送中心为核心,上与生产加工领域相连，下与批发商、零售商、连锁超市相接，建立一个企业联盟，把它们均纳入自己的供应链来进行管理，起到一个承上启下的作用来最有效地规划和调用整体资源，以此实现其业务跨行业、跨地区甚至是跨国的经营，对大市场的需求做出快速的响应。在它的作用下，供应链上的产品可实现及时生产、及时交付、及时配送、及时地交达到最终消费者手中，快速实现资本循环和价值链增值。

这种广义供应链管理拆除了企业的围墙，将各个企业独立的信息化孤岛连接在一起，建立起一种跨企业的协作，以此来追求和分享市场机会，通过互联网、电子商务把过去分离的业务过程集成起来，覆盖了从供应商到客户的全部过程，包括原材料供应商、外协加工和组装、生产制造、销售分销与运输、批发商、零售商、仓储和客户服务等，实现了从生产领域到流通领域一步到位的全业务过程。如图 8-4 所示。

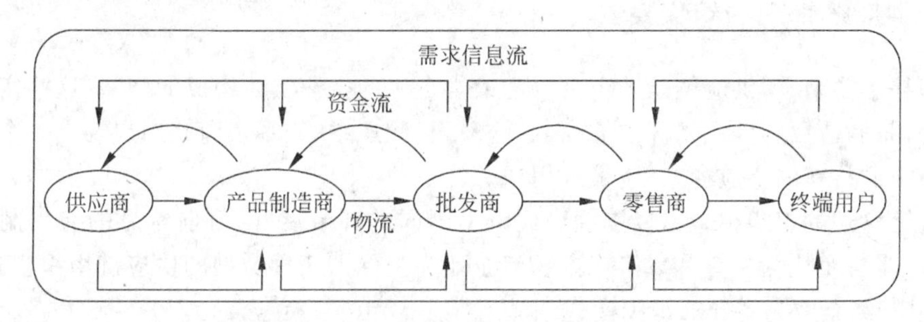

图 8-4 供应链的物流、信息流和资金流

3. 全球网络供应链

互联网、交互式 Web 应用以及电子商务的出现，将彻底改变我们的商业方式，也将改变现有供应链的结构，传统意义的经销商将消失，其功能将被全球网络电子商务所取代。传统多层的供应链将转变为基于互联网的开放式的全球网络供应链，其结构对比如图 8-5 和图 8-6 所示。

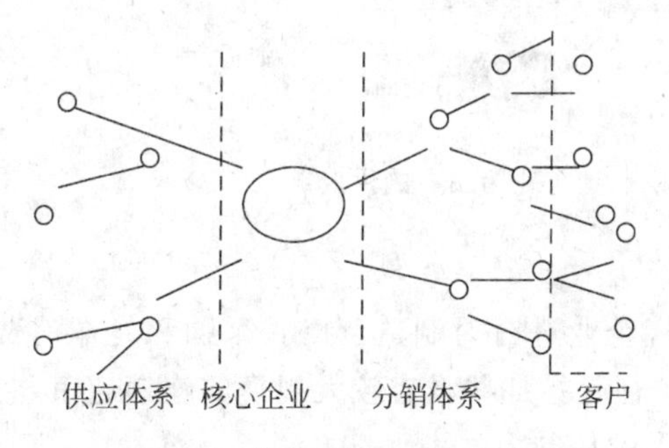

图 8-5 传统多层式的供应链

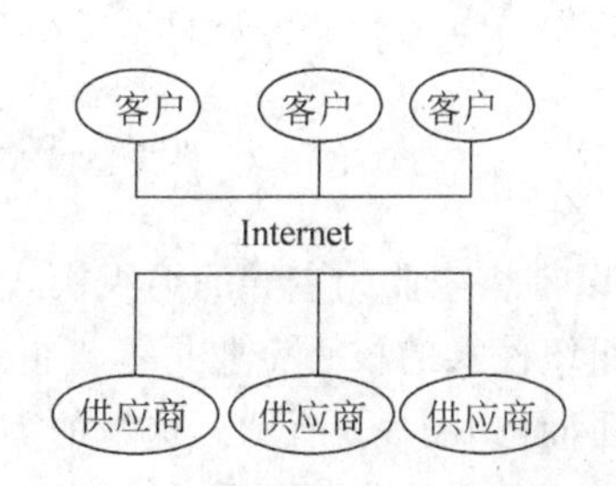

图 8-6 基于互联网的全球网络供应链

在网络上的企业都具有双重身份，既是客户同时又是供应商，不仅在网上交易，更重要的是构成该供应链的一个元素。在这种新的商业环境下，所有的企业都将面临更为严峻的挑战，它们必须在提高客户服务水平的同时努力降低运营成本，必须在提高市场反应速度的同时给客户以更多的选择。同时，互联网和电子商务也将使供应商与客户的关系发生重大的改变，其关系将不再仅仅局限于产品的销售，更多的将是以服务的方式满足客户的需求来替代将产品卖给客户。越来越多的客户不仅以购买产品的方式来实现其需求，而是更看重

未来应用的规划与实施、系统的运行维护等,本质上讲他们需要的是某种效用或能力,而不是产品本身,这将极大地改变供应商与客户的关系。企业必须更加细致、深入地了解每一个客户的特殊要求,才能巩固其与客户的关系,这是一种长期的有偿服务,而不是产品时代的一次或多次性的购买。

在全球网络供应链中,企业的形态和边界将产生根本性改变,整个供应链的协同运作将取代传统的电子订单,供应商与客户间信息交流层次的沟通与协调将是一种交互式、透明的协同工作。一些新型的、有益于供应链运作的代理服务商将替代传统的经销商,并成为新兴业务,如交易代理、信息检索服务等,将会有更多的商业机会等待着人们去发现。这种全球网络供应链将广泛和彻底地影响并改变所有企业的经营运作方式。

8.2.4 供应链管理的组织模式

从拓扑结构来看,供应链是一个由自主或半自主的企业实体构成的网络,这些实体包括一些子公司、制造厂、仓库、外部供应商、运输公司、配送中心、零售商和用户等。一个完整的供应链始于原材料的供应商,止于最终用户。

供应链管理的组织模式可以围绕供应链上不同的环节展开,目前常见的有以制造企业为主导、以零售企业为主导和以第三方物流企业为主导的三种类型的供应链组织模式。

1. 以制造企业为主导的组织模式

如图 8-7 所示,以制造企业为主导的供应链管理组织模式是最为常见的一种组织模式。制造企业通过与供应商、分销商、零售商以及终端消费者之间的信息协同,来实现对供应链上各个环节的协调,从而保证整条供应链的利益最大化。

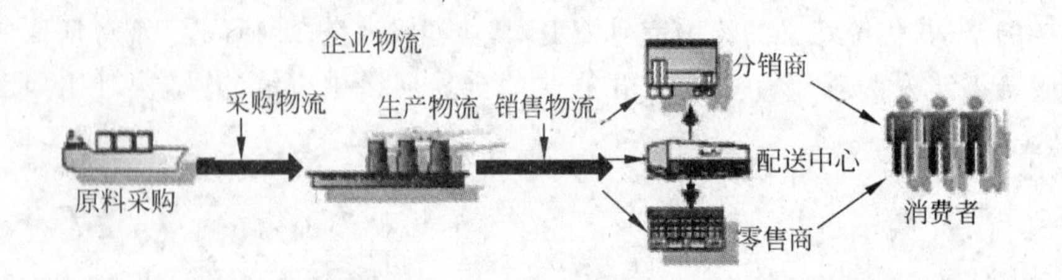

图 8-7 供应链模式之一——以制造企业为主导的供应链

2. 以零售企业为主导的组织模式

该组织模式的核心企业是零售企业,由零售企业进行对制造、分销、采购和终端消费者之间的协同,如图 8-8 所示。这里的零售企业往往是指那些具有较大规模的连锁超市,它们在供应链上具有较强的谈判能力,因而具有较大的控制力。

3. 以第三方物流供应商为主导的组织模式

随着现代物流业的快速发展,物流供应商能力在不断增强,尤其是第三方物流企业能力增强,使得集成物流供应商的资源整合能力逐渐增强,在供应链上的位置也日趋重要,因而出现了以第三方物流供应商为主导的组织模式,如图 8-9 所示。

不同类型的企业可以根据自己在所处供应链中的位置和能力来决定自己的组织模式,并制定不同的供应链管理的战略和实施策略。

本章从跨组织信息系统出发,重点介绍了客户关系管理和供应链管理两种跨组织信息

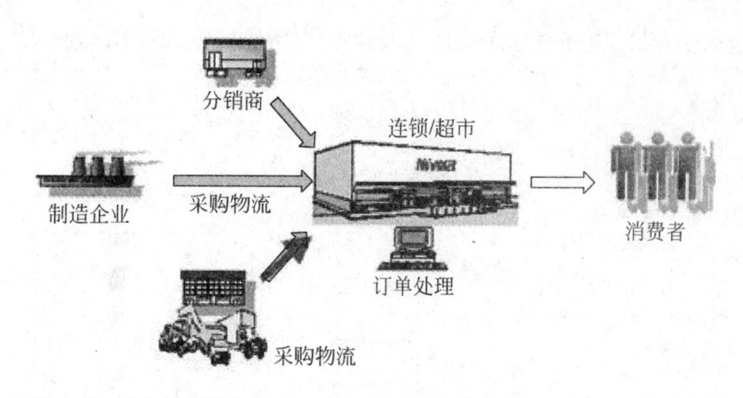

图 8-8 供应链模式之二——以零售企业(连锁超市)为主导的供应链

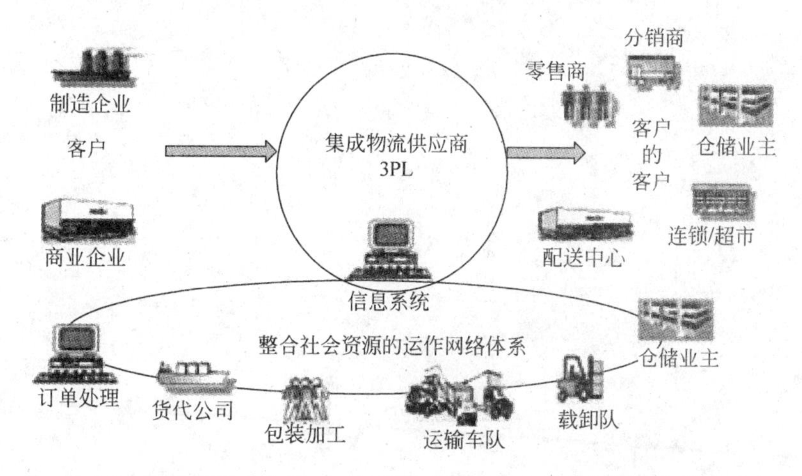

图 8-9 供应链模式之三——以第三方物流为主导的物流服务供应链

系统。通过对 CRM 和 SCM 系统的介绍,可以看到跨组织信息系统是适应组织国际化、网络化要求的一种必然趋势。对客户关系的管理是现代企业竞争的重要领域之一,应用客户关系管理工具能够有效地对客户相关数据进行整理、保存、分析,从而为企业营销提供有力的支持。现代企业的竞争也是供应链上的竞争,而要实现高效的供应链管理也离不开信息技术对供应链管理过程的支持,供应链管理系统通过信息手段和供应链模型工具,对整个供应链进行优化,从而提升供应链上企业的整体竞争力。

本章习题

1. 什么是跨组织信息系统(IOS)? 为什么企业要采用 IOS?
2. 客户消费价值观念经历了哪些阶段? 有什么特点?
3. 企业竞争核心在过去的三十年里发生了什么样的变化? 原因是什么?
4. 什么是客户关系管理?
5. 请在网上搜索 CRM 的主要厂商,以及这些产品的特点和应用案例。
6. 什么是供应链管理?
7. 供应链管理的范畴划分和组织模式有什么?

8. 请在网上搜索 SCM 的主要厂商，以及这些产品的特点和应用案例。

本章参考文献

[1] 张文. ERP、CRM 企业实施案例. 北京：清华大学出版社，2003.

[2] 杨路明，巫宁. 客户关系管理. 北京：电子工业出版社，2004.

第9章 电子商务

本章学习目标：

- 电子商务的本质、基本特征、概念和原理
- 电子商务相对于传统商务的优势和优势的来源
- 相关技术和支撑条件
- 电子商务的前沿应用
- 传统企业如何“电子商务化”

前导案例：电子商务对旅行的全面影响

随着互联网应用的普及，如今人们外出旅行的体验已经全面改变。首先，电子商务已是出行前安排机票和酒店的最佳方式。旅客可以通过旅行社或航空公司的网站，方便地搜索航班信息，包括起降时间、票价、折扣、运营商和机型等。选定航班后，提供姓名、身份证号或是护照号码和出生日期，即可以完成预订。之后，旅客可以选择以信用卡支付购票款，或旅行社派人来取票款；在没有电子商务的时候，购买机票要烦琐很多，乘客要么打电话给旅行社售票点，要么本人亲自去门市部面对面了解信息购票，这个购票过程中其实多半时间都是在了解信息。

与此类似，网上酒店预订所提供给顾客的便利和信息量也远超过一般旅行社的人工服务。酒店预订网站提供酒店基本信息，如地址、房型和价格等，通常都带照片，还允许根据星级、价格、区域等各种条件查询，例如，可以在网站上搜索北京王府井附近的四星级酒店。更重要的是，这些网站一般还提供以往住客的评语，热门酒店的网评可能数以百计，覆盖各种服务细节，细致到某间酒店的早餐食品种类或前台客服的态度，甚至某间客房实际海景的角度。这些相对丰富客观的信息是传统网下旅行社无法匹配的，构成了客户服务的一个日益重要的部分。此外，有些酒店还对住客的网评给予反馈，以此监督提高服务质量和做服务改进。

电子机票的使用也彻底改变了乘客在机场办理登机手续的过程。例如，在首都国际机场乘坐飞机的旅客会发现，办理登机手续的柜台前排队的长度比前几年短了很多，原因何在？因为乘客要么通过互联网在家里通过机场的网站已事先办理好登机手续，要么到了机场后使用像银行的ATM一样的自助乘机登记柜台。如果是后一种情况，乘客把身份证放在“阅读器”上(或用键盘输入护照号码)确认乘客身份之后，相应的航班信息显示出来后，乘客再自助选择机上的空座。然后打印登机牌，完成登机手续的办理。如果没有托运行李，就可以直接去安全检查然后登机；否则就再到托运行李的专门柜台办理。

2010年4月以后，首都机场又推出自助托运行李服务。乘客在使用自助乘机登记柜台时，选完座位后，显示屏出现一个选项："您要托运的行李是1件、2件、还是3件?"只要旅客单击相应件数，就可以打印登机牌和行李牌拴挂联了。一旦按下"打印登机牌"后，两个出票口马上就"吐"出了一张登机卡和一张行李牌拴挂联。把拴挂联粘贴在行李箱的提手上之后，就可以把行李交给旁边柜台的工作人员。在不到1分钟的时间内，就可以通过自助服务完成登机手续。

即便通过机场客服人工办理登机手续，整个过程也简便了很多。这是因为乘客根本不需要携带和提交机票，只要提交身份证号或是护照来确定身份就可以了。细心的乘客会发现，与使用电子机票前基于纸质机票的登机手续办理过程相比，客服人员的操作简化了许多，输入计算机中的信息少了许多，因为乘客姓名、出生日期、航班号等信息已经在联网的系统里面。这些信息可以直接调出来打印登机牌。因此，每位乘客的服务时间缩短几十秒，排队平均等待时间节省很多，会提升乘客满意度。

西方发达国家的机场一般已经很少或不再提供人工办理登机服务，只提供自助乘机登记柜台和人工的行李托运服务。相应地，机场候机大厅的设施布置已经完全改变。由于大量使用自助乘机登记柜台，客服人员大量减少。据北美航空服务业估计数据，一个自助乘机登记柜台机能够替代2.5个员工，而设备维护和保养费用只有一个美国机场员工一年成本的四分之一。

使用电子机票还有很多其他优点，例如原本多联单的机票打印不需要了。乘客旅行不需要携带纸质票据，因为购票信息已在联网的机场信息系统里。如果因故需要改签机票，乘客可以一个电话打到售票的旅行社，或在机场的航空公司售票柜台当场修改，只需要确认乘客身份，也不需要提供任何凭证。如果乘客旅行的机票费用由异地的其他机构负责，机票则不需要寄来，乘客乘机后再寄回。事实上电子机票的优势还远不止这些。加盖财务章的纸质票据(行程单)仅是报销凭证而已；如果自费，就不需要了。使用电子机票前，如果忘记携带纸质机票就无法登机，机票遗失了就无法及时获得票款，必须等机票时间过期之后才有可能(通常是一年内)，因为纸质原始机票是唯一的购票凭证。

2009年5月，中国国航航空股份有限公司联合首都机场在T3航站楼正式开通提供手机乘机登记服务(登录手机网站：wap.airchina.com)，采取移动通信技术，进一步发挥电子机票的优势。具体流程如下：乘客在购买国航的电子客票后，就可以预约手机乘机登记服务，系统会自动将办理手机乘机登记的网址发送至乘客的手机中。之后，乘客就可通过手机上网办理乘机登记手续，挑选自己喜爱的座位。完成操作后，系统会将包含二维条码电子登机牌的短信发送至乘客手机中，乘客下载此条码后即可在T3航站楼中直接通过安检登机。这样一来乘客就可以享受从订票、支付、办理乘机登记、安检到登机的全程无纸化服务。

手机乘机登记服务推出后，进一步简化了乘客到达机场后的流程，节省办理手续的时间。此外，乘客通过手机办理乘机手续后，航空公司可以将航班最新动态通过短信的方式及时通知乘客，使乘客开始享受移动商务服务。

事实上不仅是电子机票，在欧洲有些国家火车票也是电子的。乘客可以预先在网上预订，用信用卡付款后，自己打印火车票，然后去车站。乘客自己打印的车票含二维条形码，可以通过火车站的电子验票机验票，然后上车。从订票到乘车的全过程都是自助服务。据报道,国内也将推出类似的网上购买火车票服务。

此外,国外乘客到达一个异地机场后,通常是从机场众多的租车公司门市部租车。租车也通常是网上预订,订单确认后,信息由租车公司以电子邮件的方式发给客户。

案例思考题:

1. 分别从乘客和服务供应商(机场和旅行社)角度讨论电子商务的便利、特征和相对于传统方式的巨大优势。

2. 这些便利和优势背后的技术基础是什么?

9.1 电子商务基础

本节首先介绍电子商务的一些基础概念,然后简要追溯电子商务的发展历史,并介绍电子商务的主要类型。

9.1.1 电子商务的信息技术基础

如果想要详细理解本章的前导案例,需要理解其背后的信息技术基础,以及电子商务的基本特征。笼统地从概念角度讲,电子商务的信息技术基础主要涉及两个主要的方面:数字化和网络化。第一个方面是随着计算机技术的普及应运而生了信息数字化。所有类型的信息通过各种输入设备进入计算机后就已经数字化(所有信息都通过编码以 0 和 1 的形式存在),包括文字、图片、声音和视频。一旦数字化之后,信息就可以很方便地复制、查找、加工和修改,便于共享。网上银行、订票、炒股、购书等都是电子商务最普及的应用,主要原因之一是所涉及的产品和服务信息可以全部数字化,即用数字和文字可以 100%描述,甚至加上图片和视频。相比之下,需要触摸和品尝的产品和服务就不便于数字化。

第二个方面是网络化。所谓互联网(Internet)最简单的定义即网络之网络,由无数的局域网相联而成,形成"信息高速公路"。有路之后,还要有交通规则,因此产生了各种网络协议(例如 HTTP、TCP/IP、SMTP 等)。有了这两样,各种数字化内容就可以在信息高速公路上畅行无阻。这样一些通用且易用的技术与标准可以被所有的企业采用,便于交易伙伴间的直接沟通。最重要的变化是,信息和原来的物理载体就可以分离了,脱离纸质物理载体的信息可以通过互联网,在所有的交易伙伴中共享。前导案例中讲的纸质机票上面的信息是与机票捆绑在一起的;没有机票就没有购票信息。如果能够解除信息与物理载体的捆绑,使其在任何时间、任何地点都能为消费者获取,买卖双方就能双赢。数字化和网络化所起的作用正是这个。

数字化和网络化不仅改变了信息处理的基本模式,也催生了层出不穷的各种电子商务(商业模式)。前导案例中,机票信息以及必要的乘客信息在购票的环节首先被输入到旅行社的售票系统里,然后就可以通过互联网与其他交易伙伴的信息系统共享。旅行社、航空公司和机场的信息系统形成跨组织的信息系统。因此,航空公司和机场根本不需要纸质机票或行程单。

信息处理基本模式的根本转变有以下几个:

第一,网络才是举足轻重的信息处理的中心或"主机",与之相联的计算机和服务器只是边缘性的外部设备。全部信息和服务都在网上,缺了一个节点对网络的影响有限;但没有网络,这个信息系统就全面瘫痪了。服务能力不足时,可以很方便地增加服务器。

第二，互联网诞生之后，很快成为人类社会的一个通信和信息交流平台，从多方面改变了人们的沟通方式。互联网给用户提供了用户之间的免费或低成本、接近实时、大信息量的双向互动。特别是随着网站、即时通信、在线论坛和 Web 2.0 应用的兴起，每个人都可以成为信息源和创造者，而不仅是被动的接受者。而传统的信息传递方式是相对昂贵和低效的点对点沟通模式(信件、电报和长途电话等)，或广播、电视和报纸等单向发布模式。因此，企业和个人面对的都是海量信息，而不是信息不足，可用于决策的信息量空前丰富。

第三，传统的信息丰富度和覆盖度之间的关系被打破了。信息丰富程度(richness)是指企业提供给顾客的(或从顾客获取的)信息的深度与详细程度。信息覆盖范围(reach)指能参与共享信息的人数。如图 9-1 所示，传统经济中二者呈折中关系。这是由于传统信息渠道的限制，能大范围覆盖的渠道只能够提供较少的信息量，例如中央电视台的广告覆盖全国，但每单位时间成本昂贵，信息量通常比较单薄。反之，派业务员上门推销，产品讲解演示最清楚，信息交流最充分，但覆盖面不可能很大。供需双方不是都能自由、低成本地获取信息。这种折中导致了“信息不对称”，影响交易主体之间的讨价还价能力，因此有各种中介的产生。

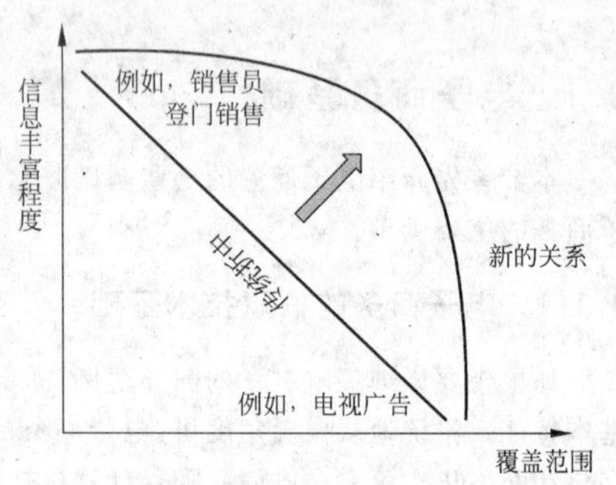

图 9-1 信息丰富程度与覆盖范围(richness and reach)的折中关系

一旦信息能够脱离传统物理载体，并且通过互联网独立传输，使所有人都能共享，信息丰富程度与覆盖范围就可以同时获得。这使得传统的信息不对称被打破，同时打破了传统的行业结构，可以去除中介。因此改变了价值链、供应链、特许经销网络以及许多组织形式。在电子商务环境中，消费者可以在网上检索企业的各种信息。电子商务企业也可以根据客户的以往消费行为，提供个性化服务。此外，网站甚至可以通过在客户计算机里安插 Cookies 的方式识别并跟踪客户的行为，通过客户在自己网站的浏览行为来搜集客户需求。

9.1.2 电子商务基本特征

这里简要归纳阐述成功电子商务应用所共有的几个基本特征。

第一，自助服务。正如前导案例中所描述的，旅客在订票和办理登记手续，以及网上银行和购书等业务时，都是在自我服务。为什么顾客愿意主动免费给企业打工？一定是收益超过成本。主要收益包括便利(选择自己方便的时间和地点，以及交通成本和排队时间的节省)，以及网下服务无法提供的信息量(例如其他客户提供的反馈和评论)和个性化服务。供应商当然乐于通过提供电子商务平台来减少成本，扩充服务能力，更重要的是提高客户满意度。此外，网上交易记录和客户网评也成为企业的宝贵数字资产。

第二，个性化服务。本章随后将详细描述，并用全球领先的网上书店亚马逊(Amazon.com)为例说明。例如，当用户输入一个图书检索请求之后，会发现亚马逊提供的结果全部都是根据用户需求个性化了的，包括所检索的书籍作者的其他作品，购买该书的客户通常还买哪些书籍，等等。与网上书评一样，这些都是传统书店无法提供的。其实，在很大意义上服务业与制造业的本质区别在于个性化的程度，而个性化的基础是信息。电冰箱的生产厂家从事的是制造业，但有的厂家可以从网上接受客户的特殊形状要求，制作个性化产品，甚至将新婚夫妇的结婚照印在冰箱上，提供给客户的价值中有很多是由服务构成的。类似地，在前面的旅行业案例中，每个乘客都不同，因此每张机票都不同，每个乘客的偏好也不同。机场和航空公司更是典型的服务业，可以通过细化和差异化服务而获得额外利润，给愿意为更舒适宽敞座位而付钱的乘客提供公务舱和头等舱服务。有的航空公司也会在机上主动给坐经济舱但使用乘坐本公司航班的最多的金卡常飞客提供饮料和报纸，安排舱内尽量靠前排和过道座位。在电子商务应用中，个性化服务部分地靠自我服务实现。例如，在网上购买衣服，网上提交给“凡客”网，就可以享受量身定做的个性化服务。但是，需要自助式地在自己家里量好尺寸。本质上讲，电子商务给客户的最大价值是自助服务和个性化服务。作为电子商务的基本特征和主要优势来源，自我服务和个性化服务二者相辅相成。前者又是后者的基础，因此能够降低成本同时提升客户满意度。

第三，数字资产的积累与使用。个性化服务的基础是客户信息，即对客户消费和需求的了解。以网上购票为例，一旦使用网上订票服务一次，客户信息，包括信用卡号和送货地址等全部都保留在服务供应商的信息系统里面，因此可以方便未来交易，使得未来的服务更加个性化。此外，一个网上旅行社的用户评论和反馈越多，信息就会更加客观全面，对未来客户的参考价值就越大，因此越容易吸引和保持客户。淘宝网上的信任机制主要是靠基于历史交易记录的买家和卖家的互相打分。试想，淘宝网起初为什么提出让客户免费使用三年？之后又继续延续免费策略？从这个意义上讲，电子商务的成功之道在于积累数字资产并提供基于数字资产的增值服务。

第四，伴随着电子商务的应用，一个商业模式的变化是去除中介化，即去除了中间商的成本和利润，直接拥有顾客，更好更快地响应客户需求。戴尔计算机的直销和大规模定制商业模式是去除中介的典范。从本质上讲，戴尔直接从客户获取需求信息，自己汇集和加工，转手交给供应商。换句话说，戴尔本质上是个超级信息收集和处理专家，和客户关系管理专家。戴尔在电子商务起飞前就以直销起家，但电子商务使得戴尔与客户和供应商的整合更加顺畅，ERP使得戴尔内部更加高效，两者一起使得戴尔的运行更加高效。类似地，前面提到的国内“凡客”网也是电子商务去除中介的一个典型例子。

本章前导案例提到的电子商务在旅行业的应用，以及戴尔和亚马逊等全球电子商务的行业标兵的运营模式都包括以上自助服务、个性化、积累和使用数字资产、去除中介等特征。成功的企业，特别是那些已经充分利用电子商务的网上和网下企业在这些方面一般都会有独到之处。以上提到的这些本质特征在本章的后续几节的内容中还会有所反映，有更多的例子。

9.1.3 电子商务发展概述

电子商务的发展可追溯到1839年，当电报刚出现的时候，人们就开始讨论运用电子手段进行商务活动。贸易开始以莫尔斯码点和线的形式在电线中传输，标志着运用电子手段进行商务活动新纪元的到来。到了20世纪七八十年代，西方国家企业内部信息化程度不断提升，开始有连接组织间信息系统的需求。这时开始出现专用或第三方增值服务供应商提供的通信网络，在这个自有网络上进行采购、销售、合同管理、支付结算等商务活动，以取代手工商务，这就是电子数据交换(electronic data interchange，EDI)。

EDI系统的基本构成要素包括三个方面，除了上面提到的数据标准，还有EDI软硬件和通信网络。数据标准可以使各组织之间不同格式的文件，通过共同的标准获得彼此之间文件交换的目的。本质上EDI是不同组织间计算机对计算机之间直接通信。因此，实现EDI需要配备相应的EDI软件和硬件。EDI软件具有将用户数据库系统中的信息译成EDI的标准格式以供传输交换的能力，主要包括转换软件、翻译软件、通信软件。通信网络是实现EDI的手段。在贸易伙伴数量较少的情况下，一般使用点对点网络；当贸易伙伴数目较多，那么企业便会采用第三方网络，即增值网络(VAN)方式，它类似于邮局，为发送者与接收者维护邮箱并提供存储转送、记忆保管、格式转换、安全管制等功能。

在实现跨组织间信息交换方面，电子数据交换显示出巨大效益和潜力，供应商和客户之间采购过程中的大量频繁例行操作得以自动化进行，例如询价单、报价单、采购订单、发货单、收据和发票的处理等。EDI的采纳在20世纪90年代达到高峰。例如，福特汽车公司曾要求所有的供应商必须具备EDI能力，提升与福特信息交换的及时性和准确性，作为准时制供应的条件。个别中小型企业也有采纳EDI的，以便提高与业务伙伴的信息交换效率。例如，一些有一定规模的私人医疗诊所，为方便病人报销医疗费，使用EDI向保险公司提交就诊记录。然而EDI这种传统电子商务有若干缺点，不利于广泛使用，例如通信网络建设成本高、数据交换专业标准，因此涉及的商家范围窄，不便于全球化使用。直到1991年美国政府宣布互联网向社会公众开放，允许在网上开发商业应用系统，这一切彻底得到改变。电子商务由局部的、在专用网上的交易，转变到了开放的、基于互联网的电子交易过程。之后，互联网技术的不断进步为电子商务大规模发展提供了平台。

电子商务的发展并非一帆风顺。电子商务从20世纪90年代初期开始默默无闻起步，到90年代末期获得了迅猛发展，造就了一大批互联网神话。因为人们这种过度乐观的情绪和非理性的投资，2000年前后互联网商业陡然进入了低迷期，到处是关于“.com泡沫破灭”的报道和电子商务死亡的宣告。但是社会经济总是向前发展，电子商务本质上是符合了经济发展的要求；同时，泡沫之后的人们更为理性，加上信息技术的不断发展使得网民数量急速增加，电子商务获得了重生，迎来了第二次发展浪潮。因此，我们看到新电子商务时代不仅仅有谷歌和百度奇迹，同时也是传统企业凭借电子商务这种商业模式获得新发展的契机。

9.1.4 电子商务的相关学科

电子商务主要指通过互联网来购买、销售和交换产品、服务和信息，并不限于网上购物，而是包含了很多商业交易活动。从合作的观点来看，电子商务是在组织间和组织内部进行合作的框架；从社区的观点来看，电子商务为社区成员提供了一个学习、交易和合作的集会场所。电子商务主要涉及的基础学科包括：(1)计算机科学，是电子商务的技术基础；(2)信息系统，企业实施电子商务需要与企业的信息系统集成；(3)市场营销，网络营销中的许多问题与传统的市场营销密切相关；(4)消费者行为和心理学，消费者行为是电子商务交易成功的关键。此外，电子商务也给财务会计和审计提出了新挑战，包括电子化交易的审计和对成本和收益的评价方法。电子商务应用过程中很多问题涉及法律和伦理，如隐私权和知识产权等。这些相关学科以一定的方式构成了电子商务的框架，对此框架的了解有助于我们理解电子商务。我们借鉴一些有代表性的模型，可将电子商务的框架归纳如图9-2所示。

政策、法规、道德
经济和市场(营销、供应链、客户服务)
电子商务技术(万维网技术、EDI、支付、安全、移动技术)
网络基础设施

图9-2 电子商务的一般框架

9.1.5 电子商务类型

电子商务可根据使用对象(包括企业、个人、社会团体)划分为许多类型,最主要的有三种:企业与企业(business to business,B2B)、企业与消费者(business to customer,B2C)、消费者与消费者(customer to customer,C2C)。

1. B2B电子商务

B2B指的是企业与企业之间通过互联网进行产品、服务及信息的交换。这些交易过程包括发布供求信息,订货及确认订货,支付过程及票据的签发、传送和接收,确定配送方案并监控配送过程等。B2B在整个电子商务活动中占到了87%的比例。目前B2B有以下两种基本模式:

(1) 面向制造业或商业的垂直B2B。垂直B2B可以分为两个方向,即上游和下游。生产商或商业零售商可以与上游的供应商之间形成供货关系,比如戴尔计算机公司与上游的芯片和主板制造商就是通过这种方式进行合作。生产商与下游的经销商可以形成销货关系,比如联想与其分销商之间进行的交易。

(2) 面向中间交易市场的水平B2B。它是将各个行业中相近的交易过程集中到一个场所,为企业的采购方和供应方提供了一个交易的机会,比如我国的阿里巴巴(china.alibaba.com)等。这类网站其实自己既不是拥有产品的企业,也不是经营商品的商家,它只提供一个平台,在网上将销售商和采购商汇集在一起,采购商可以在其网上查到销售商和销售商品的有关信息。

相比较传统的企业交易模式,B2B的优势非常明显。B2B不仅使企业之间的交易减少许多事务性的工作流程和管理费用,从而降低了企业经营成本,同时也为企业之间的战略合作提供了基础。网络使得信息通行无阻,企业之间可以通过网络在市场、产品或经营等方面建立互补互惠的合作,形成水平或垂直形式的业务整合,以更大的规模、更强的实力、更经济的运作真正达到全球运筹管理的模式,这个方面有另外一个很好的例子就是波音公司的myboeingfleet.com。

2. B2C电子商务

B2C即商家对消费者,最具代表性的B2C模式就是零售网站。企业通过互联网为消费者提供一个新型的购物环境——网上商店,消费者通过网络在网上购物、在网上支付。但是在网上出售的商品必须具备某些特征,比较典型的有:日用类商品,但是那些需要消费者特定感官体验的日用品就不是很适合网上经营;数字产品,它们一般也属于日用品类商品,通常可以被大规模的定制和个性化。B2C电子商务网站有很多成功的典型,比如美国的亚马逊(Amazon.com)和国内当当网(dangdang.com)等。

B2C 电子商务——当当网(www. dangdang. com)

当当网自成立以来,从一个网上书店,如今已经成长为全球最大的中文网上图书商城,能够向读者提供近60多万种中文图书和音像商品,顾客遍及50多个国家和地区。同时,当当网也已经是能给数千万网民带来方便实惠的综合性网上商城。顾客只需轻轻单击鼠标,当当网的物流配送系统就将商品送到顾客手中。

3. C2C 电子商务

C2C 电子商务模式是一种个人对个人的网上交易行为。C2C 商务平台就是通过为买卖双方提供一个在线交易平台,使卖方可以主动提供商品上网拍卖,而买方可以自行选择商品进行竞价。C2C 电子商务企业按比例收取交易费用,或者提供平台方便个人在上面开店铺,以会员制的方式收费。在我国,C2C 这种模式的产生以1998年易趣网成立为标志,如今发展最有影响的当属淘宝网。

C2C 电子商务——淘宝网(www. taobao. com)

淘宝网的本质就像是现实世界中的一个综合商城:它提供了一个平台,任何人(个人或者企业)都可以在这个商城设立门店,而任何人也可以在所有的门店随意购物,但前提是,开店人和购物者必须首先成为淘宝网的会员。最初淘宝店是免费会员制,这样开店者只需很低的成本,就能在网上开一个商店。不像 B2C 商城,淘宝网本身并不承担任何库存、物流等方面的压力和风险,这些都是开店者自己的事情。但是淘宝网会通过一些机制来确保支付安全、交易者的信用等,于是就有了支付宝、信用评级、一系列的惩戒制度等。

9.2 电子商务的具体支撑技术

互联网技术、支付技术与安全机制等关键技术的有效结合有力地支撑了电子商务的蓬勃发展。网络技术在第4章中有完整的介绍,本部分内容将对电子商务其他的关键技术逐一介绍。

9.2.1 电子商务支付技术

电子支付(electronic payment)是指电子交易的所有当事人,包括厂商、消费者和金融机构,使用安全的信息化手段,通过网络进行的货币支付或资金流转。电子支付是电子商务的关键环节之一,也是电子商务的基本条件。电子支付系统包括计算机网络系统、电子支付方法和机制,需要保证参加贸易各方资金的安全性和可靠性。目前,电子支付系统主要有信用卡支付、电子支票(electronic check)和电子现金(electronic cash)。

1) 信用卡支付系统

基于电子信用卡的支付协议有许多,由 Visa Card 和 MasterCard 联合 GTE、IBM 和 Microsoft 等公司共同开发的 Secure Electronic Transaction(SET),是专门为了实现安全电子交易而设计的,它已经逐渐成为基于信用卡支付系统的国际标准。

2) 电子支票支付系统

电子支票协议大多模拟现实生活中的纸质支票的交易流程。用电子支票代替纸质支票,用数字签名代替手工签名,电子支票协议可以完全模拟纸质支票的流程。基于电子支票的支付系统有很多,但目前还没有公认的电子支票协议的国际性标准。

3）电子现金支付系统

电子现金又称为数字现金，与前述两种支付系统的最大不同就在于能够满足用户的匿名要求，能够保证用户的身份不被他人知道。电子现金虽然能很好地模拟现实生活中的纸质现金，但它的许多关键技术问题还没有完全得到解决。电子现金协议主要包括三个过程：用户购买电子现金，用户用电子现金进行支付和商家用电子现金到银行去存款。

第三方支付——PayPal（www.paypal.com）和支付宝（www.alipay.com）

成立于1998年的PayPal（后被eBay收购）致力于让个人或企业通过电子邮件，安全、简单、便捷地实现在线支付和接收款项，是目前国际上最受欢迎的第三方在线支付平台，可用于190个国家和地区的交易，接受23种货币。支付宝的功能和PayPal非常相似。但PayPal的发展是以美国成熟的信用体系为后盾，它的职责就是让客户可以通过电子邮件实现安全、快捷的在线支付和接收款项。而支付宝的出现首要不是为了支付，而是为交易提供信用担保，即"第三方担保交易模式"——由买家将货款打到支付宝账户，由支付宝向卖家通知发货，买家收到商品确认后通知支付宝将货款拨付给卖家，至此完成一笔网络交易。

9.2.2 电子商务的安全与信任

1. 电子商务安全技术

电子商务的关键问题之一是交易的安全性。由于互联网本身的开放性，使网上交易面临了种种危险，也由此提出了相应的安全控制要求。电子商务的各参与方对信息安全的要求可以概括为以下五个方面：(1)保密性，指控制谁可以获取信息；(2)完整性，指确保数据真实，没有在传输过程中被修改或删除；(3)有效性，指确保经过认证的用户可以持续获取信息和资源；(4)合法性，指没有认证的用户不能获取资源，经过认证的用户不能以没有授权的方式获取资源；(5)不可抵赖性，指完成交易操作之后不可以否认。

近年来，IT业界与金融行业一起，推出不少更有效的安全交易标准，比较有代表性的是前述支付内容中提到的STT、SEPP和SET等协议。这些交易协议或标准中均采纳了一些常用的安全电子交易的方法和手段。典型的有以下几种：

1）密码技术

采用密码技术对信息加密，是最常用的安全交易手段。在电子商务中获得广泛应用的加密技术有以下两种：

公共密钥和私用密钥（public key and private key）。基本原理是根据特定算法，形成一对密钥，公共密钥是可以公开发布的不需要保密，而私用密钥仅持有者自己持有，并且必须妥善保管和注意保密。这一对密钥可以互为加密或解密。如果用其中一个密钥加密数据，则只有对应的那个密钥才可以解密。通信双方各需要这样一对密钥。在加密时，接收方需要事先将其公共密钥公开或发给发信方，这样一来发信方就可以将信息用接收方的公共密钥加密后发给该用户，加密后的信息只有用接收方的私用密钥才能解密。这样就可以保证在互联网上传输信息的保密和安全。具有数字凭证身份的人员的公共密钥可在网上查到。

数字摘要（digital digest），也称安全Hash编码法（secure Hash algorithm，SHA）。该方法采用单向Hash函数将需加密的明文"摘要"形成一串128比特的密文，这串密文有固定的长度，且不同的明文摘要成密文其结果总是不同的，而同样的明文其摘要必定一致。这样这串摘要便可成为验证明文是否是"真身"的"指纹"了。

上述两种方法可以结合起来使用，数字签名就是上述两法结合使用的实例。

2）数字签名(digital signature)

数字签名与书面文件签名有相同之处，能确认以下两点：信息是由签名者发送的；信息自签发后到收到为止未曾做过任何修改。这样数字签名就可用来防止电子信息因易被修改而有人作伪；或冒用别人名义发送信息；或发出（收到）信件后又加以否认等情况发生。数字签名并非用“手书签名”类型的图形标志，它采用了双重加密的方法来实现防伪、防赖。

3）数字时间戳(digital time-stamp)

交易文件中，时间是十分重要的信息。在书面合同中，文件签署的日期和签名一样均是十分重要的防止文件被伪造和篡改的关键性内容。在电子交易中，同样需对交易文件的日期和时间信息采取安全措施，而数字时间戳服务(digital time-stamp service，DTS)就能提供电子文件发表时间的安全保护。DTS 是网上安全服务项目，由专门的机构提供。时间戳(time-stamp)是一个经加密后形成的凭证文档，它包括三个部分：需加时间戳的文件的摘要(digest)、DTS 收到文件的日期和时间、DTS 的数字签名。

4）数字凭证(digital certificate，digital ID)

数字凭证又称为数字证书，是用电子手段来证实一个用户的身份和对网络资源的访问的权限。在网上电子交易中，如双方出示了各自的数字凭证，并用它来进行交易操作，那么双方都可不必为对方身份的真伪担心。数字凭证可用于电子邮件、电子商务、群件、电子基金转移等各种用途。数字凭证的内部格式是由 CCITT X.509 国际标准所规定的，它包含了以下几点：凭证拥有者的姓名、凭证拥有者的公共密钥、公共密钥的有效期、颁发数字凭证的单位和数字凭证的序列号(serial number)。数字凭证有三种类型：个人凭证(personal digital ID)、企业（服务器）凭证(server ID)和软件（开发者）凭证(developer ID)。前两类是常用的凭证，第三类则用于较特殊的场合，大部分认证中心提供前两类凭证，能提供各类凭证的认证中心并不普遍。数字凭证的验证可由用户的网页浏览器自动完成，例如，在登录某政府机关或商业银行网站时，通过检验对方的数字凭证来确定该网站的真实性，而不是“钓鱼”网站。

5）认证中心(certification authority，CA)

在电子交易中，无论是数字时间戳服务(DTS)还是数字凭证(digital ID)的发放，都不是由交易者自己完成，而需要有一个具有权威性和公正性的第三方(third party)来完成。认证中心(CA)就是承担网上安全电子交易认证服务，能签发数字证书，并能确认用户身份的服务机构。认证中心通常是企业性的服务机构，主要任务是受理数字凭证的申请、签发及对数字凭证的管理。认证中心依据认证操作规定(certification practice statement，CPS)来实施服务操作。

上述各种手段常常是结合在一起使用的，从而构成安全电子交易的体系。

2. 电子商务的信用

互联网创建了巨大的机会使毫不相干的陌生人直接打交道，目的各异，使从未有过交易历史的双方成为合作伙伴。由于交易双方都缺少对对方背景的了解，或直接接触等，往往会引起相互的猜疑和不信任等，从而直接影响电子市场的正常发展。电子商务发展中的一个巨大瓶颈就是信用问题。

信任完全是个主观概念。在传统社会中我们可以通过直觉或权威机构的担保等来判断对方是否可信，但在电子市场中交易的方式、双方的关系都彻底改变了。基于密码的安全技术只能证明一次交易的有效性(合法性、可追溯性、不可抵赖性)，但无法预测交易的风险，无法保证产品的质量、服务等。在电子商务中如果没有信用参考就会带来很大的盲目性，交易某一方就需要承担巨大的风险。

在线信誉评估系统就是一种能提供更广泛意义上的、可量化的信任保障机制。在线信誉评估系统通过对参与者历史表现的信用评估，将结果共享、公开，作为买卖双方重要的信息参考，从而起到降低交易风险、迫使销售者提供最好的服务质量和避免消费者的欺诈行为等目的。信誉可以最有效地帮助双方维持可信的商务关系。

淘宝网的卖家信用评级

在淘宝网购物的买家，都会关注卖家的信用等级，就是那些跟在网名之后的钻石或者心形符号。这些符号既是交易系统对卖家此前交易的好评积累，也是对网店信用最直观的表述，因此很多买家都是非"钻石"级店铺不入。买家在购物前除了可以先查看卖家的信用评级，也可以仔细查看买家对该卖家最近几个月的交易的评价(分为好、中、差三等)，好评多、差评少的比较可信。

9.3 电子商务盈利战略

同传统的企业一样，电子商务企业的成功也依赖于明确的市场定位，建立自己的核心竞争力。因此，首先就需要选择独特而又适合自己的盈利模式。其次，企业的网站必须对客户有足够的吸引力，而且方便使用。最后，做好客户服务当然重要，有效的方法之一就是网站个性化推荐。

9.3.1 盈利模式

电子商务的实现技术相对标准化的、不同的企业的差异主要在盈利模式。它是企业通过互联网实现产品流、服务流以及信息流及其价值创造过程的运作机制，也是关于企业如何利用网络来获取利润的策略和方法的集合。对电子商务盈利模式分类体系的了解，有助于挖掘新的盈利模式。需要考虑的基本问题与商业模式设计所考虑的因素大致相同，即谁是客户？客户有什么需求？如何满足客户需求并且盈利？目前，网上企业的盈利模式主要包括以下几种类型：

1) 网上目录盈利模式

网上目录盈利模式类似于已有百年历史的目录邮购模式。目录邮购是指客户通过邮购公司编印的商品邮购目录，通过邮寄或电话等方式发送订单，邮购公司以邮政包裹等形式向客户发送商品。结算方式可以是邮政汇款、信用卡，或送货上门时验货付款。将目录邮购的模式扩展到网上，也就是企业用网站上的信息来替代商品目录的分发，那么这种模式就称为网上目录盈利模式。B2B、B2C和C2C都可以采用这种模式。前面提到的当当网和淘宝网都是属于这种模式。

2) 数字内容盈利模式

面对信息量急剧膨胀的网上数据资源，用户对特定信息的查询往往会产生两种结果：信息过载和信息迷失，即或者信息太多，无法有效消化和应用，或者难以有效地表达需求和准确寻找到所需资源。鉴于此，能有效解决信息分类、深入加工和提供专业检索的网站，必然存在巨大的市场。这种网站盈利模式的核心竞争能力不在于信息技术，而在于它能提供给用户高质量的信息内容。中国知网便是数字盈利模式的典型。

中国知网(www.edu.cnki.net)

1998年，世界银行提出了国家知识基础设施(national knowledge infrastructure，NKI)的概念。中国知识基础设施工程(CNKI)是以实现全社会知识资源共享与增值利用为目标的信息化建设项目，由清华大学和清华同方发起，始建于1999年6月。中国知网将国内六千多种的学术期刊、博士学位论文、优秀硕士学位论文、工具书、重要会议论文、年鉴、专著、报纸、专利、标准、科技成果、哈佛商业评论数据库和古籍等这些信息，都搬到网上进行信息资源共享，其市场细分非常明确，为高校和学术团体进行信息查询和学术研究提供服务。

3) 广告支持的盈利模式

中国的几大综合门户网站，如搜狐、新浪，还有专业搜索引擎，如谷歌和百度等，很大一部分收入都来自广告业务。搜索引擎的竞价排名广告是比较特殊的一类。据说30%的英文单词都有可能拍卖供竞价排名。由此可以看出搜索引擎的盈利能力和为什么这个行业竞争激烈，还有不少不择手段的竞争。一般来讲，广告支持模式比较适合有很大用户群的网站，或是拥有非常专一的用户群，即要么大，要么专。例如，MBA考生、高校教师或某著名高校校友，甚至北京地区喜欢美食的消费者这样的特定群体，由于用户群体单一需求明确而能够吸引针对该目标客户群营销的广告客户。

特别值得一提的是网络广告与传统广告相比的最大特点是个性化。用户在一个网站的信息和行为模式可以被用来提供个性化服务。例如，当一个平时在北京生活的人到云南出差，邮件服务商可以根据用户登录IP地址的变化，发现这一变化；相应地给所有到达云南的外地客户投放当地广告，例如旅游信息和当地特产。对于处于事业和收入的黄金段的40～50岁的中年男性，常见的有针对性的广告包括汽车和理财，甚至染发和保健产品方面的。用户一个单击就可以得到更详细的信息和服务。这样的个性化广告是传统平面和立体广告都无法比拟的。网站每次推介一个潜在客户去访问广告客户，都可以获得收入；从广告客户角度也可以很容易在技术上分辨出每个单击是从哪个网站推介过来的。

4) 交易费用盈利模式

该模式是指网站为交易的双方提供一个交易的平台，从中收取佣金。这类网站在网上大量存在，如很多的行业网站、招商网站、旅游代理网站等。但做得最好的往往都有自己的核心竞争能力，如先发优势、客户资源或行业渠道优势。

5) 服务费用盈利模式

能在线提供的服务是多样的，如网络游戏、在线交流、在线音乐、在线电影、电子邮箱、虚拟空间等。例如，可以保障服务质量的付费邮箱和期刊文章下载等。服务模式的网站应该坚持一个原则，坚持做"离不开"的网站。如果提供的服务能给用户带来效用且离不开，那就是成功的服务模式网站。

6) 推介服务盈利模式

豆瓣网(www.douban.com)和饭统网(www.fantong.com)都有一定的代表性。前者定位于提供图书、电影、音乐唱片的推荐、评论和价格比较，以及城市的文化生活向导；后者则是个时尚类餐饮预订网站，提供城市消费指南，为用户提供服务活动优惠打折信息等资讯。二者本质上都是推介平台，从中盈利，同时由于吸引了特定客户群而可以有广告收入。

这类网站的一个共同的特点是,服务内容由客户群共同提供。网站仅搭建了一个平台,客户贡献的意见和反馈是网站提供的主要服务之一,也是主要客户价值,也是网站的主要数字资产。客户贡献是新兴电子商务的一个主要特点,这正是传统网下中介平台所无法比拟的差异化,也是所有电子商务网站必须考虑支持的。

不同的盈利模式可以组合使用,新的盈利模式也是层出不穷。例如,很多网站的基本服务是免费的,希望扩大流量来获取客户资源,方便客户了解自己,也以此吸引广告客户;但对有特殊需求的高端客户提供收费的增值服务。由于电子商务服务供应商的规模扩张成本相对低、速度快,很容易增加服务器来应对服务流量,再加上先入为主和网络的外部效应,很容易形成先发优势和赢者通吃。简单地讲,网络的外部效应(network externalities)这个概念指一个网络的价值与其节点的数量成正比。例如,一个拍卖网站的用户越多,直接效应是拍卖效率越高,间接效应是为此网站的客户提供互补服务的供应商(例如折扣快递)也会增多,二者结合使用户的收益更大。因此,快速扩大客户群的规模对于电子商务企业有特殊意义。腾讯由于有超过5亿QQ注册用户这样超大的客户资源,使它可以采纳多种已被证明行之有效的盈利模式,能够成为国内最大的互联网企业。事实上,国外国内的电子商务在各个行业,从门户网站到网上书店等各类专业网站,都只有业内排名前几名领先的服务供应商能够盈利。因此,必须做第一或者差异化。好在,服务行业可做差异化的维度比制造业多,后来者总有机会。网站盈利模式的选择可以归结到一点,即要培养自己的核心竞争能力,做专做深,才能实现可持续发展。

香港汇丰银行基于电子商务的增值服务

香港汇丰银行为客户提供很多个人银行理财业务和金融服务,电子商务和网上银行提供了新的盈利机会。如果客户开了账户,每月工资自动会存到账上,所有账单也可以从网上支付。如果不希望提早付账单也不希望遗忘或延误付款而受罚或损失信誉,可以安排e-Alert服务,就是电子邮件提醒。这样的服务,对于银行来讲,成本几乎为零,设置是由用户自己自助服务完成的,服务器只是多发一个邮件,但对客户就非常有价值,就会有人付费订用。没有电子商务,这样的服务就不可行,用户无法灵活地自助选择提醒日期和账单,银行处理这样的服务和联系客户的成本也过高。

9.3.2 网上展示和网站可用性

在电子商务环境下,一个组织没有网站是件不可思议的事情。因为网站是面向全世界的窗口,也是组织形象的展示和客户服务界面。建个低成本的网站,连服务器都不需要,可以使用托管服务,只需要几千元钱。高明些的骗子在行骗前也会建个网站,显示实力,混淆视听,骗取信任。从网站质量可以看出一个企业的实力、客户服务意识和电子商务理念。一方面潜在客户越发依赖互联网了解企业;另一方面,随着竞争加剧,网站的可用性日益重要,因为竞争者就在一个鼠标单击之外。国外有研究表明,只有39%的被调查者可以完成网上购物。如果在网上有过不顺利经历,40%~50%的用户都不会再重返该网站。在这种情形下,一个设计有效的网站能够体现企业的核心价值观,通过提供浏览网站或购物的便利吸引并保有客户。

作为企业形象展示的网站有以下主要目的:

- 吸引来访者。

- 提供有价值、有意义的内容使来访者流连忘返(高黏度)。
- 吸引来访者跟随网站链接寻找信息。
- 创建与企业期望形象一致的印象。
- 与来访者建立信任关系。
- 强化来访者对企业的正面印象。
- 促使来访者再次回访。

而用户在访问一个企业网站时,主要动机有以下几种,必须妥善满足:

- 了解企业提供的产品和服务。
- 购买企业提供的产品和服务。
- 获取已购产品的保修和服务信息,或修理规定。
- 获取关于组织的一般信息。
- 为投资或放贷决策获取财务信息。
- 寻找公司或组织的领导及其情况。
- 查找组织中的个人或部门的联系信息。

因此,网站是维系企业与客户关系的一种纽带。企业需要注重网站设计质量,使之符合用户的操作习惯,迎合用户的消费心理。因此,网站的可用性问题应该是企业网站设计中首要考虑的因素。对用户使用的软硬件和网络连接速度按低标准要求(允许过时计算机、旧版本浏览器、最低带宽、最小的显示器),使得更多用户能便利地使用网站。此外,提供多种信息访问路径,显著位置提供联系方式和交通路线等信息最能反映客户服务理念。

可用性(usability)是人机界面(human-computer interaction,HCI)研究中一个关键的概念。HCI主要关注为设计出“易学”、“易用”的系统而提供技术、方法和指南,认为用户因素对于成功地设计、完成系统非常关键。对可用性的概念定义和测量方法已有很多研究。国际标准化组织(ISO)标准文档已有对包含用户相关性、效率、用户态度、易学性、安全性等属性的描述。例如,ISO 9241-11定义可用性为“产品可被特定的用户,在特定的环境下,用来高效地达到特定的目标,并且获得满意感的程度”。可用性主要指系统易学、易用,便于完成应该完成的任务的程度。此外,IBM和微软等跨国软件公司也都有自己的具体标准和过程指南。这里,我们以微软公司的微软可用性指南(microsoft usability guideline,MUG)为例,来介绍如何评价电子商务网站的可用性。

MUG围绕五个主指标形成对网站进行经验式评价的基础,这五个主指标是内容、易用性、促销、定制服务、情感因素。其中四个主指标还可以进一步进行分解,用下属的子指标来从各个方面细化主指标。这些指标覆盖了与网站的可用性有关的多数特征。

内容(contents)指网站所包含的信息以及将这些信息传递给用户的能力。该主指标包含以下四个子指标,用来刻画与内容有关的各个特征:(1)相关性,表示内容与核心用户的相关性,即网站所提供的内容是否与该网站的核心用户紧密关联;(2)媒体使用,表示适当的多媒体技术的使用,即网站是否在文字、图像、图形、声音、动画等多种信息表达形式中选择合适的媒体来表达信息内容;(3)深度和广度,指网站的内容应该既要有一定的详细程度,又要有一定的覆盖面;(4)实时性,网站的内容是否及时更新,以及提供相关的时间信息。

实践中,这些规则在很多网站中经常被违反,例如,常见的问题是有很多组织缺乏服务理念,对外网站以宣传企业领导人活动为主,相关产品和服务信息很少,潜在用户找不到任何联系方式等基本信息,过度使用高分辨率图片(影响下载时间),最新新闻还是半年前更新的。

易用性(easy of use)指的是对用户使用网站的能力上的要求。要求越低,则该网站易用性越强。反之,如果一个网站必须是经过某些专门培训才能使用,那么该网站是不可能有外部用户的。该主指标下有三个子指标:(1)目标,指网站的主题对用户来说是否清晰、易于理解;(2)框架结构,指网站的信息组织方式是否方便用户使用;(3)提供反馈,网站是否给用户提供了使用该网站的引导信息,使得用户总是很清楚所在网站的位置,保持方向感。

实践中,影响网站易用性的最重要因素之一就是网站的导航系统,因为用户在使用陌生网站时易于迷失方向或者找不到所要的信息。国外有研究显示,通常在给定网站上搜索想要的信息只有42%的成功机会。基本原则是,网站首页必须在最显著位置提供明确的导航系统,最好是有多种导航方式,包括导航框、网站地图和网站搜索等。多数网站的导航框按功能安排条目,如果再加上按潜在用户的身份和角色安排的导航框就更理想了,保障多条路径方便用户;不管以哪个为主,都应按客户思维习惯和行业流行标准设计,在此基础上兼顾企业特色。具体原则包括:按用户思维习惯而不是公司组织架构来组织网站,让用户尽快地访问到信息(减少单击次数和错访网页),明确标出导航标志和导航系统。

促销(promotion)指网站在互联网上的广告宣传能力。一个网站的促销能力对促进网站的交易是很关键的。"促销"没有下一级细化指标。很多优秀企业网站都在明显位置安排大量促销信息,如新产品介绍,邀请客户试用或提反馈建议等。常见问题是很多企业没有把网站当成客户界面,网站内容设置不当,滥用专业术语和浮夸性营销术语等。

定制服务(made-for-the-medium)指网站能满足特定用户需求的能力,充分发挥网络为客户提供量身订制服务的能力。事实上,当今的市场营销策略,如关系营销、个人对个人营销等,都要求网站应当能提供动态的、能满足特定用户独特需求的内容。定制服务分为三个子指标:(1)社区,指网站是否给用户提供参加在线小组、与其他用户进行交流的机会;(2)个性化,反映网站为用户量身订制服务的技术上的能力;(3)精心改进,指网站能及时反映当前主流趋势的能力,例如,采用主流的技术、采用大家普遍接受的表达方式等。本章其他部分已经讨论过,个性化、社区和与用户的实时双向互动功能都是一个成功网站的基本要素。

情感因素(emotion)指网站能做出情感性反应的能力。实践表明,软件系统能像人一样有情感地做出反应,在计算机使用环境中起着非常重要的作用。其四个子指标为:(1)挑战性,指能使用户在使用网站过程中克服一定困难而产生某种成就感,但也不应为追求挑战性而使网站功能复杂,令人困惑不解;(2)情节设计,指网站如何激发用户的兴趣,例如,使用像故事一样的情节安排,一步步引人入胜;(3)个性力量,指通过网站传递出的对客户的吸引力,使用户产生对网站的信任感;(4)节奏,指网站提供给用户的控制信息流的能力。用户应该可以根据自己的实际情况,选择合适的信息量及速度。

总之,为保障网站可用性,企业必须根据用户习惯,参考行业领先企业的网站,持续改进。此外,还需要进行多轮可用性测试,包括请专家或焦点小组,邀请内部员工和潜在用户参与测试,观察不同客户在不同网站设计方案中的使用行为。

9.3.3 个性化推荐

电子商务在为用户提供越来越多选择的同时，也使用户面对海量信息，增加了决策复杂度。一方面，顾客要在海量商品中找到适合自己需要的商品变得越发困难。在这种背景下，个性化推荐应运而生。本质上就是根据用户的兴趣爱好，主动推荐产品或服务。这样，当用户每次输入用户名和密码登录电子商务网站后，推荐系统就会自动按照用户偏好程度推荐给用户最喜爱的产品。当系统中的产品和用户兴趣资料发生改变时，给出的推荐会自动改变。好的推荐系统可以提升用户的购物体验，增加产品和服务的展示的机会，促进交叉销售，增加网站的访问量，并提升销售额。目前，个性化推荐技术主要有以下几种：

(1) 协同过滤推荐。它是目前应用最广、最成功的个性化推荐技术，基于"物以类聚、人以群分"的思路为用户推荐相似用户都感兴趣的事物。该方法不依赖于内容，仅依赖于用户之间的相似性。优点是推荐的个性化程度高，而且对推荐对象没有特殊要求，能处理非结构化的复杂对象，如音乐 CD 和电影。缺点是需要用户达到一定数量级之后才能有较好的效果。

(2) 基于内容的推荐技术。它是过滤技术的延续与发展，根据用户的以往浏览记录来向用户推荐用户没有接触过的内容。这种方法通常被限制在容易分析内容的商品的推荐，而对于一些较难提取出内容的商品就不能产生满意的推荐效果。

(3) 基于用户个人信息的推荐。这种推荐先基于用户个人属性对用户进行分类，再基于类对属于各个类中的用户进行推荐，不要求有一个历史的用户数据，而协同过滤和基于内容的推荐技术都需要历史的用户数据。

由于各种推荐方法都有优缺点，所以在实际中常采用组合推荐。其中应用最多的是内容推荐和协同推荐的组合推荐。最简单的做法是分别用基于内容的方法和协同推荐方法，产生一个推荐预测结果，然后用某方法组合其结果。亚马逊的个性化推荐是比较成功和有代表性的，有资料宣称亚马逊有 35%的页面销售源自于它的推荐引擎。以下简要描述其主要的推荐技术。

亚马逊(www.amazon.com)的推荐系统

亚马逊书店是世界上销售量最大的书店。它可以提供三百多万册图书目录，比全球任何一家书店的存书要多十几倍以上。亚马逊书店每名员工人均销售额达 37.5 万美元，比全球最大的传统图书公司 Games & Noble 要高三倍以上。因此，亚马逊被认为是网上购物行业的领袖，特别是推荐机制的使用。过去十几年间，该公司投入了大量资源开发推荐机制，来促使用户更多地购物。其推荐系统参考用户的输入、已往购买的历史、最近的浏览历史、对某些商品的打分以及其他用户购买数据的分析。下面是亚马逊最具有代表性的几种推荐：

您的推荐(Your Recommendations)：Amazon 鼓励用户对感兴趣的商品进行评价，评价分成五个等级。当客户评价过若干商品后，系统就会根据用户的喜好给出推荐。客户还可以通过刷新推荐，实时取得更多更新的推荐。

与此一起购买的其他商品(Customer who Bought This also Bought)：这是大多数电子商务网站都采用的一种推荐方式。以书籍为例，Amazon 通常把这种推荐方法以两个列表的形式输出：一个推荐列表是购买本书的用户还买过的其他书籍；另一个推荐列表是购买本书作者作品的用户还经常购买的其他作者的作品。

与此一起浏览的其他商品(Customer Who Viewed This also Viewed)：与上面所提到的推荐方法相似。只有一个推荐列表：浏览本书的用户还经常浏览的其他商品，注意可以是任何类别的商品，比如音乐、护肤品等；比起上面的方法，推荐的广度更大，可以提高网站的交叉销售能力。

捆绑和超值组合(Better Together & Best Value)：将当前商品和其他相关商品捆绑销售。同时购买这些捆绑销售的产品，会比购买单件商品便宜。通过价格的下调，刺激浏览者转变为购买者。

焦点评论(Spotlight Reviews)：提供其他客户的评论。在每个商品信息页面都有1～5星的用户等级评价和已购买过此商品用户的文本评论。用户可以根据这些评价和评论来决定是否购买。另外，用户也可以自己写评论或者打评价，回答诸如"本评论是否对你有帮助"这类的问题，结果将反应在本书的统计表上。

按关键字搜索相似商品(Look for Similar Items by Subjects)：相当于简单的搜索系统。系统给出若干个关键字，这些关键字通常和当前浏览商品有关，用户可以选择这些关键字作为输入，关键字之间的关系为"与"关系，系统将给出符合用户需求的商品目录，通常为10个。

采购圈(Purchase Circle)：让客户看到自己指定的地址位置、教育机构、公司、政府或其他组织最感兴趣的商品。用户可以查询"甲骨文公司员工最喜欢的书籍"、"纽约市最畅销的书籍"。Purchase Circle是一种基于"读者圈"的服务，用户不仅可以查阅其他人看什么，更可以把自己和其中的"读者圈"联系起来，从而享受真正的个性化商品推荐服务。

畅销品(Top Sellers)：用户可以选择喜欢的分类，通过该链接可以查看该类别的销售排名。这种推荐属于非个性化推荐，用户不需要注册就可以获得服务。

9.4 电子商务的新应用

新技术的出现给电子商务提供了新的机会和新的应用。本节对一些有代表性的重要应用进行简要介绍。

9.4.1 移动商务

传统电子商务模式主要是基于PC和网络技术的结合，而移动商务是基于移动终端设备。移动商务作为电子商务的一个子集，是指通过手机、掌上电脑等移动通信设备与无线网络技术有机结合所构成的一个电子商务体系。移动电子商务不仅仅是对传统电子商务的补充，更是代表了电子商务的一个新趋势。

移动商务与传统电子商务相比，最突出的两个特点是地点和时间敏感性，一方面不受时间和地点限制，另一方面根据时间和地点提供针对性服务。移动商务的另一个特征是输入设备比台式计算机更加不方便，因此系统可用性要求更高，显示内容必须更加具有针对性。通过移动商务，用户可随时随地获取所需的服务、应用、信息和娱乐。移动电子商务可以提供网上交易和管理等全过程的服务；因此，它具有广告宣传、咨询洽谈、网上订购、网上支付、电子账户、服务传递、意见征询、业务管理等各项功能。

无线通信技术是移动电子商务形成的基础，但真正推动市场发展的却是服务。截至目前，大量不同种类的移动商务应用模式正在或即将不断涌现，内容涵盖金融、贸易、娱乐、教育以及人们生活的方方面面。概括来讲，移动电子商务的主要业务可以分为五类：银行、贸易、订购票、购物和娱乐业。移动买卖股票、办理银行业务和游戏是目前最常见的应用类型。

(1) 银行。在移动电子商务中，银行服务允许消费者使用数字签名和认证来完成以下功能：管理个人账号信息、银行账号或预付账户的资金转移、接收有关银行信息和支付到期等的报警、处理电子发票支付等。

(2) 贸易。贸易和中介应用一般都是一些实时变化的动态信息，如股票指数、事件通知、有价证券管理以及使用数字签名验证过的贸易订单等。

(3) 购票。购票业务主要包括订票、购票、发票、支付和开收据等。这些业务可以应用在多种领域，如航空、铁路、公路、收费站、影剧院、体育比赛、公园等。

(4) 购物。在移动电子商务中，购物主要是指通过移动电话完成交易，也就是说，通过移动电话完成电子商场的订单、支付、购买物理商品和服务等业务。

(5) 娱乐业。移动电子商务的另一个很有吸引力的应用是娱乐业。互联网、移动通信技术和其他技术的完美结合创造了移动电子商务。

当前移动电子商务主要应用了以下几种技术：

(1) 无线应用协议(WAP)。它是一种通信协议，是开展移动电子商务的核心技术之一。WAP 可以支持目前使用的绝大多数无线设备。在传输网络上，WAP 可以支持目前的各种移动网络，如 GSM、CDMA、PHS 和 3G 等。目前，许多电信公司已经推出了多种 WAP 产品，向用户提供网上资讯、机票订购、流动银行、游戏、购物等服务。

(2) 移动 IP。移动 IP 通过在网络层改变 IP 协议，从而实现移动计算机在互联网中的无缝漫游。移动 IP 技术使得节点在从一条链路切换到另一条链路上时无须改变它的 IP 地址，也不必中断正在进行的通信。移动 IP 技术在一定程度上能够很好地支持移动电子商务的应用，但是目前它也面临一些问题，比如移动 IP 协议运行时的三角形路径问题、移动主机的安全性和功耗问题等。

(3) 蓝牙(bluetooth)。蓝牙是由爱立信、IBM、诺基亚、英特尔和东芝共同推出的一项短程无线联结标准，旨在取代有线连接，实现数字设备间的无线互联，以便确保大多数常见的计算机和通信设备之间可方便地进行通信。蓝牙作为一种低成本、低功率、小范围的无线通信技术，可以使移动电话、便携式电脑、打印机等设备在短距离内无须线缆即可进行通信。

(4) 通用分组无线业务(GPRS)。传统的 GSM 网中，有限的传输速率只能用于传送文本和静态图像，但无法满足传送活动视像的需求。GPRS 突破了 GSM 网只能提供电路交换的思维定式，将分组交换模式引入到 GSM 网络中。它通过仅仅增加相应的功能实体和对现有的基站系统进行部分改造来实现分组交换，从而提高资源的利用率。GPRS 能快速建立连接，适用于频繁传送小数据量业务或非频繁传送大数据量业务。GPRS 是 2.5 代移动通信系统。由于 GPRS 是基于分组交换的，用户可以保持永远在线。

(5) 移动定位系统。移动电子商务的主要应用领域之一就是基于位置的业务，如它能够向旅游者和外地办公员工提供当地新闻、天气及旅馆等信息。这项技术将会为本地旅游业、零售业、娱乐业和餐饮业的发展带来巨大商机。

(6) 第三代移动通信系统(3G)。3G 是英文 3rd Generation 的缩写，相对第一代模拟制式手机(1G)和第二代 GSM、CDMA 等数字手机(2G)。第三代手机一般来讲，是指将无线

通信与互联网等多媒体通信结合的新一代移动通信系统。它能够处理图像、音乐、视频流等多种媒体形式，提供包括网页浏览、电话会议、电子商务等多种信息服务。为了提供这种服务，无线网络必须能够支持不同的数据传输速度，也就是说在室内、室外和行车的环境中能够分别支持至少 2Mbps、384Kbps 以及 144Kbps 的传输速度。

(7) 无线公开密钥体系(wireless PKI，WPKI)技术。WPKI 是一套遵循既定标准的密钥及证书管理平台体系，是传统的 PKI 技术应用于无线环境的优化扩展，它采用了优化的 ECC 椭圆曲线加密和压缩的 X.509 数字证书，利用证书管理移动网络环境中的公钥，验证用户的身份，建立安全的无线网络环境，从而实现信息的安全传输。

黑莓(BlackBerry)——最"革命"的手机

商业环境瞬息万变，企业每天需要处理的数据多如牛毛。在这种环境中，企业必须具有对信息的快速反应和处理能力。作为一种被证明有效的优秀移动商务平台，BlackBerry 智能手机为世界各地的企业用户提供了与大量业务信息和通信的无线连接，而且极其安全。

1984 年，"黑莓"的生产商 RIM 公司(Research In Motion)还只是一个不景气的 IT 小公司。1998 年，公司将目光移向了日益红火的手机市场。但有别于诺基亚、摩托等这些手机巨头，RIM 将客户目标细分定位在商务人士，开发出一个基于双向寻呼模式的无线邮件系统，这个系统可以将电子邮件直接送到手持的接收器上，而不是通过互联网。这一革命性的应用打破了以往电子邮件通过互联网传播的限制。如今，BlackBerry 智能手机的独具魅力的邮件主动推送到客户终端的"Push Mail"功能，已经可以使企业的各种数据信息如报表、销售数据、订单信息和库存更新等在手机上传送、阅读。同时 BlackBerry 支持电子签名，可以帮助企业管理提高效率，实现企业移动信息化，优化企业竞争能力。BlackBerry 服务为企业提供了移动办公的一体化解决方案，这一切都要归于 RIM 的核心竞争力——无线技术的领先优势。

9.4.2 Web 2.0 应用

Web 2.0 是新的一类互联网应用的统称。既然称之为 Web 2.0，那么 Web 1.0 又是什么呢？互联网自创立伊始，担当的是一个"织网者"的角色，门户网站从各种途径搜索新闻和信息，然后集成起来打包推给网民，这是一种"填鸭式"的单向信息传输模式，网民只能被动接受。这就是 Web 1.0。或者更技术一点说，Web 1.0 是客户机/服务器的架构模式，所有的网民必须蜂拥至门户网站等中心点去获取信息源，缺乏来自网民的反馈与互动。

然而，Web 2.0 的本质特征是参与、展示和信息互动，它的出现填补了 Web 1.0 在参与、沟通、交流等方面的匮乏与不足。来自于"草根"阶层的网民的信息正是最能体现 Web 2.0 精神的本质所在。如果将网民排列成一张大网的话，每个人都是一个节点，而每个节点都可能充当一个信息源，并且每个人都可以对来自每个节点的信息进行汇总、梳理、筛选。由于博客、视频共享网站、社区网站等互联网用户自创内容的爆炸性增长和影响力，互联网使数以亿计的网民都成为了创造者，每个人都变得重要起来。

由此可见，从 Web 1.0 到 Web 2.0 的转变包括：模式上从单纯的"读"转变为"写"和"共同建设"；基本构成单元上从"网页"转变为"发表/记录的信息"；工具上由互联网浏览器转变为各类浏览器、RSS 阅读器等；运行机制上从"客户服务器"(client server)转变为"网络服务"(web services)；软件作者由程序员等专业人士向全部普通用户发展；应用上由初级应用向全面大量应用发展。

到目前为止，人们依然没有对 Web 2.0 做出精确的定义。这里介绍它的几种典型应用形式以便了解 Web 2.0 的存在形式和核心精神。

1. 博客（Blog）

Web 2.0 的出现首先来自博客，它是个人或群体按照时间顺序所做的一种不断更新的记录。博客与读者之间的交流主要使用回溯引用和回响、留言、评论等方式。博客的操作管理用语借鉴了大量档案管理用语，因此，一个 Blog 也可以被看做一个档案或卷宗。但是，与传统意义上的档案不同的是，博客的写作者（Blogger）既是档案的创作人，也是档案的管理员。

起初，博客在人们的观念中只是主流媒体的一种补充，但是，2005 年发生的一系列事件改变了人们的看法，在印度洋海啸和伦敦系列爆炸案等事件中，博客正式成为一种主要的报道方式，简单精确的图片和文字，在第一时间将事件报道传至自己的博客中。自此，Blog 正式成为一种主流媒体，实现“人人当记者”的理想。例如，2005 年 7 月 7 日，伦敦爆炸案发生后，现场有人用手机不停地把这些即时照片发给一家博客网站。在这之后短短几个小时，其中的一张照片已成为各大电视网竞相播放的画面。只用两个手机和一个博客网站提供了主流新闻机构梦寐以求的第一手照片。爆炸案发生后不久，伦敦市民现场拍下的数百张照片就开始出现在博客网站上。此外，还有不少人试图利用博客，查明自己的朋友或亲人的下落。

除了个人博客外，企业博客也逐渐成为主流，主要包括：(1)公共企业博客，以市场营销和公共关系为核心功能；(2)内部企业博客，以协同工作与信息转移为主要功能。博客极大地降低了建站的技术门槛和资金门槛，使每一个互联网用户都能方便快速地建立属于自己的网上空间，满足了用户由单纯的信息接受者向信息提供者转变的需要。随着配套应用的快速发展，个人博客将在很短的时间内加速成长为“类门户型”的微型个人网站，从而形成基于个人或小团体的以内容为导向的群体，其中的佼佼者有可能从门户频道乃至专业网站手里夺走部分甚至大部分读者。

微博即微型博客，是新兴起的一类开放互联网社交服务，现场记录，三言两语，发发感慨，晒晒心情。国际上最知名的微博网站当属 Twitter。微博网站打通了移动通信网与互联网的界限。相比传统博客中的长篇大论，微博的字数限制恰恰使用户更易于成为一个多产的博客发布者。此外，传统博客中，用户的关注属于一种“被动”的关注状态，写出来的内容其传播受众并不确定；而微博的关注则更为主动，只要轻点“follow”，即表示你愿意接受某位用户的即时更新信息。从这个角度上来说，微博对于商业推广、明星效应的传播更有价值。

2. 标签（Tag）

Tag 是一种更加灵活、有趣的日志分类方式。每篇日志都可以添加一个或多个 Tag。然后，就可以看到 Blog 空间上所有具有相同 Tag 的日志并由此建立起与其他用户更多的联系和沟通。因此，Tag 体现出群体的力量，它增强了日志之间的相关性和用户之间的交互性，让互联网用户看到一个更加多样化的世界，一个关联度更大的 Blog 空间，一个实时播报热点事件的新闻台，这是一种前所未有的网络体验。

虽然一个 Tag 可以被简单理解为一个日志分类，但是，Tag 和分类之间也存在明显的

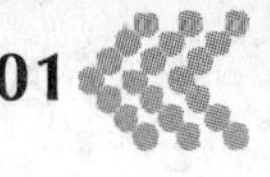

差别。首先,从产生的时间上来看,写日志之前就设定了分类,而 Tag 是在日志完成后添加上去的;其次,从数量上来看,一篇日志只能有一个分类,但却可以同时贴上多个 Tag;再次,当 Tag 积累到一定数量的时候,我们也可以找到 Blog 中最经常写的是哪些话题。最后,我们可以看到哪些人与自己使用了相同的 Tag,从而找到志趣相投的博客作者(Blogger)。

3. 社区网络(SNS)

社会性网络软件(Social Network Software,SNS)是 Web 2.0 体系下的一个技术应用架构。SNS 是采用了分布式技术(即 P2P 技术)构建的下一代基于个人的网络基础软件。SNS 可以将分散在每个人的设备上的 CPU、硬盘、带宽进行统筹安排,并赋予这些相对服务器来说很渺小的设备更强大的能力。这些能力包括计算速度、通信速度和存储空间。普通人通过安装 SNS 软件都可以拥有媲美网站服务器的计算及通信资源。

20 世纪 60 年代,美国著名社会心理学家 Milgram 提出了"六度分隔"(six degrees of separation)理论。简单来讲,就是在人际脉络中,如果要结识任何一位陌生的朋友,这中间最多只要通过六个朋友就能达到目的。"六度分隔"理论揭示了人际关系世界中无可否认而又令人震惊的特征,社会学上的许多研究也给出了令人信服的证据。基于 SNS 的社区网站,就是采用了 SNS 技术、依据六度分隔理论建立的网站,帮人们联系朋友圈的朋友,维系和扩张自己的人脉。

MySpace(www. myspace. com)

MySpace 于 2003 年由南加州的几个人建立起来。MySpace 从音乐起家,用音乐和歌手来吸引比较新潮的年轻群体,针对音乐的应用吸引了大量有黏度的用户,然后 SNS 在用户之间建立基于共同兴趣的连接,通过博客把人的个性化展现出来,并吸引更多人加入,使得体系形成良性的循环增长。MySpace 有几个比较典型的聚拢人气的办法(拉会员),如:事件邀请,很多乐队利用这项功能来邀请粉丝参加自己的演出,既加深了老网友之间的互动,又加强了老网友"拉"新网友的强度;MSN 病毒式推广,用户能够看到自己在美国在线、雅虎以及 MSN 中的朋友是否也在 MySpace 里;新的校友录功能,之前用户们必须填写他们是哪里的学生或者毕业生,这个学校的首页也提供分类广告的功能,用户可以在这里买卖课本、出租房屋或者征集合租人。

4. 维基(Wiki)

Wiki 这个名称源于夏威夷语"wee kee wee kee",即"快点快点"的意思。Wiki 的技术性定义指"一个特定网站,它允许用户使用网页浏览器来方便地创造和编辑任意个相连的网页"(http://en. wikipedia. org/wiki/Wiki)。用户需要使用一种超文本语言或是 WYSIWYG 文本编辑器,支持面向社群的协作式写作,可用于构建社区网站、个人笔记和组织的知识管理。Wiki 是集中网民的集体智慧来建构网络公共知识库的应用,它构成了人类知识的一种网络系统,可以帮助用户在一个社群内共享某个领域的知识,用户可以浏览、创建和修改 Wiki 文本。与其他超文本系统相比,Wiki 和 Blog 都降低了超文本写作和发布的难度,具有使用简便并且开放的优点。另外,Wiki 的自组织、可增长和可观察的特点使其本身也成为网络研究的对象。但与 Blog 不同,Wiki 是一个动态的个人或群体的协作工具,需要达成群体的共识。而 Blog 是个人知识积累平台,突出个性,别人不可以对其进行修改。因此,Wiki 技术要比 Blog 更加的互动,更能体现出 Web 2.0 时代的网络共享性,也更像是一个群体的网络精神家园。目前,Wiki 主要用于构建网络百科全书。Wiki 将来可以推广到更广阔的领域，完成更加多样化的任务。

维基百科(www.wikipedia.org)

2001年，Jimmy Wales和Larry Sanger共同创建了维基百科，面向全球推出了一个自由、免费、内容开放的百科全书协作平台。任何人都可以编辑和使用其中的任何文章及条目，人人可以修改，人人可以免费分享维基百科所带来的知识。于是，在全球日益发达的互联网上出现了越来越多的"维基人"或"维客"，其共同点是他们都是志愿者。维基百科的普及也促成了其他计划，例如维基新闻、维基教科书等计划的产生，但是也造成对这些所有人都可以编辑的内容的准确性的争议。

5. 站点摘要(RSS)

RSS诞生于1997年，它是一种用于共享新闻和其他Web内容的数据交换规范，起源于网景通信公司(Netscape)的"推"技术(push technology)，即传送订户订阅内容的通信协同格式(protocol)。RSS可以简单地理解为一个动态新闻收集工具。

与提供Blog之间相互通告功能的Track Back一样，RSS起初也是一种Blog应用工具，以后才从Blog中独立出来。现在，RSS与搜索引擎逐渐形成双峰对峙的局面，一个包送，一个自取，构成了极具价值的网络应用。与传统的浏览器、门户网站甚至谷歌和百度等搜索引擎相比，RSS在获取、组织和管理庞大的缺乏整合的内容方面显示出较大的优势。目前，RSS已被广泛用于Blog、Wiki和网上新闻频道等，大多数世界知名新闻社网站都提供RSS订阅支持。

不管是哪种形式的Web 2.0网站，总体来说，从企业角度来看，Web 2.0的突出优势在于用户更高的忠实度，Web 2.0经济的核心就是规模经济。Web 2.0网站通过搭建平台，打造一个最"舒适"的环境，让用户建立所谓的"个人门户"来表达自己，在网络中生活和交流，形成自己的虚拟社会关系网。用户感受到的是自己在虚拟社区中的个人形象。正是因为每位用户在贡献内容的同时，将更深地融入网络，同时通过个人行为表现自己，所以自己的虚拟身份将和现实中的个人身份产生类似的效果，这就是Web 2.0"用户黏着力"的基础。Web 2.0要想创造盈利机会，就要依靠用户的黏性把这些用户成功移到其他服务上去。如果厂商表现够好，提供的服务越多样、越到位，那么对用户的黏着力会越大。可想而知，在这种互动更强的情形下，作为一个社会的虚拟，其商业模式会自然而然地生成。但更重要的是，首先如何让你的Web 2.0网站具备足够的吸引力。Web 2.0网站提供个性化的用户体验，拓展用户的人际交往，甚至帮助用户实现一些商业目的，这些都是传统网站无法提供的。这些价值能轻易地转化为网站的流量和用户黏性，而它又能进一步转化成会员费、广告、移动增值和互联网增值等收入，最终转化为网站的盈利。

9.5 传统企业的电子商务路径

在前面我们介绍电子商务类型的时候，所提到的例子均是纯电子商务企业。那么，作为目前社会经济中的主体，传统型企业如何能够追上信息时代的步伐，科学有效地进行"电子商务化"呢？传统型企业强调细致的分工，倚重实物资源，以人工手段和传统方式达成企业内部各个价值点的实现。而电子商务的发展带来了全新的理念，更强调资源重整与内外协作，采用先进高效的信息工具和电子手段达到内外价值链的统一和价值的共同增值。从我国目前传统企业的"电子商务化"途径的特征来看，主要有以下几种类型。

1. 传统企业发展 B2B

B2B 式电子商务化途径就是企业与企业之间通过互联网进行数据信息的交换、传输和开展贸易活动。例如,企业与其供应商之间采购事务的协调;物料计划人员与仓储、运输公司之间的业务协调;销售机构与其产品批发商、零售商之间的协调;为合作伙伴及大宗客户提供的服务,等等。

传统企业发展 B2B 电子商务大概经历了三个阶段。

第一阶段是初级电子商务。企业主要利用互联网发布信息,即在网站上提供自己的供求信息,全面展示企业的所有产品及细节,以便于用户查询。其特点是静态发布、单向信息、被动式浏览和缺乏互动交流等。这类初级的电子商务提供的功能很有限,但费用低廉,方便有效,因此对于传统企业电子商务的发展初期有一定效果。

到了第二阶段,与第一步电子商务的最大区别在于,企业可以动态发布信息,并且实现了与客户的互动式交流,即信息是双向的。此阶段电子商务的实现依赖于企业自身一定的信息化水平,例如企业办公自动化水平较高,实施了 ERP(或者类似 ERP)系统。只有这样,企业才能对外部的电子商务市场快速反应,否则电子商务的简单、高效、快捷、低成本等也无从体现。

第三阶段,传统企业的 B2B 的最成熟阶段,也就是企业通过 ERP 系统、客户关系管理系统(CRM)和供应链管理系统(SCM)等,将供应商、生产商、分销商和客户联系起来。在整个系统中,使用商业智能、知识管理进行商务智能处理。这样,客户及供应商等的信息被全部实时地管理起来,任何需求与供应信息的变化都迅速地传递给供应链中的其他环节,从而货物和服务能够更好地流通和实施。

2. 传统企业发展 B2C

纯电子商务企业的成功,让传统企业看到了 B2C 潜在的巨大商业机会。事实上,传统企业发展 B2C 已成为必然的趋势。从外部条件看,首先,中国的网民数已经发展为世界第一,网民的网上消费习惯已经形成;其次,国家开始大力支持和推进传统企业进军电子商务领域。从内部条件看,传统企业已经拥有了较好的自主品牌,且线下物流体系已日趋完善,支付手段也实现了多元化。这些都为传统企业进军 B2C 提供了条件。

通过 B2C,企业在传统的销售渠道之外通过开通网上商城,和消费者之间建立了直接的营销通道,大大拓展了市场。目前我国进军 B2C 电子商务的传统企业主要有两类。一类是传统制造企业,如海尔、TCL、长虹、格兰仕等家电企业,以及 IT 类的如联想集团等。但是,制造类企业发展 B2C 最快的还属快消品行业,如服装类企业和食品类企业。如今我们可以看到,如百丽、雅戈尔、李宁、宝洁、中粮等在传统领域有着良好品牌影响力的大型品牌纷纷“触网”。另一类是传统的零售或批发卖场类企业,例如国美电器、苏宁电器等国内家电连锁企业,百联集团、西单商场、易初莲花、家乐福等商场和综合超市等,均开通了网上商城。

互联网是个低成本、大容量的双向信息交换平台,任何企业都可以利用网站与客户和供应商保持互动,管理客户关系。例如,北京郊区有一个有名的大型会议与休闲渡假中心,提供各种房型、会议和休闲设施,以及娱乐项目,有多个餐厅提供各种风格的菜肴等。原来有一支 110 多人的专业销售部门。管理者发现大量客户咨询电话是与交通有关,不少是问路的,询问从机场等北京各地到达会议中心的最佳交通方式和路线。后来该会议中心建立了网站,放了一张交通路线图在首页。从此交通咨询电话少了很多,销售部门裁减了 10 人。

此后，又在网站上发布信息的基础之上，扩充了订房和订餐等网上直接下单的业务处理功能，此后销售团队又缩减了30多人。

国外的制造型企业宝洁公司也是一家成功利用电子商务的企业。通过网站与顾客互动，协作创新，节省80%的市场研究费用。此外，宝洁还通过网络价格提供个性化的最新的护肤、美发和化妆产品。公司投资的网站Reflect.com允许顾客在线设计几千种不同产品配方和产品包装，最终产品还可以直接配送到顾客手中，提供了一个全新的业务流程绕过了传统的分销渠道，满足了顾客多样化的需求。结果是提升了服务和信息在产品中的价值含量，延伸了客户服务和客户关系管理。宝洁一家公司有70多个类似网站，支持多个产品线和品牌，充分显示了电子商务对传统制造业的重要意义。

百丽淘秀网(www.topshoes.cn)

百丽淘秀网是百丽国际旗下的电子商务网站，是传统企业涉足电子商务的一个代表案例。百丽是中国最大的女装鞋零售商，其核心品牌"Belle百丽"连续十多年位居中国女装鞋销售榜首，另外，百丽还拥有几十个自有品牌和代理品牌。在各个城市的各大商场，随处可见百丽的鞋类柜台。但是百丽并没有满足于已经非常完善的线下市场，而是搭建网上商城，将生意拓展到互联网上。由此拓宽了销售渠道，为消费者提供了更多购物方式的选择，拉近了与消费者的距离。事实证明，百丽的电子商务战略很快就显出了成效。

3. 传统企业内部网络化应用

除了电子商务以外，企业也可以在内部发挥数字化和网络化的优势，在企业内网(Intranet)基础上实现数字化和网络化企业(e-Business)。主要有两方面的工作：一是组织内部业务和流程的数字化和网络化，大到办公自动化，小到会议室的网上预订；二是重新设计基于互联网技术的组织内部的各种信息系统。由于数字化和网络化的优势，会议室的网上预订这样小的应用都会提升效率和组织资源利用率。以往借助人工和纸质预订单的方式不利于信息处理和共享，但放到网上大家都随时可以看到，随时预订、取消或修改，甚至员工和部门之间提前协调。

企业内部应用的重点主要是企业价值链上的一些支持活动，例如财务与行政管理、人力资源和技术开发等，也有知识管理，通过企业内网有目的地收集、分类及发布有关组织及其产品与流程的信息等。例如，在数字化人力资源管理方面，较先进的公司一般是在线发布全部公司规章政策、工作职位安排及内部工作调整信息、公司电话目录与员工的培训项目。此外，员工医保、储蓄等基本服务也在网上提供，既方便、安全又可靠。

例如，微软从20世纪90年代中就开始使用网络版的人力资源管理系统，管理数万名员工的福利信息、股票期权兑现、员工优惠购股、登记表格、时间卡及请假报告等。该系统可以与SAP的R/3 ERP系统进行数据集成(每24小时数据交换一次)，简化了工作流程。一个服务器整合了先前几台文件服务器与成堆的纸质表格，减少了75%～90%的邮寄与印刷材料成本，每年节省了一百万美元以上，并取消或减少了200种表格。更重要的是，该系统减少了员工的搜寻成本，允许员工在线提交出勤卡、查阅工资单等。

在企业内部实现数字化和网络化有很多优势。在技术上比较容易，网络版系统可访问大部分计算机平台，能与公司内部系统及核心事务数据库相联结，创建交互式应用，计算平台具有很好的可扩展性。从管理角度，网络版系统易于使用，有通用的网络界面，启动成本低，为员工提供更丰富、更具互动性的信息环境，减少了组织内的信息分发成本。

本章小结

总之,网络经济时代的电子商务和信息管理带来了一系列的新机会和挑战。具体表现在,所有信息都可以数字化,而所有数字化信息都可以在互联网上快速自由流动。在这样的环境下,所有成功企业都必须是优秀的信息处理企业。信息是企业提供产品和服务的基础,提升竞争能力和效率的手段。具体表现在,企业可以通过电子商务贴近客户,垄断客户资源,通过积累和使用历史数据提供个性化增值服务,并增加客户转移成本,提高运营效率,提供新销售收入与渠道。

章后案例分析讨论:

试分析“世纪佳缘”(www.jiayuan.com,国内著名专业婚恋服务平台)或某电子商务服务供应商的盈利模式,相对于传统网下服务的优势和劣势,以及成功关键因素。

本章习题

1. 电子商务对经济活动产生了什么样的影响?

2. 电子商务有哪些盈利策略?哪些因素会影响某个电子商务网站具体盈利模式的选择?

3. 什么是电子商务的可用性?如何设计?

4. 列举你实际生活中遇到的个性化推荐的例子,哪些是你喜欢的?哪些是你不喜欢的?为什么?

5. Web 2.0 的本质是什么?

6. 移动电子商务和 Web 2.0 等新技术改变了传统电子商务的盈利模式了吗?你认为可以有哪些新的盈利模式?

7. 传统企业如何发展电子商务?

本章参考文献

[1] Schneider,G P. 电子商务. 成栋,译. 北京:机械工业出版社,2008.
[2] Turban E. 电子商务管理视角.(原书第5版). 严建援,等译. 北京:机械工业出版社,2010.
[3] Shuen A. Web 2.0 策划指南(影印版). 南京:东南大学出版社,2009.
[4] 中国电子商务协会. 第三方电子支付探索与实践. 北京:中国标准出版社,2008.
[5] 周虹. 电子支付与结算. 北京:人民邮电出版社,2009.
[6] 秦成德、王汝林. 移动电子商务. 北京:人民邮电出版社,2009.
[7] 洪国彬,等. 电子商务安全与管理. 北京:清华大学出版社,2008.

第10章　信息系统开发

本章学习目标：

- 信息系统规划的基本原则和过程
- 信息系统开发方法和模型，特别是敏捷开发方法
- 结构化系统分析原理（重点）
- 面向对象的系统分析与设计（重点）

前导案例：信息系统规划过程——大众（美国）公司案例

21世纪初，大众公司开始在全球实施产品多样化战略。为了给产品数量增长和与之相应的销售和服务做好准备，大众（美国）制定了一个叫做“下一轮增长”的战略计划。该计划定义了大众（美国）为了支持新的全球产品多样化战略运作所需的目标、职能和组织变革。公司的IT部门也着手制定信息系统规划，准备支持公司战略目标。之前IT部门一直在推广用正确方法管理信息化项目，此刻面临的挑战是做正确的项目：如何合理地分配六千万美元的年度IT预算？哪些信息化项目最值得资助？

为了实施“下一轮增长”计划，大众（美国）公司战略小组的成员，与IT部门和外部咨询公司的战略顾问首先联合设计了一个高层业务架构。这一架构清楚地描述了企业的业务蓝图和关键资源，有助于战略制定者了解不同要素间的关系。IT部门期望它在规范化IT治理和信息系统规划的流程中扮演重要的角色，因为它为IT项目的分类提供了依据，便于以合理的方式建立它们与公司战略和战略实施能力之间的关系。IT部门决定通过三个阶段实现IT规划流程，时间跨越三个月。

第一阶段——征集项目、沟通，并识别项目间的依赖关联

IT部门的项目管理办公室具体负责发布项目征集书和截止日期，来启动此流程。在业务部门将提案提交到项目管理办公室之前，公司战略小组和外部咨询顾问召开了一个由公司内部各业务部门的数字化企业委员会成员代表参与的研讨会。研讨会的成员们被告知他们要深度介入项目的资助决策过程中。基本过程是，每个业务和IT项目举措将被映射到企业业务架构，以便首先明确将受益的业务职能，然后再确定该举措能够推进的主要公司目标。

各业务部门申报的IT项目汇总到IT项目管理办公室后，需要资助的总额达2.1亿美元，远远超过预算。接下来，在各业务部门数字化企业委员会成员代表参与的规划会议上，代表们非正式地陈述了本部门的项目，并从职能方面简要地说明该项目如何改变业务。会议代表在会议室一侧的特大型的业务"职能墙"上明确他们的项目的位置。随着会议的进行,代表们开始认识到许多部门准备投资的项目非常相似。相似的项目被合并归类到一个共同的企业项目。企业项目被从个别业务部门的清单中拿出来,加入到企业项目组合中。

在讨论单个项目时,数字化企业委员会还要识别项目间的关联。很明显许多项目间是互相影响的。最重要的是,一些项目要等到其他项目完成后才能启动。这一现象导致部分项目提案被移到下年或者再下年的清单中。这一阶段的结果是:2.1 亿美元的提案清单被缩减到 1.7 亿美元,该清单中的项目将在第二阶段正式提出。

第二阶段——来自业务部门的正式项目请求

在短暂的第二阶段,各部门利用预先确定的模板正式制作项目提案,项目提案细化以下信息,包括名称、它给当前运营环境带来的变化、财务模型、被支持或将受益的企业职能(由上阶段确定的)、项目将推动的企业目标。此外,项目提案从以下两个角度分类:①项目所代表的投资类型,包括维持生存的投资(例如应对监管部门规范的系统)、提升回报的投资、创造机会的投资等三类;②项目涉及的技术应用类型,包括基础性企业 IT 平台、企业应用、定点定制的解决方案等三类。投资类型和应用类型将影响特定投资项目在遴选和优先级排序中的地位。一旦每个项目的提案准备好之后,各业务部门领导把这些项目按优先级排序。业务部门经理们认为,像往年那样,至少优先级最高的项目会获得批准。第一阶段中已经被划分到一起有明显协同优势的项目也会被提出来,作为潜在的企业项目。它们仍然放在业务部门的项目组合里;一旦通过审批成为企业项目,它们就会从业务部门的项目组合中删去。

第三阶段——把业务部门请求转换成企业目标组合

所有正式请求都提交后,数字化企业委员会在公司外面召开一个两天的会议,把已产生的业务部门关注的项目组合转换成企业项目的组合。会前,由公司战略小组和项目管理办公室对项目分类,利用第一阶段的分析得出的项目间的依赖关系和企业项目,生成一个包含所有项目的高层时间表。因为很多项目依赖于其他项目的完成(或开始),很多当年的项目立项很明显要推迟到下一年或者更晚才能启动。此外,一些业务部门的项目提案被正式合并组成企业项目提案。

由于互相依赖关系和企业项目的产生,项目总清单相应改变,数字化企业委员会把仍在当年项目清单上的项目重新排列。这样一来,有些业务部门最重要的项目要到下一年或者更晚才正式可行。另外一些则被认为是企业项目。所以业务部门代表必须重新排列各自当年提案项目的优先级。委员会同意每个业务部门可以在当年的名单上保留最重要的三个项目。委员们通过手机与那些不是数字化企业委员会成员的业务部门经理进行了一阵紧急的电话磋商,在第一天的会议结束前,各个部门敲定了本部门的前三个优先项目。

数字化企业委员会成员第二天返回会场后发现他们的工作还远未结束。公司战略和项目管理办公室小组已连夜将各业务部门挑选出来的最重要的三个项目重新划分到八个目标组合里,每个组合对应一个"下一轮增长"计划中的主要企业目标。数字化企业委员会成员很快熟悉了这个新的企业投资组合结构,并悄悄地留意了本部门提交的项目是如何与公司的企业战略目标联系起来的。

第二天的决策始于讨论业务部门提交的提案中声称的项目与公司目标联系的准确性。几个声称与"下一轮增长"最关键的目标相联系的项目被重新分类,因而降低了它们获得拨款的前景。讨论开始越发激烈，但最后会议还是达成一致并确定了最终的目标组合。

会议快结束时，规划方案基本成型。总共可用的大约6000万美元中，1600万美元已被留出来投资于“维持生存”的项目，它们绝大多数是归公司信息总监管理的基础设施项目；另外3000万美元投资于企业项目。剩下的1400万留给优先级最高的业务部门项目。这些粗略划分意味着各部门的三个最优先项目不可能都获资助，有的部门甚至没有一个项目获资助。

最终，为了与“下一轮增长”目标的优先级次序一致，数字化企业委员会建议按照目标组合的次序资助业务部门的项目：资助在最高等级目标组合中的所有项目，然后顺次资助等级次高的组合，依此类推。此建议得到了公司IT指导委员会的批准。

案例思考题：

1. 案例中信息系统规划过程的基本指导思想是什么？希望达到什么目的？
2. 案例中描述的方法和过程的主要优点有哪些？主要缺点是什么？
3. 有哪些部门、职能角色、委员会成员参与规划过程的各阶段？分别起什么作用？

本章重点讨论有代表性的系统开发模型。与其他教科书的相关章节相比，本章有两个特点：①侧重各种系统开发方法的相对优缺点，突出重点，例如用户需求的意义、难度和获取方法，在如何具体操作方面相对从简，也不关注具体实施细节；②对于重点内容，包括敏捷模型、结构化分析和设计以及面向对象的方法，尽量给出相对完整的具体例子和足够细节便于理解。

本章具体安排如下：

第1节通过前导案例简要说明规划过程，关系到如何选择最重要的系统和功能开发。

第2节简要介绍软件开发的特点，包括复杂性和准确把握需求的意义和难度。

第3节主要介绍四种典型的开发模型及其相对优缺点，包括生命周期模型、原型模型、螺旋模型以及敏捷模型。

第4节重点介绍目前最流行和具有代表意义的一种叫做Scrum的方法。

第5节介绍源远流长的结构化分析与设计方法的基本原理和工具，包括数据流程分析、数据描述、处理逻辑定义等。

第6节重点介绍面向对象的分析与设计，对统一建模语言(unified modeling language, UML)进行描述，并通过实例介绍面向对象方法的原理和一些重要原则。

10.1 信息系统规划

本质上讲，信息系统规划是一个识别支持企业战略和目标的信息系统的过程。目的是通过信息系统规划来指导企业未来的信息化建设，将有限的资源投入到对企业贡献最大的信息化应用上。信息系统规划已经成为企业高管和信息总监所关注的重要问题之一。

在过去的30多年中，国际上出现过多种规划方法和框架，试图通过结构化的方法论来指导企业的信息系统规划实践。教科书中经常介绍的方法包括信息工程法(information engineering)、价值链分析法(value chain analysis)、IBM首创的企业系统规划法(business systems planning)和关键成功要素法(critical success factors)等。这些方法各有侧重点，从不同层面和角度支持信息系统规划。相关内容也可以在信息资源计划的教科书中找到，这里就略去了。

前导案例描述了一个相对简单，但有目的、有组织的系统性方法，来优化资源分配，识别应该优先资助的信息化项目。该过程的根本目标是最大限度地保障信息化战略与企业业务战略的匹配，即IT项目必须支持业务发展。为此，IT部门采用了一个涉及多个部门和决策角色的多阶段过程。案例背后的理念和原则有一定的实践借鉴意义。

10.2 系统复杂性与需求的重要性

软件系统比硬件系统有更高的复杂性和灵活性，可以直观感觉到。环视教室或家里的硬件设施，使用方式通常有限，反映在开关一类的控制数量有限，每个开关的状态也很少。而软件系统则不然。例如，文字处理软件中菜单系统提供的功能很多；每个操作对话框的选择都非常多，控件的数量和每个控件的不同状态组合起来有无数种可能。系统提供的操作数量大得惊人，人们使用和了解的仅仅是很小的一部分。具体设计并实现系统的每个可能，并且保证结果正确是件非常复杂的工程。此外，由于软件比较容易修改，所以当需求变更后，人们都是希望修改软件而不是调整工作流程。因此，软件设计的复杂性高、风险也高，有些流行的大型软件系统，针对系统缺陷所发布的补丁的数量是六位数的。为应对软件设计的复杂性，我们需要科学的方法论。

在很多情况下，开发人员拿到项目立即根据需求编写程序，调试通过后生成软件的第一个版本。程序提供给用户使用后，如果出现错误，或者用户提出新的要求，开发人员重新修改代码，直到用户满意为止。在这种情况下，既没有需求说明，也没有设计，软件随着客户的需要不断被修改。这样的手工作坊式的开发，对编写几百行的小应用程序来说或许可以应付，但对任何规模的开发来说都是不能令人满意的。主要问题在于：

(1) 缺少规划和设计环节，软件的结构随着不断的修改越来越糟，导致无法继续修改。

(2) 忽略需求环节，再精心设计的软件也可能很难匹配用户的需求，导致要么被拒绝，要么花费昂贵的代价重建。

(3) 没有考虑测试和程序的可维护性，也没有任何文档，软件的维护十分困难。

因此，业内有种讲法，“越早开始写代码，花费的时间越长”。也有数据显示50%～70%以上的工作都是发生在交付给客户第一个版本的系统之后。理想的情况反而是，当开始动手写代码时，60%～70%的开发工作应该已经完成了。

图10-1显示，在需求分析阶段的需求变更比较容易满足，假如此时的成本为一个单位。在开发阶段如果有需求变更，成本会成倍上升，因为设计框架和资源已确定。再晚的需求变更的成本影响会更加严重，可能增加一个数量级。因此必须尽早准确地把握用户需求，这对系统质量和项目成败至关重要。只有一流的需求才能产生一流的系统。相关研究显示，在开发团队内贡献最大的成员是那些能够准确把握用户需求并转达给其他成员的人。本节将要讨论的不同开发模型的主要区别之一就是对用户需求的不同假设和获取方式的不同。

笔者以前亲身经历过的一个大型信息系统开发项目可以帮助说明需求的意义。在需求分析阶段，用户认为某个文本信息能在系统中显示即可，一旦录入后不需要修改。但后来测试时又发现需要对此信息进行修改，而且需要保存并能够检索所有修改的中间状态。这时数据库和大部分功能模块都早已设计完毕。这样的需求变更需要修改数据结构和程序架构，牵一发而动全身，只好想办法变通减少开发工作并尽量满足用户需求。结果给系统运行稳定性带来些问题，留下了一个硬伤，运行时经常出问题。类似的问题还有一些。项目结束

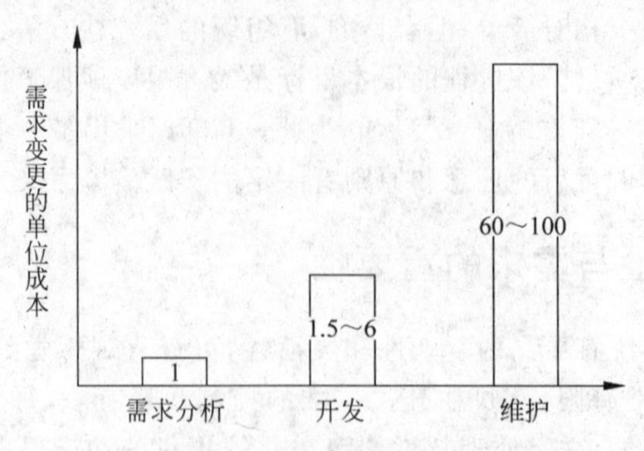

图 10-1　需求变更对系统开发成本的影响

后，开发团队内部总结时，开发人员感叹这个时候才真正理解用户需求。如果还有机会重新开发系统，一定能够做得好很多。但对用户来说已经太迟了。这个例子说明用户需求非常难以把握，而需求变更却是常态，必要的迭代有助于早发现问题，提高开发质量。

这里需要特别强调的是，在很多情况下，由于各方面原因，包括缺乏 IT 知识和经验，用户无法准确地讲出需求。由于缺乏 IT 知识，用户不知道 IT 的潜能，不知道如何发挥 IT 优势改进企业现有流程，以及不清楚新想法的技术可行性。此外，用户的思维容易受限于现有组织流程和实践，难以创新或提出重大改进。但开发人员通常不了解企业业务和流程，想象与现实差距较大。理想情况下，需求分析是个双向知识转移过程。业务知识流向开发人员一边，使他们设计更适用、有帮助的系统，IT 知识流向业务人员，以便于他们提出更能发挥 IT 优势的需求。因此，需求分析质量，以致整个系统的最终质量，取决于业务与开发人员之间的沟通质量。在很多情况下真实需求是用户与开发人员互相学习、反复沟通讨论，最终在现实和理想结果之间的权衡折中。这一点在下节介绍的不同模型内有充分的反映，第 11 章的前导案例也充分说明了这一点。

据说苹果公司总裁乔布斯曾经开玩笑说过，如果全球的 IT 企业只剩下两家，将只有戴尔和沃尔玛。沃尔玛在信息系统中需求管理实践的独到之处很能说明问题。开发系统之前，沃尔玛要求开发人员先在未来系统用户的岗位上工作，例如库房或财务部。开发人员就不仅是倾听用户，而且成为用户，了解谁是用户，用户有什么特点和局限性，用户工作环境和主要挑战。这些知识对于开发人员理解和挖掘用户需求的贡献非同小可，开发人员经常有眼界大开的感觉。这样通过了解用户实现的“移情”设计能够提高系统被用户采纳和使用的概率，也是沃尔玛 IT 投资高回报的一个因素。

10.3　软件开发模型

软件开发模型(software development model)是指软件开发全部过程、活动和任务的结构框架。软件开发过程包括需求分析、设计、编码和测试等阶段，有时也包括维护阶段。软件开发模型能清晰、直观地表达软件开发全过程，明确规定要完成的主要活动和任务，成为软件项目工作的基础。本节介绍的典型开发模型有传统的生命周期模型(life cycle model)、原型模型(prototype model)、螺旋模型(spiral model)和敏捷模型(agile model)。这些模型都代表了软件行业几十年来的经验积累和方法论结晶，本节将逐一介绍。

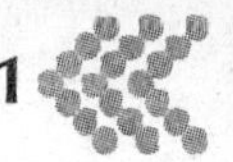

10.3.1 生命周期模型

针对前面讲到的缺乏正规方法的问题，20世纪70年代软件界出现了传统的生命周期模型。80年代早期之前，它一直是唯一被广泛采用的软件开发模型，直到今天仍有广泛应用。该模型将软件生命周期划分为制定计划、需求分析、设计、编程序、测试和运行维护六个基本活动，并且规定了它们自上而下、相互衔接的固定次序，如同瀑布般逐级下落；顺流而下很自然，但回溯或"逆流而上"则非常困难。该模型也因此得名"瀑布模型"(waterfall model)，如图10-2所示。

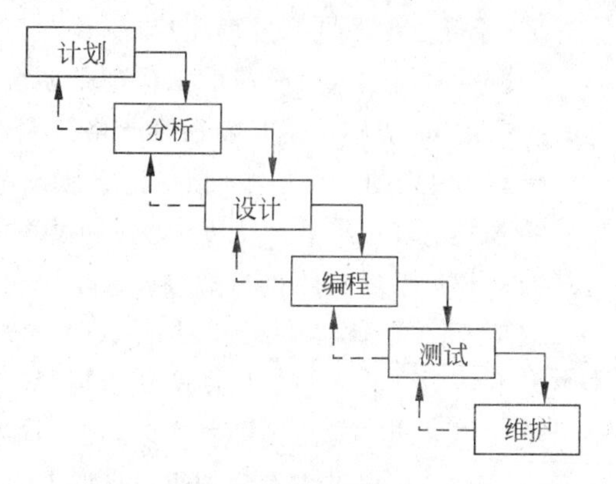

图10-2 生命周期模型

简单来说，生命周期模型的六个阶段包括以下工作：

(1) 制定计划阶段需要确定要开发的系统，正如本章前导案例所描述的，还要设定项目范畴(也是项目管理的重要内容，见第12章)和制定系统开发计划，包括资源投入和里程碑。

(2) 需求分析的主要任务是与用户沟通，搜集、理解和记录业务需求。希望通过详细的需求分析过程准确把握用户需求，避免在后续阶段发现新需求或出现需求变更，出现图10-1显示的问题。

(3) 设计阶段的任务是构建未来系统的技术蓝图，包括技术架构和各种模型，例如确定系统的运行环境，构建数据、处理流程和用户界面的模型等。

(4) 开发阶段的目标是根据设计阶段所产生的设计文档，实现新系统，包括建立技术架构，数据库和程序编写。

(5) 测试阶段主要验证系统的正确性，能否有效满足所有需求分析阶段提出的业务需求。常见的测试类型有单元测试(通常由开发人员完成)、功能测试、系统集成测试以及用户接受测试(user acceptance test)。最值得一提的是用户接受测试，顾名思义必须由用户来完成，一定要由当初提出业务需求的人员以及系统的所有目标用户角色，对系统的所有功能和页面逐个测试。对于大型系统来讲，这是一项耗时的庞大复杂工作，需要详细的测试计划、测试用例的编写和审核、测试后的系统修改和修改后的回归测试。很多开发人员和用户对此有误区，没有投入足够的资源留够时间进行测试。有的用户方还拒绝参与，仿佛在裁缝店定制完服装，但拒绝本人试穿。

(6) 运行维护阶段的主要任务是支持用户使用系统，保障系统能持续满足业务需求，并对系统进行必要的修补(第13章专门介绍)。一般来讲需求也会有变更，所以系统交付使用后，还应该有相应的年度预算和资源投入系统运行和维护。如果是外包开发的，需要与开发商签订长期维护协议。

如图10-2所示，在生命周期模型中，软件开发的各阶段按照线性方式进行，当前工作在前一阶段的基础之上进行。每阶段的工作结果需要进行验证，如果验证通过，则该结果作为下一阶段的输入，否则返回修改。希望前期工作尽量彻底，不至于出现图10-1显示的在开发后期发生需求变更。每个阶段都需要用户签字认可，才可以开始下一阶段。生命周期模型强调文档的作用，并要求每个阶段有相对独立自成体系的文档，并要仔细验证。详尽的文档保障一旦构建，下一阶段的开发工作可以由不同的开发商以较低的成本接手。例如，系统分析、设计可以由不同开发商完成。

尽管生命周期六个阶段的工作都是系统开发所必需的，但这种简单的阶段化线性过程过于理想化，现实中系统开发很难严格按照这个模型进行。其主要问题有以下几方面：

(1) 该模型的一个根本问题是，它假设用户能够在项目开始阶段就明确自己的需求，并且能够清楚地表达给开发人员。之后用户签字画押保证不反悔，然后开发人员开始设计。这其实是非常不现实的。与其假设需求完全不会变更，不如在方法上做好应变的准备。

(2) 生命周期模型缺乏灵活性，是个线性的过程，不便于通过必要的迭代或并发活动澄清本来不够明确的需求。早期的错误可能要等到开发后期的测试阶段才能发现。用户等到整个过程的末期才能见到开发成果，这一周期过于漫长；中间没有反馈和迭代，从而增加了开发的风险。用户最终看到的很可能不是期望的，这时已经太晚了，项目经费已所剩无几，时间已耗尽。现实生活中这样的情况很常见，项目失败了，企业只好等若干年后再申请经费重新开始。这样的大迭代，显然不如在开发过程中进行小迭代更有效。

(3) 生命周期模型要求阶段之间产生大量详尽的文档，作为后续开发工作的依据。这对于某些软件系统，特别是需求在事前相对明确固定的系统，例如编译器或操作系统，是必需的也是有效的。但对许多软件，特别是互动性强的应用程序，并不一定适合。在对用户界面和决策支持功能知之甚少的情况下，就要写出详尽的需求说明书，以文档驱动项目是不切合实际的。

但毕竟“线性”是最容易掌握并应用的思想方法，“分而治之”也是应对复杂问题的一般思路。当人们碰到一个复杂的“非线性”问题时，总是千方百计地将其分解或转化为一系列简单的线性问题，然后逐个解决。例如，螺旋模型则是相连的弯曲了的线性模型，增量开发模型实质是分段的线性模型，在其他开发模型中也能够找到线性的影子。因此，尽管生命周期模型有不少问题，还是比随意无序的系统开发有效百倍。该模型提供了一套有用的模板把软件设计的普遍必做环节(计划、分析、设计、编程、测试和维护)整合到一起。所以它才成为应用最广泛、最具参考价值的软件开发过程模型。后来出现的其他模型主要是针对以上谈到的三个问题的改进。

10.3.2 快速原型模型

针对生命周期模型存在的缺点，快速原型模型的第一步是建造一个初级原型，关键在快字，不需要完美逼真。这个原型主要聚焦于系统用户可视的方面，例如功能菜单、输入方式和输出内容与格式。例如，设计一个电子商务网站，第一个版本的原型可以是用铅笔画在纸上的，包括首页和导航框、关键页面和操作对话框；下一个版本可以是用绘图软件设计的更逼真的页面；再下一个版本是可运行的 HTML 程序，但用户输入和输出都是模拟的，系统不具备真正的处理功能。

这样做的目的是尽早实现客户或未来的用户与系统的有效交流互动，用户或客户对原型进行评价，进一步明确待开发系统的需求。通过逐步调整原型使其满足客户的要求，开发人员可以确定客户的真正需求是什么，在此基础上开发客户满意的信息系统。快速原型模型如图 10-3 所示。原型的必要性在于：

• 用户需要借助具体的设计来描述需求。

• 用户缺乏想象设计效果的能力。

• 用户没有能力对技术设计文档做评论。

• 几乎不可能为用户界面提供一种完全、一致、可用的描述。

• 有利于尽早开始进行有用户参与的连续性测试。

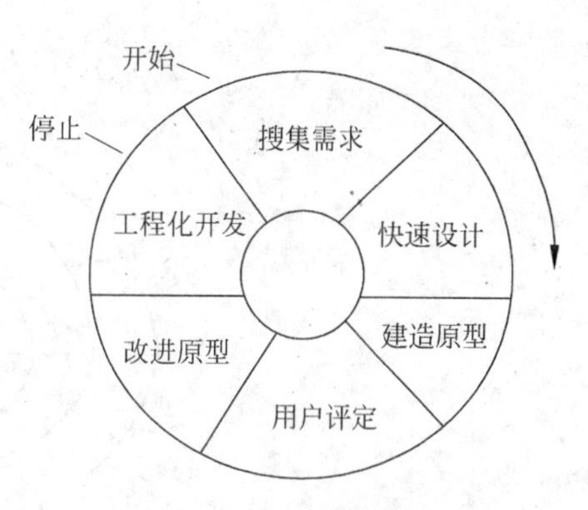

图 10-3 快速原型模型

相对于生命周期模型，快速原型方法便于减少由于需求不明确带来的风险，具有显著的效果。快速原型的关键在于尽可能快速地建造出软件原型，一旦确定了客户的真正需求，所建造的原型将被丢弃。因此，原型系统的内部结构并不重要，重要的是必须迅速建立原型，随之迅速修改原型，以反映客户的需求。少数情况下，所建原型并不被抛弃，而是逐步完善逼真，成为最终系统。快速原型的优点是关注满足客户需求，缺点是可能导致系统设计差、效率低，难于维护。原因之一是开发人员追求速度，从开发平台和工具等做了一系列选择，并不利于系统效率和性能。此外，开发过程显得缺乏计划和规范，难以规划和控制，例如迭代次数和资源投入，不适合单独作为大型系统开发的模型。

10.3.3 螺旋模型

螺旋模型将生命周期模型和快速原型模型结合起来，强调其他模型所忽视的风险分析，比快速原型模型更加适合于大型复杂的系统。螺旋模型沿着螺线进行若干次迭代，图 10-4 中的四个象限代表了以下活动：

(1) 制定计划：确定软件目标、备选方案以及限制条件。

(2) 风险分析：分析评估备选方案，考虑如何识别和消除风险。

(3) 实施工程：实施开发下一版软件。

(4) 客户评估：客户评价开发成果，提出修正建议。

每轮迭代首先是确定该阶段的目标，完成这些目标的备选方案及约束条件，然后从风险角度分析备选方案。如果有不确定性，就构造原型帮助开发团队和客户努力排除各种潜在的风险。换句话说，原型是个风险控制工具。如果某些风险无法排除，项目就该立即终止；否则启动下一个开发步骤。最后，由用户评价该阶段的结果，然后计划下一个阶段。

螺旋模型聚焦风险控制，强调迭代和用户评估。通过迭代逐渐设计出更完善的系统，既保留了传统生命周期法的系统性步骤，也综合了现实世界所需要的迭代过程。但是，螺旋模型也有一定的局限性，例如：

(1) 说服大客户接受这样的演进式系统开发可能比较困难，合同管理和项目控制都比较难。此外，还需要用户持续参与，不断评估也不容易。因此，这种模型往往只适用于内部软件开发。

(2) 螺旋模型强调风险分析，因此对软件开发人员要求较高，他们必须擅长识别和评估风险，有相关经验，否则将会带来更大的风险。

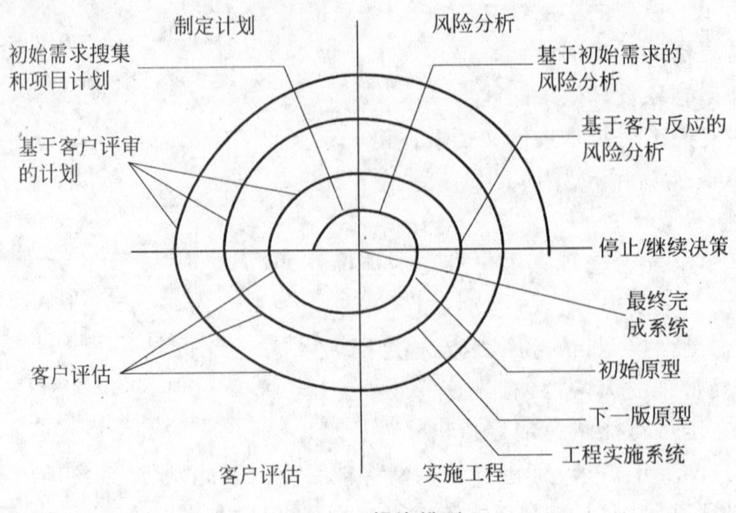

图 10-4 螺旋模型

因此，螺旋模型一直是个比较有影响和参照意义的理论模型，应用远不如生命周期模型普及，相关经验也较少。

10.3.4 敏捷模型

敏捷模型是应对快速变化和不确定性需求的一种软件开发论。鉴于需求分析对系统开发至关重要但难以把握，敏捷方法的核心是适应和以人为本。相对于"非敏捷"方法，敏捷模型认为开发人员是不可能在软件开发之前准确地把握需求及其后续变化的，而开发过程中人的作用是至关重要的。因此，敏捷方法更强调系统开发团队与业务专家之间的紧密协作、面对面的沟通、频繁交付新的软件版本、紧凑而自我组织型的团队、能够适应需求变化的代码编写和团队组织方法。因此，敏捷模型与传统的生命周期模型互补性较强，在很多情况下可以说是建立在更契合实际的前提假设之上，具有更先进的理念。

敏捷联盟(agile alliance)的敏捷宣言(agile manifesto)强调：

- 个人和交互重于方法和工具。
- 可工作的软件重于完备的文档。
- 与客户的协作重于合同谈判。
- 响应变化重于严格遵照计划。

现有很多种敏捷开发方法，比如 Scrum、极限编程(extreme programming，XP)、敏捷统一过程(agile unified process，AUP)等多种流派和风格。虽然这些方法有着不同的名称、策略和步骤，但它们有一个共同的目标，就是更快速地创造高质量、可靠的软件系统。下面简要介绍一种常见的敏捷方法——极限编程。

从 20 世纪 90 年代中期以来，经过多年的发展，极限编程已经成为一套严谨的、轻量级的、灵巧的软件开发方法，并形成了一套对软件工程领域影响巨大的价值观，包括以下几点：

(1) 沟通。加强程序员之间、开发团队与客户之间的现场交流。

(2) 简单。摒除多余的工作，只做必要的事情。

(3) 反馈。以小时或者天而不是以周或者月为周期，频繁接收客户的反馈。

(4) 勇气。编写程序之前就编写测试用例；尽早交付以获得及时反馈，并重构任何没有通过测试的代码。

(5) 尊重。团队成员之间互相尊重、合作、交流，每个人都尽心工作，不做团队的“包袱”。

极限编程是一种近似螺旋式的开发方法，它将复杂的开发过程分解为一个个相对比较简单的小周期；通过积极的交流、反馈以及其他一系列的方法，开发人员和客户可以非常清楚开发进度、变化、待解决的问题和潜在的困难等，并根据实际情况及时地调整开发过程。前一个周期完成后才能开始下一个。整个项目类是拼图般地由很多小块构造。

极限编程的生命周期包括五个阶段：探索、计划、迭代发布、产品化、维护和死亡阶段。(如图 10-5 所示)。

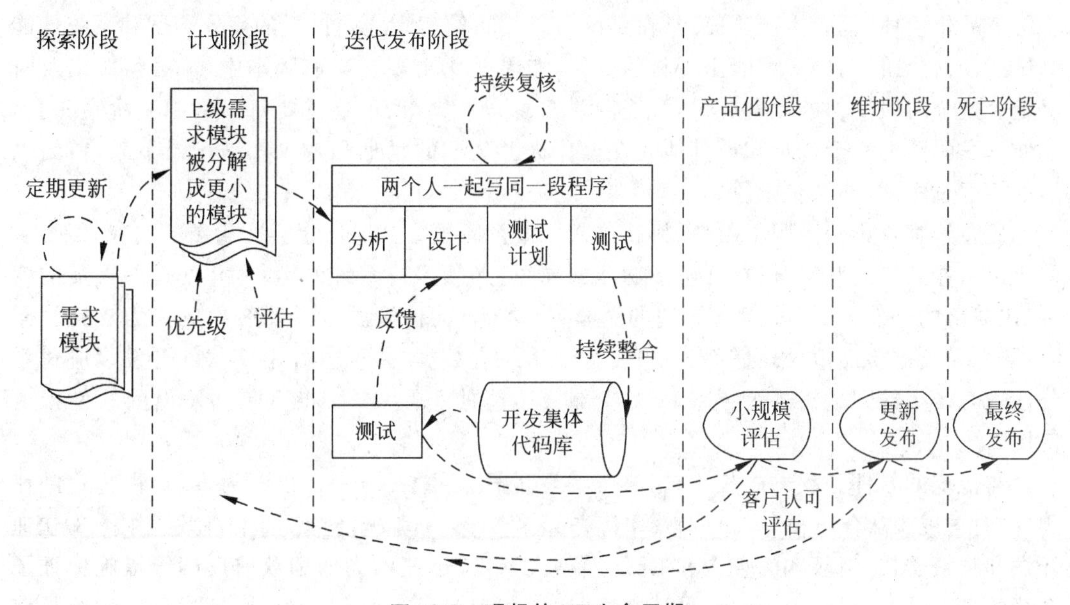

图 10-5 理想的 XP 生命周期

探索阶段的目的是明确系统最终应该具有哪些功能，主要工作是：业务方编写故事(user story，也被称为用户故事)，亦即对系统所要做的事的形象描述；开发人员据此估算时间；对无法估算或某些比其他部分更重要的故事进行分割。探索过程中，开发人员和客户一起把各种需求变成许多小的需求故事，并记录在故事卡(story card)上。卡上有一个名称和一小段说明故事目的的文字，类似于 UML 的用例，因此可以使用 UML 的用例图来帮助描述“故事”(见 10.5 节)。同时，项目团队自己熟悉他们将在项目中使用的工具、技术和做法。如果开发团队已经熟悉技术并且合作默契，探索阶段可以在几周之内完成；如果团队面对的是完全陌生的技术或领域，该阶段可能需要持续几个月。

在计划阶段，客户根据每个模块的商业价值来指定它们的优先级，自由地决定一个小版本内需要实现的故事；开发人员确定每个需求故事及其开发风险，估算任务量，并确定进度。风险高的需求模块(通常是因为缺乏类似的经验)需要优先研究、探索和开发。开发人员和客户分别从不同的角度评估每个模块后，将它们分别安排在各个小开发周期中实现，每个周期通常不超过三个星期。在此阶段，客户将得到一个相对准确的开发计划。该计划涉及的第一个版本的产品的开发周期一般不超过两个月。

迭代发布阶段包括若干次系统迭代。开发人员将计划阶段建立的开发计划分解到每次迭代，以1～4个星期为周期执行。在开发软件之时，通常会构建一个软件框架。需要注意的是，只在需要构建软件架构的迭代计划中才由开发人员指定要完成的用户故事，其他情况下都由客户指定要完成的故事。在软件的第一个版本的第一次迭代计划中，开发人员决定用户故事，以便为后续的用户故事的实现提供一个基础的软件平台。每经过一次迭代(一个开发周期)，用户都能得到一个可以开始使用的系统，这个系统全面实现了相应迭代计划中的所有需求，计划内的每个故事都有了对应的功能测试用例。理想状况下，在最后一次迭代结束时，客户已经完成所有功能测试，这些功能都能运行成功，可以开始为上线使用做好准备。

产品化阶段(也叫生产阶段)是在系统可以发布给客户之前进行的额外测试和系统性能测试。在这个阶段，仍有可能出现新的变化，如果变化出现在当前版本中，就必须做出及时决定。这个阶段反馈的周期要短，可能需要缩短到一周，也可能需要每天组织一次碰头会，以便开发团队的每个成员知道其他人在做什么。延期的意见和建议都被记录下来，留给以后的执行过程，例如维护阶段。

发布给客户第一个版本后，项目就进入了维护阶段。此阶段也会产生新的迭代，每个版本仍然从探索阶段开始，但在开发新功能的同时，必须保持系统的运行，并处理好人员的变更(比如新的开发人员，或团队结构的调整)。因此，维护阶段也需要客户的大力支持。同时，开发人员需要谨慎处理任何改动，妥善迁移既有数据，并准备好中断软件开发以应付系统使用时产生的问题。即使系统的某些部分不能使用，也应该将不断开发出的软件投入使用。

与传统的软件工程方法相比较，极限编程的优点主要有：(1)以人为本，重视客户的作用，同时重视团队合作和沟通；(2)效率优先，生产力第一，强调简单设计和高效工作；(3)快速开发和频繁迭代，高频率的重构和测试、递增式开发、迅速的沟通和获取反馈等措施保证了系统的高质量。但是，由于缺乏设计文档，过于依赖持续不断的交流，开发过程不太容易获得用户方认同。因此，极限编程方法一般应用于小规模的项目，尤其是需求难以把握或者变化不定的项目。

10.4 敏捷开发方法——以Scrum为例

本节重点介绍目前软件行业广泛使用的一种敏捷模型Scrum(暂译为“密集冲刺”，Scrum原意源自橄榄球运动的“密集争球”或“对阵争球”，指在比赛中开球前，攻守双方前锋密集并排在一起；开球后双方队员互相顶推，奋力争球，形象贴切地比喻整个团队攒足力量，为了共同的目标，一起奋勇向前。此外，橄榄球比赛中，攻方也的确是经过一波接一波的迭代冲击，逐渐逼近目标。)。这是种轻量级敏捷项目管理方法，特别适合在需求多变不确定的情况下，以快速迭代和增量式开发软件系统和产品。其三个基本原则是高可视度、频繁检查和适应。三者共同实现Scrum的质量控制：高可视度(visibility)指确保中间环节的可观察性；频繁检查(inspection)提供了及时评估中间成果和发现问题的可能；适应(adaptation)就是调整，对不符合标准的过程和操作进行修改和完善。Scrum目前已经成为国际上最普遍采用的软件工程框架之一。

Scrum 隐含的前提假设是：软件开发本质是个复杂且不可预测的过程，最终的软件需求通常无法在一开始就明确固定下来，因此，经验性过程比预定义过程更适用。生命周期模型就是典型的预定义过程，在执行之前制定详细的计划，然后严格按照计划，依阶段渐次开展工作。然而，当不确定性较多时，预定义过程就会变得过于繁琐和僵化。Scrum 是个经验性过程，采用迭代、增量的开发方式来提高产品开发的可预见性，并控制风险。

10.4.1 Scrum 团队

一个典型的 Scrum 团队只包括三种角色：产品负责人、团队队长、开发团队，人数一般不超过 10 人。产品负责人从客户或产品的终端用户、开发团队和项目管理者等利益相关者那里收集产品信息，然后根据需求和组织目标将这些信息转化为具有优先级排序的产品工作清单。为完成特定目标的一个迭代叫做“冲刺”(Sprint)，一般持续 1～4 周。在每轮冲刺之前，产品负责人可以修改需求和各项工作的优先级。此外，他还有权决定接受或拒绝每轮冲刺后的工作成果。产品负责人要对所有的利益相关者负责，力求使最终产品具有最大的商业价值(比如投资回报率)。因此，这一角色在许多软件企业中由产品经理或市场经理担任。

团队队长(scrum master)负责监督整个项目的进程，确保项目遵照 Scrum 的理念、原则，不断向着目标推进。队长和团队成员之间不是严格的上下级关系，而是类似于橄榄球队中的队友关系。队长不应指派工作，而是协助其他成员自主挑选并有序工作。同时，队长还要成为团队和产品负责人以及其他领导之间的沟通桥梁，一方面确保产品负责人理解 Scrum 的理念和实践，并让他及时了解到团队的工作状态和进展情况；另一方面队长还需要及时将团队的需求和困难转告产品负责人，以获取必要的支持或协助，并确保团队在冲刺过程中尽可能少受外界干扰。队长通常由传统的项目组长担任，他也可以是团队的成员，承担一定的开发任务，但绝对不能兼任产品负责人。

开发团队可能包括构建产品的系统架构师、业务分析师、界面设计师、开发人员、测试人员、质量保障员以及其他相关的人员。团队成员要能够自我组织、自我管理，并且各自的职责有所交叉，彼此之间进行频繁且深入的交流和协作。因此，开发团队最好不要超过 10 人，否则最好将团队分成若干个小组。

10.4.2 Scrum 的过程框架

按照时间先后顺序，Scrum 的过程包括产品发布计划会议、冲刺计划会议、若干轮的冲刺、冲刺评审(展示)会议和冲刺回顾会议。整个 Scrum 过程可以用图 10-6 来概括。

产品发布计划会议在项目的起始阶段进行。该会议确定项目的大体日程和预算，建立 Scrum 团队和其他部门能够理解的计划和目标。接下来，产品负责人尽可能地向开发团队描述产品的愿景，也就是对产品功能和客户要求等各种需求的描述。Scrum 也采用了其他敏捷方法常使用的用户故事(user story)来概括需求。用户故事通常由利益相关者描述或者撰写，主要是从用户的角度对系统的某个功能模块的简短描述。用户故事有一个通用的格式，即作为某个角色，我可以做什么，以便完成什么目标，或实现什么价值等。产品工作清单应该包括用户故事的名称和描述、优先级和预计的工作量(见表 10-1)。其中，工作量一般是预估的，以故事点(story point)为单位。估算时，团队先从清单中选出最小的故事，然后将其工作量分配为两个故事点，接着以此为标准，就可以给产品工作清单中的其他条目分配工作量。实际项目中故事点可能近似于完美的人-天(man-day)。完美的人-天指的是理想情况下一个人高效、不受打扰的工作一天完成的工作量。

图 10-6 Scrum 过程框架

表 10-1 产品工作清单示例

优先级	标 题	描 述	预计的工作量(故事点)
1	新的 Ajax 框架	用户可以通过 Ajax 框架系统实现所有的 Web 应用，并达到桌面级的用户体验	40
2	支持 Safari 浏览器	用户可以使用苹果的 Mac 操作系统上的 Safari 浏览器正常访问网站	20

准备好产品工作清单之后，就可以召开冲刺计划会议了。该会议在每一轮冲刺之前进行，时间一般是整个冲刺周期的 5%，例如，如果冲刺周期为一个月，计划会议长度在 8 小时左右比较合适。冲刺计划会议包含两部分内容："做什么"和"怎么做"。理想情况是，前半段确定好接下来的冲刺任务，后半段开发团队一起研究如何构建出功能增量。为了保证会议的效率，最好有专人提前做好准备工作，比如熟悉新的开发工具、收集必要的相关资料等工作都可以帮助团队快速进入状态。

在前半段的会议上，产品负责人和开发团队共同评审产品工作清单，讨论其中各条目的目标和背景，结合任务的难度、团队的能力和经验等因素，一起决定本轮冲刺需要完成的任务。根据 Scrum 的理念，开发团队在冲刺任务的选择上有主要的决定权，以使任务的交付更加可靠。由于客户需求的变化、竞争对手的动态、新想法和见解的涌现、出现技术障碍等，产品负责人可能会修改产品工作清单的条目和排序，以保障优先级最高的条目能尽快在本轮冲刺阶段得到实现。但修改必须在冲刺开始前进行，一旦进入冲刺阶段，就不能再要求开发团队变更任务。以图 10-7 中的产品工作清单为例，如果产品负责人觉得条目 D 比最初估计的更重要(即优先级提升了)，这时他可以想办法把 D 加入到下一轮冲刺的任务单中。但是，在当前任务单（冲刺条目组 V_1 的上半部分）中加入 D 可能超过了一轮冲刺的工作负载，此时他必须做出选择，是压缩条目 C 的范围（得到冲刺条目组 V_2），还是降低 A 的优先级（得到冲刺条目组 V_3），还是把 C 分解为 C_1 和 C_2，在当前冲刺中只完成 C_1（得到冲刺条目组 V_4）（见图 10-7）。

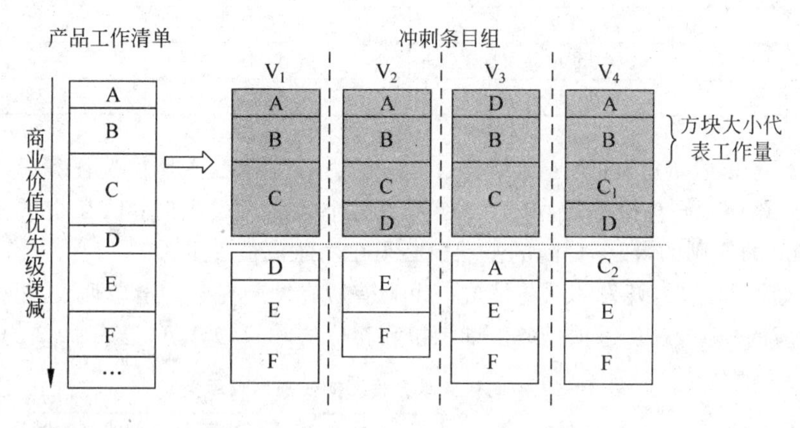

图 10-7 从产品工作清单中挑选冲刺条目

选定冲刺任务单后，团队队长还要和成员一起制定一个简短有力的冲刺目标。冲刺目标相当于团队的口号和方向感，必须和冲刺任务紧密相关，既不能太琐碎，也不能太空洞。确定冲刺目标的好处是，一方面可以作为鼓舞士气的工具，另一方面使团队时刻朝着正确的方向推进。

此外，冲刺周期的长度也是需要在会上明确的。产品负责人一般喜欢短一点的周期，而开发人员喜欢时间宽裕点，双方需要对此进行协商和相互妥协。

在后半段的会议上，开发团队需要弄清楚如何将冲刺任务单转化为可以实现的功能增量，也就是将用户故事分解为若干项可以分给团队成员执行的任务。有时，比较复杂的故事需要先被分解为几个小故事，然后再分解为任务。任务分解之后，开发团队还要对任务进行时间估算。估算方法可以采用直觉反应、基于以往的生产率计算、基于可用人-天和估算投入程度的生产率等。为了能及时、高效地完成每个故事，队长必须保证每一项分解后的任务都可以在明确的时间内完成（以小时为单位），并且所有的任务都可以在一个工作日内完成。如果某些任务的时间超过了 8 小时，就应该拆分任务。此外，团队应该考虑到开发时可能需要的辅助性工作，比如学习新技术、配置开发环境、编写必要的文档、代码评审等。这些可能占用团队成员较多时间的事情也应该被列为任务项，分配一定的时间。

接着，开发团队也要估算在冲刺阶段每个成员所拥有的正常工作时间，即除去他们花费在参加会议、回复邮件、检查程序错误等必要事项上的时间，再除去请假、出差等意外情况可能占用的时间，从而得到全部团队成员在冲刺周期内可用的工时（见表 10-2 的例子）。根据团队总的可用工时数，开发团队就可以根据经验判断冲刺任务单中的任务负荷是否合理。如果团队认为任务量过大或偏少，都可以跟产品负责人沟通、协商，并适度删减或增加冲刺任务单中的条目。

表 10-2　估算冲刺阶段内可利用时间

Sprint 长度：2 周		Sprint 包含的工作天数：9	
团队成员	可用天数	每日可利用的时间	总共可用的工时
王明	9 天	6 小时	54 小时
张玲	9 天	5 小时	45 小时
李强	7 天(出差 2 天)	4 小时	28 小时
周京	4 天(请假 5 天)	7 小时	28 小时

当冲刺任务单确定后,团队成员结合自己的能力和兴趣自主地挑选任务。需要注意的是：工作量应该得到合理分配,最好充分利用了每个人的可用工时；队长指派任务的做法是违背 Scrum 的原则的,任务分配的主动权必须在团队成员手上。

在计划会议的最后,开发团队将形成一个列有所有冲刺任务的清单列表,里面写明了每一个故事对应的任务,以及每项任务由谁承担和相应的时间估算值(见表 10-3 的例子)。

表 10-3　冲刺任务单分解后的任务列表示例

				Sprint 中每日剩余的工作时间						
用户故事	任务	所属者	工作量	第 1 天	第 2 天	第 3 天	第 4 天	第 5 天	…	第 9 天
用户可以收藏喜欢的物品	设计商业逻辑	李强	4	4	3					
	设计用户界面	张玲	2	2	2					
	执行后端编码	王明	7	7	6					
	执行前端编码	周京	4	4	4					
	完成单元测试	王明	4	4	4					
	编写文档	张玲	3	3	2					
…	…	…	…	…						
		合计	40	40	36					

接下来,Scrum 就进入了冲刺开发的迭代阶段。整个 Scrum 的开发周期包括若干个冲刺周期,每轮冲刺的长度为 1 周到 4 周不等。在冲刺中,每天早上都会举行一次 15 分钟左右的站立短会(daily standup),开发团队的每个成员都要参与。为了保证会议简短高效,与会成员都保持站立,以此提供一个开放、自由的交流氛围。所有团队成员在会上依次向大家汇报三件事情：上次会议之后完成了哪些工作,下次会议之前准备完成哪些工作,工作中存在哪些障碍。团队队长会把障碍记录下来,会后协助团队成员铲除障碍。为了保证会议的简短高效,所有必要的讨论都在会后进行。产品负责人、经理和项目管理者也可以参加每日会议,但他们应保持旁观者的身份,避免在会议进行中提问或提出讨论。会议结束后,开发团队成员将对其负责的冲刺任务单中的任务做剩余时间的更新(见表 10-3 右侧灰色区域),已经编码、测试过的工作在进度表上会被标记为完成。

根据更新情况,团队队长将团队剩余工作时间的情况汇总后,绘制在冲刺燃尽图中(sprint burn down chart)。它是用来显示开发团队完成当天全部任务后的剩余工作量(以小时或天计算)。理想的情况下,燃尽图中的轨迹基本是一条下降的曲线,在冲刺的最后一天结束时应该接触零点。但是,由于前期工作不可能准确预测实际情况,甚至会出现燃尽曲线在冲刺初期先上升的情况(见图 10-8 中的拐点)。燃尽图的意义在于它体现了团队在相对于冲刺目标方面的实际进展情况,并且看到冲刺的成果。如果此曲线的轨迹在冲刺末期还未趋于结束，那么开发团队应该加快速度，或者干脆简化和削减工作内容。

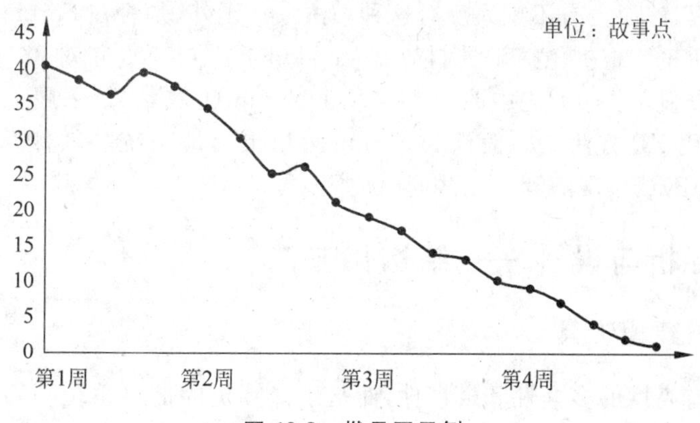

图 10-8 燃尽图示例

到了预定的结束时间，不论开发团队完成任务与否，冲刺阶段都要宣告结束。这样就强制开发团队在冲刺前进行估算时做出更好的判断，并提高对团队开发承诺的约束力。一般在第三或第四轮冲刺时，开发团队就已经比较了解自己的工作效率，应该能够按时完成冲刺目标。

每轮冲刺结束后都举行冲刺评审会议(sprint review/demo，也可称做冲刺演示)。团队在会上演示他们在过去一轮冲刺的工作成果，以及未完成部分的总结和分析。一般出席会议的有产品负责人、开发团队成员、项目管理者以及相关专家和高管等其他感兴趣的人士。所有与会人员都可以提出问题和建议。Scrum 采用的是快速迭代的开发周期，每轮冲刺结束后，开发团队必须发布一些可以展示的产品增量。冲刺评审的价值在于让其他人了解 Scrum 团队在做些什么，吸引相关者的关注，并得到反馈。

然后，开发团队应该召开冲刺回顾会议(sprint retrospective/reflection)，反思过去一轮冲刺过程中出现的问题和失败之处，总结好的经验，以使下一轮冲刺做得更好。会上可以讨论有关团队建设的任何问题，比如工作流程、团队实践、团队内部/外部沟通、团队氛围以及相关工具的使用等。

冲刺评审会议之后，产品负责人应根据新的情况更新产品工作清单，开发团队也可以加入到相应的讨论中。当产品工作清单更新完毕，就可以进入下一轮冲刺。冲刺周期之间也可以有间隔，但最好保持冲刺的连续性。迭代的冲刺会一直持续到产品负责人决定发布产品为止。此时开发团队将进行发布前的最后一轮冲刺，以进行最后的功能整合和集成测试。如果开发团队一直贯彻好的开发方法，不断地重构和持续集成，在每轮冲刺中进行了有效的测试，发布前就不会存在很多需要解决的遗留问题。

综上所述，Scrum 中有三个进行检查和适应的机制：(1)每日站立短会用来及时检查冲刺的过程，通过及时调整来优化下一天的工作；(2)评审会议用来检查团队接近发布目标的工作进程，调整以优化下一轮冲刺；(3)冲刺回顾会议用来总结刚完成的冲刺，并确定什么样的调整可以使下一次冲刺的效率更高、更便利，结果更令人满意。

10.4.3 Scrum 和极限编程

作为两种非常流行的敏捷方法，Scrum 和极限编程(XP)各自都有相当多的支持者。Scrum 强调简单直接、快速反应、沟通和团队合作，是一个非常简单的项目管理过程框架。它虽然没有描述具体的软件工程方法，仍然获得了广泛的成功应用。极限编程则更加具体，提供了许多可以实践的操作指南。在很多项目实践中，团队队长推荐把极限编程作为Scrum的伙伴过程，然而也有不少人反对这种做法。在国外，是否在Scrum中加入XP已经成为一场激烈的争论。根据敏捷工具制造商VersionOne在2009年对88个国家2570名软件开发人员的调查显示：他们之中的50%采用了Scrum方法，24%采用了"Scrum+XP"的方法，仅有6%只用XP方法。一般认为Scrum可以灵活地与统一软件开发过程(rational unify process，RUP)或极限编程等方法同时应用。

10.5 系统分析与设计——结构化方法

10.5.1 模型与建模工具

现实世界具有高度的多样性和模糊性，而基于计算机的信息系统必须具有清晰的结构和确定性，二者之间映射是系统开发过程，二者之间的复杂关系需要通过模型来简化处理。尽管模型这个词在此前章节已多次出现过，在此给出一个正式定义。从本质上讲，任何模型都是针对特定目的的抽象描述。换句话说，所有模型都是为实现一定目标而存在的，因目的和表达形式而不同。因此，模型的一个首要特点是目的性。例如，对于一个公司这样的社会组织可以有多种模型(抽象描述)，例如组织架构图、财务报表，以及与信息化相关的ER模型(见5.2节)和本节将要讨论的数据流程图。具体使用哪类模型完全是由目的决定的，亦即理解公司的哪个方面。

模型的另一特点是抽象性。任何模型都是根据建模目的，把不相关的细节和表面现象忽略掉，仅保留与目的最相关的方面，以方便把握事物的本质，达到去粗取精，由表及里。抽象是必要的，否则就失去了建模的意义。例如，学校的学籍管理系统一般不会保存学生的血型和体重信息，但校医院的信息系统会保存。抽象化的依据是与建模目的的相关性。一个经济学模型可能只有若干个变量，但却可以在一定程度预测未来经济形势。可见目的性和抽象化是相辅相成的。越是复杂的系统，越是需要模型来简化理解和相互沟通。

因此，对于模型的最重要的评价指标之一是其是否实现建模目的，达到从某一角度对研究对象的本质理解。气象模型应该准确预报气候，经济学模型能够预测宏观经济走势。尽管有些前提假设不现实或不合情理，只要能做出正确预测就好。从易于理解和使用角度来看，两个类似的模型，如果效用相似，哪个更简约，哪个就更好。本书5.2节介绍的ER模型之所以应用广泛，主要原因之一是简单易用。作为一种建模工具，它只有少数个基本构件(实体和关系)，比较容易理解和使用。

所有建模活动都是通过使用一定的建模工具来突显与建模目的相关的系统结构和特性，便于相关人员对目标对象的理解和相互沟通。一套建模工具的评价指标包括建模构件是否直观且易于理解，还有构件的数量。如果所用的建模构件复杂，样数庞大，则影响其可用性。本节所介绍的结构化方法是一种经典的建立信息系统模型的方法，既可用来描述现有系统也可用来刻画未来系统。其主要的工具数据流程图被广泛采纳的原因之一就是简单易用。

结构化系统分析和设计包括一套成熟稳定的工具和技术，其本质也是一个建立信息系统模型的方法论。建模方法论，通常由三个要素构成：基本假设和原理(例如系统理论)、具体建模构件以及构件的使用方法和规则。这就好比是建房需要的建筑学原理，建房的材料包括砖、瓦、木材和钢材等，以及如何使用这些材料的规则。结构化系统分析和设计是使用图形技术来建立一个系统的逻辑模型，以便用户、分析师和设计师理解目标系统，满足用户

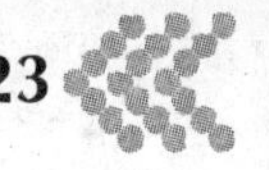

的需求。结构化分析工具既能显示系统基本的逻辑功能和要求，又避免陷入现有或拟定的物理实现的细节。

结构化分析和设计的原理是基于系统理论，将一个复杂系统通过自顶向下逐层分解建立系统模型，以分而治之的策略来处理复杂性。具体而言，首先明确一个整体系统的边界，系统与环境间的输入和输出数据流；其次描述系统内部的过程和数据存储；再次再描述详细的数据流；最后定义详细的数据结构和处理逻辑，然后转移到模块化结构设计等。结构化方法涉及自顶而下的分析、设计、开发和测试。此外，该方法还涉及一些迭代，即从早期模型或设计版本的使用中获取信息，不断准备完善逻辑模型、物理设计。以下将通过案例方式介绍结构化系统分析及其工具。

10.5.2 案例背景

城市电脑书库是一家专营邮购计算机书籍业务的公司。该公司的传统业务一直是接受来自图书馆有关计算机书籍的订单，然后从相应的出版商以折扣价订购这些书籍，收到出版商的书籍后执行客户订单。公司目前业务运营量大约每天100张订单，每张订单平均4本书，平均价值150元。公司的新管理计划决定扩大经营，提高服务水平，并且使得个体专业人士也可以通过拨打免费电话或从网上订购书籍。新的管理计划将产生信用核实问题，也需要创建一个目录清单控制系统。接电话订单的员工需要快速访问图书目录，以核实作者和书名，并能够向来电者建议还有哪些有关某个主题的书可购买。由于采纳新的订购方法，新系统的交易量预计将增长到每天1000多个订单，但每张订单的平均价值会比之前减少。

接下来，系统分析员应该考虑的是如何跳过一些物理细节，例如，数据流的物理载体（电话、传真或互联网），哪些过程自动处理，哪些手工，自动处理的是否将在线或批处理等，建立所需系统的逻辑模型。

10.5.3 系统分析

系统分析的主要目的是明确用户的信息需求，提出新系统的逻辑方案。系统分析的具体任务就是通过调研，搞清系统边界、现有的业务，如何处理业务即流程，明确用户种类及各类用户对信息处理的需求、业务处理的核心数据、用户的各项数据的特点，以及描述数据。然后，根据用户的需求和现有资源，确定新系统的逻辑模型，使新系统适应组织的管理需求和战略目标。因此，结构化方法在系统分析阶段的任务可以归纳为以下三方面：数据流程分析、数据描述和处理逻辑定义，并针对以上三个方面提供了相对简单易用的建模工具。以下将逐一介绍这三个方面。

1. 数据流程图

数据流程图（data flow diagram，DFD）以图形的方式描绘数据在系统中流动、存储和处理的过程，它主要反映必须完成的逻辑功能，所以本质上是一种功能模型。

数据流程图的建立过程必须遵循自顶向下、逐层分解的原则。用这样的原则来画数据流程图。就得到了一套分层的数据流程图。分层的数据流程图总是由顶层、中间层和底层组成的。

顶层数据流程图（简称顶层图或零级图）描述了整个系统的边界和范围，对系统的总体功能、输入和输出进行了抽象描述，反映了系统和环境的关系。通过对顶层的展开，将得到许多中间层的数据流程图。中层图描述处理过程的分解，而它的组成部分又可以进一步被分解。

1）数据流程图的基本要素(构件)

一个DFD通常由四个带有标识的基本部件构成，即外部实体、数据流、处理过程和数据存储。其图形符号没有明确的规定，常用的符号如图10-9所示。

(1) 外部实体是指处于系统之外，独立于系统而存在的但与系统有联系的实体，可以是某个人员、企业、另一信息系统或某种事物，作为系统的数据来源或去处。确定系统的外部实体，实际上就是明确系统与外部环境之间的界限，从而确定系统的范围。为避免数据流线条的交叉，如果在一张图中会出现同样的外部实体，可在重复出现的外部实体框底部右下角再加一条斜画线。

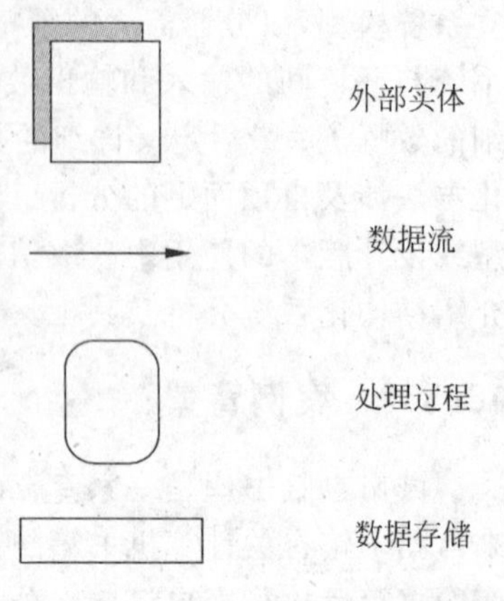

图10-9　数据流程图的基本要素

(2) 处理过程是对数据进行变换操作，即把流向它的数据进行一定的变换处理，产生新的数据。处理过程的名称应适当反映该处理的含义，精练并容易理解。每个处理过程的编号说明该处理过程在层次分解中的位置。本质上讲，数据流程图是面向过程的(而不是数据)，因此处理过程是焦点。

(3) 数据流是一组按特定的方向从源点到终点的数据，它指明了数据及其流动方向。数据流的物理载体有各种形式，例如信件、票据，也可以是电话等，但本章讨论的实际是逻辑数据流程图，因此忽略了物理载体的形式，仅关注数据的内容。数据流可以由某一外部实体产生，也可以由处理过程或数据存储产生。对每一条数据流都要给予简单的描述，以便使用户和系统设计人员能够理解它的含义。数据流程图中的所有元素用数据流连接到一起。

(4) 数据存储是指数据存储的逻辑描述，而不是指保存数据的物理存储介质(缩微胶片，或在磁带或磁盘上的文件等)。数据存储的命名要适当，以便用户理解。为区别与引用方便，除了名称外，数据存储可另加一个标识，一般用英文字母D和数字表示。为避免数据流线条的交叉，如果在一张图中会出现同样的数据存储，可在重复出现的数据存储符号前再加一条竖线。

指向数据存储的箭头表示将数据存到数据存储中，从数据存储发出的箭头表示从数据存储中读取数据。数据存储可以在系统中起邮箱的作用，为了避免处理之间有直接的箭头联系，可通过数据存储发生联系，这样可提高每个处理功能的独立性，减少系统的重复性。

2）数据流程图的构成规则

除了四种基本构件之外，还需要有一组构件的使用规则，具体如下：

(1) 数据流不能从外部实体到外部实体，因为我们不关注系统边界以外的事物；不能从数据存储直接到外部实体或从外部实体直接到数据存储，因为不允许外部实体直接接触系统内部数据；也不能从数据存储到数据存储，中间必须经过处理。

(2) 每个处理过程必须有输入和输出的数据流，而且可有若干个输入/输出的数据流。但不能只有输入而没有输出，或只有输出而没有输入。

图10-10显示使用以上描述的构件和规则绘制的城市电脑书库公司业务管理系统的顶层数据流程图，该图表示了该公司业务信息处理系统与外部实体之间的信息输入、输出关系，即标定了系统与外界的界面。当然，图10-10所示的系统图相当抽象，除标定了系统与外界的界面外，没有太多实际意义。因此，需要展开“0级处理订单”，以显示它的逻辑功能。我们可以仅使用四个基本符号来逐级构造更具体的数据流程图。图10-10扩展后的结果如图10-11所示。

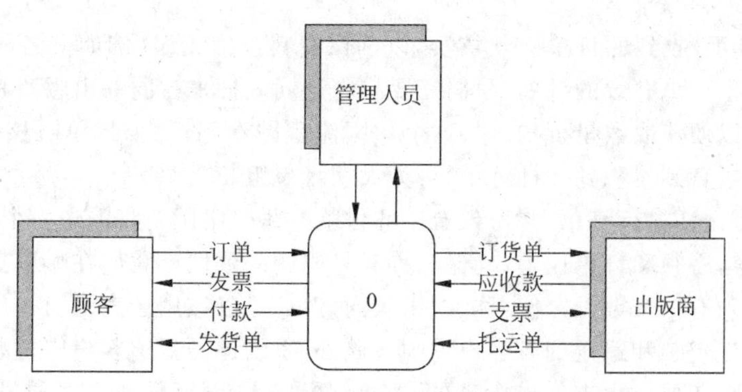

图 10-10　顶层数据流程图(0 级处理订单)

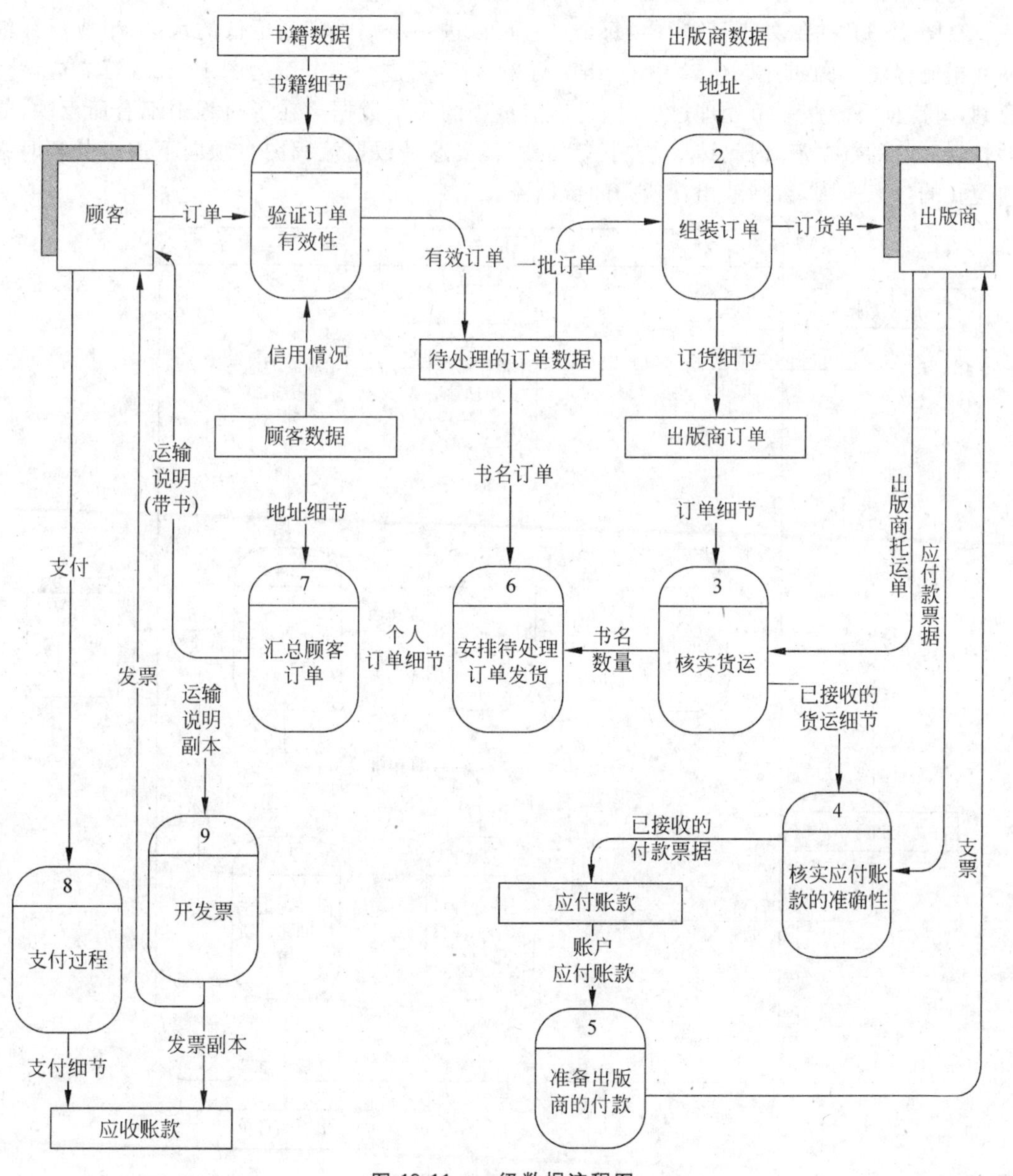

图 10-11　一级数据流程图

图 10-11 显示，收到的订单必须核实，以确保资料正确无误(例如书名和作者的匹配)。接下来，一旦有了一个有效的订单，我们需要将它连同一批来自同一出版商其他书籍的订单捆绑一起下单，以便获取数量折扣。从这个数据流程图看到，每个订单被核查，然后放入等待处理的订单中，直到累积到一批订单，可为大宗订单组装。

但是之后怎么样执行订单，并得到希望的付款？每个出版商将派送一个货物运输通知，详细说明其内容，必须和订单比较，确保名称和号码的一致性。我们在哪里找到这些订单的细节？显然，必须有一个数据存储，称为“出版商订单”可以被用于查询。一旦我们有了合适的图书，我们可以包装和运送到各客户手中。此外，系统还需要给客户应付账单以及处理客户的付款。因此，还要依次支付出版商的货款。图 10-11 显示了增加的这些财政职能及其相关的数据存储，即通称的应收账款和应付账款。

在图 10-11“一级处理订单”中，每个过程可以进一步“分解”到更低的水平，生成更详细的数据流程图。例如，图 10-11 中的“组装订单”过程可进一步分解为图 10-12。读者应该注意到，每次向下分解一个处理过程时，进出父过程的每个数据流在子过程中都有所反映，能够找到对应的数据流，因此结果是“平衡”的。其实这是数据流程图自顶向下逐级分解时必须遵守的一条原则，否则就出现遗漏的数据流。

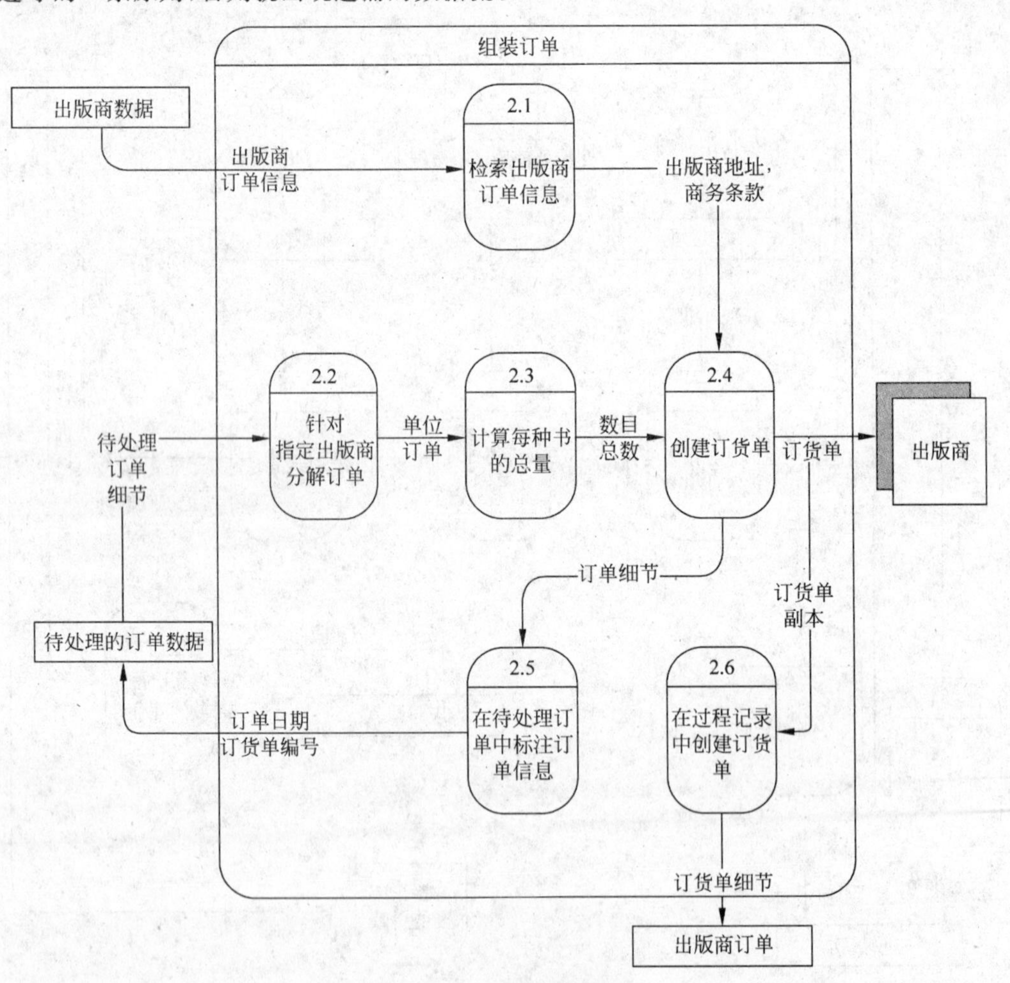

图 10-12 二级数据流程图

如果展开的数据流程图已经基本表达了系统所有的逻辑功能和必要的输入/输出，处理过程已经足够简单，不必再分解时，就到了底层数据流程图(简称底层图)。底层图所描述的都是无须分解的基本处理过程。此外，建立分层的数据流程图，应该注意编号、父图与子图的关系、局部数据存储以及分解的程度等问题。这样的逐层分解方法是必要的，用以应付客观世界中的复杂性。数据流程图使用简单的四个构件就足以刻画任何复杂的系统。图 10-13 显示不同层次的流程图之间的对应关系，以及与外部实体间的数据流的“平衡”。

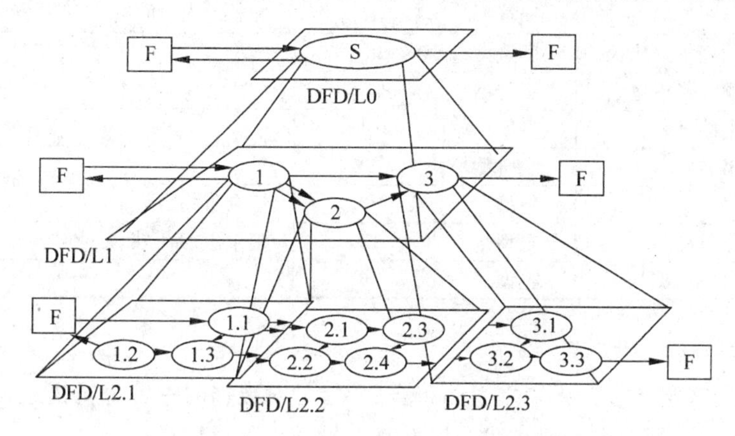

图 10-13 数据流程图的层次关系

2. 数据字典

上面讨论的数据流程图抽象地描述了系统数据处理的概貌。其中的数据流、数据存储和过程均用描述性的、有实质意义、足够短的命名标识在图表上。但是如果进行更仔细的研究，比如，所谓的“订单”是什么意思？我们会发现数据流程图不能完整地表达一个系统的全部逻辑特征，特别是有关数据的详细内容。因此需要一些其他的工具对数据流程图加以补充。

数据字典(data dictionary，DD)的作用就是对数据流程图上的每个成分给予定义和说明。数据字典描述的主要内容包括数据元素、数据结构、数据流、数据存储、处理过程和外部实体等，其中数据元素是组成数据字典的基本成分。

1) 数据元素

数据元素是数据的最小组成单位，即不可再分的数据单位。数据字典中，每个数据元素需要描述的属性有名称、别名以及类型、长度和值域等。

每个数据元素的名称唯一地标识出这个数据元素，以区别于其他数据元素。名称应尽量反映数据元素的具体含义，以便理解和记忆。对于同一数据元素，其名称可能不止一个，以适应多种场合下的应用。在这种情况下，还要对数据元素的别名加以说明。数据元素的类型说明其取值属于哪种类型，如数值型、字符型和逻辑型等；长度规定该数据元素所占的字符或数字的个数；值域指数据元素的取值范围以及每一个值的确切含义。

例如，订单数据，它由订单号、订单日期、顾客名、顾客电话、顾客类型、货运地址、账单地址、书名、出版商名等组成，表 10-4 均给以定义(类型、长度、说明)，表 10-4 所列出的只是各数据元素的一部分。

表 10-4 数据元素列表

数据编号	名　称	类型	长度	说　明	备注
1-01	订单日期	整型	6		
1-02	订单号	整型	6	订单编号	
1-03	顾客名	字符型	4	顾客名称	
1-04	顾客电话	整型	8	用于缺货到货时通知	
1-05	顾客类型	字符型	1	标志个人、团体	
1-06	顾客货运地址	字符型	25		
1-07	顾客账单地址	字符型	25		
1-08	书编号	整型	4		
1-09	书名	字符型	8		
1-10	书数量	整型	3	记录货物数量	
1-11	出版商名	整型	12	记录出版商姓名	
1-12	出版商编号	整型	6		

2）数据结构

数据结构用来定义数据元素之间的组合关系，是对数据的一种逻辑描述，与物理实现无关。数据字典中，数据结构需要描述的属性有编号和名称、组、描述等。

数据结构的编号和名称用于唯一标识这个数据结构。数据结构的组成包括数据元素和结构。如果引用了其他数据结构，被引用的数据结构应已定义。对数据结构的属性描述包括数据结构的简单描述、与之相关的数据流、数据结构或处理过程以及该数据结构可能的组织方式。

3）数据流

数据流表明数据元素或数据结构在系统内传输的路径。在数据字典中，数据流需要描述的属性有来源、去向、组成、流通量和峰值等。数据流的来源即数据流的源点，它可能来自系统的外部实体，也可能来自某一个处理过程或数据存储。数据流的去向即数据流的终点，它可能终止于外部实体、处理过程或数据存储。数据流的组成是指它所包含的数据元素或数据结构。一个数据流可能包含若干个数据结构，这时，需要在数据字典中加以定义。如果一个数据流仅包含一个简单的数据元素或数据结构，则该数据流无须专门定义，只需在数据元素或数据结构的定义中加以说明。数据流的流量指在单位时间内，该数据流的传输次数。有时还需描述高峰时的流通量（峰值）。

例如，“待处理发货订单”数据流（F1）描述的是那些暂时不能发货订单的细节，不能发货是因为已经卖完或不在库存中（如表 10-5 所示）。它由 P6——安排待处理订单发货过程产生，它的去向是 P13——创建缺货过程。因此，F1 的描述包含如下信息：订单（如订单细节、顾客细节、书细节等）、不能发货的原因。

表 10-5 待处理发货订单

编号	名称	来源	去向	所含数据结构	说明
F1	订单	P6	P13	订单、不能发货的原因	

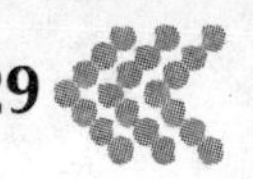

4）数据存储

数据存储指数据结构暂存或永久保存的地方。数据字典中，只能对数据存储从逻辑上加以简单的描述，不涉及具体的设计和组织。在数据字典中定义数据存储内容有编号及名称、流入流出的数据流、数据存储的组成、存取分析以及关键字说明等。

例如，D4 用来记录订单历史，包含订单信息（订单细节、顾客细节、书细节等），如表 10-6 所示。P6——安排待处理订单发货的过程将数据流写入 D4。D4 的输出数据流包括 P9（内容包含以往需求等）、P10 处理过程（内容包含订单细节，例如客户姓名和日期）、P11 处理过程（内容包含销售细节——ISBN 码和出版商名称）。

表 10-6 D4 订单历史

编号	名称	输入数据流	输出数据流	内容	说明
D4	订单历史	P6-D4	D4-P10 D4-P11 D4-P9		

5）数据处理

对处理过程的描述有处理过程在数据流程图中的名称、编号，对处理过程的简单描述，输入数据流、输出数据流及来源与去向和主要功能的简单描述。作为对系统功能的描述，处理过程实际上是数据流程图的核心。

例如，以 P1——验证订单有效性过程为例，P1 描述的是根据顾客订单、支付历史记录（D3）判断新老客户从而编辑成合适的订单（F4），同时对于新客户，从 P1.1 输出新客户数据（F2），再登记新客户数据处理（P1.2）。在数据字典处理清单中（见表 10-7）均有详细说明，表 10-7 仅是一部分。

表 10-7 P1——验证订单有效性过程

编号	名 称	输 入	处理逻辑情况	输 出	说明
P1	验证订单有效性	1 订单 D3——支付历史记录	根据订单和顾客情况，判断新老客户，并编辑成合适的订单	C——要求付款 D3——新客户订单记录 6——无以往信誉污点的订单	

3. 定义数据处理逻辑

随着系统中的每个数据元素被定义，我们就可以开始探索数据处理内部具体是怎么做的。例如，“计算账单的付款额”处理过程中的子处理过程“验证折扣”，包括检查正确的折扣。如果系统分析师询问“折扣优惠的具体政策是什么呢？”需要进行以下描述和说明：

“购书优惠（对既定的书商）是 20%。对私人客户和图书馆，6 本书以上是 5%的折扣优惠，20 本书以上是 10%的折扣，50 本书以上是 15%的折扣。对于该书商，超过 20 本书以上的订单，还将在原有的折扣基础上再增加 10%的折扣。”如图 10-14 所示。

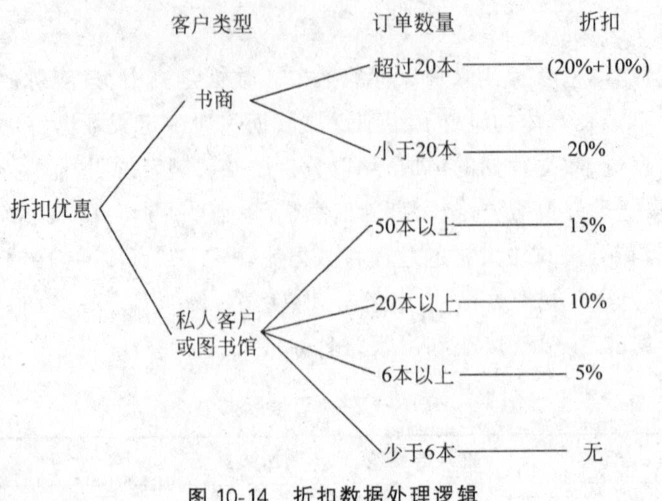

图 10-14 折扣数据处理逻辑

10.5.4 系统设计

系统设计包括概要设计和详细设计两部分。详细设计包括具体编码设计、具体数据结构与数据库设计、输入与输出设计、处理过程设计。本书忽略详细设计部分。

数据流程图上的模块是逻辑处理模块,没有说明模块的物理构成和实现途径。另外,由于数据流程图本身的局限性,很难看出模块的层次分解关系。所以,在系统结构化设计中,还必须将数据流程图上的各处理模块进一步分解,确定系统处理模块层次结构关系,从而将系统的逻辑模型转变为物理模型。

因此,概要设计主要是从数据流程图导出系统的初始结构图,首先要区分数据流程图的结构类型,然后根据不同的类型采用不同的方法把数据流图映像成相应的软件结构。数据流程图的结构类型可以分成变换型和事务型两类。

(1) 变换型:一个数据流程图可以明显地分成输入、处理和输出三部分。

(2) 事务型:该数据流程图一般呈束状,即一束数据流平行输入或输出,可能同时有几个事务要求处理或加工。

根据数据流程图的结构类型的不同,从数据流程图导出初始结构图有两种技术:

1) 变换分析技术

变换分析技术主要包括以下两个步骤:

- 找出系统的主处理、逻辑输入和逻辑输出。主处理一般是几支数据流的汇合处的处理,是逻辑输入和逻辑输出之间的处理。
- 设计模块的顶层和第一层。主处理为“顶层模块”,也叫主控模块,其功能是完成整个程序要做的工作。系统结构的“顶”设计后,下层的结构就按输入、变换、输出等分支来处理。为每一个逻辑输入设计一个输入模块,向主控模块提供数据;为主处理设计一个变换模块,将逻辑输入变换为逻辑输出;为每一个逻辑输出设计一个输出模块,将主控模块提供的设计输出。

当数据流程图为事务型时,需要根据不同的判断结果进行不同的业务处理。此时,变换分析设计法不再适用,可以采用事务分析设计法。

2) 事务分析技术

确定事务中心。在事务型数据流程图中,存在一个事务中心。当某事务处理是根据输

入数据(事务)类型进行时,在若干事务处理逻辑中选出一个来执行,该事务处理即为事务中心。事务中心的处理存在明显的放射状的输出,它将输入数据流分解成一束平行的数据流输出,然后有选择性地执行后面的某个事务处理。

值得注意的是在实际设计时,数据流程图往往不是单一的变换型或事务型,而是变换型和事务型的混合。这时,一般以变换分析设计为主、事务分析设计为辅的方法进行设计。即先找出数据流程图中的主变换中心,设计模块结构图的上层模块,然后根据数据流程图中各部分的结构特点,适当地运用变换分析设计法或事务分析设计法,进行逐层分解细化设计,并且进行适当改进或优化,最后得到相应的结构图。也就是说实际应用中这两种方法往往交替使用。数据流图的某一局部可能是变换型,另一方局部可能是事物型。这时,一般以变换分析为主,辅之以事物分析。

以城市电脑书库公司为例,在图书系统控制结构中,通过输入功能模块得到有效订单清单、库存水平、确定数量信息,然后处理订单。在订单处理中,有效订单清单、库存水平、确定的数量信息细节经过编辑、检验核对后进行分类处理。根据清单分类加载分类标志,将清单划分为处理可履行的、处理部分履行的、处理反馈缺货单和特殊订单处理。对于可履行的订单,要写发货清单记录,并更新库存水平;对于部分可履行的,要写发货清单记录,更新库存水平,并要写缺货记录;对于完全不可履行的,要写缺货记录。

请结合图10-15,思考图中哪些地方使用了变换分析法?哪些地方使用了事务分析法?

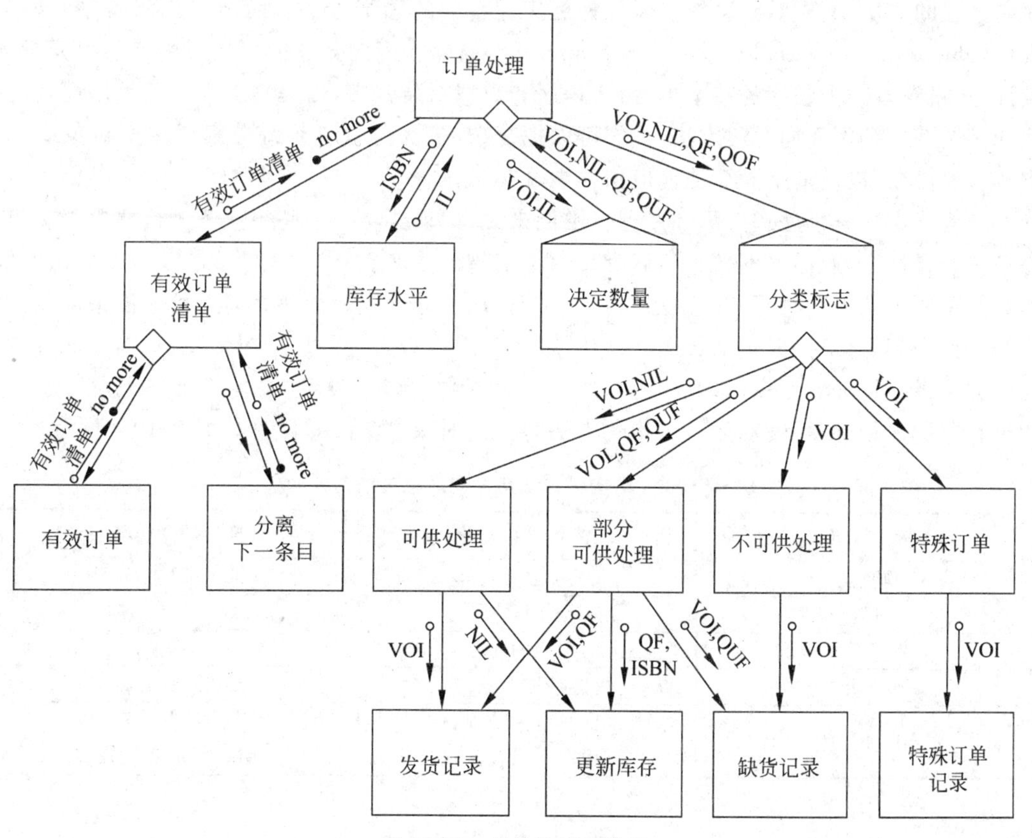

图 10-15 订单处理结构图

此外，为了充分说明各模块间的调用关系和模块间的数据流及信息流的传递关系，对某些较低层上的重要工作模块，还必须根据数据字典和结构图，绘制其IPO（输入/处理/输出）图，用来描述模块的输入、处理和输出细节，以及与其他模块间的调用和被调用关系。例如，销售系统中"订单处理"系统部分的低层主要模块——"确定能否供货"模块，根据数据字典，它的IPO图如图10-16所示。

<table>
<tr><td>系统名称：订单处理</td><td colspan="2">设计者：XXX</td></tr>
<tr><td>模块名称：确定能否供货</td><td colspan="2">日期：</td></tr>
<tr><td>上层调用模块：处理模块</td><td colspan="2">可调用下层模块：无</td></tr>
<tr><td>输入部分(I)</td><td>处理描述(P)</td><td>输出部分(O)</td></tr>
<tr><td>订单订货量 X</td><td rowspan="2">…</td><td>供货类型标志 I</td></tr>
<tr><td>库存信息 Y</td><td>缺货信息 Z</td></tr>
</table>

图10-16 "确定能否供货"模块的IPO图

10.6 系统分析与设计——面向对象方法

面向对象方法(object-oriented approach)是一种把以对象为中心的思想应用于软件开发过程中，指导开发活动的系统方法，简称OO方法。相对于传统的面向数据的建模方法和面向过程的方法，面向对象思想代表一种更接近自然的思维方法。面向对象的程序分析与设计(object-oriented analysis and programming)就是将面向对象的思想应用到系统分析与设计中，将对象作为程序的基本单元，将程序和数据封装其中，以提高软件的可重用性、灵活性和扩展性。利用面向对象方法，我们可以把复杂、庞大的软件系统分解成多个对象组件，形成对象模型，以便清晰而简洁地模拟客观现实。

结构化方法分别处理数据和过程。举例来说，如果要对一个销售业务进行建模分析，销售订单的属性，如产品类别、数量、订货日期等都被认为是数据，而订单的处理，如显示明细和计算总额被认为是过程，两者在逻辑上被人为地区分开来。而在面向对象方法中，二者又被统一到一起，对象同时包括数据和操作，被认为更接近人们的思维习惯，更自然。此外，结构化方法以系统开发生命周期为基础，通常分为规划、分析、设计、实现和维护等阶段，数据和过程分别建模，阶段性明显。结构化方法与面向对象方法的差异总结如表10-8所示。

表10-8 结构化方法与面向对象方法对比

特　征	结构化分析与设计	面向对象分析与设计
侧重点	过程	对象
风险	高	低
可重用率	中	高
成熟度	成熟且被广泛应用	新兴且快速发展
适用于	良好定义的项目 用户需求较稳定	高风险的大项目 用户需求变化较多

10.6.1 基础概念

对象是面向对象方法的基础概念，它是问题空间中的一些事物的抽象表示。对象可归纳为客观存在物、行为和概念三类。

(1) 客观存在物包括有形对象和角色对象，可以是客观世界中任何独立可确认的实体，比如，教室、飞机、水果、打印机等都可以看做是有形对象，而用户就是一种角色对象。

(2) 行为包括事件对象和交互对象。事件对象就像一个开关，它只有两种状态：开和关。键盘的按下事件就可以被抽象为一个事件对象，某一个键只有两种状态：按下和抬起。用户界面上的按钮、窗口、输入框等都属于交互对象。

(3) 概念是规范对象，在社会学中，规范对象指用来讨论和交流的某种概念系统，通常指一些抽象名词，例如直觉和兴趣等。

在面向对象方法中，对象是由数据(描述事物的属性)和作用于数据的操作(体现事物的行为)构成的独立整体。这些属性的值刻画了一个对象的状态，而这些操作是对象的行为，只有通过这些操作才能改变对象的状态(即属性值)。换句话说，类即所有相似对象的状态变量和行为构成的模板。本质上说，类就是数据类型。在对象的基础上，类、封装、继承、消息、多态构成了面向对象的基础体系。

1. 面向对象的基础体系

1) 类

类(class)是对象的抽象，是对具有相同属性(状态变量)和相同操作(行为)的一组相似对象的定义。比如，两个学生可能身高、体重、性别、年龄和籍贯等特征不同，但是身份却是相同的；两本书可能内容、价格和页数等特征不同，但是功能却是相同的。在这种情况下，我们就可以忽略对象的部分特征，重点关注与当前目标相关的本质特征，从中找出事物的共性，把本质特征相同的事物划分为一类。即类是很多对象的抽象，对象则是类的特殊实例(instance)。例如，"车辆"类的对象有具体的某辆"客车"、"货车"等。如果将对象比做一个个房子，那么类就是房子的设计图纸。所以面向对象程序设计的重点是类的设计，而不是对象的设计。对象之间通过相互发送消息请求和提供服务(操作)(服务随后定义)。

我们用类图来表示一个类，通常把一个类画成一个矩形，矩形中有类的名称、类的属性和类的操作。如图10-17所示。

User
− name：String − id：Integer … − last_login：Date
+ login ()：bool …

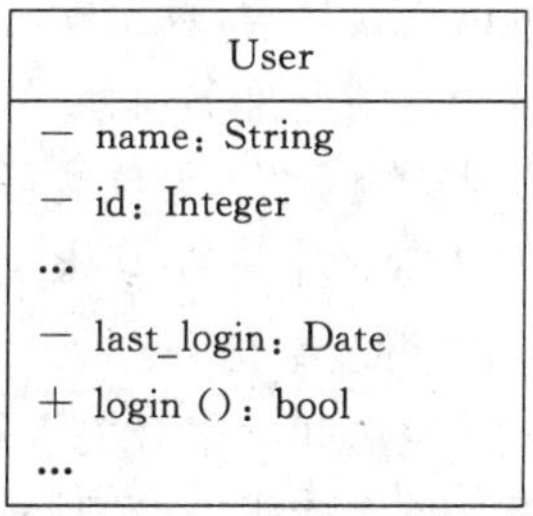

图10-17　用户(User)的类图

通过以上这个User类的类图显示了一个用户(User)如何作为UML类建模，第一行User是类的名字，中间区域的name、id等是User的属性，而底部区域的login等是User的操作。类图规范了需求描述的格式。在大规模流程化的研发过程中，我们可以用一种简单的表格清晰描述很复杂的需求概念，同时避免可能在语言文字描述中产生的歧义。

2) 封装

封装是指把对象的属性和操作结合在一起，组成一个独立的单元。外界无法直接了解对象内部的信息，但可以通过特定的接口与对象发生联系，并改变或获取其属性。其实，生活中有很多封装的例子，比如我们不了解空调的内部机理，但只要操作开关即可使空调调节室内温度。

3) 继承

继承表示类之间的归属关系。继承是指一个类因承袭而具有另一个已经存在的类的全部属性和操作，前者被称为子类或派生类，后者被称为父类或基类。子类可以把父类定义的内容自动作为自己的部分内容，同时再加入新的内容。继承也就是在无须改变现有类的基础上，使用现有类的所有功能，可对这些功能进行扩展。比如，某系统已经定义了一个水果类，现在还需要定义一个香蕉类。由于香蕉也是水果的一种，这时就可以采用继承的方法，使香蕉类直接获得水果类的一切属性和操作。我们可以把“被吃”作为水果的一个操作（功能），橘子、香蕉、芒果等同时可以继承水果的“被吃”的功能。利用继承，只要在原有类的基础上修改、增补、删减少量的数据和方法，就可以得到子类，然后生成不同的对象实例。

4）消息

消息是指对象间相互联系和相互作用的方式，一个对象通过接收消息、处理消息、传出消息或使用其他类的方法来实现一定功能。对象之间相互联系的唯一途径就是消息传递。

5）多态

多态指由继承而产生的相关的、不同的类，其对象对同一消息会做出不同的响应。当一个对象接收到进行某项操作的消息时，多态机制将根据对象所属的类，动态地选用该类中定义的操作。举例来说，已经有了一个父类“四边形”，它具有“计算面积”的操作，然后再定义一些子类，如“平行四边形”、“长方形”和“不规则四边形”，它们可继承父类“四边形”的各种属性和操作，然后在各自的定义中重新描述“计算面积”的操作。这样，当接收到计算图形面积的消息时，对象会根据新的定义做出不同的响应，采用不同的面积计算公式。类似地，前面的水果例子中，橘子和芒果可以把“被吃”的功能在自己身上扩展为被去皮去核后吃，而香蕉只是被去皮吃。

2. 继承与聚合

设计孤立的类比较容易，难的是如何把多个类联系起来，以反映问题空间中的复杂事物和关系。类之间的结构一般包括层次结构和组装结构两种。层次结构（或称为分类结构）针对的是事物类别之间的继承关系，组装结构则对应于事物的整体与构件之间的聚合关系。

1）层次结构

有了继承机制，就有了类的层次关系和结构。父类具有通用性，而子类具有特殊性。子类可以从其父类，直至祖先那里继承方法和属性。例如，若在逻辑上B是A的“一种”（a kind of），则允许B继承A的功能。如男人是人类的一种，男孩是男人的一种。那么男人类可以从人类派生，男孩类可以从男人类派生。芒果是水果的一种，云南芒果和广西芒果都属于芒果，那么芒果类从水果类派生，云南芒果类和广西芒果类从芒果类派生。

2）组装结构

对象之间的聚合关系是指一个对象是由若干个其他对象组合而成，是一种直接的包含关系。若在逻辑上B是A的“一部分”（a part of），含义是可以由B和其他对象组合出A，而不允许A继承B的功能。例如，一个芒果由芒果的果皮、芒果的果肉、芒果的果核组成，所以芒果类由芒果果皮类、芒果果肉类和芒果果核类聚合而成，不是派生而成。需要注意的是，如果A类和B类毫不相关，则不应为了使B的功能更多些而让B继承A的功能。

3. 属性定义与实例关联

属性是实体所具有的某个特性的抽象，而实体本身被抽象成对象。属性可用数据表示，用以描述对象或类结构的实例。例如，图10-18中bookTitle（书名）、bookKeyword（书的关键字）分别表示书的书名和关键字属性。书名和关键字这两个属性都用字符串（string）类型的数据来表示。如名为管理信息系统的书，它的bookTitle就是“管理信息系统”，

bookKeyword 就是“信息”、“管理”等。“bookID”、“category”等前的“-”表示这个属性是本类私有(private)的,后面的 string 表示其数据类型为字符串。“stockout”前的“+”表示它的公有属性(public)。私有表示该属性或操作不能直接被其他类访问;公有表示该属性或操作可以直接被其他任何类访问或调用。

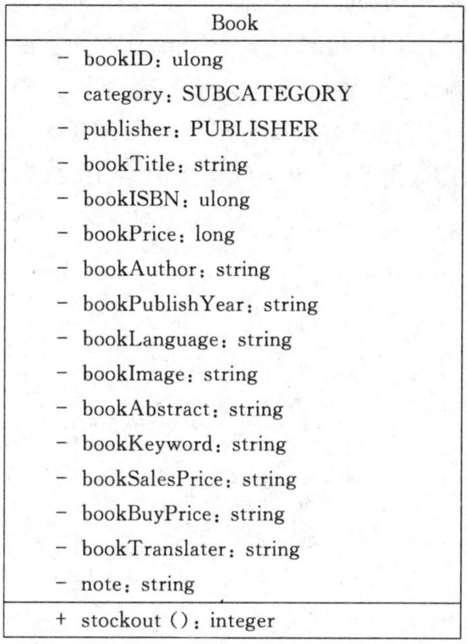

Book
- bookID: ulong - category: SUBCATEGORY - publisher: PUBLISHER - bookTitle: string - bookISBN: ulong - bookPrice: long - bookAuthor: string - bookPublishYear: string - bookLanguage: string - bookImage: string - bookAbstract: string - bookKeyword: string - bookSalesPrice: string - bookBuyPrice: string - bookTranslater: string - note: string
+ stockout (): integer

图 10-18 书(Book)的类图

建立属性及实例关联的步骤如下:

(1) 识别属性和确定属性归属。它是指确定属性与特定对象之间的从属关系,主要针对类结构而言。属性是实体所具有的某个特性的抽象,而实体本身被抽象成对象。例如,每本书都有书名、作者、出版商和价格等一些属性,这些属性聚合在一起,就形成了书。每个对象只定义自己特有的属性,该对象共有属性应从上层对象中继承。低层对象的共有属性应在上层对象中定义,而自己只定义特有的属性。例如,图 10-18 中 category(分类)和 publisher(出版商)这两个属性是从上层对象继承而来,而除 category 和 publisher 以外的其他所有属性 bookID、bookTitle 等都是自己定义的特有的属性。

(2) 实例关联。实例关联是一个实例集合到另一个实例集合的映射,是分析对象之间或实例之间相互关系的基本方法。例如,下面将要讲到的图 10-19 中,_book(书)与 SUBCATEGORY(类别)、PUBLISHER(出版商)、PUR_BOOK(购买的书)、SALE_BOOK(销售的书)和 PAY(支付)的关联关系。图中的线上的“1”是指一个,“*”是指多个。例如,PUBLISHER(出版商)可以有多个,如机械工业出版社、中信出版社等。这里假设一本书只有一个出版商,那么每本书的 publisher 属性就从多个出版商中选择一个。

4. 类图之间的关系

图 10-19 是一个网上书店的类图,描述了一组类、接口、协作以及它们的关系。通常为了方便研发人员工作,类图中的文字不用中文,而是直接以程序中的函数名和变量名表示。不同的研发人员在进行开发时可以形成统一,避免因为对同一中文名词的翻译不同而造成

程序之间的接口出问题。类图在面向对象系统建模中是最常用的图,用于系统的静态设计视图。图 10-19 中,类_book(书)应该由类 PUBLISHER(出版商)和 SUBCATEGORY(类别)聚合而成,不是派生而成。PUR_BOOK(购买的书)与_book(书)、SALE_BOOK(销售的书)与_book(书)之间是聚合关系。聚合关系是指_book(书)分别是 PUR_BOOK(购买的书)和 SALE_BOOK(销售的书)中的一个属性 book(书)的数据类型。_book 是书的基类,而 book 是 PUR_BOOK(购买的书)和 SALE_BOOK(销售的书)的一个属性。PAY(支付)和_book(书)、ORDER(订购)之间也是聚合关系。聚合与关联有一点区别,我们可以说,PUBLISHER(出版商)和_book 是关联关系;SUBCATEGORY(类别)和_book 也是关联关系。_book 是由 PUBLISHER(出版商)和 SUBCATEGORY(类别)聚合而成。

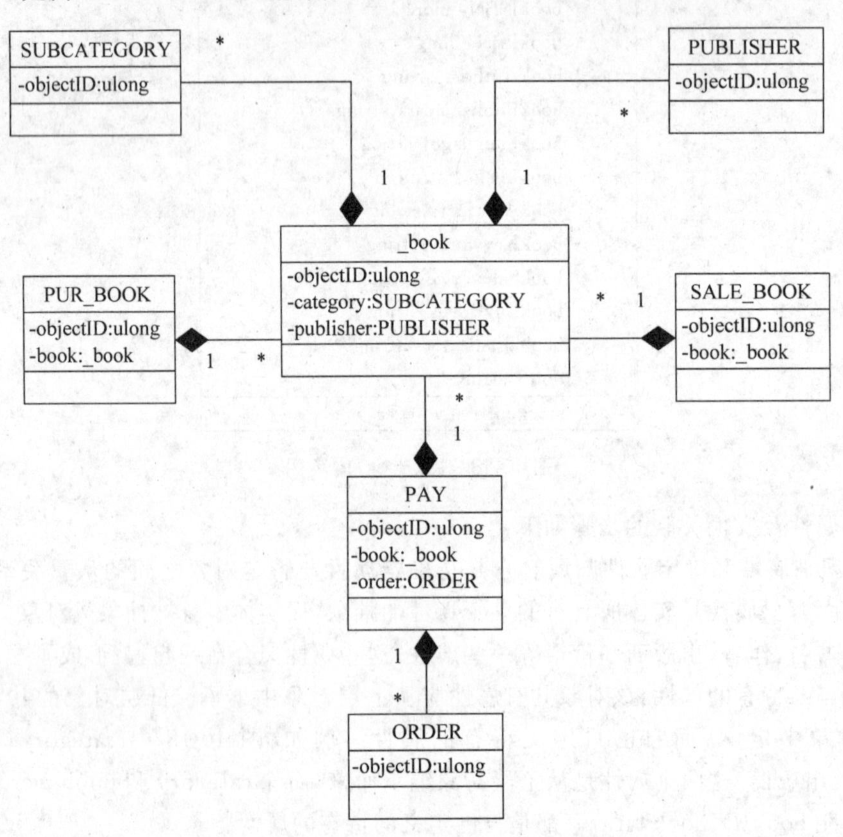

图 10-19 类图之间的关系

10.6.2 统一建模语言(UML)

UML(unified modeling language)即统一建模语言,是一种面向对象建模的标准化图形工具,主要用于软件的分析与设计,用定义完善的符号来图形化地展现一个软件系统。它并不涉及编程的问题,与语言平台无关,这就使开发人员可以专注于建立软件系统的模型和结构。20 世纪 90 年代中期以来,UML 已经占领了面向对象技术市场的绝大部分份额,成为事实上的可视化建模语言的工业标准。1997 年 11 月,国际对象管理组织(Object Management Group)把 UML 1.1 作为基于面向对象技术的标准建模语言。目前,UML 已经推出了2.0版本，其巨大的市场潜力和经济价值正逐渐得到人们广泛的认可。

UML 2.0共有13种图，可分为两大类：结构图和行为图。结构图也称为静态模型图，主要用来表示系统的结构，比如类图；行为图也称为动态模型图，主要用来表示系统的行为。

UML是用于软件蓝图阶段的标准建模语言。建模是基于更好地理解系统的目的，所以仅仅用单个模型是不够的，而需要多个相互联系的模型。对于软件密集型系统，就需要UML这样的语言，它可以贯穿软件生命周期。UML可以描述开发所需要的各种视图。研发人员可以基于这些视图进行系统研发。

UML只用一组图形符号就可以产生便于交流的系统模型，清晰地阐释系统架构。一个开发者或开发管理者可以利用UML绘制一个模型，而另一个开发者可以无歧义地解释这个模型。UML可以详细描述系统的各个细节。详细描述就意味着所建立的模型是精确的、无歧义的和完整的。所以，UML适合对所有重要的分析、设计和实现决策进行详细描述，这些是在开发和部署软件密集型系统时所必需的步骤。

一个面向对象系统的核心是对象。识别对象先要搞清楚该信息系统的需求，即系统需要解决的问题涉及哪些事物，然后进行对象和类的识别和定义。在识别对象时，首要的问题是找出信息系统需要取代的人工活动。以这些活动为线索，去识别活动所使用的工具和操作的对象。对识别出来的对象和类，分析它们的结构和行为，找出与它们相关联的对象和类，最终识别所有的对象和类以及它们的结构和行为。

网上书店系统（电子商务系统的案例）中，基本的类有系统管理员、管理人员、客户、职工、书籍、出版商、承运商、付款、书架、仓库、输入书籍、输出书籍、订单、发货、账单、运费等。其中，系统管理员和书籍等类的具体实例属于客观存在对象；订单类的具体实例属于行为对象。

10.6.3 UML中系统建模用的四种行为图

1. 用例图

用例描述了系统提供给不同角色的功能。系统管理员、销售人员、客户和物流人员等不同的用户称为角色。用例定义了角色和系统之间的特定事务处理类型。用例在建模中的作用是通过它来获取系统的所有功能的需求，驱动软件的开发过程。同时，用例是审核和测试系统的依据，它可以应用于系统开发的所有阶段。例如，在网上书店系统的例子中，我们可以有系统管理、图书目录、订单管理等用例。用例图（use case view）描述一组用例和角色以及它们的关系。角色描述了用户在与系统交互的过程中可以扮演的角色（特殊的类）。

在网上书店系统中，系统管理员需要维护系统运行，书店管理人员从出版商处进货，然后再向顾客销售，并通过货运人员运输到客户手中。如图10-20所示。因此，该系统涉及的角色有系统管理人员、出版商、管理人员、仓库人员、书店销售人员、客户、运货人员。角色和系统之间发生的事务有系统管理、图书目录、输入书籍、订单管理、支付管理、输出书籍和运送管理。通常，用一个椭圆来表示用例，用一个矩形来表示系统边界，矩形框外的人形符号表示角色。例如，系统管理员就只进行系统管理这一个操作，而不涉及其他操作。而客户就可能进行订单管理、支付管理、输出书籍、运送管理等操作。

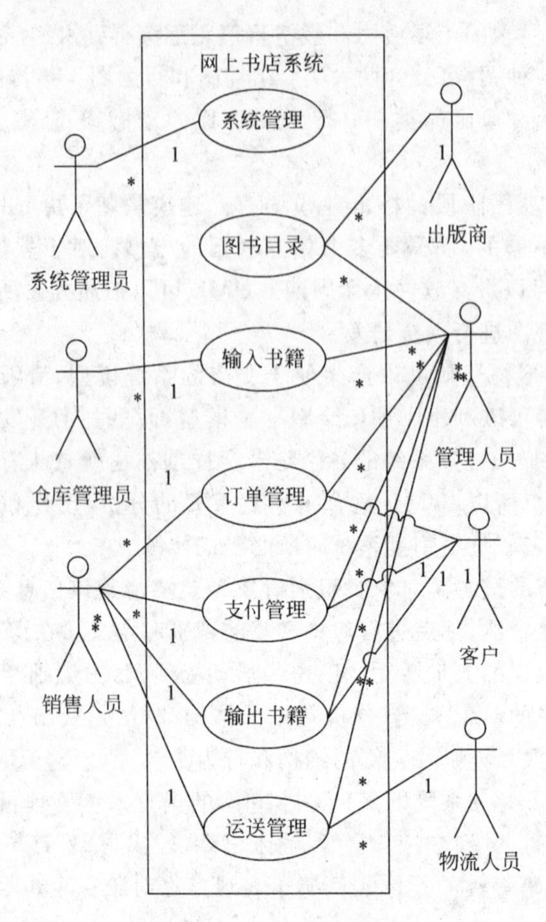

图 10-20　在线书店用例图

2. 交互图

交互图是描述系统的动态视图,可用于对一个系统动态特征进行建模。交互图可以单独使用,来详述和构造一个特定的对象或对象群体,并将其做成可视化的文档。我们也可以用交互图对一个用例的某些控制流进行建模。也就是说,我们可以通过交互图来表现系统中的一些动态的行为,如登录、退出等。交互图包括顺序图和协作图。顺序图用于表现系统中对象间消息传递的时间顺序,而协作图用于表现发送和接收消息的对象的结构组织。它们是异形同构的。换句话说,两种图表现的是同样的内容,但是用不同的方法侧重于表现不同的方面,并且一种图可以没有信息损失地转换为另一个。

在顺序图中,对象从类图中转化而来。因为类图中对象的功能定义是模糊和不充分的。我们仅仅能从类图中得知这个对象的所有属性的名称和数据类型、所有操作的名称和目的,但是类图无法清楚地表现每个具体操作是如何实现的。我们也不想用具体到某种程序语言的编码形式来表现,例如该功能用 Java 语言要如何编码,用 C 语言要如何编码。因为许多技术上的细节会阻碍我们对对象之间的相互作用的快速理解。

网上书店客户端与服务器之间信息传递的顺序图如图 10-21 所示。其中,垂直的虚线是“生命线”,表明对象间的联结。生命线从上到下表示时间的从先到后。中间的竖条是控制焦点,每个控制焦点可以理解为对系统的一次操作动作,表示一个对象执行一个动作所经

历的时间段。客户端对象的读数据和写数据是两个控制焦点，它们在同一个生命线上。控制焦点之间的实线和虚线箭头是消息传递，消息在生命线之间流动。箭头上方的字表示正在被传递的消息名称。实线箭头表示主动传递的消息，虚线箭头表示被调用后的返回值。例如，客户端对象在数据集初始化时，向服务器触发对象发出“获取数据集”的消息，数据库则会在稍后给客户端对象传递“返回数据集”消息。图中还有一些操作是对象的自我调用操作，也就是对象会执行自身的操作，如：服务器触发对象会执行自身的“数据集初始化”、“获取数据流”和“添加新数据流到数据库服务器”三个操作。

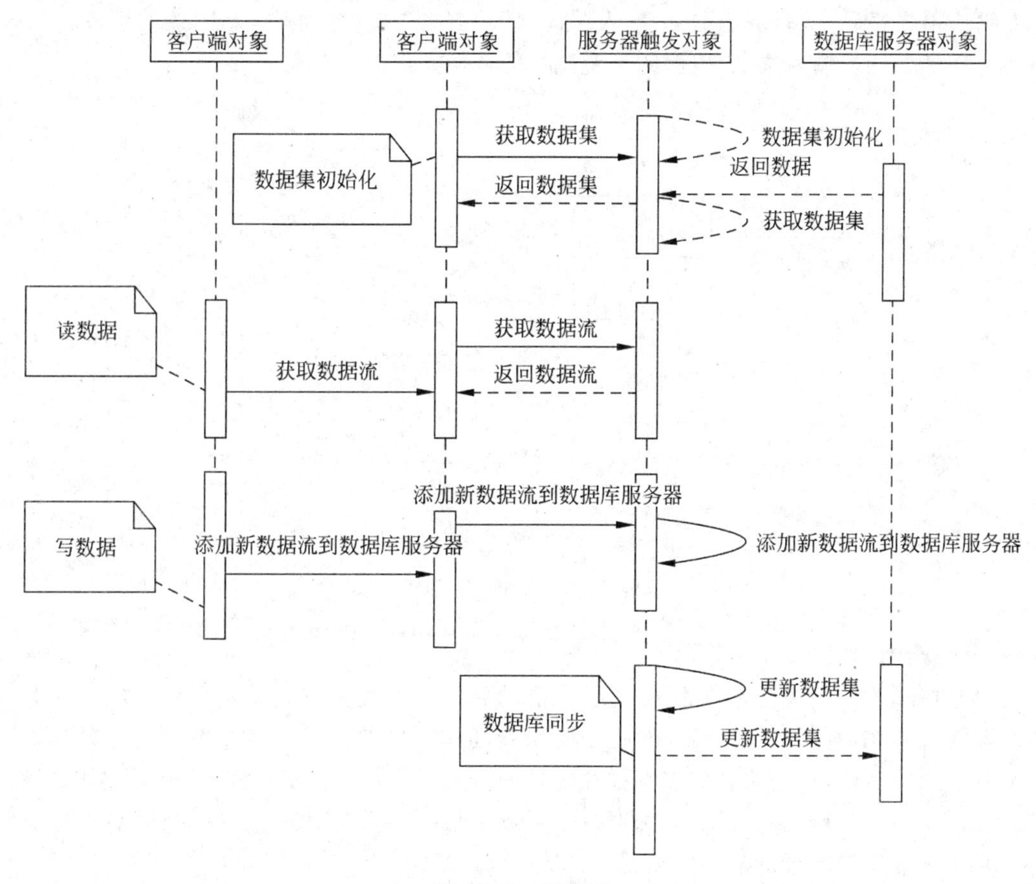

图 10-21 顺序图

3. 状态图

状态图是用来表现系统的动态视图。它是用类对象的生命周期模型来表述该对象随时间变化的动态行为。通常，一个状态图由状态、动作、转换和事件组成，它主要强调状态间的转化和其转化的主要因素。我们可以用状态图来表现系统在不同状态间转换的机制。我们用一个例子来形象地说明什么是状态、动作、转换和事件。

如图 10-22 所示，右上角的实心圆圈是初始状态，表示状态图的开始；左方的含有实心圆圈的空心圆圈是结束状态，表示状态图的结束。除了初始状态和结束状态，状态由图中带圆角的矩形表示。“输入用户名”、“输入密码”、“拒绝登录”和“验证”分别是这四个状态的名称。

在“验证”状态的矩形的下半部的“合法性验证”是动作，表示该状态需要执行的一些具体操作。系统可以在同一个时间执行多个动作。动作在执行过程中是不能中断的，一旦开始执行就必须执行到底，中间不与其他处于活动状态的动作发生交互。

各状态之间的实线箭头表示它们之间的转换，每个箭头都分别连接转换的源状态和目标状态。当源状态接到一个事件，并且满足了该状态的动作，就执行这个转换操作，同时从源状态转换到目标状态。

事件就是在某个时间点出现的能够引起状态改变的运动变化。如图 10-22 中的“按 Tab 键或单击密码框”就是能引发“输入用户名”状态向“输入密码”状态转换的事件。而该事件后面的“/切换输入焦点”表示的是要执行的转换操作。

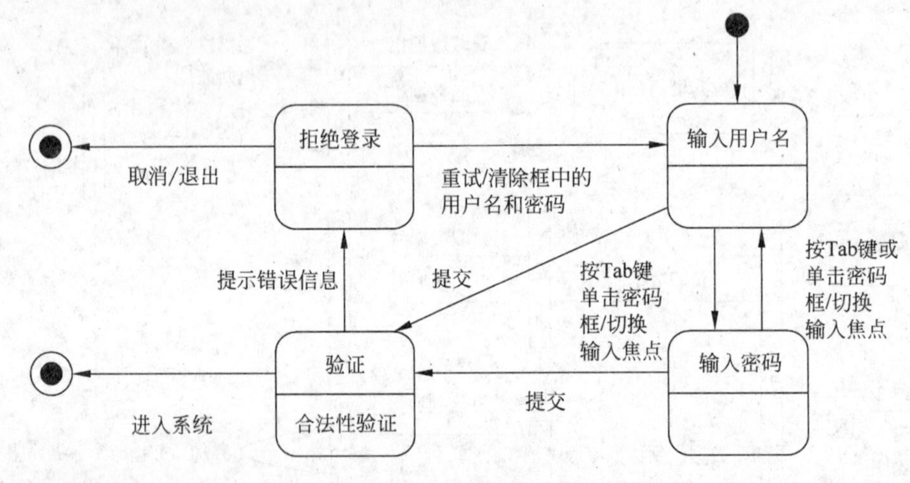

图 10-22 登录的状态图

4. 活动图

活动图从本质上说就是流程图，显示从活动到活动的控制流。当对象在控制流的不同点的状态间移动时，活动图强调了每一步动作和动作产生的结果。它突出了一个对象的事件顺序行为。我们已经知道，状态图描述的是一个系统中从一个状态到另一个状态的流程；而活动图是一种特殊的状态图，它强调一个系统中从一个活动到另一个活动的流程。

网上书店客户登录的活动图如图 10-23 所示。

活动图与状态图相同的部分是：活动图中的实心圆圈也是代表该图的起始点，含有实心圆圈的空心圆圈也是结束点。实线箭头表示转换。

活动图与状态图的区别是：带圆角的矩形表示的不是状态，而是活动。菱形框表示系统的逻辑判断行为，在活动图中称为分支。

首先，我们登录系统，在执行登录系统的操作(状态图中的“输入用户名”和“输入密码”)后，系统进行“验证”活动，若“验证”成功，则继续执行“写入登录状态文件”活动；若失败，则执行“退出系统”活动。

在执行完“写入登录状态文件”、“授权”和“进入系统主界面”后，我们需要执行一个分叉操作(图中以一条黑色粗实线表示)。也就是说，一部分人是以管理人员的身份具体登录系统，另一部分人是以客户的身份来登录系统。即登录的角色的身份不同，之后可进行的操作也不同。

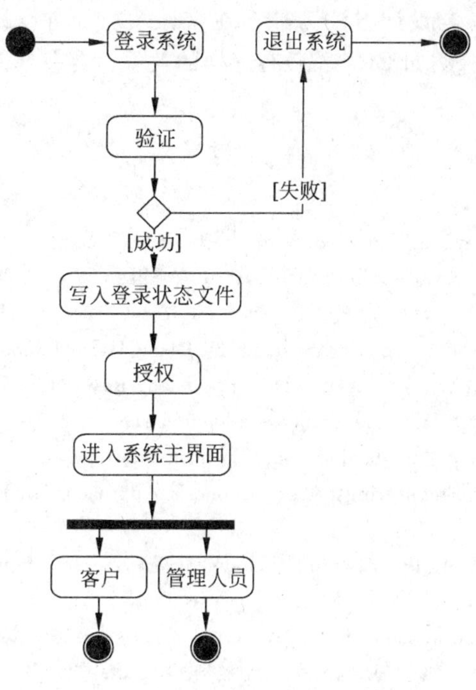

图 10-23 活动图

由于篇幅所限，本部分只介绍了 UML 的一些图的含义，旨在使读者能初步了解并看懂 UML 的图，而并未提及绘制这些图的方法。使用 UML 图只是研发过程的一个中间阶段，若要正确地画出 UML 图，需要对整个系统的开发过程有全面了解。UML 包括但不限于本节中所述的这些内容，若有兴趣深入学习相关内容，可参考一些 UML 和面向对象编程思想方面的相关书籍，或参考相关网站（例如，http://www.ibm.com/developerworks/cn/rational）。

本章小结

信息系统开发是个复杂的过程，高风险表现在高失败率和达不到预定效果。本章主要介绍信息系统开发的主要方法和模型，以及建模工具，特别关注信息系统的需求，基于用户参与的迭代式开发和沟通的意义，为进一步更深入学习与实践打下基础。本章要点包括：

- 需求分析质量是决定信息系统开发质量的关键，取决于业务和开发人员的沟通方式、频率和质量。
- 基于原型的快速迭代有助于需求分析质量。
- 不同系统开发模型与建模方法具有不同的侧重点和相对优势。

本章习题

1. 传统生命周期法模型的主要目标是解决软件系统开发中的哪些问题？

2. 敏捷模型为什么如此重视沟通和迭代？沟通和迭代分别对系统开发质量有什么意义？

3. 试讨论结构化分析与设计方法为什么在信息系统分析设计中得到普遍应用？该方法与面向数据的建模方法(例如ER模型)有怎样的关系？与基于对象的分析设计方法相比有哪些劣势？

本章参考文献

[1] Beck K. Extreme Programming Explained：Embrace Change. Reading：Mass.，Addison-Wesley，1999.

[2] Cockburn A. Agile Software Development. Boston：Addison-Wesley，2002.

[3] Coad P，Yourdon E. Object Oriented Analysis. New Jersey：Yourdon Press，1991.

[4] Hagar F. Development of Information Systems by Using Unified Modeling Language (UML) from System Requirements Analysis to System Design. Halab：Ray Publishing & Science，2004.

[5] Kniberg H. Scrum and XP from the Trenches. Flogd Marinescu，2007.

[6] http://www.infoq.com/cn/minibooks/scrum-xp-from-the-trenches.

[7] Pressman R S. Software Engineering：A practitioner's Approach. 3rd Edition. New York：McGraw-Hill 1992.

[8] Schwaber K，Beedle M. Agile Software Development with Scrum. Upper Saddle River，New Jersey：Prentice-Hall，2002.

[9] Yourdon E，Argila C. Case Studies in OO Analysis and Design. New Jersey：Yourdon Press，1996.

[10] 大众(美国)公司. IT优先级管理. 哈佛商学院案例. 第二辑. 技术与运营管理. 毛基业，译. 北京：中国人民大学出版社，2009.

[11] 贾子河，段永刚，蒋博，段珊珊. 轻松Scrum之旅——敏捷开发故事. 北京：电子工业出版社. 2009.

[12] Schwaber K. Scrum敏捷项目管理. 李国彪，译. 北京：清华大学出版社，2007.

[13] Schwaber K. Scrum敏捷项目管理实战. 孙媛，李国彪，译. 北京：清华大学出版社，2009.

第11章　信息系统项目管理

本章学习目的：

- 项目和项目管理的基本概念
- 信息系统项目的特点和内容
- 组织级信息系统项目管理
- 项目管理软件
- 信息系统项目管理的关键成功因素

前导案例：Alpha银行财务管理系统项目

2003年，作为四大国有银行之一的Alpha银行，面临着国内金融业全面对外开放和股份制改革的压力，提出了以信息技术创新推动财务管理创新的战略思路。据此，Alpha银行的财务管理信息系统(financial management information system，FMIS)推上了日程。但是，这么一个庞大机构的FMIS应该是什么样子？系统要达到哪些业务分析和管理目的？应该如何去实施？这些问题对于总行的业务管理部门和技术部门来讲都是一个巨大的问号，国内外同行那里也找不到合适的业务原型可以借鉴。

总行领导充分认识到FMIS项目的重要性和艰巨性，行长和副行长亲自出马，担任FMIS项目的领导小组组长。技术和业务部门总经理分别担任技术和业务总负责人。而技术和业务主管分别是技术实施部门和业务主管部门的处长。FMIS系统的战略性和复杂性决定了单靠技术力量是不可能完成这个任务的。如何选择用户参与项目，是FMIS项目领导小组首先遇到的问题。FMIS作为一个综合了业务操作和管理决策的战略系统，不仅仅需要参与用户具有杰出的业务能力，还要有创新能力和前瞻能力，因此在参与用户的选拔上要兼顾这些能力。总行意识到单靠技术部门的力量不可能完成这个艰巨的任务，于是从全行范围选调了13位业务专家进驻项目组。被选调的这13名用户大多数是"全行范围内，说起要解决某某财务管理问题时，大家都能同时想到的这么一个人，这个人绝对是该领域内全行范围的数一数二的专家"。整个项目组的组织架构如图11-1所示。

但与传统系统开发项目中由技术人员独掌大局不同，这一次，业务专家在项目中扮演了非常关键的角色。首先，在项目组织架构上，业务专家并不是独立于项目组之外的智囊团队，而是项目的正式成员；业务专家组成业务组与技术人员构成的技术组是平行的两个团队，对项目的责任和权力同等，任何决策都必须是两者共同讨论做出。

在项目范围管理方面，尽管在项目启动时有些不确定性，但项目团队投入大量时间和资

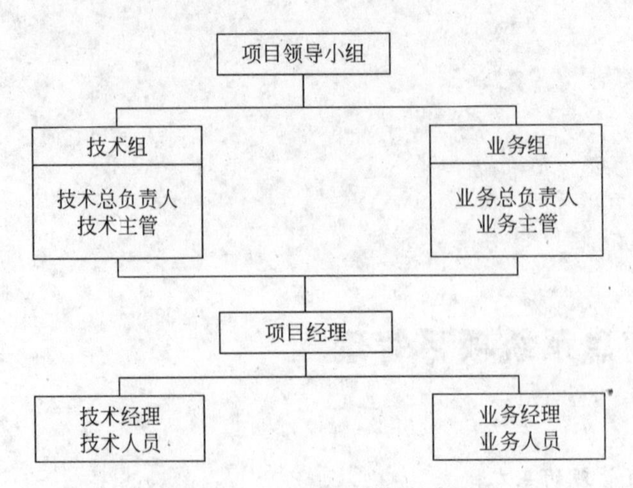

图 11-1 FMIS 项目组织架构图

源进行调研和确认。总行主管领导和业务组其中的几名用户组成一个考察团队,分别到访几家国际银行的中国总部,考察他们的财务管理模式。之后,项目团队又开始对市场上成熟的产品进行调研。考察团队回来之后,得出的系统规划模型获得了总行领导的认可。在这个规划模型框架下,业务组的成员开始了需求调研以及讨论,根据目标确定了初步的模块划分,为了评判这些厂家的解决方案或产品是否满足或者切合本行的业务需求,业务组的全体用户参加了这次调研活动。项目组调研的产品还包括全球前三名的产品和国内前两名的产品,“通过考察之后,我们拟定了一个初步的业务模型。这个业务模型已经考虑了很多因素在里面。对需求分析阶段来讲,我们就有目标了,基调就定好了。我们感觉最重要的就是这个目标了。”

在整个需求建模的过程中,也有几位总行软件开发中心的技术人员参与,但是他们的主要目的是尽早开始了解和学习业务,并适时从技术可行性的角度给业务组一些建议。让技术人员从全局上了解业务模型,从他们那里获得技术可行性的支持也是必不可少的。当然,最终,业务需求模型必须要获得领导的认可批准,才能进入系统实现阶段。

针对上述要求,业务组开始在全行范围内,对业务需求模型进行论证。论证工作主要分为三个阶段:

第一阶段是和技术人员进行论证。业务组给技术组讲解业务需求模型,之后技术人员对业务模型进行技术可行性的评价。技术组按照软件实现上的特点,除了对业务功能在技术实现上是否可行给予建议外,对业务模型的子系统的划分也提出了一些关键性建议,比如:将一些公共功能独立出来,单独划分为一个子系统;个别子系统的某些功能更适合独立出来重新设为一个子系统。经过业务人员和技术人员一起不断讨论,需求模型不断得到重塑,由最初设想的五个子系统,到最终划分为十三子系统。经过技术人员的评价和修正之后,业务模型的子系统划分更加科学,模型整体更加完善。

第二阶段是和各个分行的财务人员进行论证。总行召开了两次全行范围内的需求论证会议,各个分行的处长和科长参加了会议。业务组在会议上向各位参会人员介绍了业务模型。各位参会人员各抒己见、激烈讨论。最后,业务需求模型又进一步得到修正并且增加了一些新的业务功能。

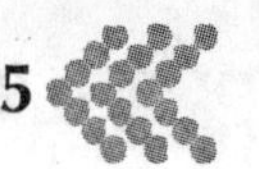

最后就是和领导论证了。业务组向项目主管领导汇报介绍整个业务模型，最后领导批示FMIS系统的业务模型获得通过。

FMIS项目总体上采用了传统生命周期法，某些子过程有一些迭代。在任务分配上，业务专家独立承担了前期的系统规划、需求建模工作；随后的系统设计和编码工作中，业务专家仍然承担了部分关键的工作，并且几乎是每天都要评审技术人员的阶段性工作结果。用户在项目质量管理方面起了基本保障作用。例如，业务组帮助技术组读懂业务需求模型，然后将之转化为技术模型——项目组称之为产品设计说明书。技术组完成流程建模和数据建模后，业务组进行评审通过。产品设计说明书确立之后，技术组据此开发界面原型，向业务组直观展示系统操作界面和页面流转，让他们体验并反馈。界面原型的诞生让业务人员对系统有了直观的感觉，对业务需求进行了验证，也让业务人员对需求合理性进行了重新思考。界面原型还有利于技术和业务人员的交流和沟通，比如通过界面原型的反馈，业务人员和技术人员一致认为有些模块划分不合理，于是又拆分出三个子系统。

由于项目经理充分认识到尽可能早地测试的重要性，对测试工作非常重视，因此早早就成立了专门的测试技术组，并由测试组负责人尽早制定了测试计划和测试方案。等第二批业务人员加入到项目组，确定了各自负责的子系统之后，测试负责人就开始对他们进行培训，包括测试用例的编写、缺陷管理工具的使用等。到了测试阶段，第二批选调的业务专家进入项目组，与第一批业务专家合作，承担了除了单元测试之外所有的测试工作；最后试点和推广阶段，业务专家负责培训最终用户的任务及其他关键工作；在维护阶段，业务专家虽然回到了业务岗位，但仍然是维护团队的主力。

这是一个业务专家参与并深度影响过程的项目，这种深度影响无疑加剧了项目中各方之间的冲突，项目管理工作也因此变得更加复杂和艰难。但最终，FMIS项目完成得非常成功。按照他们自己总结的，能够成功的关键因素包括：首先是领导授权，业务专家获得这个授权之后，即使掌握的系统开发知识上远不如技术人员，但是他们能以一种平等的姿态和技术人员合作，从而保证系统最终能实现业务目标；其次，项目组开放的氛围保证了业务专家和技术人员双方之间畅通无阻地沟通，双方的意见和知识由此得到了充分的表达和传递；物质激励和保障也是一大因素，保证了业务专家能够在自己不熟悉的、具有巨大挑战的工作领域中坚持了下来；最后，业务专家的业务知识、个人成就动机和责任感等，都是关键的个人因素。

案例思考题：

1. 从项目的人力资源管理角度来看，项目在团队构成方面有几类人，分别有怎样的分工和责任？

2. 项目团队在确定和验证系统范围，以及需求模型方面的工作有什么特点？对项目有什么影响？

3. 用户如何参与项目的质量保障，做出哪些重要贡献？

4. 用户的发言权和项目内部的有效沟通是如何保障的？对项目成功有什么意义？

本章主要介绍信息系统项目管理，从项目和项目管理入手，有很多成熟和行之有效的方法论。那么，究竟什么是管理呢？从某种意义上讲，管理就是使组织“做正确的事，和用正确的方法做事”。信息系统项目管理也主要涉及这两方面。本章围绕这两个方面，依次介绍项目管理应该有哪些内容，以及应该用怎样的过程、方法和工具。例如，本章介绍的PRINCE2

高度强调项目计划，对项目管理的关键过程、活动、人员和文档都有详细规定。使用这样的方法的益处在于：

- 明确定义的方法可重复、可传授。
- 便于项目管理经验的积累。
- 保证相关人员都了解何时、何地、以何种方法达到怎样的预期结果。
- 对问题有早期预警。
- 预见性地处理问题，而不是应对式。

管理是个组织行为，管理的对象是组织，而不是个人。因此，人力资源管理和团队建设等内容也非常重要。例如，PRINCE2 中对项目主管和项目管理团队的任命原则、过程和标准，以及每个岗位的职责等细节都有详细规定。

从实践角度来看，相对技术能力而言，目前国内信息系统项目管理的能力还普遍非常薄弱，缺乏项目的管理机制和方法论保障，表现在目的性、组织性和系统性方面比较薄弱。结果经常是成功的项目不一定能复制，前一个项目失败了，下一个项目不一定更好；个体软件工程师编程能力很强，但团队的生产率不高。这些原因值得深入反思，每次过河都是摸着石头过就说不过去了，项目管理方法是解决这些问题的关键。

11.1 项目管理概要

“对项目的管理是人类最古老、最值得尊敬的成就之一。我们敬畏地面对着古老奇迹创造的伟大成就，他们是金字塔的建造者，古老城市的建筑师，大教堂和清真寺的泥瓦匠与工匠，还有中国长城和世界其他奇迹背后的权力和劳动。”

——彼得·莫里斯，《项目的管理》

11.1.1 基本概念和特征

1. 项目

自从有了人类，人们就开展了各种有组织的活动。项目活动的历史甚为久远，埃及金字塔、中国万里长城等被誉为古代成功项目的典范。随着社会的发展，有组织的活动逐步分为两种类型：一类是连续不断、周而复始的活动，人们称为“运作”(operation)，如企业日常生产产品的活动；另一类是临时性、一次性的活动，人们称为“项目”(project)，如企业的研发活动。

美国项目管理协会(Project Management Institute，PMI)定义项目为创造独特的产品、服务和结果的一次性努力。类似地，国际标准化组织定义项目为有明确起始和结束日期，由一套需要相互协调和受控活动组成的独特过程，以便在时间、费用和资源等约束条件下达到规定的目的(ISO 10006)。

概括来讲，项目一般具有以下共性：

(1) 明确的目标。其结果可能是一种期望的产品，也可能是服务。项目目标必须是明确的和可度量的，项目目标是否达成，可以根据目标说明书进行判断。

(2) 独特的性质。每一个项目都是唯一的。一个项目尽管其产品或服务所属的类别范围很大，但其依然是独特的，因为每个项目所涉及的人员、资源、地点、时间等均是不可能完全相同的，项目的执行过程总是独一无二的。

(3) 资源成本的约束性。每一项目都需要运用各种资源来实施,而资源是有限的。例如,时间的限制,每个项目都是有工期的;资源和成本的限制,每个项目的资金、人员都是有限的。

(4) 项目实施的一次性。一次性是项目与其他重复性运行或操作工作最大的区别。项目有明确的起点和终点,没有可以完全照搬的先例,也不会有完全相同的复制。每个项目都有确定的开始和结束,当项目的目标已经实现,或者已经清楚地看到项目的目标无法达到而放弃,或者该项目的必要性已经不复存在并已经终止的时候,该项目即达到了它的终点。

(5) 项目的不确定性。在项目的具体实施中,外部和内部因素总会发生一些变化,因此项目也会出现不确定性。项目持续的时间短则几个月,长则数年,项目所处的环境总是不断变化的。所以,项目管理必须及时根据环境的动态变化做出修订。

(6) 结果的不可挽回性。项目的一次性属性决定了项目不同于其他事情,其他事情可以试着做,做坏了可以重来,而项目在一定条件下启动,一旦失败就永远失去了重新进行原项目的机会。项目相对于运作有较大的不确定性和风险。

2. 项目管理

项目可以是千万人合力的巨大工程,也可以是只需要一个人参与的简单劳动。尽管人们很少遵循特定的方法论来完成日常生活中可被归为项目的事情,但随着项目重要性、复杂性的提升以及规模的扩大,采用科学、系统化的过程来管理项目就变得越来越重要。

项目管理历史源远流长,中国长城、埃及金字塔、古罗马供水渠等不朽的伟大工程都可称为成功项目管理的典型例子。现代意义上的项目管理通常被认为是第二次世界大战的产物(如美国研制原子弹的曼哈顿计划)。之后,项目管理逐步发展。20世纪50年代后期,美国出现的关键路径法(CPM)和计划评审技术(PERT)标志着项目管理有了科学的系统方法,项目管理获得突破性进展。至此,项目管理还主要运用于军事和建筑业。

项目管理的传播和现代化要归功于20世纪60年代先后出现的两个项目管理国际组织——欧洲的国际项目管理协会(International Project Management Association,IPMA)和美国项目管理学会(Project Management Institute,PMI)。这两个国际组织的出现极大地推动了项目管理的发展。IPMA和PMI都是由研究人员、学者、顾问和经理组成,一直致力于项目管理领域的研究和推广工作。尤其是PMI,在将项目管理知识体系化和标准化方面做出了重要贡献,其在1987年推出了项目管理知识体系指南(project management body of knowledge,PMBOK),是项目管理领域又一个里程碑。

按照PMBOK的定义,项目管理是指把各种系统、方法和人员结合在一起,在规定的时间、预算和质量目标范围内完成项目的各项工作。有效的项目管理是指在规定用来实现具体目标和指标的时间内,对组织机构资源进行计划、引导和控制工作。

如今,项目管理被广泛应用于IT、通信、交通、能源、航空航天、国防、建筑、制造等行业。项目管理正成为社会发展的重要构成要素,“一切都成为项目”已经成为西方发达国家管理科学的新理念。尤其是进入21世纪以来,为了在迅猛变化剧烈竞争的市场中迎接经济全球化、一体化的挑战,项目管理更加注重人的因素,注重顾客的需求,注重柔性管理,力求在变革中生存和发展。

3. 项目管理与其他管理的关系

管理项目需要许多独特的知识(例如关键路线分析和工作分解结构等),然而,仅理解和应用这些专门的项目管理知识、技能和技术还不足以有效地管理项目。项目管理知识体系存在与许多其他管理学科的交叉，如图 11-2 所示。

一般管理包含对一个企业日常运作的计划编制、组织、人员安排、实施和控制等，也包括一些辅助领域，如法律、战略规划、后勤学和人力资源管理等。项目管理知识体系与一般管理有很多相互交叉，如组织行为、财务预测和计划等。应用领域则是指某一类具有共同特点的项目所属的领域，比如说，信息系统项目、建筑项目等。在本章接下来的内容中，我们将重点关注信息系统项目管理相关的内容。

图 11-2 项目管理与其他管理学科的关系

11.1.2 信息系统项目管理的特色

早在 20 世纪 70 年代中期，美国国防部专门研究了信息系统开发项目不能按时提交、预算超支和质量达不到用户要求的原因，结果发现 70%的这类项目是因为管理不善引起的，而非技术原因。三十多年过去了，虽然信息系统项目管理技术得到了大大的改善，但是信息系统项目失败率高的报告仍然比比皆是，超时超预算更是家常便饭，毕马威 1997 年的调查显示 45%的 IT 项目不能创造期望的效益。Standish Group 于 1998 年进行的 IT 项目调查将“按时、按预算完成初期指定的所有特征和功能”定义为项目成功，按此标准，失败比率为 74%；该公司 1995 年的调查显示 92%的小型项目超时；31%的软件项目被取消，在完成的项目中的 53%花费了前期预算的 189%，国内的情况恐怕不会更好。由此可见信息系统项目管理的重要性。

与其他行业的项目相比，信息系统项目有一些自己的特殊之处，主要表现在以下几个方面：

(1) 信息技术本身日新月异，而信息系统项目所在的组织的内外部环境也在发生变化，因此，信息系统项目不像其他行业项目那样易于移植过去的项目管理经验，往往需要面临很多新的问题，需要尝试新的解决方案。

(2) 与其他工程产品相比，软件产品更灵活、复杂和不易控制。软件系统可以被方便地改变，因此软件系统的变更更加频繁。如果每次变更没有得到科学的管理，那么就有可能最初的小故障后来累积变成了大的故障，那么再要进行修改将会付出昂贵的代价。

(3) 软件产品的需求更加难以把握。有形产品构造过程是可以实际看到的，而软件开发进展不能立即看到。因此，如何定义用户需求、明确项目范围，这对信息系统项目管理提出了更高的要求。

(4) 信息系统项目涉及的利益相关者往往较多，项目管理者需要协调不同利益者之间的关系，保证相互之间沟通顺畅，及时化解利益者之间的矛盾冲突。这些对项目中的沟通管理、进度管理和人力资源管理都提出了很高的挑战。

信息系统项目管理实质上是保障整个系统开发项目能够顺利、高效地完成的一种过程管理技术，贯穿于系统开发的整个生命周期，其目标是要保证信息系统开发在给定的时间内、在各种资源得到合理的计划、协调和配置的情况下顺利完成。对信息系统开发进行项目管理的重要意义有以下四点：(1)可以进行系统的思考，进行切合实际的全局性安排；(2)可为项目人力资源的需求提供确切的依据；(3)通过合理的计划安排对项目进行最优化控制；(4)能够提供准确、一致、标准的文档数据。

Alpha 银行财务管理系统项目的特征

前导案例中提到的 Alpha 银行的财务管理信息系统开发项目具备了一般信息系统项目的特征，还表现出了其他一些特征。Alpha 作为国有四大银行之一，其规模不是一般的企业组织所能比的，这就决定了该财务信息系统的规模不是一般系统所能及的，系统所涉及的利益相关者规模庞大。此外，当总行确立要建设这个系统的时候，银行业的对外开放、上市和混业经营等还没有实际发生，也就是说该系统面向的是未来的业务，需求不仅要反映现在的业务要求，更要考虑将来可能的发展，因此很大程度上系统需求是基于预测的，不确定性非常高。庞大的规模和高不确定性决定了这个项目的高复杂性，因此该项目的项目管理将会异常复杂。同时，因为系统的高复杂性而引入了业务专家的深度参与，这一参与加剧了项目管理的复杂度。因此，在 Alpha 银行的财务管理信息系统项目中，我们除了看到传统的一些项目管理手段，其他一些特殊的管理方法也体现了出来。

11.1.3 项目管理知识体系

项目管理领域目前有两个广为流行的知识体系。一个体系是美国项目管理协会(PMI)开发的“项目管理知识体系”(project management body of knowledge，PMBOK)。该体系综合了大量专家和会员的意见开发并逐步完善而成。其主要目的是为项目管理提供通用的词汇，确定和描述项目管理中被普遍接受的知识，用于在专业和实践中讨论和著述关于项目管理的内容。历经几次修订，现在 PMBOK 体系被公认为全球项目管理标准体系。国际标准组织(ISO)以 PMBOK 为框架制定了 ISO 10006 标准。

另一个体系是英国商务办公室(OGC)于 1993 年开发的“受控环境下的项目管理”(projects in controlled environments，PRINCE)，主要针对信息系统项目执行绩效欠佳的问题。PRINCE 最早应用在 IT 项目中，后来许多非 IT 项目也采纳了该标准。OGC 在 1996 年推出 PRINCE2，规定英国公共部门的信息系统项目必须使用。

这两个知识体系有很多共同点，但区别也十分明显。PMBOK 提供了丰富的“项目管理知识”，但并未指明如何使用这些知识；此外，PMBOK 中虽然也包含过程与过程间的关系，以及所需要的技术和工具，但并未指出“如何做”。与此不同的是，PRINCE2 则是完全基于过程的，相比之下更接近实施指南。

这些项目管理方法一眼看去都很庞大烦琐，直觉是应用起来成本非常高。这是因为这些方法论的设计是为了适合任何类型的项目，包含了一般管理项目所必需的全部基本概念(甚至过程)。然而实践中，针对不同项目，方法论的应用应该是具体问题具体分析。最关键的是借鉴其精髓，对其进行适当裁剪，以适应不同项目。这需要丰富的经验积累，所以在缺乏经验的情况下聘请专业顾问和监理是必要的。

1. PMBOK

PMBOK 知识体系的主要内容有两部分：项目管理框架(the project management framework)和项目管理知识域(the project management knowledge areas)。

1) 项目管理框架

在项目管理框架中，除介绍项目管理的概念、生命周期等概念外，重点提到了项目管理的五大过程组，即启动过程(initiating processes)、计划过程(planning processes)、控制过程(controlling processes)、执行过程(executing processes)以及收尾过程(closing processes)。

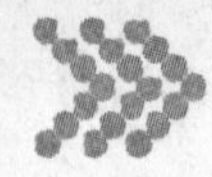

过程组通过各个过程产生的结果进行连接，即一个过程组的结果或输出是另一个过程组的输入，图 11-3 表示了这种联系。

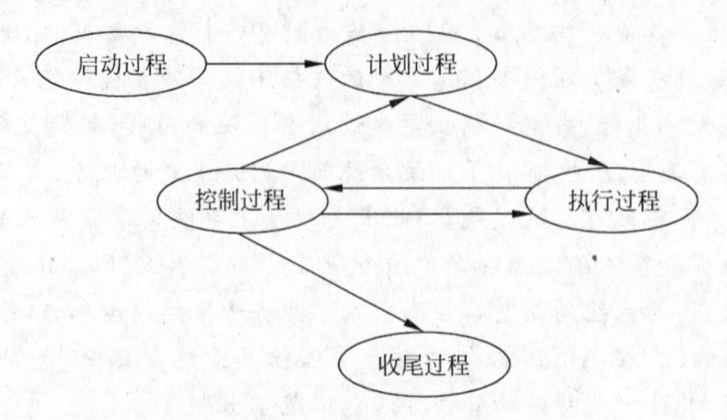

图 11-3　项目管理的五大过程（PMBOK）

尽管项目被构想和描述为离散的阶段与过程，但实际上会存在许多重叠。所以说，项目管理的五个过程组之间不是相互分离的、一次性的事件，而是在整个项目的每一个阶段它们都会不同程度的相互交迭。图 11-4 表示了这五个过程组是如何交迭的，在各个阶段内这种交迭又会发生怎样的变化。

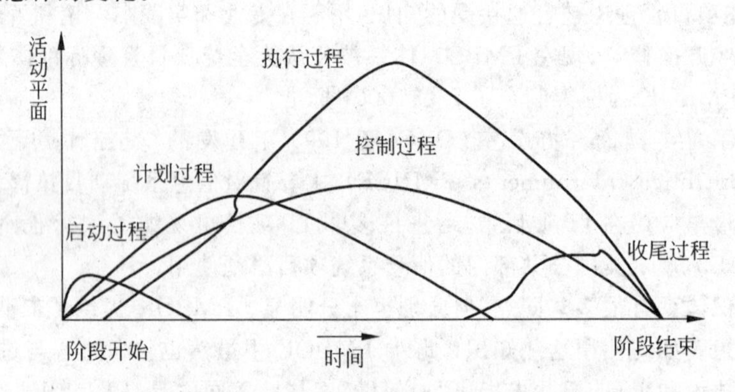

图 11-4　五大过程之间的相互交迭（PMBOK）

2）九大知识域

PMBOK 知识体系的第二部分主要介绍项目管理的九大知识域，以及五大过程组在九大不同的知识域中细分为的 39 个不同的过程。相互间的关系如表 11-1 所示。

表 11-1　PMBOK 的知识域

	启动	计划	执行	控制	收尾
1. 整体管理		1.1 项目计划制定	1.2 项目计划执行	1.3 整体变更控制	
2. 范围管理	2.1 启动	2.2 范围计划 2.3 范围定义		2.4 范围验证 2.5 范围变更控制	
3. 时间管理		3.1 活动定义 3.2 活动排序 3.3 活动历时估算 3.4 进度安排		3.5 进度控制	

续表

	启动	计划	执行	控制	收尾
4. 成本管理		4.1 资源计划编制 4.2 成本估算 4.3 成本预算		4.4 成本控制	
5. 质量管理		5.1 质量计划编制	5.2 质量保证	5.3 质量控制	
6. 人力资源		6.1 组织计划编制 6.2 人员获取	6.3 团队建设		
7. 沟通管理		7.1 沟通计划编制	7.2 信息分类	7.3 绩效报告	7.4 管理收尾
8. 风险管理		8.1 风险计划编制 8.2 风险识别 8.3 定性风险分析 8.4 定量风险分析 8.5 风险应对计划编制		8.6 风险监督和控制	
9. 采购管理		9.1 采购计划编制 9.2 询价计划编制	9.3 询价 9.4 供方选择 9.5 合同管理		9.6 合同收尾

2. PRINCE2

PRINCE2 是结构化的项目管理方法，采用一套基于过程的方法(图 11-5)。PRINCE2 标准的内容主要包括八个管理过程、八类管理要素和四种管理技术。八个管理过程界定了项目过程中需要进行的管理活动，以及这些活动的具体内容；每个过程下又包括一系列的子过程，总共 45 个子过程。下面就简单介绍各部分的主要内容。

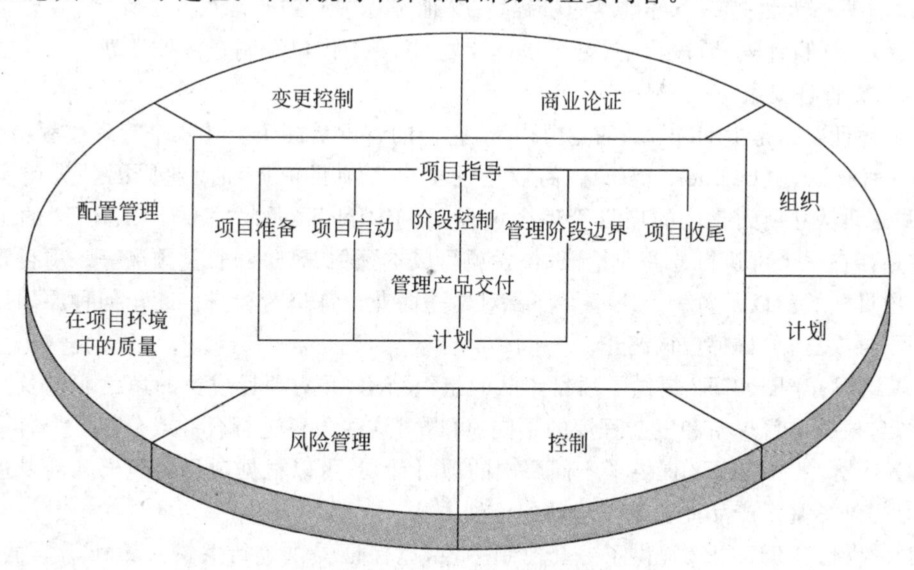

图 11-5 PRINCE2 的过程和要素

1）八个管理过程

PRINCE2 由八个各有特色的管理过程组成，涵盖了从项目启动到项目结束过程中进行项目控制和管理的所有活动。其中，项目指导过程和计划过程贯穿于项目始终，支持其他六个过程。

（1）项目准备。这是 PRINCE2 的第一个阶段，是为了保证满足项目启动的先决条件，先于项目的一个准备过程。该过程较短，其隐含的条件是已经存在一个项目任务书，对项目的原因及其产品进行概要说明。

（2）项目指导。项目指导是从“项目准备”阶段结束开始的，持续到项目收尾。该过程针对的是代表业务、客户和供应商进行决策的项目管理委员会。项目管理委员会通过例外管理对项目进行管理，通过报告进行监控，并通过一系列决策点进行决策。

（3）项目启动。这一过程的主要产品是项目启动文件，它定义了项目的内容、原因、人员、时间及方法等。另外，在此过程中还创建了在项目过程中都要填写的三个必备文件：质量记录单、问题记录单和经验教训记录单。

（4）管理阶段边界。管理阶段边界过程为项目管理委员会提供信息，供其做出项目是否继续进行的决策。

（5）阶段控制。阶段控制过程描述了项目管理在工作分配、保证下一个阶段按预定的计划进行及应对突发事件方面的监控活动。它是项目管理开展日常活动工作的过程，是项目经理的核心工作。

（6）管理产品交付。管理产品交付过程通过若干途径来保证交付计划的产品。

（7）项目收尾。项目收尾过程的目标是实现受控项目收尾。该过程包括：项目经理在项目结束或在项目提前终止时，为项目收尾所做的工作。这些工作主要都是为项目管理委员会准备信息，使项目收尾获得他们的认可。

（8）计划。计划是一个可重复的过程，在其他过程中起到非常重要的作用，主要包括启动阶段计划、项目计划、阶段计划、更新项目计划、接受工作包和制定例外计划。

2）八类管理要素

八类管理要素是 PRINCE2 的主要内容，它们的管理贯穿于上述八个管理过程中。

（1）商业论证（business case）。商业论证提供了项目依据和商业原因（“为何实施项目”），并驱动从立项到收尾的项目管理全过程，是 PRINCE2 的主线。PRINCE2 的主要控制条件是存在一个可执行的商业论证，包含项目成本预估、风险和收益预测等。项目管理委员会在项目开始前以及每一个决策点都要对这一商业论证进行检查。无论何种原因导致商业论证不再成立，项目都应该终止。

（2）组织。PRINCE2 提供了项目团队的组织结构，并对项目成员的角色职责及其关系进行界定，根据项目规模和复杂程度的不同，可以对这些角色进行合并或分解。

（3）计划。PRINCE2 提供了不同层次的项目计划，可以根据项目的规模和需要进行剪裁，同时提供了基于产品而非基于活动的计划方法。

（4）控制。PRINCE2 提供了一套控制手段，以保证提供进行关键决策所需要的信息，使组织可以对问题进行预防，并做解决问题的决策。对于高层管理而言，PRINCE2 的控制是基于例外管理的概念，即制定一个计划，并由项目经理执行，除非预见会发生问题。项目阶段为了进行充分的管理控制，采用将项目分成阶段的方法来定义项目任务的评估点（采用分阶段的方法也能减少项目经理在每个阶段需要做的计划工作)。

(5) 风险管理。风险是项目生命过程中需要考虑的一个主要因素。PRINCE2 规定了风险审核关键点,并概述了风险分析和管理方法。在所有过程中都要对风险进行跟踪。

(6) 在项目环境中的质量。PRINCE2 认识到质量的重要性,并在管理和技术中融入了质量方法,首先从建立客户对质量的要求出发,接着建立质量检查标准和方法,并对实施情况进行检查。

(7) 配置管理。配置管理指对最终产品的组成部分及其发布的版本进行跟踪。配置管理的方法有多种。PRINCE2 对配置管理方法所需要的基本设施和信息进行了定义,并说明它们应如何与 PRINCE2 的其他部分及技术进行衔接。

(8) 变更控制。PRINCE2 强调变更控制的必要性,通过在识别需要进行变更控制过程的基础上应用变更控制技术来加强。

3) 四种管理技术

PRINCE2 提供的技术寥寥无几,它更倾向于由用户根据所使用的方法及项目的环境选择适用的技术,以便支撑 PRINCE2 方法的应用。主要的管理技术如下:

(1) 基于产品的计划。以产品为基础的计划编制技术是 PRINCE2 的重要特点,它使人们关注交付物及其质量,它是计划编制过程不可分割的完整组成部分,同时引入使用其他一般性计划编制技术,例如,网络图计划编制技术与甘特图。

(2) 变更控制方法。变更控制是所有项目管理中都非常重要的内容。PRINCE2 可与企业当前使用的变更控制技术融为一体。对于还未建立变更控制方法的项目,PRINCE2 提供了一种简单有效的方法。

(3) 质量评审技术。在审查文档类产品时,质量审查技术是非常有用的,而且能与其他质量检查、测试技术共同使用。PRINCE2 并不强制使用质量评审技术。尽管企业可能有类似的技术,但在没有令人满意的文档审查标准技术时,可使用它所介绍的被证明行之有效的质量评审技术。

(4) 项目文档技术。以管理项目中的文档、资料为核心,使项目相关人员能获得准确的项目文档资料。项目文档化技术贯穿各个过程。

11.2 信息系统项目管理内容

信息系统项目管理实际上是在时间和活动这两个维度上展开的,也就是说信息系统项目管理包含了两种基本模式:基于生命周期的管理和基于职能活动的管理。基于生命周期的项目管理是先将项目按照时间进程划分为若干阶段,再对每个阶段内的各项活动进行计划、组织、指导和控制,这就是 PMBOK 所定义的项目过程。基于职能活动的项目管理则将项目所涉及的活动按照其性质进行归类,即分成若干职能,再对为完成每个职能的活动进行计划、组织、指导和控制,这就是 PMBOK 所定义的知识领域。下面我们就主要以 PMBOK 为参考,分别介绍这两种基本模式的管理活动的内容和特征。

11.2.1 项目过程管理

通常将项目从开始到结束这段时间称为项目的生命期。一般来讲,一个具体项目的生命期可以划分为启动、计划、执行、控制和收尾五个主要阶段。当然,各个阶段又可进一步划分为更小、更具体的子阶段。

1. 项目启动

在信息系统项目管理中，启动包括确认和启动一个新的信息系统项目。一个组织应当在项目的选择上花大力气，以保证在合理的原因下启动了正确的项目。组织启动信息系统项目的原因可能有好几个，但是最重要的原因是必须支持业务目标。

对信息系统项目启动产生作用和影响的外部因素主要有：组织外部的宏观环境，如经济形势、行业发展状况、政策法规等；组织内部的管理环境，如组织文化、组织的各项管理制度等；项目的发起人，他们对项目的方向有着决定权。

项目启动主要是要完成以下任务：制定项目章程、制定项目范围说明书和指定项目经理。通过制定项目章程，可以核准项目、识别项目利益相关者、明确各利益相关者的目标，以及为满足这些目标可能的项目成果。通常来讲，信息系统项目在启动阶段很难有一个明确的目标，后续的变更难免发生。因此，项目范围制定就非常重要，确定好项目边界，明确任务的约束条件和验收标准，不但要明确哪些事情要做，也要明确哪些事情不能做。有人认为项目启动之后才能指定项目经理，但其实，项目经理越早指定越好，让项目经理也参与到项目启动中会有很多的益处。优秀的项目经理在项目启动中就应该主动、积极地了解项目、组织项目和掌握项目的启动过程。

项目启动的成功首要表现为项目获得了高层领导的认可并承诺对项目的积极支持和参与，没有高层领导的支持，就不可能有一个好的项目环境。信息系统项目往往会涉及各部门、各层次的资源，有了领导的支持，资源的获得就会容易很多。此外，项目启动的成功还表现为项目目标的明确，并且这些目标是可操作、可测量的。

2. 项目计划

项目计划通常是信息系统项目管理中最困难和最不受重视的过程。就如前述已经提及，信息系统项目往往比其他项目更具不确定性，因此很难做到细致的计划。这种困难加剧了项目经理及其他利益相关者对项目计划的忽视，对此持消极的态度。项目计划的主要目的是指导项目的执行。为了指导执行，计划必须是实际而且有用的。所以，必须投入大量的时间和努力来做这项工作。

项目计划过程有许多潜在的输出，几乎包含了 PMBOK 中所有的知识领域，例如，通过计划过程来识别、明确和完善项目范围和费用；安排项目范围内各种活动的时间，也就是制定项目的进度计划；当客户提出新的需求或者发现新的项目信息时，所依据的变更原则和计划，等等。当然，PMBOK 只是一个指南，实际中，组织可以根据自己特定的目的和需要来制定不同的计划。

好的项目计划是项目成功的基础。编制计划的人应该具有丰富的项目经验和能力，以保证计划尽可能切实合理。项目启动后，第一个主要工作就是项目计划。在海外，通常这部分工作在整个项目过程中约占 10%之多，相应地占项目总预算的 10%。之后，项目管理的很多工作是围绕项目计划，比较偏离和采取应对措施。

3. 项目执行

项目执行是指项目团队采用必要的措施来保证完成项目计划中的活动，以满足项目要求，生产出项目产品或可交付的成果。执行过程不但用于项目计划整合并实施项目活动，而且还用于协调人与资源，处理项目范围说明书中明确的范围和实施经过批准的变更，等等。

项目执行是一个从无到有的实现过程，信息系统项目的任何需求、计划和方案都必须经过这一过程来完成。因此，项目执行过程所需要的资源是所有过程中最多的。如何有效地获取、利用和管理资源是项目经理在项目执行过程中必须要解决的首要问题。

项目的执行必须采取有效的行为，以确保项目计划中的各项活动顺利完成。必要的规则、流、标准和模板，构成了有效执行的基础。

项目执行最重要的输出是工作结果，即产品的交付。阶段性工作产品、中间产品与最终产品一样重要。

4. 项目控制

项目控制通过监控项目的执行情况，及时、准确地发现潜在问题，并在必要时采取纠正行动，进而有效地控制项目的各个过程。也就是说，项目控制过程不是独立进行的，会影响启动、计划和执行、收尾过程。通过这个监控，项目团队能够按照项目目标，对项目进度进行评测，监控其与计划的偏离程度，并采取措施使项目进度符合计划要求。项目控制的主要工作体现在以下两个方面：一是对照项目计划和项目实施的基准来严格监测正在进行中的项目活动；二是对妨碍整体变更控制的因素施加影响，以确保项目成员仅仅实施经过批准的变更。

项目控制贯穿于项目的整个生命周期。这种连续的控制活动保证了项目团队能够及时了解项目的健康状况，发现问题和解决问题。项目控制必须是以目标为驱动，也就是说力求在要求的时间、成本和质量限制范围内达到项目确定的目标。

信息系统项目的控制不是一个结果，而是一个过程。有效的项目控制必须是可见的、及时的，以保证项目在变更中逐步逼近所有利益相关者都可以接受的结果。

5. 项目收尾

项目收尾包括项目获得了利益相关者或者客户对最终产品和服务的验收，同时正式结束项目的所有活动。项目收尾包括两个方面的工作：一是项目收尾，通过项目收尾，最终完成各个项目过程的所有活动，正式结束项目；二是合同收尾，通过合同收尾，完成并结算各项合同。

项目收尾包括验证所有可交付成果是否完成。项目利益相关者或者客户对项目各项中间成果和最终产品进行确认及验收，使项目有序结束。信息系统项目的核心成果是一个系统，而这个系统将会融入到用户的正常运营中，因此在收尾过程中计划并实施一个平稳的转化是非常重要的。

项目收尾的一项重要工作是项目总结和人员的转移。对项目的不足、教训和经验、收获进行剖析是非常必要的。无论是对项目组成员，还是对其他利益相关者，抑或对组织来讲，总结的结果都是宝贵的知识财富。

Alpha银行财务管理系统项目的生命周期法

尽管现在迭代、敏捷类的系统开发方法被热捧，但最古老的生命周期法仍然有着它不可替代的优势，尤其是在大型系统的开发中。生命周期法强调“做完一步再进入下一步”，尽量做到前一步的问题和风险不要带到下一步，对于大型项目来讲更易于控制项目。前面已经介绍，Alpha银行的财务管理系统项目规模异常庞大，这也就意味着项目的风险更高，“尝试着走”的开发方法在这里几乎没有运用的可能。因此，该项目主体上沿用了经典的生命周期法开发思路，但在某些阶段，迭代法仍然得到运用，就如上面介绍项目管理五大过程的时候指出的那样，完全独立的过程是不可能的，会有交叉和迭代。

11.2.2 项目职能管理

以生产产品和服务为目标的组织无一例外是基于职能活动进行的。信息系统项目是组织为了生产某个具体的信息系统产品而进行的活动，因此信息系统项目管理本质上也是这些职能管理的集合。PMBOK 将项目管理的职能管理分为九个大类，也就是上述提到的九大知识领域。下面分别介绍这九大类职能管理的内容。

1. 整体管理

项目整体管理侧重于阐述整个项目管理生命周期内的重要整合工作，其作用是保证各种项目要素协调运作，对冲突目标进行权衡折中，最大限度满足项目相关人员的利益要求和期望。整体管理主要包括如下内容：制定项目章程、制定项目管理计划、项目执行、项目监控与整体变更控制、项目或阶段收尾工作。

2. 范围管理

项目范围管理通过需求分析来制定项目范围，进而做工作分解，以制定项目的范围基准，并在项目工作中参照范围基准来核实范围并控制范围，其作用是保证项目能够按照计划成功地完成项目的所有工作。范围管理主要包括：项目启动，即正式认可一个新项目的存在；范围规划，即生成书面的有关范围文件，如范围说明、项目产品和交付件的定义；范围定义，即将主要的项目工作任务分解成更小的、更易于管理的活动，主要输出物为工作任务分解；范围审核，这是项目各利益相关者正式接收项目范围的一种过程，即审核工作产品和结果，进行验收；范围变更控制，即控制项目范围的变化，范围变更控制必须与其他控制，如时间、成本、质量控制综合起来。

这里的范围分为产品范围和项目范围。产品范围指将要包含在产品或服务中的特性和功能，产品范围的完成与否用客户需求来度量。项目范围指为了完成规定的特性或功能而必须进行的工作，而项目范围的完成与否是用计划来度量。二者必须很好地结合，才能确保项目的工作符合事先确定的目标和计划。

3. 时间管理

项目时间管理的作用是保证项目在规定时间内完成。时间管理的内容包括：活动定义，即将工作任务分解到活动层次，识别为完成项目所需要的各种特定活动；活动排序，识别活动之间的时间依赖关系；活动工期估算，即估计完成活动所需时间；进度安排，根据活动顺序、活动工期和资源需求来安排项目进度，制定项目进度计划网络图，使用关键路径法或关键链法最后确定进度基准；进度控制，根据进度基准来控制进度。

4. 成本管理

项目成本管理的作用是保证项目在规定预算内完成。成本管理的内容包括：资源计划，即确定为执行项目活动所需要的物理资源(人员、设备和材料)及其数量，明确各级活动所需要的资源及其数量；成本估计，即估算出为完成项目活动所需资源的成本；成本预算，即将估算出的成本分配到各个项目活动上，用以建立项目基线，以利于成本的控制。

5. 质量管理

项目质量管理的作用是保证满足承诺的项目质量要求。质量管理的内容包括：质量计划，即识别与项目相关的质量标准，并确定如何满足这些标准；质量保证，即定期评估项目整体绩效，以确信项目可以满足相关质量标准，这是贯穿项目始终的活动，一方面确保内部质量保证，即提供给项目管理小组和管理执行组织的保证，另一方面是外部质量保证，即提供给客户和其他利益相关者的保证；质量控制，即监控特定的项目结果，确定它们是否遵循相关质量标准，并找出消除不满意绩效的途径，项目结果包括可交付的产品结果和管理成果（如成本、进度等）。

6. 人力资源管理

项目人力资源管理侧重于对项目团队成员的管理，规划团队职责，建设高绩效团队，冲突处理，以及人际关系管理等，其作用是保证最有效地使用项目人力资源完成项目活动。人力资源管理的内容包括：人力资源计划，识别、记录和分配项目角色、职责和汇报关系，其主要输出是人员管理计划；人员获取，将所需的人力资源分配到项目，并投入工作；团队建设，例如通过有效的培训、激励手段等提升项目成员的个人能力和项目组的整体能力。

7. 沟通管理

沟通管理要求项目管理人员能与项目利益相关者进行有效的沟通，以保证及时准确地产生、收集、传播、存储以及最终处理项目信息。沟通管理的内容包括：沟通计划，即确定项目相关人员的沟通需求，谁需要什么信息，他们在何时需要信息以及如何向他们传递信息，等等；信息传播，及时使项目相关人员得到需要的信息；信息汇报，即收集并传播有关项目性能的信息，包括状态汇报、过程衡量以及预报。

8. 风险管理

风险管理要求项目管理人员建立风险意识，掌握风险识别、风险分析与风险应对的基本策略，其作用是识别、分析以及对项目风险做出响应。风险管理的内容包括：风险计划，即确定风险管理活动，制定风险管理计划；风险辨识，辨识可能影响项目目标的风险，并将每种风险的特征整理成文档；定性风险分析，对已辨识出的风险评估其影响和发生的可能性，并进行风险排序；定量风险分析，对每种风险量化其对项目目标的影响和发生可能性，并据此得到整个项目风险的数量指标；风险响应计划，相应措施包括避免、转移、减缓、接受；风险监控，即对整个风险管理过程的监控。

9. 采购管理

采购管理的作用是从外部获得项目所需的产品和服务，包括以下几个方面：采购规划，即识别哪些项目需求可通过采购外部的产品或服务得到最大满足；招标规划，将对产品的要求编成文件，识别潜在的来源；招标：获得报价，投标，或合适的方案；招标对象选择，涉及接收投标书或方案，根据评估准则，确定供应商；合同管理，是确保卖方按合同要求执行的过程，例如监控承包商成本、进度计划和技术绩效，检查和核实分包商产品的质量；此外，合同管理还涉及根据支付条款进行资金管理，例如价款的支付应与取得的进展联系在一起；合同收尾，完成合同进行结算，主要涉及产品的鉴定、验收、资料归档。

Alpha 银行财务管理系统项目的职能管理

就如同其他的信息系统项目一样，项目管理的九大职能管理知识模块构成了 Alpha 银行财务管理系统项目的核心管理内容。但实际上来讲，处于不同组织内的项目，或者一个组织内不同的项目，在施行项目管理的时候，职能管理会有所侧重。例如，Alpha 银行这个项目，我们可以看到以下特例：首先，该项目由总行发动，银行是一个相对集权较高的组织，在资源的调配上难度不大，因此该项目的范围管理就不是特别突出；其次，该项目是内部开发项目，业务专家和技术人员（主体）都来自于银行体系内，加上银行财大气粗，因此对成本管理并不看重；但是，由于业务专家的深度参与，技术人员不再是项目的唯一决策角色，因此项目组内的矛盾和冲突表现的比一般的项目更加剧烈，因此项目经理和领导层花了很大的精力在沟通管理上；此外，由于该项目的超复杂性和重要性，项目组对风险管理和质量管理的重视程度非同一般。

11.3 组织级信息系统项目管理

为了应对快速变化的市场和激烈的竞争，越来越多的企业开始按照项目进行管理或多项目管理的方式来运营业务。那么，企业如何使得自己企业级的项目管理从不成熟走向成熟乃至卓越呢？项目管理成熟度模型正是一种非常恰当的类似基准比较(benchmarking)的方法。项目管理成熟度表达的是一个组织具有的按照预定目标和条件成功地、可靠地实施项目的能力。项目管理成熟度模型作为一种全新的理念，为企业项目管理水平的提高提供了一个评估与改进的框架。企业项目管理成熟度不断升级的过程也就是其项目管理水平逐步积累的过程。借助项目管理成熟度模型，企业可找出其项目管理中存在的缺陷并识别出项目管理的薄弱环节，同时通过解决对改进项目管理水平至关重要的几个问题，来形成对项目管理的改进策略，从而稳步改善企业的项目管理水平，使企业的项目管理能力持续提高。

项目管理成熟度模型的发展要追溯到最初的软件过程成熟度模型(capability maturity model，CMM)。1987年，美国卡内基梅隆大学软件工程研究所(SEI)率先在软件行业从软件过程能力的角度提出了CMM，并经过几次修订，成为具有广泛影响的模型。之后，CMM本身继续发展，形成了现在的CMMI；此外，其他组织或个人也从项目管理的角度，参考CMM模型和项目管理知识体系，使用不同的标准和依据，提出了各自的项目管理成熟度模型(project management maturity model，PMMM)。以下就介绍几种比较典型的成熟度模型。

11.3.1 能力成熟度模型集成(CMMI)

从计算机运用到企业管理领域之后二十多年的时间里，新的软件开发方法和技术的使用并未使软件生产率和生产质量得到有效的提高。软件生产商开始意识到他们的基本问题在于对软件的生产过程管理不力，主要体现在软件产品不能按时完成，超出预算的成本，以及采用新的技术和工具后其好处难以体现。

卡内基梅隆大学软件工程研究院为了满足美国联邦政府评估软件供应商能力的要求，于1986年开始研究软件过程成熟度模型，并于1991年正式推出了CMM 1.0版。CMM自问世以来备受关注，在一些发达国家和地区得到了广泛应用，成为衡量软件公司软件开发管理水平的重要参考因素和软件过程改进事实上的工业标准。

CMM在国际推广的过程中得到了不断的发展和补充，最终形成了现在我们看到的CMMI(capability maturity model integration)，即能力成熟度模型集成。CMMI从过程质量的角度出发，提出了一系列的目标，而具体目标如何实现，企业可根据实际情况(如企业规模、文化等)而定。

CMMI有一个总目标，那就是组织的过程改进，这也是CMMI的愿景。在这个总目标之下，CMMI又细分为多个子目标，子目标又分为特定目标和通用目标两种；每一个子目标下设有不同的实践对该子目标的实现进行支持；特定目标下的实践被称为特定实践，通用目标下的实践则被称为通用实践。

CMMI除有一整套目标体系外，还根据项目管理、质量管理的关键点，建立了过程域。过程域分为四个类别：过程管理类、项目管理类、工程类以及支持类等，每一个过程域都有若干个不同的特定目标予以支持，而普通目标则支持所有过程域的实现。

CMMI的实施可以有两种方法来完成：一种是连续型；另一种是阶段型。连续型体现的是企业的能力度等级，分为六个等级：0.不完整级；1.执行级；2.管理级；3.定义级；4.量化管理级；5.优化管理级。实施企业可选择自己比较薄弱的，或是需要加强的一个或几个过程域来实施。

阶段型则是体现了企业的成熟度等级，这也是目前我们国内软件企业较多选用的实施方法。阶段型分为五个等级：

(1) 初始级：软件开发过程中偶尔会出现混乱的现象，只有很少的工作过程是经过严格定义的，开发成功往往依靠的是某个人的智慧和努力，项目容易失控。

(2) 管理级：建立了基本的项目管理过程。按部就班地设计功能、跟踪费用，根据项目进度表进行开发。对于相似的项目，可以重用以前已经开发成功的部分。

(3) 定义级：软件开发的工程活动和管理活动都是文档化、标准化的，它被集成为一个组织的标准的开发过程。所有项目的开发和维护都在这个标准基础上进行定制。

(4) 量化管理级：对于软件开发过程和产品质量的测试细节都有很好的归纳，产品和开发过程都可以定量地分解和控制。

(5) 优化级：通过建立开发过程的定量反馈机制，不断产生新的思想，采用新的技术来优化开发过程。通过组织级的优化、改进以及变革，逐步加以解决，来达到企业自我改进的目的。

CMMI可以指导软件机构如何控制软件产品的开发和维护过程，以及如何向成熟的软件工程体系演化，并形成一套良性循环的管理文化。具体来说，一个企业要想改进其生产过程，应该采取如下策略和步骤：(1)确定软件企业当前所处的过程成熟级别；(2)了解对改进软件生产质量和加强生产过程控制起关键作用的因素；(3)将工作重点集中在有限几个关键目标上，有效达到改进机构软件生产过程的效果，进而可持续地改进其软件生产能力。

目前，CMMI还只是SEI所研发的评估体系，并非是全球公认的软件过程标准化体系文件。CMMI的主要目标还是为了促进软件企业的组织过程改进，而过程改进的手段除了CMMI还有很多，比如ISO 9000等，企业可以通过实际情况选择不同的方法来达到对自身的过程改进目标。采用高水平过程管理的益处之一是所有的团队成员的目标更加明确，有利于复制成功和持续改进。与11.1.3节讲到的需要对项目管理方法进行裁剪类似，CMMI等过程模型的实际使用的关键也是要根据具体项目环境进行适当裁剪。

11.3.2　OPM3模型

1998年，美国项目管理学会(PMI)开始启动OPM3(organizational project management maturity model)计划。经过五年的努力，OPM3即组织项目管理成熟度模型，在2003年12月问世。

PMI对OPM3的定义是：评估组织通过管理单个项目和项目组合来实施自己战略目

标的能力的方法，同时也是帮助组织提高市场竞争力的方法。OPM3 的目标是“帮助组织通过开发其能力，成功地、可靠地、按计划地选择并交付项目而实现其战略”。OPM3 为使用者提供了丰富的知识和自我评估的标准，用以确定组织的当前状态，并制定相应的改进计划。

OPM3 模型的基本构成包括以下六个要素：(1)最佳实践，组织项目管理的一套“最佳实践”是指经实践证明和得到广泛认同的比较成熟的做法；(2)能力组成，能力是“最佳实践”的前提条件，或者说，能力集合成“最佳实践”，具备了某些能力组成就预示着对应的“最佳实践”可以实现；(3)路径，识别能力整合成“最佳实践”的路径，包括一个“最佳实践”内部的和不同“最佳实践”之间的各种能力的相互关系；(4)可见的结果，这些结果和组织的种种能力之间有确定的关系，可见的结果意味着组织存在或者达到了某种特定的能力；(5)主要绩效指标，能测定每个结果的一个或多个主要绩效指标；(6)模型的范畴，包括组织项目管理的过程和改进的步骤和梯级。

OPM3 模型是一个三维的模型：第一维是成熟度的四个梯级；第二维是项目管理的九个领域和五个基本过程；第三维是组织项目管理的三个范畴层次(通常译作版图层次)。

成熟度的四个梯级分别是标准化的、可测量的、可控制的和持续改进的，如图 11-6 所示。

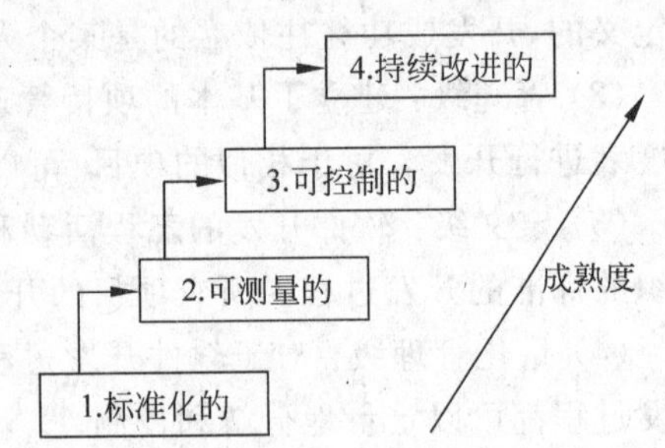

图 11-6　OPM3 成熟度的四个梯级(OPM3)

OPM3 的第二个维度，就是项目管理的九大知识领域和四个基本过程，前面已经介绍，这里不再赘述。

OPM3 的第三维是组织项目管理的三个范畴层次，从简单到复杂分别是单个项目管理、项目组合管理和项目投资组合管理。

OPM3 不仅用改进过程梯级来构筑它的内容，而且把这种框架延伸到了项目组合和项目投资组合的管理层次。这个框架允许使用者根据实际需要在项目管理的三个范畴层次由简单到复杂逐步推广应用，持续对项目管理进行优化。

OPM3 也分为五级，但 OPM3 的内容并没有拘泥于成熟度的分级，而重在如何使组织能够识别和改善项目管理的过程。OPM3 模型的应用过程包括组织评估，确定改进重点和路径，制定改进计划，改进实施和重复进行，不断提高等。

11.3.3　信息系统项目管理办公室

提到组织级的信息系统项目管理，就不得不提 IT 项目管理办公室。IT 项目管理办公室(IT-project management office，IT-PMO)是一个 IT 项目管理组织机构，用于处理组织中公共的项目管理问题以支持和帮助项目的成功。

IT-PMO 是组织范围内关于 IT 项目管理的职能机构，与销售、市场、运营、财务和 IT 部门等具有同等重要的地位。此外，PMO 所处理的是关于组织范围内所有 IT 项目的公共问题，如项目管理标准、项目之间的相互关系，以及项目之间资源均衡和优先级等，其注意力集中在与母体组织或顾客整体经营目标紧密联系的项目和子项目的统一规划、优先顺序、轻重缓急和执行方面。

IT-PMO是国外自2000年以来出现的一种提高组织项目管理水平的重要实践。据Forrester在2003年的研究表明，当时欧洲企业IT部门的67%已经拥有IT-PMO，其中一半以上是自2000年以来建立的。

IBM的项目管理办公室

IBM全球服务事业部为了有效推动以项目管理为核心的管理模式，设立了项目管理办公室(PMO)，由公司高层直接领导PMO的工作。通过PMO的努力，开发建立了公司内全球统一的项目管理方法体系——WWPMM。该方法体系内置于公司的NOTES系统中，所有的项目组都严格遵从该方法体系界定的项目实施过程、工具模板。在PMO的专业指导下，IBM全球服务事业部实施的项目借助标准化的方法和过程，成功的几率大幅上升。

11.4 项目管理软件

随着计算机技术和软件技术的飞速发展，利用项目管理软件辅助项目管理是项目管理水平提高的必由之路。好的项目管理软件不仅带来先进的项目管理手段和方法，而且蕴藏着丰富的项目管理哲理。项目管理软件是项目管理思想、技术和方法的集中体现，把项目管理从手工作业带入了信息化作业的新天地。项目管理软件的直接运用反映了项目管理组织的管理水平，其运用为项目管理的标准化和国际化发展起到了积极的作用，促进了项目管理由经验型向科学型转变。项目管理软件使项目管理水平大幅度提高，项目管理软件的广泛运用提高了项目管理的效率，降低了项目管理的成本。

11.4.1 一般项目管理软件简介

项目管理技术的发展和计算机技术的发展是密不可分的。目前的项目管理软件主要有单功能项目管理软件和集成型项目管理软件。单功能项目管理软件的功能比较单一，主要专注于进度控制、投资控制、合同管理、招投标管理、文档管理和信息沟通等某一方面或较少的几个方面。集成型项目管理软件(系统)基本包含了项目管理的主要工作，通常为一组套件，所有的套件组合即为项目管理系统。此外，一些项目还专门开发了项目管理软件(系统)，如我国的三峡工程管理信息系统(TGPMS)。

从项目管理软件的功能和价格水平来看，一般有两个层次：一个是高档项目管理软件，这类软件功能比较强大，价格比较高，如Primavera公司的P3和P3E、Gores技术公司的Artemis、ABT公司的WorkBench、Welcom公司的OpenPlan等；另一个是一般项目管理软件，这类软件功能比较简单，价格也比较便宜，如Microsoft公司的Project、TimeLine公司的TimeLine、Scitor公司的Project Scheduler和Primavera公司的SureTrak，以及国内的如梦龙、华炎、鹏为等项目管理软件。

但项目管理软件的功能的完备程度和应用效果并不成正比，从实际应用情况看，目前项目管理软件的应用还存在诸多问题，如软件引进不当，应用范围较窄，应用力度不够，应用缺乏规划和制度保证，等等，因此国内项目管理软件应用成功的案例也并不多。这之中有很多影响因素，如制度问题、项目管理软件的理解问题、组织问题、人员问题、知识管理问题、数据管理问题等，阻碍了项目管理软件的深层次运用。

11.4.2 微软 Project 介绍

Microsoft Project 是国际上最为流行的基于网络的项目管理软件，应用在各类 IT 集成及开发项目、新产品研发、设计项目和工程建设项目等。它通过项目管理思想与信息技术的结合，帮助企业规范项目管理的流程和增强执行效果。系统学习和使用 Project 软件，可以帮助企业提高项目经理和管理人员的实战能力，有效地监控和管理各类运营项目，更有效地进行团队的协作管理和项目目标的完成，优化工作流程，提升企业竞争力。

Microsoft Project 在全球的用户群已接近千万，用户类型多样，从掌握一般知识的工作人员到专家级的项目经理。Project 包含了三个不同版本的产品：标准版、专业版和服务器版。这三类产品分别针对不同的用户需要而设计，以满足不同用户规模和项目复杂度的要求。用户在选择产品的时候，最重要的依据是确定自己的项目管理需求。

Microsoft Project 提供了一系列项目管理工具，这些工具将可用性、功能和灵活性融合在一起，可以更加有效地管理项目。通过与 Microsoft Office 程序、报表软件以及指导性的计划、向导和模板进行集成，用户可以了解所有信息，控制项目的工作、日程和财务状况，与项目组保持密切合作并提高工作效率。Microsoft Project 可在项目管理过程的五个阶段分别发挥重要的作用：

(1) 建议阶段。确立项目需求和目标；定义项目的基本信息，包括工期和预算；预约人力资源和材料资源；检查项目的全景，获得利益相关者的批准。

(2) 启动和计划阶段。确定项目的里程碑、可交付物、任务、范围；开发和调整项目进度计划；确定技能、设备、材料的需求。

(3) 实施阶段。将资源分配到项目的各项任务中；保存比较基准，跟踪任务的进度；调整计划以适应工期和预算的变更。

(4) 控制阶段。分析项目信息；沟通和报告；生成报告，展示项目进展、成本和资源的利用状况。

(5) 收尾阶段。总结经验教训；创建项目模板；整理与归档项目文件。

11.5 信息系统项目的关键成功因素

关键成功因素(critical success factor,CSF)的概念最早出现在经济学领域，但后来逐步成为了一种管理的理念和方法。在 20 世纪 70 年代后被引入到信息系统研究领域中来。简单来讲，关键成功因素是指组织为了获得较高的绩效，必须给予特殊和持续关注的，并给予有效管理的少数几个环节、活动或因素。关键成功因素并非是影响项目成功的全部因素，而是其中较为重要的少数因素，当管理者无暇全面顾及所有因素时，可以将管理重心放在 CSF 上。

关键成功因素不仅仅是一种概念，它本质上是一种管理方法或机制，即通过对少数几个关键成功因素的分析、确认、管理和持续控制，来有效地完成管理目标。同时，关键成功因素还是一种研究框架，研究者可以通过对少数几个 CSF 的观察和分析，有效地获得研究本质，而没有必要考察所有可能有影响的因素。

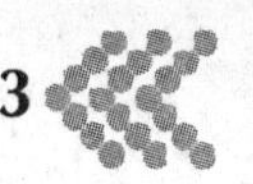

11.5.1 关键成功因素

信息系统项目所特有的复杂性、不确定性和高风险性促使研究者从理论和实践的不同视角，探索和分析影响信息系统项目成功实施的关键因素。本节只介绍其中典型的、对各种类型信息系统实施项目都适用的关键成功因素，具体可以分为三类：组织的因素、项目的因素和人的因素。

1. 组织的因素

在组织因素中，无论是理论研究，还是在实践中，人们都认同的一条关键成功因素是高层领导的支持。信息系统项目往往是关系到组织全局的问题，会涉及很多利益相关者，调动多方面的资源。高层管理者的充分理解、持续支持和亲自参与是项目成功最重要的保障。这也就是为何诸如 ERP 实施这样的项目被称为是"一把手工程"的原因。高层管理者对于信息系统项目的支持一般可以分为两个维度：认同和参与。

认同是一个主观的、心理上的概念，反映了高层管理者对信息系统项目重要性程度的认识和态度。认同程度高说明企业高层管理者认为 IT 应用对企业发展至关重要，是企业发展战略的重要组成部分。高层管理者的认同也可看成是为促进项目成功提供必要资源和权威的意愿，也就是说，认同程度越高，说明高层管理者为项目成功提供必要资源和权威的意愿也就越强烈；认同程度越低，高层管理者提供资源和权威的意愿也就越低。高层管理者保证信息系统项目有人力、物力、财力的投入，是信息系统项目顺利实施的基本保障。此外，高层管理者运用权力在促进部门间合作、协调部门间矛盾方面发挥积极的作用。

参与是行为的，是具体的活动，指高层管理者花费时间和精力，亲自参与到信息系统项目管理的相关事务中，如参与前期调查、系统选型、系统实施，或者是担任项目领导小组组长，参与和系统实施相关的决策活动，定期阅读报告，等等。高层管理者的支持不仅来自于资金预算上的支持，还包括实际领导企业进行组织上、管理上、文化上的创新和变革，去除组织内各阶层对于变革的抵制，保证基于信息系统的变革有利于企业战略目标的实现。经验表明，高层领导的一举一动都是信号。一把手每次出席项目组例会，即使一言不发，也是在向组织内释放领导支持的强烈信号。

Alpha 银行财务管理系统项目中的领导支持特征

在 Alpha 银行的财务管理系统项目中，总行领导对该项目表现出了高度的支持，并付诸于各种行动之中。在项目立项、规划阶段，总行领导除了亲自出席例如全行的项目动员大会这一类的活动之外，还亲自带队到其他国际银行的中国或亚太总部学习、观察其财务管理的先进经验。在项目立项之后，项目领导小组成立，一位总行副行长出任该小组组长，其他多个核心部门的领导都是领导小组成员。在项目执行过程中，总行行长和项目领导小组成员经常亲临项目组，了解项目进展和项目组成员的精神状态，鼓舞士气。在系统推广之前，项目领导小组以总行的名义，向各个分行下发了一个动员文件，阐明该财务系统成功上线之后对 Alpha 战略发展的重要意义，这为系统的推广预先扫平一些障碍。

2. 项目因素

在诸多的项目因素中，值得重点强调的是用户参与。任何信息系统都有未来的目标用户。用户参与就是指这些系统未来用户参与到信息系统项目的实施过程中。虽然从 20 世纪 70 年代管理信息系统研究确立开始，人们就意识到了用户参与的重要性，认为用户参与能够提供精确的需求从而保证系统的质量。另外,用户参与能够提高用户的满意度,增加他们对系统的接纳意愿。一方面,研究者进行了大量的研究来检验上述观点,另一方面发展了很多具体的用户参与的方法论,如参与式设计(participative design)、联合应用设计(joint application design 或 development)、以用户为中心的设计(user-centered design)和客户驱动的项目管理等,以指导实践中用户参与的具体执行。

用户虽然具备业务知识,但对系统开发知识知之甚少,因此当他们参与到项目中来后,提供了需求,但往往却由于用户和技术人员之间知识结构的差异造成理解上的偏差,业务知识不能得到完整、顺利的传递;此外,由于技术人员在信息系统的开发中一直处于强势地位,他们会因为自身的利益而变更用户的需求。因此,如何通过一种有效的机制保证用户参与发挥实质性的作用,这是摆在每一位项目管理者面前的重要问题。本书第 10 章介绍的目前比较流行的敏捷方法格外关注发挥用户在系统开发中的作用。Alpha 银行财务管理系统项目中的用户参与案例也有较多有益的启示。

Alpha 银行财务管理系统项目中的用户参与特征

一反常态,在 Alpha 银行财务管理信息系统项目的规划和需求设计阶段,选调的 13 位业务专家完全承担了这两个阶段的所有工作,只有少数几位技术人员跟随,目的也只是在必要的时候从技术的角度提供建议,同时学习业务知识。这种特殊情况的发生有偶然的原因。首先,就如前面已经介绍的那样,该系统异常复杂,单靠技术人员的力量根本无法把握该系统的业务模型,所以必须要从全行选调财务管理领域顶尖的业务专家。但是,该项目中的另一个主角,总行软件开发中心,由于当时承担了全行其他大大小小非常多的信息系统项目,因此在这个项目初期,他们还没有足够的人手可以大批加入。加上系统规划、需求分析和建模这一类的工作并不涉及太多的技术,于是,业务专家独挑了大梁。

然而,业务专家在初始阶段的这种主导地位直接又导致了后续阶段用户参与的新模式。一方面,由于业务专家完全承担了需求分析和建模工作,因此进入系统设计阶段之后,他们必须协助技术人员理解需求模型,完成需求知识向技术人员的转移;另一方面,因为前期业务专家出色的工作表现,让总行和项目领导小组看到了业务专家在项目中承担重责的众多优势,于是决定业务专家继续在项目组担任核心角色。因此,业务专家顺理成章地留在了项目组,作为和技术人员平行的项目组成员,继续系统开发的工作。

如果说业务专家前期的工作提供了高质量的系统业务需求的话,那么业务专家在系统设计阶段的工作才是使他们能够真正影响项目实施的关键转折点。与其他用户一样,业务专家普遍比较缺乏信息技术知识,但进入系统设计阶段后,业务专家所承担的工作非常技术化,这对业务专家提出了巨大的挑战,甚至一度他们都拒绝承担这样的工作。但在总行领导的激励之后,他们坚持了下来。此外,业务专家和技术人员合作的另一个特征就是,业务专家每天都评审技术人员当日的设计成果。就这样,通过"亲自做"某些关键,甚至技术性的工作,以及高密度地和技术人员沟通,业务专家的信息技术开发知识迅速积累起来;这些知识积累越多,他们就越愿意并越能够承担更多的核心工作,越能和技术人员进行博弈以达到将自己的业务需求体现到系统中的目的。做得越多,也学得越多,如此下去,形成了良性循环。当进入系统测试、试点和推广阶段,业务专家完美地完成了诸多关键性甚至是主导性的工作。

最后,需要说明的是,虽然人们一直认同用户参与能否取得成功的一个关键影响因素是领导支持,但是领导究竟如何支持用户参与才能发挥实效呢?Alpha银行财务管理系统项目告诉我们,领导对用户参与的支持不能只是意识和口头上的,而要实实在在对参与的业务专家进行授权。只有通过授权,业务专家才会充分意识到自己在项目中的责任,才会有动力去克服重重困难,在项目中发挥自己的作用;而且,技术人员才会重视业务专家的地位,改变过去自己说了算的做法,耐心和业务专家合作。

3. 人的因素

被广泛认同的影响项目成功的人的因素包括以下几个方面:

首先,项目成员的专业知识。不管是技术人员也好,还是参与的用户也好,过硬的专业知识是他们最起码要具备的素质。

其次,个人内在的成就动机。信息系统开发是一项艰难复杂的任务,尤其是对那些参与的业务人员来讲。如果没有很强烈的个人内在成就动机,就很难主动去克服很多困难。归根结底,责任心和认真态度比什么都重要,有了这两点其他都可以弥补(包括缺乏技术知识)。

最后,就是个人的学习和沟通能力。信息技术开发是团队式的工作,需要每个个体的密切合作。个人的学习能力和沟通能力直接决定了合作的效果。

11.5.2 关键成功因素法在项目管理中的运用

当组织实施一个信息系统项目时,识别针对该项目的关键成功因素,并对其进行特别的管理是非常重要的。一般来讲,关键成功因素法在项目中的运用可遵循如下步骤:

(1) 确定信息系统项目的战略目标,但通常来讲,信息系统项目的战略目标由组织的战略目标决定,因此,需要先对组织的战略目标进行定位。

(2) 识别所有的成功因素,即分析影响战略目标的各种因素和影响这些因素的子因素。

(3) 确定关键成功因素。因为面临内外部环境的不同,不同组织的信息系统项目,甚至同一个组织内部的不同项目,其关键成功因素都有可能不同。因此,管理者就需要根据自身情况,从所有的成功因素中识别出关键成功因素。

(4) 明确各关键成功因素的性能指标和评估标准。

关键成功因素的识别能够帮助提升项目管理,使得管理手段更加高效、更具针对性,因而会使项目能够较快地取得效益。应用关键成功因素法需要注意的是,在信息系统项目执行的过程中,关键成功因素不是一成不变的,有可能会随着项目的进行发生变化,比如说原有的关键成功因素解决了,新的关键成功因素出现了,因此,管理者应该灵活掌握,及时识别出这些变化,进行有效的管理。

总之,本章内容主要显示人类已经积累了的大量的项目管理知识、方法论和工具。本着用正确方法做事的原则,信息化项目管理应该避免闭门造车或重新发明车轮,需要做的是借鉴已有方法论并创造性地将其运用到自己的实践中去;通过实践和经验积累,学会根据项目具体情况对复杂方法论体系进行裁剪。这个过程从了解项目管理的基本理念、相信科学和方法论开始。

本章习题

1. 项目具备什么样的基本特征?
2. 项目管理和其他管理之间存在什么样的关系?

3. 什么是项目管理知识体系？

4. 对于一个组织来讲，如何对多项目进行管理？其项目管理能力有哪些改进的标准？

5. 关键成功因素的本质是什么？

6. 什么是用户参与？用户参与一定能够带来信息系统项目的成功吗？什么样的用户参与是成功的用户参与？

本章参考文献

[1] Jarvenpaa S L, Ives B. Executive Involvement and Participation in the Management of Information Technology. MIS Quarterly, 1991(15: 2), 205-227.

[2] Peffers K, Gengler C E, Tuunanen T. Extending Critical Success Factors Methodology to Facilitate Broadly Participative Information Systems Planning Journal of Management Information Systems, 2003 (20: 1), 51-85.

[3] Peters L. Software Project Management: Methods and Techniques, 2nd Edition, Software Consultants International Limited, Kent WA, U. S., 2004.

[4] Rainer A, Hall T. Key Success Factors for Implementing Software Process Improvement: a Maturity-Based Analysis, Journal of Systems and Software, 2002(62), 71-84.

[5] Schwalbe K. IT 项目管理. 邢春晓，等译. 北京：机械工业出版社，2008.

[6] Scgwalbe K. IT 项目管理. 杨坤，译. 北京：机械工业出版社，2009.

[7] 项目管理协会. 项目管理知识体系指南(PMBOK 指南). 第 4 版. 北京：电子工业出版社，2009.

[8] OGC 组织. PRINCE2——成功的项目管理. 原书第 3 版. 薛岩，欧立雄，译. 北京：机械工业出版社，2005.

第 12 章　IT 外包管理

本章学习目标：

- IT 外包的概念和类型
- IT 外包的驱动力
- 如何做出正确的 IT 外包决策
- 如何选择供应商
- 正确管理 IT 外包
- IT 外包面临的风险

前导案例：海马与供应商的合作关系

2006 年年初，出于对质量控制和追溯的需求，一汽海马汽车股份有限公司（以下简称“海马”）开始寻找 QIS（质量管理系统）项目的 IT 供应商。在供应商的甄选上，虽然有些国外供应商实力强大、资历深厚，但考虑到成本和中国质量管理的实际情况，海马倾向选择“能够充分认识海马，和海马门当户对的企业”作为供应商。而 A 公司在国内的 QIS 厂商中可谓行业翘楚，曾经为业内多家汽车企业实施过整车和发动机的 QIS 项目，口碑不错，报价也可以接受，在参与竞标的三家供应商中优势明显。参观 A 公司的典型案例某一线汽车企业的控制现场后，海马彻底放心了，最后拍板了 A 公司。

同年 4 月，针对整车的 QIS 项目正式启动。然而，让海马始料不及的是，在接下来的时间里，A 公司的项目经理走马灯似地开始频繁换将。第一次 A 公司给海马的解释是，项目经理辞职了。这位项目经理曾经在上面提到的汽车企业带项目，当时洽谈的时候，海马就坚持要求让她来带这个项目，A 公司当时满口答应。没想到，该项目经理到位后越来越缺乏激情，最后辞职走人。好在第一位项目经理在海马的时间很短，A 公司派来的第二位项目经理不论从资历和态度上又都不错，本着相互信任的原则，海马也就认可了这一调整，双方开始建立起互信关系。不久，由于该项目经理过于投入，经常加班，最后积劳成疾演变为胃出血，只得告病回家休养。最后 A 公司又给海马派来第三位项目经理。虽然有些因素是不可抗力，但毕竟阵前换将是很忌讳的事情。项目经理的更换造成知识流失，妨碍工作连续性，给项目增添了风险。为此，海马也颇有怨言。

第三位项目经理到任后，继续带领团队在海马现场做需求调研、关键用户访谈和意见反馈，这个过程持续了两个月。随后，A 公司整理出了厚厚的一本需求规格说明书。经海马各业务部门签字冻结后，A 公司项目人员离开海南，返回总部开始做技术开发。

然而，两个月后，当A公司拿着开发的系统回到海马实施时，海马信息部副主任吴松却大失所望。开发出来的系统与海马的业务要求差距甚大，有的技术控制太粗糙了，而QIS是以细节取胜的。有的业务逻辑已经发生变化，但业务部门没有意识到这些变化对系统的影响，因此也没有提出需求变更。另一方面，原型开发对软件供应商挑战很大，原型开发后的不断纠偏也是正常的。吴松最担心的是实施周期将被延长，因为当时距离项目启动已经过去4个月了。

A公司的应对很迅速，当即派出其负责服务的副总经理上阵，充分调遣项目资源，直接在现场开始和海马一起寻找突破点。在这个过程中，A公司从上往下找关键需求以保证实施方向；又从下往上从细节入手实施关键业务点突破。同时改变了之前的开发流程，开始一边开发一边测试。"这是一个彼此迁就、彼此信任的过程，这个确认过程还是比较友好的。"

"我们选择供应商是慎重的，但一旦他们进入海马，我们就本着合作共赢的态度与他们打交道。项目过程中出现问题是很正常的，重要的是大家的方向必须一致，文化要能融合。"吴松表示。接下来，海马一直在做基础数据准备。经过细致准备，项目组向技术系统的高层做了一次汇报，获得了极高评价。项目的价值开始获得认可，之前的正确决策开始有收获。

2007年下半年，海马开始全面推进QIS系统时，一些问题又浮出水面：有的是技术标准的问题，而有些则是管理的问题。吴松一方面坚持实施，一方面与高层沟通此事，项目的进度进一步拖延。

这时已经临近春节，按照合同，该项目已到验收时间。但是根据海马方面的统计，还有一些技术细节问题很难在春节前解决。按A公司规定，如果无法按时验收项目，A公司项目组的成员将无法拿到这一年的项目奖金。吴松认为，现有细节问题都不是核心问题。于是决定去协调此事，与公司高层对此事进行了沟通，并最终取得高层的支持。年前，IT部门和业务部门一道验收了这个项目，尽管海马必将为此承担一定风险。而A公司的项目组也在年后返回海马，继续他们没有完成的工作。

进入2008年，随着QIS的不断深入应用，系统逐渐进入较为稳定的时期。此时，除了整车QIS的二期项目，A公司还要继续参与到海马的整车的APQP(质量先期策划)项目、DEP数据交换平台以及发动机的QIS项目的建设中。面对多个项目，海马和A公司的合作又一次经历了考验。A公司项目经理认为，相比其他汽车企业，海马这几个项目表现出面广且有深度的特点，涉及的部门和用户群比较多。在深度上，只有将设计质量也纳入到整个QIS的管理体系中来，对海马的质量管理才有更好的促进作用。由于每个项目涉及的领域和应用的范围不一样，A公司项目组需要分别应对。因此这是几个项目同时实施有难度的原因。此外，例如，虽然整车的QIS和发动机的QIS在应用体系上是一样的，但是二者的业务需求和流程控制要求存在不小差异。虽然A公司在QIS领域有长时间的积累，但在APQP是一种全新尝试，即使在全国，成功的案例也很少。

海马认为A公司在掌控多个项目的能力上还是存在一些问题。由于几个项目存在一定的时间重叠，又有一部分需求存在关联性，因此在跨项目协调和时间调度上，A公司的项目团队出现了一些问题。

虽然几个项目有些磕磕碰碰，但最后在双方的努力下，公共数据交换平台和APQP项目还是相继收尾了。2008年9月，发动机的QIS也如期验收。不过，验收只是宣告以上项目暂告一段落，为了深化应用，并且由于APQP表现出来“更广阔的一些空间”以及“发现这块还有更深入的可能性”，A公司决定还会再做一些后续的拓展。A公司与海马的合作还在继续。“这家公司在海马应该说是经历了起起落落好几回，大家对它从不认同到认同，到有异议，再慢慢又能接受，这就是共同成长。在这个过程中，海马也得到了洗礼，不可否认，通过IT和软件顾问的介入，对海马的业务是有促进和催化作用的。”吴松表示。

案例思考题：

1. 海马为什么选择IT外包？在选择供应商时，主要考虑因素和选择标准有哪些？
2. IT外包项目的主要风险有哪些？
3. 尽管与供应商A公司在合作过程中有些“磕磕碰碰”，海马和A公司是以怎样的态度去合作的，为什么？
4. 海马选择与供应商A公司多个项目长期合作的优势和劣势分别有哪些？

“做你做得最好的业务，其余一切外包。” —— Tom Peters

本章主要介绍IT外包管理相关内容，有助于回答四个基本问题：是否采用IT项目外包与服务外包？外包哪一部分工作？如何选择供应商？如何管理外包关系与项目？

本章第1节主要阐述IT外包的基础知识和发展趋势，重点介绍IT外包的基本概念和四种不同的基本类型，并指出每种外包类型的优缺点。这一节回答上面的第二个问题。第2节主要从战略、经济和社会的角度介绍了IT外包的驱动力和理论依据。这一节回答前面的第一个问题。第3节主要通过介绍供应商的核心能力，解释为什么专业供应商有可能提供比内部开发更高的质量和较低的成本，以及从哪些方面考察供应商。这一节内容有助于回答第三个问题。第4节主要通过若干案例来介绍在IT外包实践中，客户如何处理与供应商的关系，指出若干种控制模式。第5节主要描述IT外包可能存在的主要风险。这两节回答前面的第四个问题。

12.1 IT外包背景和基础知识

由于信息技术的快速发展，应用系统更加庞大和复杂化，专业化趋势更加明显，越来越多的组织选择将IT项目外包给外部供应商。大到企业核心业务系统和数据中心等系统集成性项目，小到网站建设，都外包给专业性公司。信息化建设模式的大趋势是一方面尽量采用ERP等行业标准软件系统，针对本单位流程进行配置，另一方面将高度个性化的应用外包给专业公司开发。此外，组织内部也有IT知识老化、缺乏特定技能和经验的现象。结果是组织内部开发的系统越来越少，内部信息部门的职能转化为IT规划、项目管理和内外部客户关系管理，内部信息部门人员的业务知识、项目管理能力和沟通能力越发重要。

国外早期IT外包可追溯到20世纪60年代初，在70年代到80年代后期，经历了一段相对缓慢的发展阶段。IT外包快速发展的里程碑是20世纪80年代末期的柯达外包合同。1989年柯达宣布将自己的四个数据中心外包给IBM和DEC等为其提供运营管理和服务，交易涉及金额高达10亿美元，外包期限长达5年。柯达外包这一举动震惊了包括世界500强在内的各企业决策层，推动了IT外包的快速发展。之后的几年中，欧美国家相继出现了超过100单的大宗外包交易，被称为“柯达效应”，并由此掀起IT外包的新浪潮。

20 世纪 90 年代以来，IT 外包得到了更加快速的发展，市场不断扩张。据 Gartner 研究显示：全球 IT 外包市场 2003 年为 1805 亿美元，到 2008 年达到 2531 亿美元，平均年增长率为 7.2%。而 Forrester 报告显示欧洲企业到 2008 年在 IT 外包业务上花费近 1280 亿欧元。IT 外包不仅在欧美市场呈现上升势头，中国 IT 外包市场也在不断发展壮大，近几年国内出现了一系列 IT 外包交易，如国家开发银行与 HP、神州数码的外包，海尔与东软的系统集成外包，百安居(B & Q)与 IBM、HP 和 Wincor Nixdorf 的多方外包交易，等等。IT 外包为企业发展创造了机会，也为信息化建设提供了新手段。

12.1.1 IT 外包概念

IT 外包的概念是从实践领域逐渐发展起来的，指企业委托外部专业 IT 供应商来提供所需的有关 IT 产品或服务的一种实践活动。文献中对 IT 外包概念的阐述不尽相同，这一方面源于关注层面和侧重点有所不同，另一方面也映射出 IT 外包实践的不断发展与变化。强调 IT 外包“转移”过程概念的学者认为 IT 外包是将部分或者全部组织内部的信息系统和(或)数据处理、硬件、软件、通信网络和有关 IT 员工的所有权或决策权在不同程度上转让给一个外部组织。IT 外包的具体范围可以是 IT 相关的资产、人员、活动和功能。IT 外包是将组织的部分或全部 IT 资产、人员和(或)活动委托给一个或多个外部供应商来完成执行。它包括下面的任何一种类型或其多种形式的组合：系统规划，应用分析和设计，应用开发，运营和维护，系统集成，数据中心实施，通信管理和维护，软件、硬件产品、设备管理(如 PC 维护)，最终用户支持 (如培训)等。

总体而言，正如 Gartner 总结的，IT 外包的五大目标有：

- 控制成本-外包协议。
- 获得技术资源。
- 本企业 IT 聚焦于为关键业务提供服务和战略价值。
- 提升服务交付的质量。
- 提高企业可扩展性。

12.1.2 IT 外包类型

IT 外包可以根据不同的划分方法进行划分，具体如下。

1. 按照外包的程度划分

按照外包的程度，IT 外包可以划分为整体外包和选择性外包。前者是指将 80%以上信息技术职能外包给供应商；后者是指选择部分进行外包，外包比例低于 80%。整体外包的优点是能够以较合理的资金投入，快速建立符合客户业务需求的 IT 系统；避免以自身摸索的方式建立信息系统造成资金和人力的浪费；客户无须聘请专门的 IT 人员，就能享受到专业 IT 技术服务人员的高效率服务。但是，整体外包往往牵涉范围广，合同持续时间长(通常超过 5 年)，且整体外包的客户必须花费大量的时间、精力和资金来分析外包交易、与外包商洽谈合同等。此外，整体外包还可能会导致企业信息技术灵活性的大幅度削弱，从而使企业面临较高风险。所以任何组织在选择整体外包时都必须三思而行。

2. 按照外包的业务范围划分

按照外包的业务范围，可以划分为管理咨询外包、项目服务外包、应用服务外包和业务流程外包,分别解释如下。

(1) 管理咨询外包。这种类型外包服务包括与企业职能计划和协调相关的咨询服务,例如,产品采购、项目管理和战略规划。管理咨询外包需要考虑的主要问题是提供商的客观性和行业经验。例如,咨询顾问强烈的偏见或因为咨询顾问与软件和设备供应商之间存在合作关系,使得他们会在提供服务的时候推销合作伙伴的产品。类似种种原因会导致咨询顾问失去客观性。

(2) 项目服务外包。这种类型外包主要针对某个项目中的一部分业务,提供范围有限、时间有限的服务,这种类型的服务也常被称做"任务外包"(out tasking)。例如,安装软件、网络升级等IT基础设施维修维护类外包。企业可采用项目外包策略来解决非核心工作、临时性项目及短期需求的事务。这种方式不但能帮助企业集中人力资源降低成本,更能避免组织过度膨胀,不受限于既有的专业知识技能,致力于构建核心竞争力。

(3) 业务流程外包(BPO)。这种类型外包指客户将其内部某个IT业务职能完全委托给供应商,使其按照一整套定义好的方法来拥有、管理和操作业务流程。与传统IT外包的主要区别在于,外包供应商控制了与业务流程、人力资源和技术等相关的所有层面,是一种更为彻底的IT外包模式。有时第三方还将客户的所有或部分IT员工接收过来,使得客户避免解雇员工所带来的影响。企业采用这种类型外包的主要原因是IT的应用不属于客户企业的核心竞争力范畴或者供应商提供的外包服务能够帮助企业更准确地控制成本。BPO的优点是节约成本以及提高效率,尤其针对一些小企业,BPO被视为实现企业重要目标的途径,这些目标包括增加收益、转变流程、刺激增长以及进入新的业务领域等。BPO存在的主要问题是会牵扯到企业的敏感数据,因而,随着BPO业务的实施,企业会越来越担心数据安全、知识产权保护以及供应商缺乏行业知识。

(4) 应用服务外包(ASP)。这种类型外包是指通过互联网或虚拟办公网络以一对多的方式向客户提供标准化的应用软件、相关管理及咨询的租赁服务模式,客户通过简单的终端即可实现信息的访问与服务获取。这种依托网络面向客户提供产品与服务的外包模式称为网络外包(netsourcing),被认为是一种提供面向企业业务服务的全新交付机制,是一种业务租用或"按用付费",能够实现业务应用的集中管理。ASP作为传统外包服务的替代者,可以与其他业务捆绑在一起从而丰富外包方案的内容。ASP服务特别适合中小型企业的需求,其优点是企业不用自己投资建立基础系统,直接租用外包供应商提供的各种应用服务。投资少、实施快,而且随需应变,增加了企业在IT系统投资的灵活性,降低了投资风险。ASP存在的主要潜在问题是数据的保密性、业务处理的安全性和可靠性。应用服务中必须具备把数据从客户端传送到ASP的安全措施,最常用的数据传送中介是互联网,而互联网的可靠性是依赖互联网服务提供商。因此需要建立一套信用监管机制。

总体而言,IT外包范围宽度在不断的扩大,涵盖了从IT的咨询、规划、项目管理到系统集成、设计、开发、实施再到运营维护、基础设施建设等一系列的IT相关活动;同时,IT外包范围深度逐渐延伸到与客户组织密切关联的业务流程外包,并且外包对象从基础系统向应用系统转变。从企业IT外包的发展趋势来看,应用服务外包有着更加广阔的发展空间,包括供应商关系管理(SRM)、供应链管理(SCM)以及客户关系管理(CRM)等在内的信息链都将可能成为企业外包的内容。

3. 基于供应商-客户数量对应划分

基于供应商-客户数量对应，可以将 IT 外包划分为单一外包、联合外包、协包、复合外包。

（1）单一外包指一个客户依赖一个单一的供应商提供外包服务，可能是简单的工资支付系统，也可能是复杂的 ERP 实施等。单一外包被大多数企业所采用。有些行业长期以来被几家大的外包服务供应商垄断市场，它们具有市场和专门知识方面的优势，能够提供 IT 外包中所有的菜单式服务。因此，规模小的企业只能关注一些特殊的产业，如医疗领域，或特定的技术如网站设计等。

（2）联合外包指一个客户使用多个供应商分工合作完成外包服务，例如，前面提到的柯达将其信息系统整体外包给三个公司，发挥各自优势。

（3）协包（co-sourcing）是指几个客户与一个 IT 供应商签署外包合同。这种买主联合的方式在其他购置决策（如团购）中是很普遍的，尽管存在一些障碍，但它的三个优势却是很明显的：降低或共担风险；增加讨价还价的能力；实现买方的规模经济。当企业寻找一个通用的软件解决方案或通用的基础设施来支持商业交易时，这种协包联合可以使两个或更多的企业联合签署合同让单个供应商提供信息系统服务。例如，七个医院联合起来，结成购买者联盟，与一个系统集成商订立合同来开发应用软件，这种协作方式可以节省时间和资金。

（4）复合外包是客户与供应商之间多对多的外包关系，也可以看成是多供应商与协包关系的组合。

4. 根据客户与供应商建立的外包关系划分

根据客户与供应商建立的外包关系，可以将 IT 外包划分为市场关系型外包、中间关系型外包和伙伴关系型外包。如果将外包合同关系视为一个连续体，其一端是市场型关系，甲方可以在众多有能力完成任务的供应商之间进行选择，合同期相对较短，而且合同期满后，能够以较低成本换用另一个供应商完成今后的同类任务。另一端是长期的战略伙伴关系，甲方与同一个供应商反复订立合同，并且建立长期的互利关系。而位于二者之间的是中间关系型外包。一般来讲，如果任务可以在相当短的时间内完成，环境变化影响需求的几率很小，而且不存在真正的资产专属性（例如硬件维护和一般系统集成），就可以考虑市场关系型外包，订立一份覆盖各种结果的合同。相反，如果完成任务需要很长的时间，相关需求会随着环境的意外变化而变化，资产专属性很高（例如针对特定平台的开发技能和行业知识），就应当考虑伙伴关系型外包，就像前导案例中所介绍的。

12.2 外包决策与理论依据

外包决策有多种理论依据，其中资源基础理论和核心能力理论从企业战略角度强调，进行信息系统外包活动是为了获得对企业的生存与发展至关重要的内部所缺乏的资源，将非核心业务外包出去，可以将企业有限的资源投放到企业的核心业务上，这样可以维持企业的竞争优势。交易成本理论和代理理论主要从经济学角度解释 IT 外包的必要性。根据这些理论，将企业的部分或全部信息系统交给外部专业化供应商可以实现规模经济，提高效率和资产回报。而社会交换理论和契约理论则是从社会学角度揭示 IT 外包项目管理的机理和成因。以下我们将简要介绍一些重要的理论，讨论其对 IT 外包管理的指导意义。

12.2.1 外包的理论基础

本节简要介绍有助于外包决策的五个相关理论，目的仅是让读者有个初步了解。这些理论在其他管理学课程和书籍中也会有更详细介绍，这里就不充分展开了。

1. 资源基础理论

该理论认为独特、有价值的资源是企业成功的关键因素，也是企业获得竞争优势的重要源泉。企业只有发展那些有价值、稀缺的、不易被模仿和不可替代的资源和能力，才有可能持续保持竞争优势。根据资源基础原理，IT 外包是企业的一种战略选择。企业将组织内部那些非独特、差异性的信息资源外包后，就可以把有限的资源投在核心能力和核心业务上；与此同时，企业还可以充分利用外包供应商的专业知识和经验等弥补企业在资源和能力上的缺陷，从而降低企业的成本，提高运营效率和客户服务水平，进而增强企业的获利能力及竞争优势。

2. 核心能力理论

该理论认为核心能力是企业可持续竞争优势与新业务发展的源泉，核心能力应成为公司战略焦点。企业只有具备核心能力、核心产品和市场导向，才能在全球竞争中取得持久的领先地位。其要点为公司的竞争力来源于能够比竞争对手以更低的成本和更快的速度建立核心能力。从理论基础来看，核心能力理论是以资源作为基础的竞争优势观，把企业看做一系列独特资源的组合，其中企业的核心能力是一种稀缺的、难以模仿的、有价值的、可延展的资源。

根据核心能力原理，IT 外包是指企业必须将有限的资源集中在核心业务上，强化自身的核心能力，而将自身不具备核心能力的业务交由外部组织承担。例如，对于大多数企业来说，信息化建设与维护并不是企业的核心能力所在，因此，企业可以将其外包给外部专业化供应商。这样企业就可以通过与外部组织共担风险、共享收益，以整个供应链的核心竞争力赢得竞争优势。

3. 交易成本理论

该理论认为，由于交易双方的信息的不对称、有限理性、机会主义和交易的不确定性等原因，产生了交易费用，即在安排管理和监控交易的过程中发生的费用包括发现市场价格、谈判、履约、管理必要的后勤等费用。另一方面，客户可以通过外包来降低生产成本，因为外包商通常因规模经济而具备成本优势。但是节约的生产成本或多或少要被（外包合同谈判、外包关系管理以及确保外包商严格执行合同所产生的）交易费用所抵消。因此根据该理论，只有当外包交易成本、外包管理成本、外包商供应成本之和小于自己生产的成本时外包才会发生。例如，近年离岸软件外包快速发展，主要驱动力就是我国可以提供大量素质高但工资较低的软件工程师，以及相对廉价的土地，税收优惠，这些足以弥补外包过程中产生的交易费用。

4. 代理理论

该理论主要研究如何治理委托人和代理人之间的代理关系，确保代理人按照委托人的意愿去行为。由于委托人与代理人的愿望和目标的不一致性，导致代理关系中的每一方都有他们自己的利润动机。委托人在追求自身效用最大化（成本的节约、服务质量）的同时，代理人也在追求自身效用的最大化；在代理关系中，委托人很难监视或验证代理人实际上做的事情，因此容易导致代理人的机会主义。例如，在IT外包关系中，由于IT技术和业务复杂性，增加了客户监测或验证供应商行为的难度。供应商为了进入一个新的市场，占领市场主导地位或锁定竞争对手，可能会夸大他们的能力来获得外包订单；在外包实施过程中，供应商有可能试图逃避自己的责任，扭曲信息等方式使得利润最大化。代理人的机会主义很容易导致代理成本，包括委托人的监控成本、代理人的约束成本以及委托人的追加损失。因此，代理成本理论的主要论点在于当企业进行IT外包所得利益大于成本（包括代理成本）时，企业IT外包就是可取的。

5. 社会交换理论

该理论包括社会交换行为主义、社会交换结构主义。前者强调社会学中的个体行为与行为互动，持续地获得互利是社会交换的源泉。人们只有觉得一种交换关系具有吸引力才会积极与对方互动。互动双方面临各种情境，必须调整其资源来符合对方的需要。社会交换要素包括信任、冲突、权力、机会主义等。然而，后者认为社会互动首先存在于社会团体之内。人们之所以被某一团体所吸引，是因为他们发觉这种关系同其他团体相比能获得更多的报酬，于是他们被这个团体所吸引。后者将个人间的交换层次提升到组织与组织的交换层次，外包关系可以用社会交换理论来分析。

客户与供应商之间的互动行为与社会交换行为比较吻合，双方只有在觉得这个交换关系有利可图时才会积极与对方合作，双方也会配合对方的要求来调整资源。如果双方的沟通良好，则外包关系更为稳定与长久。外包关系属于社会交换理论中组织与组织之间的交换层次，如果企业与供应商存在共同价值，如相似的公司文化、规章制度、共享风险及利益的意愿，则双方比较容易相互吸引，且进行的交换行为更为可行。而当双方存在不对等的相互报酬时，潜在的冲突极可能发生。社会交换理论强调信任与承诺，如果外包关系中的双方在交换过程中得到互惠，彼此间就会建立起信任，这种良性循环会使得外包合约的执行更为顺利。此外，如果客户认为找到了最佳的供应商，对此交换关系会产生承诺，即表现出想要长期维持此关系的诚意，而这又会导致双方的交换关系更为稳固，双方的承诺增强。从这个意义上说，先导案例中海马选择供应商和随后与其建立信心互惠的决策是比较理想的。

12.2.2 外包决策

根据上述各种理论，为了提高IT外包的成功率，企业在进行IT外包决策时要全面系统地考虑各决策要素。除经济效益，还要考虑该外包业务或活动是否是企业核心活动，与供应商合作中的关系，默契以及交易的质量。一般来说，企业战略会影响到企业的长期利益、生存与发展，所以应首先考虑，IT战略永远服从并支持企业战略。然后再考虑经济因素，这是企业经营的直接目标，最后考虑社会关系因素。因此，进行IT外包决策时，一个较好的思考框架就是依次考虑关键业务、技术、成本和社会因素等影响外包决策有效性的各类因素。

1. 业务

外包决策首先要分析各种业务对公司的商业贡献。我们从两方面进行IT外包决策，这两方面分别是业务活动对公司业务运营做的贡献和对竞争地位的影响。对各种外包方案的选择应该是一个灵活的、动态的过程。一种关键的业务，随着运营和技术的改进，它的标准化程度会越来越高，该业务可能会转化为有用的业务。

2. 技术

外包决策还需要分析技术对公司的战略贡献。一个公司要想立于不败之地,必须要有一些领先或关键技术来支持公司的商业战略,使公司保持核心竞争力。而一般来说,技术开发成本比较昂贵而且有失败的风险,在很长一段时间后,才能发现对这项技术的投入是否能带来战略上的利益。从技术角度进行 IT 外包决策需要考虑以下三因素。第一,作为候选对象的信息技术(系统)在行业中的技术成熟度。如果某项技术已经相当成熟,就可以通过购买或者外包的方式获得,没有必要自己去重新开发随处可得的技术。第二,该技术对企业的竞争优势的影响,不仅应该考虑对当前竞争优势有重要作用的技术,还需要考虑在将来可能重要的技术。管理者必须关注并且投资那些为产品和服务提供显著帮助的技术(或直接服务于产品和服务的技术),对于决定公司核心竞争力的那些关键技术,必须有公司内部的信息管理部门来支持,而对于其他技术可以采用外包的方式来降低成本和开发风险。第三,企业内部的信息技术能力相对于竞争对手的比较优势。如果是与竞争者的技术方面有很大的差距,那么通过内部开发的方式来缩短这种差距几乎是不可能的,这时候可以通过外包供应商来解决。

3. 成本

根据交易成本理论和代理理论,外包供应商的规模经济应该节约成本;另一方面,外包的过程中也会产生交易费用、代理成本(委托人的监控成本、代理人的约束成本以及委托人的追加损失)和其他的一些隐形成本。所以,只有当这些成本之和小于自己生产的成本时外包才会发生。因此做外包决策时,需要考虑是否对所有的成本进行了核算;是否同时关注外包过程中相关的费用和公司内部迁移转化的成本;由供应商提供的报价的可持续性,是否还有额外的收费项目;由供应商提供的所有费用清单与市场上其他供应商相比,总的成本如何。

4. 其他社会因素的兼容性

外包决策时,两个组织各自的文化是否匹配,同样是一个重要的考虑指标。因为客户和供应商将要一起合作,他们之间文化的适应度和兼容性至关重要。当然,不能过分强调文化和运营方式的兼容性,要能够达到合作双方能够相互理解沟通的底线。合作双方的文化和运营方式上或多或少总会有不同之处,那么管理者应该能够快速识别他们之间的差异,并且有效地处理这种差异。

12.3 供应商能力

尽管 IT 外包已经非常普遍,但很多项目没有达到预期的目的,其中一个关键因素就是没有选择到合适的外包服务供应商。那么,我们应该选择什么样的外包服务供应商,也就是采用什么样的标准对外包服务供应商进行评价呢?IT 供应商应具备哪些能力,才能更好地为客户带来价值呢?下面通过一个国外案例来解释供应商需要拥有哪些能力。

12.3.1 案例简介

本案例的甲方是 T 公司的人力资源部的信息技术部门,该公司是一个世界领先的语音和数据通信公司。甲方部门包括大约 250 人,主要负责该公司的企业人力资源管理职能的 IT 支持。20 世纪 90 年代以来,由于互联网的出现和开放的全球市场竞争等一系列前所未有的变化,用户对 IT 服务质量和可用性的要求不断增加,需要投资企业的基础设施(例如,软件包和客户机/服务器),增强现有的 IT 支持能力。同时,IT 维护成本很高。由于甲方的组织设计和奖励措施等问题导致甲方人员疲于奔命地应付维护要求，而不是试图改造系统，使它们更有效率地运行。现有的 IT 环境造成不同系统间很低的互操作性和很高的冗余。此外，甲方也存在严重士气问题。负责维持原有系统的员工很忙但接触不到新技术，很少有机会发展。因此，甲方的管理层决定外包部分遗留系统的维护支持，以减少费用，同时为用户提供更满意的服务。

甲方从约 10 个现有供应商中选择了 ABC 公司做一个试点项目。该公司是一个有着几十年历史的中等规模的公司。该试点项目很成功，满足了甲方所有的成本和质量要求。于是，甲方通过竞争性谈判的办法正式选择 ABC 公司作乙方，签订了一个涉及 25 个应用项目，为期两年，总额 1300 万美元的合同。服务级别协议(service level agreement，SLA)规定了系统维护需求和增强现有系统绩效的要求。该协议不包括甲方人员转移。强调乙方只负责甲方技术运营和系统绩效，资产的所有权仍保留在甲方。但甲方还指定一名专职协调员，负责监督合同。

第一年的外包合同结束时，甲方数据中心费用节约超过一百万美元。客户人力资源经理对供应商的效率感到惊讶，所有被采访用户对服务都很满意，外包关系的评分为 9.5 分(满分 10 分)。随后几年的业绩也超过甲方的成本和质量预期。特别是乙方成功地降低了用户的缺陷报告和维护请求的数量，并超预期地增强了现有系统。因此，随后在没有通过竞争性投标的情况下，甲方又和乙方签订了一项新的两年期合同。甲方移交增加的七个系统给乙方维护。面对多个项目，乙方没有辜负甲方的期望，让甲方非常满意外包结果，真正实现了少花钱多办事。乙方管理层对结果也很满意。甲方合同无疑是重要创收来源，也提供一个大型外包项目的锻炼机会。

12.3.2 案例分析

这样一个成功案例对于研究供应商核心能力很有启发。研究显示 ABC 公司构建了三方面的核心能力以应对客户和市场需求，包括人力资源开发、开发方法和客户关系管理。

1. IT 人力资源开发

ABC 公司大多使用成本较低的初级程序员取代经验丰富的、高费用的甲方人员，然后通过培训、导师制，并以团队为基础的项目工作来提升他们的专业技能。初级员工很看重这种成长的价值，而他们的导师往往也享受“看着别人起飞”的感觉。其次，作为一个专业服务公司，ABC 认为维护工作仅是职业生涯的第一步，职业发展还涉及岗位轮换，公司会通过不同的外包项目，使得员工有机会经常接触和学习新技能，与其他团队成员合作。最后，ABC 公司为员工指派个人职业发展顾问，并建立技术和管理双重职业发展通道。通过这样一系列的措施，提高了员工的士气，减少 IT 维护支持人员的频繁流动；另一方面，培养了高素质的人员，弥补离职、人员流动的影响。总体来讲，供应商的优势在于：

- 使用低成本年轻员工。
- 师傅带徒弟。
- 内部培养提拔。
- 员工工作轮换。
- 团队环境。
- 跨团队合作。

- 能力储备。
- 技能和项目管理培训。
- 给员工提供职业生涯规划和晋升阶梯(需要快速成长和一定组织规模)

2. 开发方法

这是为客户提供最佳解决方案的途径之一。针对客户对IT服务质量和可用性要求的不断增加和IT维护成本过高的矛盾,ABC公司开发了侧重于整体业务改进的流程方法。ABC公司有较长的过程开发历史,曾经在不到一年的时间内就通过了从1级到3级的软件能力成熟度认证(CMM)。同时,ABC也拥有专门的机构——分支机构项目办公室、软件工程过程组等来确保方法的开发、改进和遵守。ABC为甲方量身定做的流程不仅指明工序,而且还进一步通过表格和模板(如变更申请表、时间日志、每周状态报告)的形式来标准化项目文件,以密切监测项目的状态。虽然人力资源客户抱怨不得不填写长长的表格,但是他们接受了这种方式。并且甲方对该方法在重大业务的改进和提高项目执行效率方面给予了很高的评价。总结起来,供应商的优势在于:

- 最佳实践发掘与扩散。
- 标准化的过程(用户服务一致性)。
- 过程文档。
- 方法论培训。
- 工作任务文档。
- 项目办公室。
- 服务级别管理小组。

3. 客户关系管理

通过正式的服务级别协议(SLA)来管理客户关系。协议对商定的每项服务都设置一个固定的价格,该协议主要宗旨是乙方也要承担外包风险。虽然仅仅凭借协议可能不会带来更高的IT服务水平和用户满意度,但它能够减少不确定性,从而创造更明确的期望。该协议澄清了在给定预算情况下,用户的需求和企业发展的优先级顺序;界定在两年的合同时间内,什么样的IT服务水平将是必要的和可以接受的。除了正式协议,双方管理人员还通过个人之间的沟通来弥补未尽事宜,通过这些,乙方能够为客户更好地预计所需资源、报告问题和变化以及项目的状态。

ABC公司的三个核心能力是相辅相成的,表现在人才开发和开发方法、开发方法与客户关系、人力资源开发和客户关系三方面。

1) 人力资源开发和开发方法

开发方法能够促进人才培养,帮助初级工作人员迅速了解他们所期望做的事。ABC公司初级顾问描述道:“如果在一开始,我不知道目标是什么,我就会失去方向。我不想重新发明一套新做法,我鼓励自己接受这些方法,因为他们已经被实践反复证明,比按照我自己那套想法更有效。”与此同时,人力资源开发,如技能发展、轮换和晋升政策、培训、鼓励和奖励办法这些做法也会促进流程方法在整个组织的使用和改进。

2) 开发方法与客户关系

提供业务流程改进方法后,ABC公司进一步提高了服务水平,并且不对甲方增加任何附加费用。这种非常明显地改善IT服务水平的手段增进了客户关系。与此同时,方法改进本身也包括改善客户关系管理的做法，界定和规范最佳做法，用于创建和管理 SLA。另一方面，客户关系管理反过来也会促进开发方法。良好的客户关系使得乙方很容易与甲方定期沟通，讨论问题和期望，结果是帮助乙方管理人员理解甲方的流程方法，使他们能够为方法的实施提供方便。而且，良好的客户关系使得甲方管理人员更愿意与乙方分享他们的知识和系统，并且当甲方 IT 的变化可能会影响到乙方的责任时，甲方管理人员还会提供早期警报。

3) 人力资源开发和客户关系

人力资源开发能够加强客户关系。ABC 公司通过项目组、导师制和培训的方式一方面确保员工更好地理解和接受合同中的要求，满足合同义务，另一方面还开发了沟通技巧，帮助员工准确定义客户的期望，并与之建立信任。与此同时，强大的客户关系管理，也能帮助供应商获得来自客户更多订单，从而保障供应商能够为其员工提供更多的职业发展机会，如培训计划、指导和工作轮换。

我们把案例分析结果用下图表示。从图 12-1 看出 ABC 成功的秘诀在于它拥有三个核心能力，并且这三个核心能力是相辅相成的。

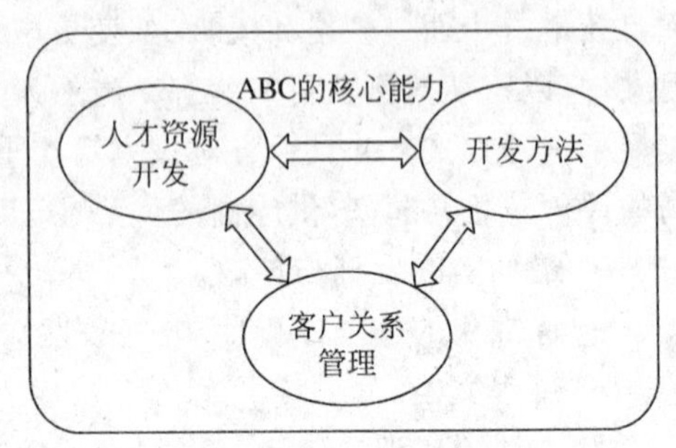

图 12-1 ABC 核心能力

12.3.3 供应商选择的考虑因素

在选择供应商时，通常需要关注六个方面的能力：领域专长、技术开发和软件过程管理、核心人力资源、关系管理的灵活性、价值观和文化的契合、声誉和相关的成功记录。

(1) 领域专长是外包供应商核心竞争力的重要组成部分，优秀的外包供应商通常会专注于一个或几个行业领域，积累专业领域的经验和专门知识，掌握了这些行业的管理流程，拥有一批具有丰富经验的行业专家。例如，国际 IT 服务巨头 IBM、EDS、Accenture、HP 等莫不如此。又如 T 公司案例中，最初选择 ABC 公司，就是同样原因。如何评估供应商是否拥有目标领域的专业知识呢？尽职调查是必要的，企业可以合作伙伴或找业内人士推荐，考察供应商以往的成功案例和声誉，也可以通过一个试点项目判断供应商的专业水准，以及服务理念和管理水平。

(2) 技术开发和软件过程管理。首先供应商必须在 IT 技术方面过硬，能够通过有效地开发技术来提供高效解决方案，支持关键服务。除了技术能力，还要看供应商采用什么样的过程管理和开发方法，特别是对大项目而言。具有较高过程能力的供应商也具有更高的质量保障能力和交付能力。例如，T 公司案例中，供应商具有较高的过程管理能力，并且给客户引入了新的需求变更和服务请求流程，开发了侧重于整体业务改进的流程方法。过程管理能力通常反映在供应商的资质上，例如是否通过 ISO 或 CMMI 3 级以上的认证。当然，流程规范有时被供应商利用推诿或敷衍用户需求，方便自身利益不是更有利于客户和终端用户。

(3) 核心人力资源。客户需要考查供应商的人力资源管理和人员稳定性，甚至在标书和合同中包括关键的人力资源条款，明确列出提供服务的核心人员的资质和名单，并列出他们服务的具体时间或工作量；客户应有权从供应商提供的候选人员中进行选择，应该审核供应商团队成员的简历，面试项目经理等关键人员，以免项目开始后发现问题再换人。这些措施有助于保障供应商在项目期间有高质量的团队，而不仅仅只是在投标的时候派遣最有经验的员工，但是在实际工作中总是派遣新调入的人员。如果供应商为其员工建立了良好的职业发展规划，有助于长久保障人力资源的素质和稳定性，并且能够吸引更多的潜在人才。供应商人员流动和内部管理不善绝对会影响到甲方项目的质量。

(4) 关系管理的灵活性。外包项目的成功在很大程度上取决于对外包关系的有效管理。外包关系涉及了合作双方的利益，冲突和争议是不可避免的，需要注意以下三点：第一，合同是避免和解决双方冲突和争议的起点。一份较为完善的合同对于外包的成功至关重要，合同应该保障客户和供应商双方的目标，内容清晰明了。例如T公司案例中通过正式SLA协议来减少不确定性，从而创造更明确的期望。第二，现实中IT开发外包中关系的复杂性、组织和技术环境的快速变化，仅靠正式合同约束客户和供应商双方的行为是不够的。正式合同之外的心理契约、信任、忠诚等也很重要。因此，应该强调信任和灵活性的作用，以此降低控制成本，使得期望更可预测。例如，树立"双赢"的合作与信任观念，双方就应该互相尊重，视对方作为战略伙伴，关注和追求长远发展。本章的海马案例和T公司案例都是如此，才取得了比较好的结果。海马的理念是"不要因为暂时的问题就轻易放弃供应商，对供应商的培养作为甲方是有这个责任的，我们和供应商的关系绝不仅仅是甲方和乙方的关系"，"这是一个彼此迁就、彼此信任的过程"。第三，要建立友好的协商机制。对于合作中出现的各种问题，采取友好协商的解决方式并达成共识。

(5) 价值观和文化的契合。外包供应商是否了解客户企业的文化，是否和客户企业的文化相契合也是选择供应商时应该考虑的一个重要因素，良好的文化契合是外包双方合作的基础，外包过程中涉及大量的沟通，如果没有良好的文化契合度，就很容易造成双方的误解和冲突。另外，良好的文化契合也更容易增进双方的信任和相互理解。具有良好文化契合度的企业其思维模式和行为方式更为一致，共事和合作的成功性也更高。所以客户还应当考察供应商的价值观和企业文化与己方是否契合，特别是领导层的决策风格和管理理念。像在海马案例中，双方正是本着"项目过程中出现问题是很正常的，重要的是大家的方向必须一致，文化要能融合"的原则双方度过了外包中的一次次的坎坷。

(6) 声誉和业绩记录。一个具有良好声誉的公司更容易获得合作伙伴的信任，提供的服务也更为可靠。供应商的声誉和相关业绩记录是客户选择外包服务供应商时需要考虑的第一要务。

一般来讲，考察供应商可以从以下几个方面进行：

- 业务水平(包括技术能力，管理水平)，特别是行业知识。
- 成功案例。
- 产品功能及性能。
- 性能价格比(服务水平和价格水平)。
- 质量管理和项目管理能力。
- 咨询能力(流程再造和组织变革)。
- 能否成为长期战略伙伴？
- 重视程度。
- 公司规模。
- 总部地理位置(当地还是异地)。

12.4 IT外包项目控制

正确的外包决策和合适的供应商选择，只是成功IT外包项目的基础。外包成功的最关键因素之一是与供应商相关的治理活动。治理的一个很重要方面就是客户对供应商的控制和影响。有效的控制能够把众多IT项目参与者的互补能力整合在一起，使得不同组织的参与者相互依赖和合作。然而，与组织内的IT项目相比，外包项目在控制方面更具有挑战。例如，客户缺乏指定供应商行为的直接职权，监控供应商的行为也非常难，尤其是当供应商处于异地，缺乏丰富多样交流等都加重了控制的难度。因此，深入理解IT外包项目中的控制具有重要的意义。

本质上讲，控制是个人或组织为了更好地达到组织目标，采取一系列行动来影响、规范和调整其他个人或组织行为。控制可分为两类。第一类是正式控制，又包括结果控制和行为控制。前者是指控制者通过详细地表达期望对方达到的结果和当对方达到目标时的奖励方式来关注中间或最后的结果。后者是指控制者通过详细规定流程或通过直接观察受控者的行为等方式来影响整个过程。第二类是非正式控制，非正式控制更强调的是社会和人的因素，包括宗派控制(clan control)和自我控制。宗派控制通过给团队成员灌输共同的价值观和信仰，缩小控制者和受控者之间偏见的差距，使团队成员相互依赖和合作，完成一系列共同的目标。与宗派控制不同，自我控制是靠个体自我设立的目标、规范和内在的动力产生。也有部分研究者指出控制者能够鼓励和激发受控者执行自我控制。

以上四种控制模式可以应用在IT外包项目中，通过大量的具体机制来实现。首先，结果控制可以通过制定一些具体的输出结果的内容及制定供应商定期交付输出结果的时刻表(例如，项目计划、项目时间表、功能规格等)来实现，也可以侧重于对交付物的评估、核实、测试(例如，客户测试、验收软件)。其次，客户方也可以使用以下三种机制行使行为控制：(1)通过影响对方的开发过程特别是通过描述具体的流程(例如，系统开发方法)，来达到控制对方的目的；(2)通过直接观察开发过程来达到监控供应商行为的目的(例如，甲方人员驻乙方工作、双方互派人员等)；(3)通过例会等各种沟通机制(例如，例行汇报和电话会议)，来达到监控和影响供应商行为的目的。再次，宗派控制的实现是通过战略合作伙伴关系、参观访问、双方聚餐和社交聚会等措施来缩小双方之间的观念差距，向受控方人员灌输共同价值观和信仰。最后，自我控制是指客户鼓励和激发供应商更好地执行自我控制的行为，例如，培训和人员选拔招聘。

下面通过一个案例来说明外包实践中，客户是如何根据项目情况调整控制机制的。

某公司欲开发一个跨组织系统，是一个连接甲方的区域办事处与其经销商的信息系统。考虑到系统的复杂性和项目时间的压力，因此决定外包。供应商被选中的主要原因是已有使用相似技术开发系统的经验。起初，甲方坚信乙方“有能力执行我们想要的东西”，没有要求乙方提供详细的内部设计文档，仅指定软件交付具体时间表和每周监测。此外，甲方自身的IT部门负责测试所有乙方交付的软件。

问题很快就暴露出来，当乙方开始交付部分软件时，甲方发现了许多问题。这些问题引起甲方的关注，导致甲方增加了控制的类型和强度。甲方高管认为，一些软件甚至没有测试就交付。并且在项目进行过程中，甲方不断提出了一些修改要求，项目的时间进度更难保证。针对这些问题，甲方要求与乙方一起重新设计乙方测试和质量保证程序。甲方高管认为，乙方的项目经理是一个新手，缺乏项目管理技能。为弥补这一缺陷，甲方要求乙方派遣新的高级管理人员接手该项目，并积极协助参与项目管理。

此外，甲方还发现最初不确切的需求定义也是造成问题的一个因素，因此甲方更加精确细化了需求。为了便于沟通互动，甲方要求乙方将其项目团队长驻甲方的总部工作。然而，乙方的程序员们在远离其自己原先的工作场后显得效率更低，三个星期后返回乙方公司。甲方决定定期派出自己的人员到乙方的工作现场，开始通过日常电话会议密切监测进展。这一过程持续了将近两年。最终，该系统被广泛认为是成功的。

甲方最初的项目计划和阶段性里程碑不够清晰，没有精确到每个子系统，仅是安排了内部测试。项目实施一段时间后，发现进度很难保证，并且发现交付的部分软件存在许多问题时，才增加了控制，涉及行为控制全部的三种机制，包括重新设计乙方测试和质量保证程序，要求乙方人员驻甲方工作，并且通过电话会议密切监测乙方工作进展。控制机制在某种程度上影响了项目进展和最终成功。影响控制模式选择的因素有哪些？一般来说，项目自身的特点（例如，项目复杂程度）、利益相关者有关的知识和技能、行为的可观察性、结果的可测量性、项目绩效等都会影响控制方式的选择。

12.5 IT外包风险管理

IT外包项目在复杂性和动态性方面更具挑战性。首先，在项目层面，对客户来说IT快速的更新与变化充满技术不确定性，很难预测未来长期的需求变化。而IT活动、功能与服务的测量难度很大，使得IT外包的量化测评、活动监控复杂程度提高。IT本身具有独特的资产专用性、不确定性和业务关联性，使得IT外包面临更大风险。其次，在组织层面，IT外包项目中的信息资产不同于物理资产，无法在使用中消耗，也不能按照合同关系中规定的全部归还给客户。此外，与供应商合作中的信息不对称、信息扭曲、外包市场的成熟度、竞争环境的不确定性、政治、经济、法律等因素的影响，也引发了各种风险的存在。

为了使外包双方的合作达到双赢的目的，应采取一定的措施规避风险，对风险进行管理。本节主要讨论外包项目的九种风险与管理策略。为简化分析，我们只考虑与风险最直接相关的一项关键因素，尽管每种风险都与多项因素相关。

1. IT投资灵活性丧失的风险

通常认为IT外包可以为组织带来灵活性，但IT投资本身的不确定性、不可逆性，使企业在进行IT投资时，甲方的“转换成本(switch cost)”很高，被锁定机会高于其他外包。这是因为信息在系统转换时不仅成本很高而且还可能丢失，其转换成本通常会随着越来越多的信息进入历史数据库而上升，现代组织对信息系统的依赖性非常强，从而使锁定越来越牢固。因此，如果外包管理不善，客户就会被“锁定”权利与义务，失去讨价还价能力，使得供应商越发傲慢，不但服务质量和长期成本无法保障，还会丧失外包带来的灵活性。

2. 内部学习和创新能力削弱的风险

信息技术能力的获得是企业长期实践和应用的结果，IT外包有可能削弱客户内部信息技术部门的学习能力和创新能力。在没有外包时，尽管企业需要维持较多的资源投入，但这样有利于企业的探索和学习，使企业从切身体会中认识IT价值并发现新的应用。如果外包，供应商与企业的合约关系有可能限制或弱化熟悉业务的客户和熟悉技术的专家之间的接触，因而有可能阻碍新技术和业务的结合，削弱企业的学习和创新能力。

3. 甲方缺乏经验

甲方缺乏经验表现在外包决策、供应商选择和外包管理三个方面。例如，在决策时，缺乏对外包的职能或流程方面的经验会导致外包范围界定不够优化；缺乏技术方面的经验会导致购买不必要的硬件、软件和训练员工使用新设备、新应用软件而产生的高额成本。在供应商选择上，缺乏IT外包经验通常会使供应商在合同谈判上具备优势，使得对方可以推卸责任。在外包项目管理方面，缺乏管理经验会导致与供应商的争论频繁发生，项目质量和进度无法保障，服务水平下降和运营费用增长。针对这些风险，应对策略是聘用经验丰富的外包咨询顾问来帮助进行供应商资格的独立查证与确认职责，签订合同。从小项目开始做起，逐步增加外包，增长经验。此外，考虑培养或招聘高素质的、熟悉项目管理的员工；签订详细的合同，而不是粗略的、无限制的合同等。

4. 供应商的机会主义行为

机会主义行为指推卸责任、欺骗和其他缺乏职业道德的行为。客户和供应商存在典型的委托-代理关系，由于信息的不对称，从而会产生供应商的"逆向选择"风险和"道德"风险。"逆向选择"是指在签订契约之前，代理人就已经掌握了一些委托人所不知道且对委托人不利的信息。代理人因此与委托人签订了利己契约，而委托人因为信息劣势而处于不利位置，使得自己的利益极易受到损害。"道德"风险是指委托人和代理人在签订契约时各自拥有的信息基本上可视为对称，但达成契约后，委托人无法观察或很难观察到代理人的某些行为，或者外部环境的变化仅为代理人所观察到。在这种情况下，代理人在有契约保障之后，可能采取不利于委托人的一些行动，进而损害委托人的利益。这是契约实施阶段的机会主义行为。市场上能力强的供应商数量有限，客户转换成本较高，增加了供应商的机会主义行为。应对策略之一是雇用第三方来执行合同中的独立查证与确认职责，以确保主要的供应商提供的所有陈述和进展报告准确无误。第二个策略是制定包含激励和惩罚条款的合同，促使供应商在可接受的水平上执行合同。激励性合同定义了服务水平和合适的报酬，但也提供了超出执行水平的激励。而惩罚性条款是针对低于执行水平的情况。其主要思想是，若供应商低于执行水平则代价高昂，若超出执行水平则有利可图。虽然这些策略增加了总的合同成本，却可以避免更大损失。第三个策略是在外包实施阶段，加强客户对供应商的控制，最低限度降低供应商的机会主义行为(见12.4节)。

5. 供应商缺乏专业经验

因为IT行业的进入壁垒相对较低，供应商可能缺乏信息技术和外包经验。即使供应商在信息系统领域有竞争力，也不能保证他们在管理大型外包合同方面可以胜任。供应商缺乏开发流程或技术方面的经验会导致争执、运营费用的增长和服务水平的下降。因此，核实供应商的经验和专业性是一项非常重要的活动。另一个重要问题是供应商的相对规模。如果供应商需要提供执行外包合约所需要的全部员工，客户必须确保供应商具备相应的资源和能力，如供应商自有的专家数量与其专业水平。通常来讲，使用规模小的供应商风险相对高些，因为对方可能不太在意自己在业内的声誉。

6. 与供应商财务责任有关的风险

供应商财务的不稳定性会导致在合同条款下推卸责任的意图。如果供应商没有什么可失去的，将更愿意从合同中脱身并宣布破产。供应商财务的不稳定性还会导致其追求其他更有利可图的客户。与此同时，财务的不稳定性使得供应商无法给员工提供培训，建立良好

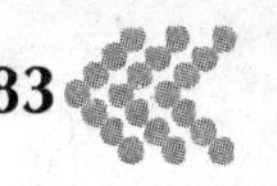

的职业发展规划，而其雇用的合格员工数量和质量对外包的成功至关重要。应对策略是，首先在订立一项高额的长期合同之前，考虑供应商的规模和财务稳定性。例如，通过其他用户和咨询机构了解供应商的信誉和表现；分析供应商提供的已经审计过的财务报告、年终报告和银行现金等其他指标；考查供应商从事相关业务的时间、占据的市场份额及其波动情况；评估供应商的技术费用支付能力，如供应商在财务上是否有能力投资和支持IT外包业务所需的技术等。当然，客户要确保供应商从外包项目中获取应得的利润。

7. 与供应商执行情况监控有关的风险控制和运行能力评估

这一工作主要审查外包服务商所提供的标准、政策和程序是否满足外包项目运行和控制的要求，以及是否提供足够的安全防范措施。尤其是IT外包，外包服务商要具备能够证明其良好运营管理能力的成功案例，而且，外包服务商还应具备强大的系统整合能力。测度供应商的执行情况可能会导致服务水平下降和费用增加的问题。在合同中应用的激励和惩罚条款依赖于对执行情况的测度。针对该项风险的应对策略是避免签订不完善的合同；应当确保明确说明所有相关服务水平和如何进行测度，并在合同中包括激励和惩罚条款。明确说明基于结果的对执行情况的衡量标准。

8. 合同的时间期限和技术上的不连续性风险

项目进行期间，供应商内部正常的员工流动也许会耗尽供应商技术专业性方面的储备，导致降低合同的执行能力。又如，技术过时的风险也会随着时间而增加。应对策略是签订短期的、柔性的合同，以便在特定间隔可以重新谈判。另外，与供应商一起制定全面的技术过渡规划，确保供应商明确说明替代技术。

9. 潜在核心竞争力和私有信息丧失的风险

从核心能力理论、资源基础理论出发，企业应该外包非核心活动并保护核心竞争力。但是实践中，外包几乎总是导致某些核心竞争力的丧失。例如，对大多数政府组织，其核心活动是信息处理，信息技术职能的外包会导致核心竞争力的丧失。这是典型的由于关键流程领域外包而失去核心竞争力例子。其次，由于把组织性的职能外包，关键员工因为担心职业生涯缩短而辞职也会导致某些核心竞争力和私有信息的丧失。最后，IT外包供应商也许会向其客户利益的反方向发展，导致供应商的某些必要技能减弱，对客户不利。为使这方面的风险最小化，客户要弄清并区分信息系统的活动和职能，要求与供应商签订的合同中绑定非公开性和非竞争性条款。其次，采取适当措施，把关键员工和他们的特定知识保留在组织内。与供应商一起制定全面的知识转让计划、详细的灾难恢复计划。

本章习题

1. 是否采用外包的决策有哪些决定因素？
2. 考察供应商有哪些指标和指导性原则？
3. 管理外包项目有哪些关键因素和注意事项？
4. 重温海马案例，海马在对供应商的控制管理方面有哪些不足？

本章参考文献

[1] Choudhury V, Sabherwal R. Portfolios of Control in Outsourced Software Development Projects.

Information Systems Research,2003,14(3):291-314.

[2] Clark T,Zmud R W,McCray G . The Outsourcing of Information Services: Transforming the Nature of Business in the Information Industry. in Strategic Sourcing of Information Systems L P Willcocks and M C Lacity,Eds. NY: Wiley,1998.

[3] Druckman M. Social Exchange Theory: Premises and Prospects. International Negotiation, 1998, 3(2): 253-66.

[4] Earl M J. The Risks of Outsourcing IT. Sloan Management Review,1996,37(3): 26-32.

[5] Hamel G,Prahalad C K. Competing for the Future. Harvard Business School Press,Cambridge,MA, 1994.

[6] Jaworski B J. Toward a Theory of Marketing Control: Environmental Context, Control Types, and Consequences. Journal of Marketing,1988,52: 23-39.

[7] Lacity M, Willcocks L P. An Empirical Investigation Technology Sourcing Practices Lessons from Experience. MIS Quarterly,1998,22 (3): 363-392.

[8] Levina N,Ross J W. From the Vendor's Perspective: Exploring the Value Proposition in Information Technology Outsourcing. MIS Quarterly,2003,27(3): 331-364.

[9] Ouchi W G. A Conceptual Framework for the Design of Organizational Control Mechanisms. Management Science,1979,25(9): 833-848.

[10] Pettus M I. The Resourced-based View as a Development Growth Process: Evidence from the Deregulated Trucking Industry. Academy of Management Journal,2001,44(4): 878-96.

[11] Prahalad C K,Hamel G. The Core Competence of the Corporation. Harvard Business Review,1990, 68(3): 79-92.

[12] Priem R L,Butler J E. Is the Resourced-based View a Useful Perspective for Strategic Management Research. Academy of Management Review,2001,26(1): 22-40.

[13] Sappington D. Incentives in Principal-agent Relationships . Journal of Economic Perspectives,1991, 3(2): 45-66.

[14] Williamson O E. Transaction Cost Economics: the Governance of Contractual Relations. The Journal of Law and Economics,1979,22(3): 233-61.

[15] Willcocks L,Kern T. IT Outsourcing as Strategic Partnering: the Case of the UK Inland Revenue. European Journal of Information Systems,1998,7 (1): 29-45.

[16] 钟啸灵.海马遭遇供应商事件.CIO Insight,2008-10-8.

第13章　运维管理

本章学习目标：

- 运维管理的基本概念和内容
- 运维管理的方法和规范及其管理流程
- 信息安全与事故的主要类型与安全防护
- 容灾备份与系统恢复

前导案例：交通银行数据中心迁移记

作为中国首家股份制商业银行，交通银行(下称“交行”)在国内设有近百家分行，共有员工近6万人。近年来，随着业务的快速增长，总行的数据中心已不堪重负，在容量、性能、运行环境等方面都已不能满足业务系统发展的需要。交行决定将原来位于上海陆家嘴的数据中心搬至上海张江科技园区。

2005年11月，交行新的数据中心大楼正式交付使用。为了尽可能减少对业务的影响，交行首席信息官兼迁移小组组长侯维栋决定将原来8个月的搬迁计划缩减至3个月，也就是在春节期间完成搬迁。但是，数据中心涉及交行中国业务的所有数据，对业务中断时间有着严格的要求。这种情况下，绝大多数银行会选择求助于集成商。但集成商报价6000万元过于昂贵，交行最终还是选择了自力更生。这也就意味着，数据中心面临一个巨大考验：要在3个月的时间里，从一根网线都没有的机房开始，完成硬件配置、设备安装、人员布置、迁移演练直到最终迁移成功的所有工作。

数据中心的所有员工几乎都投入到了迁移演练前的准备工作中。他们在16天里完成了1500多箱设备的到货安装，1个月铺设了超过1.5万米网线，两周内完成了16套应用系统的验证。由于新旧数据中心在网络结构、系统架构、防火墙设置甚至数据的格式等方面都不一样，业务的验证和配合是迁移成败的关键要素之一。数据中心需要与公司部、国际部、营业部、会计结算部、电子银行部等业务部门和全国所有的分行打交道。但是，业务部门只关注结果，并不关心数据中心是如何实现的。这时，CIO侯维栋充分发挥了其管理协调能力，在相关部门经理的配合下，协调好了IT部门与业务部门的关系。接下来的工作就顺畅了许多，数据中心列了一份清单，内容包括每一个业务人员所进行的交易明细，然后请业务部门按照清单上的要求验证实例。之所以这样做，是因为“他们(业务人员)所关注的东西和你关注的不太一样，他们会提很好的建议，帮你考虑、完善，大家共同来形成这个东西。”最终，业务部门配合数据中心很好地完成了验证工作。

接下来的3周多时间里，数据中心的员工展开了和旧数据中心100多个IT系统的“斗争”。要把如此多的应用系统之间的关联和内部关系摸透并梳理清楚，工作量惊人。否则，要在一晚上的6～8个小时内搬迁100多个系统是绝对不可能的。交行专门组织了近30名技术骨干进行封闭式工作，把迁移的每一个细节和步骤都写了下来，将这项工作的成果汇集成了一本小册子。

2006年1月7日，交行进行了数据中心搬迁的第一轮演练。这次演练在白天进行，主要目的是验证新数据中心系统的软硬件和网络系统的可用性和相互之间的连通性。全部数据已经在系统维护日复制到数据中心，生产系统不需要停机，风险低，工作相对简单。即使如此，为了确保万无一失，在演练前一两天，交行还进行了“沙盘演练”，即所有工作人员一起，对迁移的流程、指挥体系、后勤保障、应急流程等进行沙盘模拟。在后面两轮演练前，也都进行了相应的沙盘模拟，也就是说，实际上为这次数据中心迁移进行了6次演练。

1月14日，第二轮演练增加了实时复制数据的过程，并且核心账务及贷记卡等生产系统停机4小时，IT人员在陆家嘴和张江两地同时工作。整个过程虽然比第一轮演练更加有难度，但一切都进行得比较顺利。

1月21日，数据中心要进行迁移前的第三轮也是最后一轮演练，总行有超过200人参与了进来。这次演练覆盖全部正式迁移的所有操作步骤和回退步骤，生产系统的停机时间增加到6～8小时，34家省、直分行也同步参与到演练中来。因此，难度和风险都比前两次大很多。交行高层对这次演练的要求是“既要演练，又不能影响分行业务，尤其不能影响数据的完整性”。这时高层对背后的风险心里很清楚。假设在这期间，有客户去交行存款，误接入测试系统或者演练系统，而非真正的生产系统，那么这名客户的存款就会白存，受到损失；反之他到交行取款，那么这笔款项也是白取了，交行将不得不承担这一损失。

为了杜绝这样的事发生，唯有在演练中把握好每一个细节，把所有外来的渠道都封掉，在演练开始前，迁移小组和开发人员、网络人员及系统人员一起分析可能出现的漏洞，然后和各业务部门一起讨论测试交易的细节。在总行集中讨论完之后，迁移小组又和34家分行的主管行长及其IT部门人员召开了视频会议，明确其职责和步骤。为了消除分行潜在的漏洞，他们还要求各分行将所有的操作要求和步骤都挂在内部网站上。迁移演练时，分行要将自己所做的事情记录下来。如果分行没有按照要求做，总行就会发出提醒。这样将所有分行也都纳入到总行的统一管理里面。最终，第三轮演练顺利完成。实际上，这轮演练已经把所有的生产系统都迁到了新系统里面，相当于数据中心已经迁移完成。这次演练是如此完美，以至于IT部门都舍不得再重新切换回去。

2006年2月2日，大年初四，240名交行员工分布在陆家嘴和张江数据中心两个地方，为了正式的迁移而奋战。为尽量减少停机时间，数据中心努力将核心账务系统和网银等外挂系统的停机时间由14小时降至10小时，将贷记卡系统的停机时间缩短至7小时，全国通等系统更是被压缩到2小时。18时30分，数据中心的正式迁移开始了。在张江数据中心大楼的一个大型会议室内，信息技术管理部、软件开发中心以及会计结算部等部门负责人一起坐镇指挥。指挥组的十多名成员每人前面都放着计算机和几部电话，一幅巨大的流程图画在墙上。整个迁移状态都被投影到大屏幕上，在座的每个人和分行都很清楚地看到当时的迁移状态。现场的200余名人员被分为十多个组，如迁移技术工程组、核心账务系统组、国际业务外汇组、个贷基金代销组、信用卡系统组等。重要的技术工程组又细分为系统迁移组、网络迁移组、运行环境组、后勤保障组、资源设备组、应用技术协调组等。有的组负责盯着分行上报的信息，有的则专门负责记录上报的信息。每隔5分钟，指挥组都会收到各个组通过邮件方式传来的报告。数据中心的广播覆盖了楼里所有的角落，紧张的气氛弥漫在整个大楼里。然而，凌晨两点多钟，路由器突然出现故障。原来是所有分行的网络同时连接路由器时，路由器不堪重负。指挥组赶紧启动备用方案，将网络连接改为分批模式连接，消除了危机。即使这次迁移失败，交行还留了一条后路，即用后退机制回到原来的状态。

2月3日早上6时，所有的系统全部切换到新数据中心。11时，数据比对结束，新数据中心开始正式服役，标志着交行数据中心搬迁成功。

案例思考题：

1. 交行数据中心迁移的主要工作环节、步骤、工作有哪些？
2. 项目的关键成功因素有哪些？
3. 为什么要进行三轮共六次演练？每轮演练目的和作用有哪些？
4. 主要限制和约束条件有哪些？为什么要提前五个月选择在春节放假期间进行？
5. 为什么分析100多个应用系统之间的关联性对于成功搬迁数据中心很重要？

本章将主要阐述如何有效维护信息系统的正常运行，并介绍几种常见的计算机安全风险类型，并说明如何对其进行有效防范，从而提高系统可靠性和安全性，最后将讲述计算系统的容灾备份和系统恢复策略。首先，我们用下面这个例子说明信息系统的运行与维护非常重要。

某大型国有能源集团公司的一个子公司于2005年10月成功切换启用Oracle ERP系统。该信息系统的实施意义重大，公司的很多关键业务流程在该系统的支持下得到了较大的改善。因此，该信息系统的实施受到了各级领导高度关注和充分肯定，在保证系统正常运行方面投入了很多资源，包括加强运行和维护的人员配置，加大运行和维护的财务预算，成立了专门进行系统日常管理的信息部，常年和公司一个700人的全资子公司进行密切的系统维护合作。此外，每年向第三方咨询公司支付的运行维护费用相当于该软件产品成本的10%左右。

信息系统不同于一般的产品，它是个庞大的系统工程，在交付使用后，仍然有无休止的问题可能影响它正常运行。例如，系统运行管理人员经常会收到终端用户的抱怨，诸如："谁能回答我的问题？你们什么时候才能解决我的问题？我已经等了很长时间了！我提交上去的问题现在解决到什么程度了？为什么我们的业务系统又停机了？"终端用户所提到的此类问题如不能及时有效处理，会影响他们正常工作。此外，终端用户也经常会提出"我每天都是去其他部门核准数据，能不能让工作更有效率些呢？其他部门的数据和信息为什么不能共享给我？"这种数据信息不能共享的缺陷会让用户做很多重复劳动。

以上例子中描述了两类问题：一类是关于系统问题的处理；另一类是系统的优化。产生用户抱怨的主要原因是没有规范的维护流程，或者即便有专门的系统维护部门和人员，也不能高效处理运行中碰到的各类问题，所以会出现用户提出的问题无人跟踪，或者一个问题多个人员同时处理等情形。因此，建立规范的维护流程是确保信息系统正常运行的重要任务。

此外，在信息系统的维护中，有一类问题需要特别指出，它能够给信息系统带来灾难性的后果，导致整个系统的瘫痪甚至毁灭。例如：

在"9·11"事件中，美国纽约的世贸大厦在几十分钟之内变为瓦砾，除了很多人失去生命外，上千家公司的办公设备也化为灰烬，包括这些公司信息系统中的业务数据和机密数据。同时,世贸大厦周边的建筑物以及其中的公司资产也遭到了毁坏,如美国纳斯达克证券市场有一个主要的数据中心位于自由广场1座,在恐怖袭击后,这幢大厦也遭到毁坏,大厦中的数据也未能幸免,好在纳斯达克还有一个异地数据备份地点。

尽管这个例子看似极端,但诸如此类的数据灾难却时有发生,尽管人们试图采取各种周密的办法,以降低影响信息系统正常运行的风险,但没有十全十美的办法能完全避免信息系统的潜在灾祸。但还是有些方法能够减低风险和减少损失,也有适当的方法能够使得各类运行维护问题的处理井然有序。

13.1 运维管理的概念

运维管理一词有许多不同含义,主要分歧来源于对运维管理对象的内容界定。有人认为运维指的是运营和维护,还有人认为运维指的是运行和维护,也有人在讲运维管理时,涵盖"运"(operations)和"维"(maintenance)二者的内容,而部分人在讲运维管理时则强调"维"的内容。

把"运"按照运营理解起源于传统的生产运营和服务组织。很多学者从不同的侧面对这些概念进行了阐述和界定,主要有资源角度和过程角度两种视角。持资源视角的学者认为,运营管理是指对人员、场地、设备、材料和信息等资源的利用,从而产生产品或服务的整个过程和系统的管理工作;而持过程视角的学者认为,运营管理是指一个知识体系、产品计划、库存控制、质量管理、能力计划和工厂管理。而较早地把"运"按照运行进行理解并应用于实践的,是从电信运营组织开始的。由于电信行业属于服务性行业,而且电信服务的一个重要特点就是服务的不间断性要求非常高,一旦出现服务质量不能满足客户需要或者服务中断将会造成巨额损失,因此电信业很早就有了运维管理的标准管理。在电信业,为保障电信网络与业务正常、安全、有效运行而采取的生产组织管理活动称为运行维护管理,简称运维管理(operations administration and maintenance,OAM)。但即便电信运营商也对运行管理和运维管理进行了区分,运行管理侧重于监视、控制、指挥、协调、调度,面向网络与业务,重在实时;维护管理侧重于软件与硬件维护、测试、管理,主要面向网元,支持业务运行,指非实时性的维护管理。这种区分更加突出了运维管理的维护与维持,突出了运维管理的对象是运行本身,也就是对运行采取的维护。

从系统生命周期的角度来看,管理信息系统的运维阶段发生在当一个新系统实施后投入正常运行以后的阶段,因此主要强调系统维护。本章后续内容也指针对信息系统的维护管理,而信息系统的具体运行方式、运行流程、运行操作流程等不作为讨论内容。

因此,本章给出如下定义:管理信息系统的运维管理是指针对正在运行的系统,按照计划,有组织地确保系统的日常运行安全,预防和解决故障,并保证系统持续发展。关键的参与者包括负责系统运行的主管、终端用户和IT支持人员,同时也可能包括系统提供商、第三方咨询公司的咨询顾问等。

13.2 运维管理的方法

信息系统在人们的工作和生活中已经是司空见惯。例如,许多大学的所有在籍学生都拥有一张校园一卡通,通过这张卡学生可以在学校的食堂就餐,在浴室洗澡,还可以在图书馆借书、还书，可以利用一卡通的信息在学校的图书馆网站借书预约和续借。但使用一卡通总会碰到各种类型的问题，这时只好去网络维护中心，希望很快得到解决。但如果网络维护中心没有一套规范的技术和流程，这些问题难以顺利解决。其实，解决这些日常问题并不需要专门的计算机高手，很多维护人员可以是一些计算机系的低年级学生。下面的例子说明信息系统的运维如果具有明确的分类方法和规范的操作流程，运维管理就会井然有序，就能保证系统的良好运行。

“哪怕是一个只有基础技术能力的人，也能做银行专业IT维护”，这是中国网通控股有限公司运营系统规划与开发部高级经理刘云川对国外银行IT运行维护水平的一个整体评价，正因为如此，刚刚到国外银行的刘云川很快就能适应。

该银行的IT运维建立了完整的设备、系统资源管理数据库和知识库，包括所有硬件设备的配置情况、所有软件的参数配置、购买日期、维修记录等。几乎所有设备均可通过系统远程自动化监控。设备遇到问题，会自动报警，以红色标识显示在屏幕上，无论是系统自动报警还是使用人员报故障，运维工程师只需要按照系统相关知识库的数据，一步一步操作下去就可以，因此，对于这些工程师来说，不需要很高的技术水平，就可以进行维护支持。

只要任何一个热线电话打过来，不管是银行内部员工，还是外部客户人员遇到问题，工程师都可以在显示屏幕上单击出故障的设备，远程查看设备的故障问题；查询有关该设备的详细情况，之后，会大概判断出是什么问题，指导客户一步一步操作，即便不懂什么技术的业务人员，也能按照他的提示，进行操作处理；如果某个步骤处理不当，只需按照系统数据库的数据原样恢复就可以了。

目前，国际上被广泛接受和使用的IT服务内容分类标准是ITIL（information technology infrastructure library，IT管理最佳实践经验库），它是IT服务管理(IT service management，ITSM)应用的基础(由于看待运维管理的视角不同，其称呼会有差别，对于负责系统维护的单位和部门而言，他们所从事的事情就是“维护”；而系统使用单位往往把它称为“服务”。因此，此处的IT服务等同于前面对IT运维管理的定义。在本章后文中出现的“IT服务”概念也同样等同于运维管理)。ITSM规范了一系列的流程，使得信息系统的运维服务具有可操作性，其缺点是对控制目标的定义方面并不明确，而COBIT(control objectives for information and related technologies)正好在测量服务质量和成熟度方面弥补了这一不足，因为COBIT中包含很多测量指标可以对IT服务的质量和水平进行比较准确的评估。本节中将以ITIL为例介绍IT服务内容的分类情况，并着重介绍ITSM中的流程，同时将结合实际情境对流程化管理的步骤进行说明。此外，由于运维管理本身的复杂性，很多单位由于自身能力或者专业限制等原因，把维护管理的工作外包给第三方服务商承担，如在本章开头提到的某能源公司把Oracle系统的部分维护承包给第三方公司就属于外包的一种，在本节中也将介绍维护管理的外包。

本节将主要介绍以下内容：

- IT服务的内容分类标准ITIL。
- IT服务的流程类别。
- 维护管理的操作流程。
- 维护管理的外包。

13.2.1 ITIL 简介

20 世纪 80 年代中期，英国政府部门发现相关单位提供给他们的 IT 服务质量不佳，于是要求当时的政府计算机和电信管理局(CCTA)(后来并入英国政府商务部)进行研究。CCTA 通过对英国最佳 IT 管理实践的总结归纳，开发出一套有效的 IT 管理方法，并出版了 ITIL。其目标是建立一系列完全的、一致的、连贯的最佳实践规范，以提高 IT 服务管理质量，并推动采用 IT 技术提高业务有效性。但 ITIL 并不是一个可以直接使用的标准。

经过二十多年的发展，随着管理实践的丰富，ITIL 已经从最初发布时的 1.0 版逐步发展到 2008 年的 ITIL 4.0 版，期间经历了两个主要版本，其总体框架如图 13-1 所示。该图左侧代表业务导向，右侧表示技术支持，以图示表明业务与技术的关系和集成。目前能够把业务与 IT 很好地集成的组织还不多，很多人首先想到的是业务，然后才是 IT，而不是用 IT 去驱动业务。

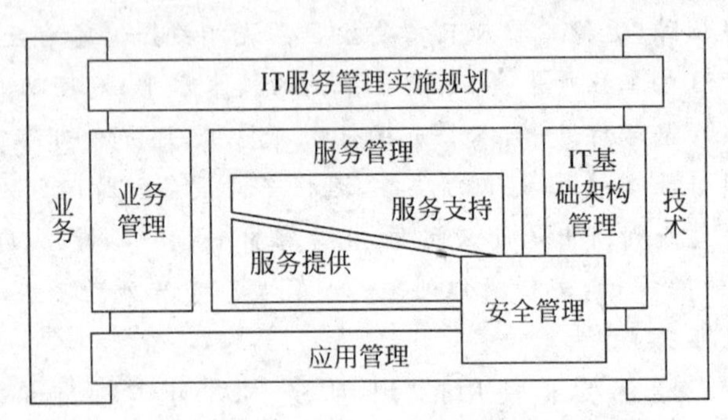

图 13-1 ITIL 4.0 总体框架

ITIL 中 IT 服务的内容分为业务和技术两个层面共六部分，分别是业务管理、服务管理、IT 基础架构管理、应用管理、安全管理和 IT 服务管理实施规划。

1. 业务管理

在提供 IT 服务的时候，首先应该考虑业务需求，根据业务需求来确定 IT 需求。业务管理模块指导业务管理者以自己习惯的思维模式分析 IT 问题，了解 IT 基础架构支持业务流程的能力，了解 IT 服务管理在提供端到端 IT 服务过程中的作用。

2. 服务管理

服务管理模块是 ITIL 的核心模块，ITIL 把 IT 管理活动归纳为十个核心流程和一些辅助流程，然后利用这些流程进行有关的 IT 管理工作，服务管理模块包括十大流程和一项服务台职能。ITIL 中关于服务管理的内容分为两个部分：服务支持(service support)和服务提供(service delivery)。前者侧重 IT 服务的日常运作任务，属于执行层的工作；而后者则更关注 IT 服务的规划和实现，属于战略层的工作。它们又分别包含五个流程：服务支持包括事件管理、问题管理、变更管理、配置管理、发布管理和一项服务台职能；服务提供包括服务级别(service level agreement，SLA)管理、IT 服务财务管理、可用性管理、能力管理和 IT 服务连续性管理。

3. IT (信息与通信技术)基础架构管理

IT 基础架构管理侧重于从技术角度对基础设施进行管理。它覆盖了 IT 基础设施管理的所有方面，包括识别业务需求、实施和部署、对基础设施进行支持和维护等活动。IT 基础架构管理的目标是确保 IT 基础架构稳定可靠，能够满足业务需求和支撑业务运作。

4. 应用管理

为了确保应用系统能够满足客户需求并方便对其进行支持和维护，IT 服务管理的职能应该合理地延伸，介入应用系统的开发、测试和部署。应用管理模块指导 IT 服务提供方协调应用系统的开发和维护，以使他们一致地为客户的业务运作提供支持和服务。

5. 安全管理

该模块是 1999 年新增到 ITIL 中的。其目标是保护 IT 基础架构，使其避免未经授权的使用；为确定安全需求、制定安全政策和策略以及处理安全事件提供全面指导；侧重从政策、策略和方法的角度指导如何进行安全管理。

6. IT 服务管理(ITSM)实施规划

该模块涉及的是“如何做”的问题。其作用是指导如何实施上述模块中的各个流程，包括对这些流程的整合；指导客户确立愿景目标，分析和评价现状；确定合理的目标并进行差距分析；确定任务的优先级，以及对流程的实施情况进行评审。

在这六部分内容组成的框架中，其核心部分是“服务管理”，很多企业和政府等组织的运维管理主要是参考 ITSM。ITSM 按照 ITIL 中服务管理模块中的流程设计的思想丰富其内容。这套体系已经被欧洲、美洲和澳洲的很多企业采用，目前在欧洲 40%～60%的 IT 经理都知道 ITSM，在美国有 20%～30%的 IT 经理了解 ITSM，而在国内了解 ITSM 的人还很少。对一个企业来说，不管其 IT 架构多大，都需要 ITSM。

13.2.2 ITSM 的特点和基本原理

IT 权威研究机构 Gartner 认为，ITSM 是一套通过服务级别协议(SLA)来保证 IT 服务质量的协同流程，它融合了系统管理、网络管理、系统开发管理等管理活动和变更管理、资产管理、问题管理等许多流程的理论和实践。因此 ITSM 具有以下三个特点：

(1) 它是一种基于 ITIL 标准的信息化建设的国际管理规范。ITIL 体系提供了“通用的语言”，为从事 ITSM 的相关人员提供了共同的模式、方法和同样的术语，使用户和服务提供者通过有共性的工具深入讨论用户的需求，很容易达成共识。

(2) 它为 IT 管理提供了实施框架，这样可以让用户不会受制于任何单独的服务提供商。ITSM 不针对任何特殊的平台或技术，也不会因下一代操作系统的发布而改变。

(3) 它是一种以流程为导向、以客户为中心的方法，它在兼顾理论和学术的同时，非常注重实用和灵活性。

正是有这些显著的特点，ITSM 得到了广泛应用。而且 ITSM 把运维的流程类别清晰地区分开来(基本原理如图 13-2 所示)，其中 IT 所指的对象是 IT 设施，包括应用系统、运行环境(包括硬件、软件)，针对这些 IT 设施本身的建设和维护分为两个纬度，一个属于技术范畴，另一个属于维护管理流程，两个维度是相互依存的关系。管理流程主要有五个，分别是事故管理、问题管理、配置管理、变更管理、发布管理，这五个流程构成了整个维护管理的基本支持流程，该流程的实现前提是 IT 技术，而技术必须通过维护流程才能得以完成。通过管理流程形成的服务是通过“服务台”与终端用户进行沟通与交互。下面将通过一个例子来说明技术管理、流程管理和服务管理的关系和区别：

隶属于某大型能源集团公司的一个二级公司的财务部需要通过信息系统每月向该集团总部提交财务合并报表。有一次，月底当财务部负责报表的管理人员像往常一样在信息系统中提交报表时，系统总是提示“提交失败”，经过多次提交依然无法正常完成。该报表提交人员把出现的异常情况以详细的文档方式向负责系统维护的IT人员反映，于是IT维护的技术部门组织有关专家展开问题的诊断，发现是由于和集团总部相连的路由器配置存在冲突导致的，而该冲突产生的原因是IT维护组一位新来的同事在不了解系统关系的情况下修改了路由器配置，最后经过有关专家的重新配置，解决了问题。然后再以书面形式通知财务部报表提交人员重新提交报表。

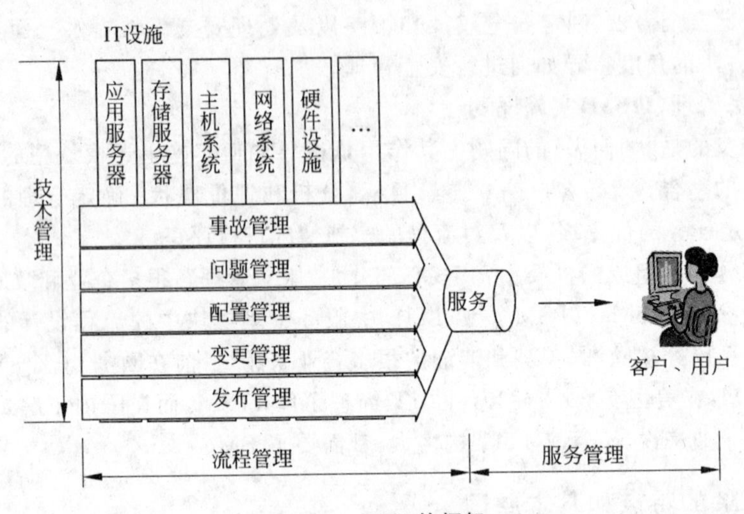

图 13-2 ITSM 的框架

在本例中，涉及流程管理、技术管理以及其服务管理三部分内容。例如，对网络环境的诊断和管理（服务器、网络设备等）、应用系统的诊断和管理（诸如组织的操作系统、ERP、CRM、e-Business 等），需要专业的技术知识和能力，一个系统缺陷的诊断和解决需要专门的程序调试人员，硬件故障的准确判断也需要有丰富经验的硬件专家采用专业的技术手段才得以顺利完成，属于技术管理的范畴；而从财务部报表提交人员发现故障，并把故障解决请求发送给维护部门，维护部门组织人员对系统进行诊断和处理的一系列活动又属于流程管理；而IT维护组和财务部报表负责人之间的往来，以及最终维护组向财务部报表提交人给予满意的解决方案就形成了一种服务的提供，而这个过程是服务管理的内容。

这些管理流程并非单独存在的，这些流程之间必须形成一个相关的流程系统才能完成运维的目标。后面将介绍 ITSM 中流程体系的具体实施办法。

13.2.3 运维管理的流程

在 ITSM 中的很多流程非常容易各自为政，分散或没有统一对策的管理方式会导致混乱与工作的重复。一个好的运维管理体系应该拥有知识积累的资料库和配置库，这样才能保证同样的问题搜寻和对策的一致性，因此，拥有一个统一的服务台，以实现终端问题的统一汇总和分类非常重要；只有在统一的配置库、知识库的支持下，运维部门通过服务台和终端用户实现维护的交互，从而完成突发事件处理、问题管理、变更管理、配置管理和发布管理的运维职能（如图 13-3 所示）。下面的实例有助于说明各流程的关系：

某省电网公司的设备管理系统(EAM)正在运行阶段,负责运维的工作人员接到终端用户的报告:“在EAM系统中,工作人员进行对设备调度能力的观察中,发现有一台设备发出错误指令,说该台设备可以投入,但这台设备明明仍处于‘修理’状态。”对于电力公司而言,这种情况属于较大的系统事故,维护人员立刻进行日常事件的排查,发现以前没有碰到同样情况,马上对问题进行升级,认定为系统程序问题,相关责任人通过SQL跟踪发现了问题的产生原因,并进行了程序修改,通过测试后,系统正常;然后经过变更记录、配置变更,最后通过发布程序通知终端用户。

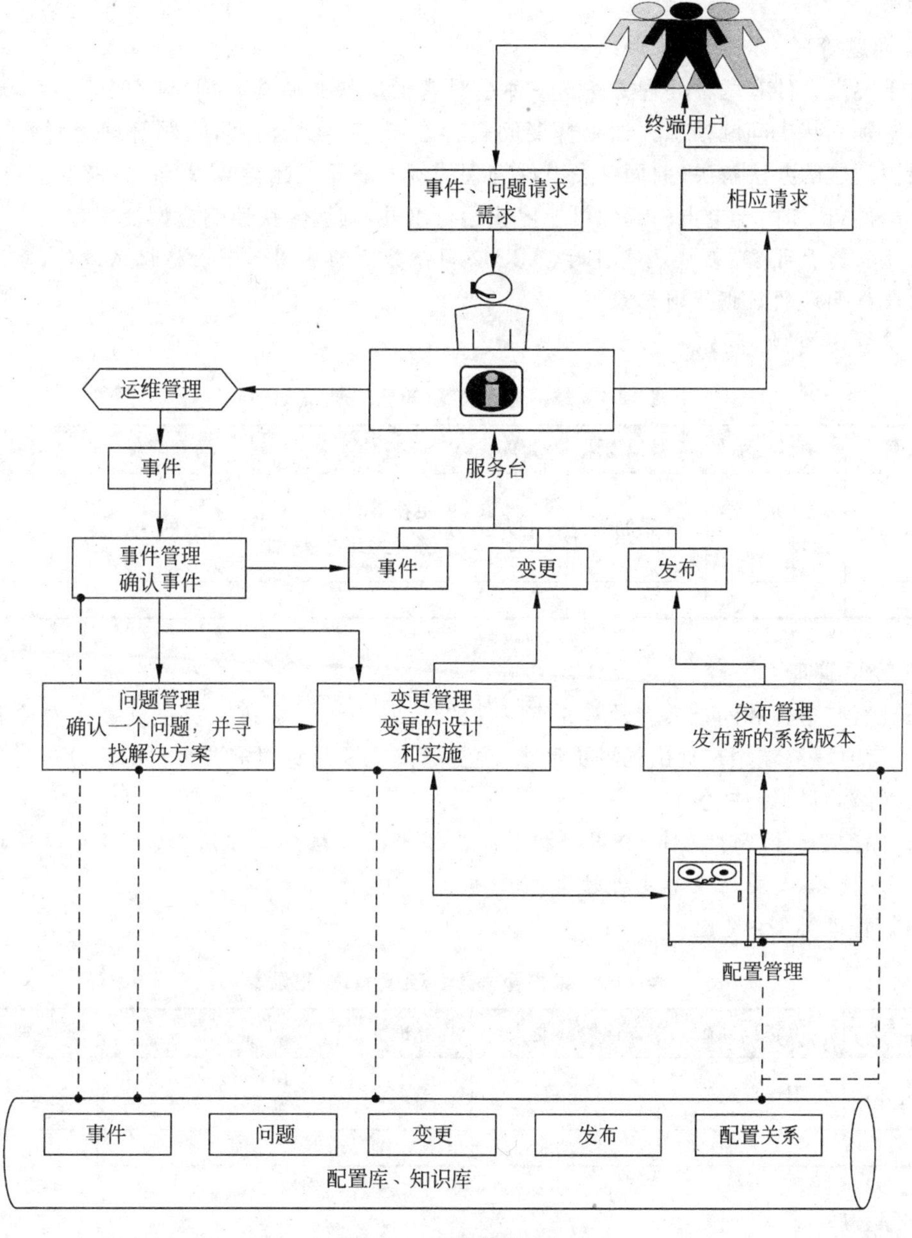

图 13-3　运维管理流程

这个实例蕴涵了以下一系列的维护流程：

1）突发事件管理

突发事件管理流程致力于解决突发事件，并快速恢复系统正常运行，突发事件及解决过程被服务台记录下来，并存入知识库中，成为以后解决重复问题的有用信息。

突发事件有可能是一个系统性问题，解决此类事件具有普遍意义。这类事件的处理有可能引起对过去一些既定做法的修改，从而引起变更管理，这类变更需要更改过去系统的配置，而且这些配置有时需要通知包括终端用户在内的人员，要求其改变操作方法，这时需要作出发布。

2）问题管理

对于突发事件有两种处理方法：一种是对其做出快速响应，尽快恢复其正常运行；另一种是鉴别和解决问题根源。如果怀疑问题存在于IT架构内部，问题管理流程将会通过解决根源问题的办法解决（前面突发事件管理的例子就属于此类型）；而如果突发事件属于系统外事件，比如由于电击引起的可能停止运行事件，则属于快速响应型处理方式。

在处理属于问题管理类型事件时，ABC公司维护小组应用如下表格记录方法（表13-1），以便对此类问题的数据清晰记录。

维护管理类型：问题

表13-1 维护管理类型（问题管理）记录表

项目号	项目名称	问题提交人	处理人	内容	问题分类	处理日期
Ns_s_001	服务器启动	张鹏	王大会	更换St32684服务器网络接头	稳压电源故障引发的电流过大	2006-01-21

3）变更管理

处理有些事件和问题会涉及对原有事件的变更。有时，运维人员主动提出对原有系统的变更，有时是终端用户提出的变更请求，变更管理主要是针对需要变更的部分进行一系列计划、设计、测试、评估、发布。

当进行变更管理时，ABC公司维护小组应用如下表格记录方法（表13-2），以便记录变更的项目、内容、变更人及其变更时间的记录。

维护管理类型：变更

表13-2 维护管理类型（变更管理）记录表

项目号	项目名称	问题提交人	处理人	内容	处理日期
Wo_s_001	工作单提交	张鹏	王大会	工作单提交日期格式变更	2006-03-21

4）配置管理

配置文档用来记录整个IT架构的所有客户化配置信息和关键的系统信息，以备需要时查用。例如，一个企业实施了SAP公司的R/3系统，需要记录所有关于系统实施时的业务流程文档、R/3 系统配置文档、应用服务器配置文档、数据库服务器配置文档等相关的配置,这种配置记录的好处在于企业根据自己的需要进行新业务变更时,能够快速查找到原始的配置,并且能够根据原始的配置做出相应的修改工作。因此,在整个系统运维中的硬件和软件的配置变动,都需要进行配置文档的重新修改。

当任何的系统配置发生更改时,ABC 公司维护小组应用如下表格记录方法(表 13-3),对配置文档的版本号详细说明,并记录配置内容,将其配置文档分发给相关人员。除了要进行配置文档版本号记录,还要进行配置文档中的具体参数更新。

系统配置文档版本 v2.0

表 13-3 维护管理类型(配置管理版本号)记录表

配置文档版本	变更人	内容	文档分发	处理日期
工作单处理系统 v1.0	张鹏	变更工作单控制方式关键字	生产部全体职员,财务部全体职员,信息管理部维护组	2006-03-27
工作单处理系统 v2.0	张鹏	变更工作单日历设置关键字	生产部全体职员,财务部全体职员,信息管理部维护组	2006-05-22

5) 发布管理

发布指对原有系统的变更(包括删减和新增),经过测试后符合预期时,向正式使用环境进行发布。

当维护请求人的所有事件处理完毕后,维护小组的相关责任人要向正式系统进行发布,并且告知请求人,问题已经处理完毕。发布时维护组相关人员应该按照(表 13-4)填写记录。

维护管理类型: 发布

表 13-4 维护管理类型(发布管理)记录表

项目号	项目名称	问题提交人	处理人	分发人员	处理日期
Wo_s_001	工作单提交	张鹏	王大会	张三,开发组,维护组	2006-03-21

阅读材料:ITSM 的发展趋势

经过近 20 年的发展,ITSM 已发展成以流程为主线,全面的 IT 服务管理知识框架体系。2001 年英国标准协会(BSI)在国际 IT 服务管理论坛(itSMF)年会上正式发布了以 ITIL 为基础的 IT 服务管理英国国家标准 BS 15000。该标准由英国标准协会(BSI)开发,是目前世界上第一个针对 IT 服务管理的国家标准。它提出了一系列相对独立又彼此相互关联的服务管理所需要的管理流程。这些流程很大程度上是在 ITIL 的基础上开发而来的。2002 年 BS 15000 被提交给国际标准化组织(ISO),申请成为 IT 服务管理国际标准。该标准在 2006 年已经开始生效。可以说,ITIL 已是事实上的国际 IT 服务管理标准。现在,IT管理已经走出封闭的机房,超越企业与机构的小圈子,直接面对客户与合作伙伴,全面参与企业运作的全过程。可以预见,随着IT和核心业务结合得更加紧密,IT管理流程的不断优化,以及以客户为中心意识的树立,IT管理在不远的将来会逐步过渡到IT商用价值管理阶段。

13.2.4 运维管理的外包

企业以及政府等组织大多都设立自己的信息中心,负责日常的运维工作,其中有些较大的单位,对信息系统依赖程度很强,维护范围、维护工作的复杂程度也非常庞大。这些单位的信息中心的主要职责是负责整体信息战略规划和日常管理,但由于信息技术的快速演变、广泛性和复杂性,决定了信息部门不可能配备很多技术全面的专业人员。而且,即便是信息部门有足够的预算和岗位,但信息部门对IT工作人员的管理也很难做到专业IT服务公司对其技术工程师的严格、系统的管理程度。在这种情况下,如果这些单位依然靠自身内部的信息中心或者信息部门进行系统维护,会造成这些组织IT投入很大程度上得不到应有的回报,效率难以保障,不能实现对核心业务的有力支援和保障。

为了保留自身单位信息中心和信息部门的核心管理能力,就有必要把一些运维管理的工作外包出去。运维外包既可以按时定价,也可以按次定价;既能够整体外包,也可以切块外包。如下例中,北京地税局就把大量的运维业务外包出去,以保证信息管理部门的核心能力:

北京地税局大集中系统的运行维护策略就是以外包为主。整个IT系统根据其子系统的专有维护需求分别承包给三家外包公司负责:核心征管系统业务由公司A承包并维护;个人所得税明细申报系统和tax861网站是由公司B承包负责;OA系统则由公司C承包负责。只是出于安全考虑,核心数据的安全策略、系统的一些机密性内容,仍留给自己自行管理,比如系统的密码、口令,策略一致性鉴定,运行安全质量的监督检查等。

外包固然能够有效提升运维水平,但一般而言,一个单位的信息中心经理或总监不可能同意把所有的工作全部外包出去,因此应该清楚地了解几种外包的种类及其对外包本身的管理。通常,从软硬件分类角度出发,可以把维护的外包分为应用系统维护外包和硬件与网络环境外包。

1. 应用系统维护外包

现在很多单位使用的信息系统通过综合软件厂商提供,并且很多情况是由第三方咨询公司负责实施,在实施验收结束后,会进入系统的维护阶段。大多数情况下,使用单位都会和综合软件开发商(或指定维护商)签订维护合同,确保软件系统的日常问题处理以及正常升级。由于应用系统很少存在建设完成后就不再改动的情况,要确保应用系统始终都处于最佳使用状态,就要通过签订维护合同从法律途径来确保系统的正常升级和完善。在这一阶段,要注意收集系统的维护频率、完成时间、维护质量等信息,作为评价维护工作的基础数据,也作为后续维护工作的重要依据。

2. 硬件与网络环境的维护外包

随着应用系统的日益庞大,硬件环境和网络环境也随之复杂化,维护工作将要求非常专一和职业化,此时很多单位选择对硬件进行外包,特别是小型机、服务器、计算机、网络设备的硬件维护外包。一旦设备过了保质期,出现硬件损坏的概率增大,但外包服务商则可以轻松解决这个问题,同时也可大大减少信息中心的日常维护工作量,降低维修成本,提高人力资源的利用率。如果条件许可的话,还可以考虑对主要硬件设备(例如小型机、PC服务器等)以及存放硬件设备的机房采用租赁的方式(例如租赁电信)使用,从而避免用大量资金来购买和维护这些设备。

组织在考虑把应用系统或者硬件网络系统的运维外包出去的时候,除了要考虑成本、风险外,还要避免外包可能存在的各种后遗症,如对于故障修复允许等待的时间不同,外包维护风险会有很大的差异。因此,组织需通过对多个和多次运维外包项目不断的总结,制定详细的、具有可操作性的维护合同。在外包的实施阶段,尽管大部分工作已经外包,但本单位的IT运维部门仍需要参与到各项维护工作中,加强对维护情况的跟进,对出现的问题及时进行完善。

13.3 风险与信息安全

信息系统的广泛应用也对数据集中以及组织中信息的安全可靠性带来了威胁。组织必须认真对待由自然和人为因素带来的风险。事实上,没有十全十美的办法能完全避免信息系统的潜在灾祸,但是很多办法能够明显地降低风险和弥补损失。以下的实例可以说明信息系统的风险问题:

Chester先生是地处美国加利福尼亚州的佩珀代因大学的CIO。2007年10月21日,当他家里突然停电时,Chester首次意识到,加州大火可能会危及学校在马利布的校园。听说那个星期天早上学校启动了后备电源系统,他马上直奔学校的数据中心;就在开车途中,他还能看到山上另一头的熊熊火焰。短短几个小时内,大火距离数据中心已只有100英尺。为了保护数据,Chester和收到传呼前来急救的五六名IT员工开始有条不紊地实施一套经过反复排练的应急方案。佩珀代因大学把备份磁带送到了一家第三方保存数据专业公司;最新磁带备份数据的副本放到了能防火的保险箱中。学校将ERP系统停止运行,以防万一;将硬盘驱动器取下来后,妥善保管起来。

Iron Mountain公司在英国伦敦开设的数据仓库在2006年不幸蒙受特大火灾"洗礼",整幢大楼被夷为平地。公司的相关负责人确认,逾600家企业机构托管的书面资料在这场事故中化为灰烬。祸不单行,该公司在加拿大渥太华市设立的另一座数据中心前不久也发生火灾。

上面两个情境中,第一个例子是佩珀代因大学的数据中心受到大火的威胁而存在安全和灾难的威胁,而该数据中心负责人较早地意识到这个问题的存在,启动了一套经过反复排练的应急方案,把数据备份安全送到第三方公司保存起来,同时采取了其他保护措施,最后得以使系统免遭灾难;而第二个例子中,作为替很多公司保存数据的第三方维护提供商自身也因为意外,其数据中心遭到了破坏。两个例子主要说明,威胁系统安全的意外随时可能出现,应对方案非常重要。

信息系统的开发、实施和维护成本很高,而且企业的运营系统、财务数据全部在信息系统中,因此,保护信息系统及其相关资源就非常重要。威胁系统正常运行以及信息安全的情况是多种多样的,除了前面例子中的自然事故威胁外,假设一个系统被病毒感染而停止了运行,或者一个员工从系统中获取机密数据把它卖给了竞争对手,或者违法的信息拦截影响了企业系统的互联网数据传递,将会发生什么样的后果呢?无须多说,这些情况将会使一个并非安全的系统的潜在威胁统统暴露出来。

计算机系统的控制和安全能够很大程度上保护信息系统的正常运行，并防止出现把公司的员工信息、客户信息等重要数据暴露出去，因此信息安全的主要目标应确保以下几个方面：

(1) 降低系统的事故风险。

(2) 保证数据的机密性。

(3) 保证数据的完整和真实性。

(4) 确保在线运营和数据的连续性传递。

为了实现这些目标，必须使得使用信息系统的组织清楚地意识到信息资源存在可能的风险，比如硬件系统、软件系统、网络环境，然后才能让这些组织制定出相应的安全防范措施从而抵御风险。

本节将主要介绍以下内容：威胁系统安全常见的几种风险、安全保护的措施、安全保护的作业。

13.3.1 信息系统的风险

最近几年，随着在线业务的日益增长，组织的运营越来越依赖于信息系统的正常运行。对于一个依赖于企业信息系统的单位来说，系统中断（系统或者数据无法正常工作）已经成为一种可怕的威胁。据估计，美国每天由于系统的非正常中断损失 40 亿美元左右，其中，一个航空订票的业务系统每停止一小时，损失 9 万美元左右；一条在线零售业务系统每停止一小时的平均损失大约为 90 万美元。

我们将从硬件、应用系统和数据两个维度介绍几种最常见的导致系统非正常运营的风险。

1. 硬件风险

尽管目前通过互联网受到攻击已经非常普遍，但真正对信息系统威胁最大的应该是由硬件引发的系统停运。其中最主要的两种情况就是发生火灾和偷盗。硬件的风险通常包括计算机设备、外围设备和存储介质的物理损坏，引起这些损坏的主要原因是自然灾害、突然停电和故意破坏。

1) 自然灾害

引起信息系统风险的自然灾害包括火灾、洪水、地震、飓风、闪电，这些自然现象均可使信息系统的硬件和软件整体或者部分瘫痪。洪水通常能引起电流短路从而烧坏电子元器件，闪电和突然的强大电流可以烧断保险丝甚至破坏电路。当以上情况发生的时候，所有存储在计算机中的数据和系统程序均将丢失。发生水灾或者由于短路产生的高温可以损坏存储介质（比如磁盘和磁带），从而破坏数据。另外，人为的或者野生动物对通信线路的破坏也是常见的情况，例如，华北电网公司的线路故障统计中，杆塔上的鸟巢引发事故就占很大的比例；而动物咬断埋在地下的通信电缆、非法施工或者人为损坏通信电缆等也时有发生。防止自然灾害最简单的办法就是在远离系统设备所在办公楼的另一处地方进行备份。

在自然灾害对信息系统的威胁中，通信介质是最薄弱的环节。由于通信传导介质通常都处于组织视线之外，尽管对通信电缆等设备加大了保护力度，使用较厚的优质塑料防护层保护电线和电缆，但是，当闪电袭击了与计算机连接的电力线路和电话线路时，计算机一般都会不同程度地受到损坏。人为紧急断电或者类似的断电设备如果能在闪电发生前最短的时间切断电源将能够非常有效地保护信息系统。

2）意外断电

以下是个意外断电的实例：

某集团总公司下属的一个研究所是通信信号接收设备天线接收器的提供商，在一次设备检查中，该所负责此项工作的工程师由于操作失误，误把电源控制开关打开，导致该天线接收器停止工作。该天线接收器除了为航天集团某部提供信号服务外，还向电信业务的卫星通信提供服务。该接收器停止工作也意味着所有的移动通信信号的中断，会给电信部门造成巨大的损失。幸好，就在此事件发生前不久，相关部门为该天线接收器配备了UPS系统，在该工程师误操作的极短时间内，UPS开始供电，否则如果停止较长的时间，该所将必须为电信部门赔偿巨额损失。

本例中反映的是意外断电的一种情况，计算机工作依赖于持续正常的工作电压，如果突然停电了，计算机和外围设备均将停止工作，甚至造成对硬件系统和存储数据的破坏。同样，工作电压不稳定也具有很大的威胁，或者电压过低造成瞬间停电，或者电压过高造成对电器设备的破坏，电压不稳定对计算机系统的损坏类似于闪电带来的危害。

为了防止电流的不稳定对信息系统造成的危害，一般可以在电源网络和计算机之间增添电压调节装置（或称为稳压器，如图13-4(a)所示），这种设备将保证电压的波动在信息系统可容忍的范围内。

(a) 稳压器

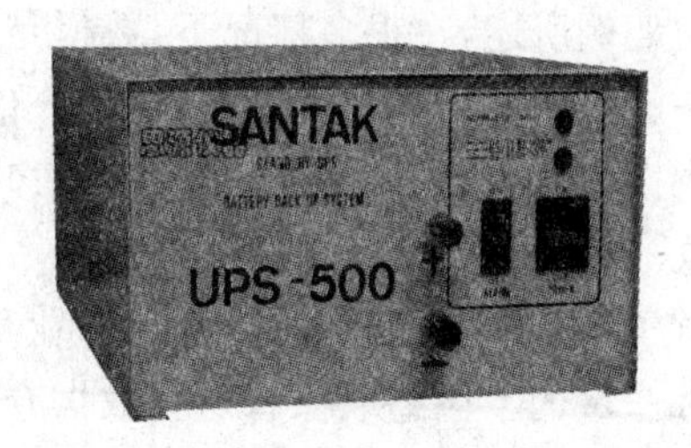

(b) 不间断电源(UPS)

图 13-4 稳压器和不间断电源（UPS）

这种稳压系统能够在供电网络断电的情况下，为计算机系统提供一定时间的持续供电。前例中就是因为应用了UPS（如图13-4(b)所示）而防止了较大断电事故的发生。但是，一个拥有较大型计算机系统的组织应该准备一台发电装置作为备用，例如，我国很多邮电、电信、银行等对数据持续安全性要求较高的单位均配备有柴油发电机或者其他发电机，这样一旦外部供电网络停止供电时，可以启动组织自备的发电机保证信息系统的正常工作。

3）故意破坏行为

有时候，会发生人为故意破坏而导致系统故障。一般情况下，有些对单位不满的员工会寻找机会故意破坏系统。这种问题比较难以防止，例如对一些终端设备的破坏，或者通过终端设备或者客户端的应用来破坏系统数据的准确性。组织一般应该在系统的使用权限上进行严格管理，在客户端软件系统的权限分配上只赋予该人员工作范围内的数据处理权，对于一些重要和敏感的设备，例如服务器，应该放在特殊的隔离房间内，并且要有良好的消防设备、空调设备，以尽可能地降低环境造成的不利影响。

2. 应用系统和数据风险

所有的计算机系统都是非常脆弱的，很容易受到破坏。硬件系统遭受的损害经常是由于自然灾害和电力系统引起的，软件系统的损坏则大多是人为因素造成的。软件系统和数据的主要风险是信息被盗取，诸如数据修改、数据破坏、数据删除、电脑病毒、蠕虫、逻辑炸弹和非恶意灾祸。

1）信息的盗取

以下是一个实例：

2007 年下半年，新华社报道：国家计算机病毒应急处理中心通过对互联网的监测发现，有多款炒股软件的安装程序中捆绑了木马程序，在用户安装、运行程序后，偷窥用户的交易账户，并对股民的股票进行“高买低卖”。更有甚者，雇用黑客攻击用户计算机，盗取敏感数据和私密信息。因股票买卖均是在线交易，不可避免与网络的接触，这就给了不法分子可乘之机，只要能进入用户的计算机内部，他们就可以轻松窥探、窃取数据和信息。而目前那些具有荐股、推荐买卖点等功能的决策性软件，宣称可以准确分析股市行情走势，已成了无数股民计算机上的“新宠”，于是不法软件商便在股民的“必经之路”上作祟，捆绑木马以进入用户计算机内部，盗取账户、密码等信息。据观察，不仅炒股软件，越来越多的以窃取数据、信息为目的的病毒及木马早已浮出水面，隐私泄露事件更是频频发生，不少用户反映：“即使安装了杀毒软件，防范效果也并不理想”。如何更好地保障个人隐私，成为困扰大多数计算机用户的难题。

正如上例所述，在很多情况下，数据是被通过互联网连接到组织的数据库进行窃取。这些数据一般包括公司机密运营资料、私人信息和信用卡账户资料。已经发生过多起通过互联网侵入银行的信息系统盗取信用卡账户资料的案件，单就美国成千上百万美元就被这种方式盗取。

在电子计算机出现以前，大部分商业秘密保护是比较安全的。想要窃取这些信息的人必须通过非法的手段盗取保管这些数据仓库的钥匙或者破坏保管装置才能得逞。而如今，大多数重要的机密数据全部存储在信息系统的任何地方，保护这些数据安全的大门——钥匙变成了一个代码，只要拥有这个代码或密码就可以任意对数据进行存取和修改，而在计算机时代前，这些数据全部是纸质的，想要盗取是很难的事情。

2）身份伪造

犯罪分子利用人性的弱点，例如好奇心、缺乏警惕性、贪便宜等，以欺诈手段获得关键账户密码，获取自身利益。类似的犯罪行为在现实生活中有很多，例如通过短信诈骗银行信用卡号码，电话诈骗，以知名人士的名义去推销诈骗等。

近年来，更多的黑客转向利用人的弱点来实施网络攻击，突破信息安全防御措施的事件已经呈现出上升甚至泛滥的趋势，包括最近流行的免费下载软件中捆绑流氓软件，免费音乐中包含病毒，网络钓鱼，垃圾电子邮件中包括间谍软件等。

一旦犯罪分子拥有了其他人的身份识别细节，诸如社会安全码、驾照号、信用卡密码等个人识别密码，他们将假装这个人的身份，这种犯罪行为称为“身份伪造”。这些冒名顶替者很容易从受害者的账户中提取现金，控制信用卡并且更改相关设置，既然这种身份伪造通过互联网进行的犯罪方式已经越来越多，这种情况则必须引起信息系统管理单位或者个人的高度重视。

传统信息安全办法解决不了非传统信息安全的威胁。一般认为，解决非传统信息安全威胁的一些具体方法包括向用户提供充分的反馈信息，让用户做出准确的判断，避免上当，并且增加更多的控制机制，即使在错误决策的情况下，也能防止社会工程攻击的发生。

3）数据更改、数据破坏和互联网记录清除

数据更改和数据破坏往往是一些人的恶作剧行为。很多情况下，一些喜欢搞恶作剧的人通常利用技术手段侵入个别单位的网络系统中进行骚扰。一项权威机构对计算机犯罪的项目排序调查表明，被访谈的人大多认为"数据更改"排第一位，"破坏或者更改软件"排第二位，这两类问题最令组织内 CIO 和系统管理人员头疼。因为这些问题不但引起组织财务上的损失，而且需要组织人员花大量的时间进行监控。

除此之外，很多组织都建立了自己的网站，或者是门户网站，或者是应用系统、电子商务系统等，由于这些开放式的网站不需要通过身份验证就可进行访问，这就为黑客进行破坏活动提供了便利，黑客是未经允许就对信息系统进行数据访问的非法分子。

13.3.2 安全措施与运维管理程序

当面对前面所讲到如此多的信息系统风险时，可能存在的破坏性随处都会发作。本部分内容将主要描述组织应该采取什么样的措施防止上述风险的产生，甚至把各种风险发生的可能性降到最低。值得一提的是，信息系统安全措施的一个基本原则是：并非安全级别越高越好，并非安全系统越昂贵越好，并非流程越复杂越好，而是适用的最好，与信息安全需求匹配的方案最好。下面通过预防和修补两个角度介绍这些措施。

1. 防火墙

防止那些未经授权通过互联网侵入计算机系统的行为，最有效的策略就是安置防火墙。所谓防火墙指的是一个由软件和硬件设备组合而成，在内部网和外部网之间、专用网与公共网之间的界面上构造的保护屏障，是一种获取安全性方法的形象说法，它是一种计算机硬件和软件的结合，使互联网与 Intranet 之间建立起一个安全网关（security gateway），从而保护内部网免受非法用户的侵入。防火墙主要由服务访问政策、验证工具、包过滤和应用网关四个部分组成，防火墙就是一个位于计算机和它所连接的网络之间的软件或硬件（其中硬件防火墙用的很少，只有国防部等地才用，因为它价格昂贵）。

计算机流入流出的所有网络通信均要经过此防火墙。防火墙对流经它的网络通信进行扫描，这样能够过滤掉一些攻击，以免其在目标计算机上被执行。防火墙还可以关闭不使用的端口。而且它还能禁止特定端口的流出通信，封锁特洛伊木马。最后，它可以禁止来自特殊站点的访问，从而防止来自不明入侵者的所有通信。

防火墙有不同类型。一个防火墙可以是硬件自身的一部分，可以将 Internet 连接和计算机都插入其中；防火墙也可以在一个独立的机器上运行，该机器作为它背后网络中所有计算机的代理和防火墙。此外，直接连在 Internet 的机器可以使用个人防火墙。

作为安全防御的第一道防线，防火墙能够在以下网段中发挥作用（如图 13-5 所示）：

（1）在传统公司网络边界（数据中心与广域网和互联网对接的地方）。

（2）在部门之间，根据不同用户组之间的策略隔离访问。

（3）在公司局域网交换机端口与数据中心的 Web、应用和数据库服务器集群之间。

（4）在有线局域网与无线局域网对接的地方（在以太网局域网交换机与无线局域网控

制器之间)。

(5) 在分支机构的广域网边界。

(6) 由远程通信员工和移动员工使用,并存储着公司数据的笔记本电脑、智能电话及其他智能移动设备内(以个人防火墙软件的形式)。

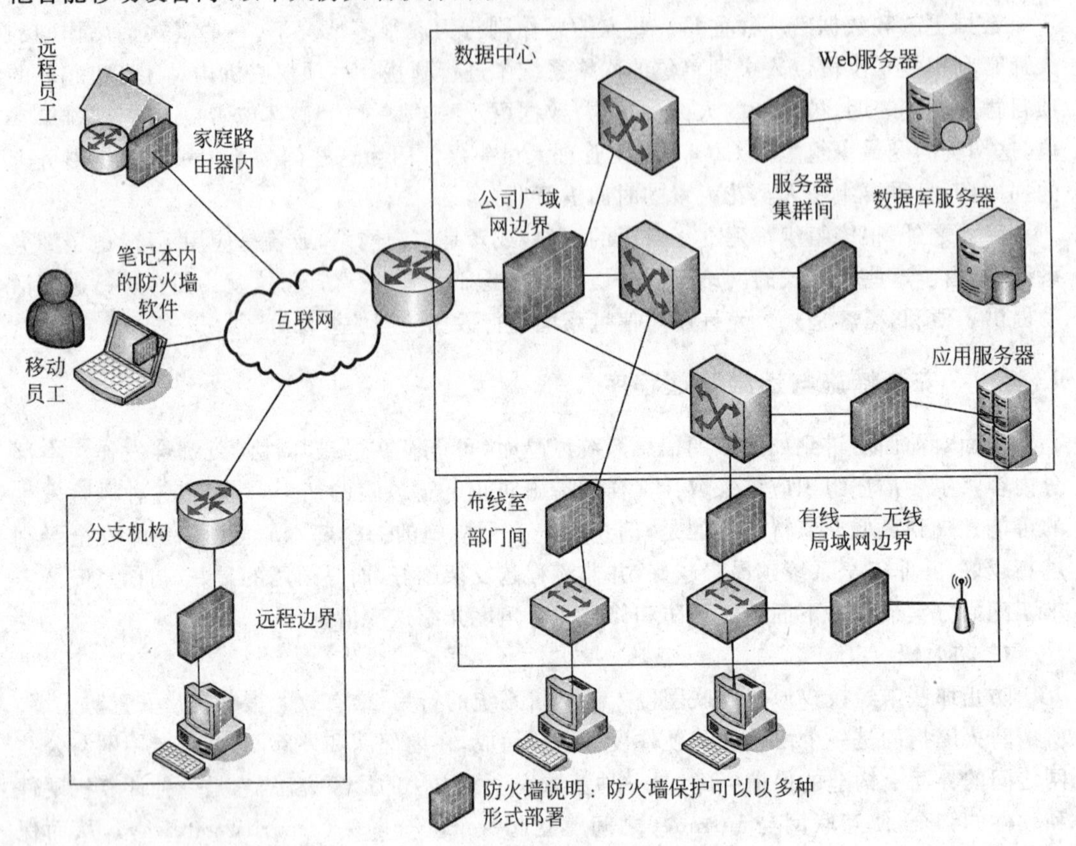

图 13-5 防火墙部署示意图

阅读资料:内部攻击与外部攻击

对于很多机构,大部分"计算机犯罪"都来源于内部攻击,因而需要在企业网络中部署更强韧的防火墙过滤。例如,在 2006 年计算机犯罪与安全调查中(此次年度调查由 CSI 与圣弗朗西斯科 FBI 计算机入侵组联合执行),三分之一以上(39%)的公司被访者都表示,2005 年,20%的计算机犯罪都来自内部攻击。2006 年 CSI 报告中称,在 313 位调查被访者所报告的 2005 年遭受的近 5250 万美元损失中,有 1060 万美元的损失来自于"对信息的非法访问",此项原因名列第二,排在病毒(1570 万美元)之后。"专有信息盗窃"在计算机犯罪损失中占 600 万美元,名列第四,排在"笔记本电脑或移动硬件盗窃"(660 万美元)之后。

由于非法访问和盗窃仍然很严重,因此,不但要重视企业内防火墙的战略部署、配置和管理,还需要进一步加大企业投资。内部防火墙部署是预防上述损失的核心,防火墙应该与其他安全技术结合,从而抵御各种安全威胁。

在分析网络保护机制时,必须要了解企业面临的多种威胁,包括攻击、入侵和互联网威胁。攻击和入侵指的是,黑客企图从机构的内部或外部非法访问信息资源。互联网威胁是指采用病毒、间谍件或其他形式发动攻击。这些威胁通过互联网对执行日常通信任务的未防范用户发起攻击,例如在用户打开电子邮件附件或者下载文件的时候。

由于威胁的种类很多,因此,防火墙通常与入侵防御系统(IPS)以及端点安全系统(也称为 Anti-X 和网关防坏件系统)配合使用。由于 IPS 能够检测和阻止已知的恶意流量和异常流量,因而能在另一层提供内部安全。端点安全系统能够检查远程客户端设备有无病毒,并保证客户端软件符合各机构对软件版本和标准的要求。另外,它们还支持 URL 或内容过滤。目前,多数防火墙都支持虚拟专用网(VPN)技术,即通过数据加密避免在传输过程中被窃。

2. 认证和加密

随着电子商务和各类型在线的商务行为的逐渐增多,很多国家已经认可电子交易中电子签名的合法性和有效性。

1) 电子签名

在电子文件上,传统的手写签名和盖章是无法进行的,这就必须依靠技术手段来替代。能够在电子文件中识别双方交易人的真实身份,保证交易的安全性和真实性以及不可"抵赖"性,起到与手写签名或者盖章同等作用的签名的电子技术手段,称为电子签名(参见 9.2.2 节相关内容)。从法律上讲,签名有两个功能,即标识签名人和表示签名人对文件内容的认可。联合国贸发会的《电子签名示范法》中对电子签名做如下定义:"指在数据电文中以电子形式所含、所附或在逻辑上与数据电文有联系的数据,它可用于鉴别与数据电文相关的签名人和表明签名人认可数据电文所含信息";在欧盟的《电子签名共同框架指令》中就规定以电子形式所附或在逻辑上与其他电子数据相关的数据,作为一种判别的方法。实现电子签名的技术手段有很多种,但目前比较成熟的世界先进国家普遍使用的电子签名技术还是"数字签名"技术。目前电子签名法中提到的签名,一般指的就是"数字签名"。

2) 数字签名

所谓"数字签名"就是通过某种密码运算生成一系列符号及代码组成电子密码进行签名,来代替书写签名或印章(参见 9.2.2 节相关内容)。对于这种电子式的签名还可进行技术验证,其验证的准确度是一般手工签名和图章的验证无法比拟的。"数字签名"是目前电子商务、电子政务中应用最普遍、技术最成熟的、可操作性最强的一种电子签名方法,用于鉴定签名人的身份以及对一项电子数据内容的认可。它还能验证出文件的原文在传输过程中有无变动,确保传输电子文件的完整性、真实性和不可"抵赖"性。

数字签名在 ISO7498-2 标准中定义为:"附加在数据单元上的一些数据,或是对数据单元所做的密码变换,这种数据和变换允许数据单元的接收者用以确认数据单元来源和数据单元的完整性,并保护数据,防止被人(例如接收者)进行伪造"。美国电子签名标准(DSS, FIPS186-2)对数字签名做了如下解释:"利用一套规则和一个参数对数据计算所得的结果,用此结果能够确认签名者的身份和数据的完整性"。按上述定义,PKI(public key infrastructure,公钥基础设施)可以支持数据单元的密码变换,并能使接收者判断数据来源及对数据进行验证。

案例:某省联通公司的安全与解决方案(参照 ChinaByte 比特网案例库案例改编)

某联通公司目前已经开通的业务有 GSM130/131 和 CDMA133 移动通信、193 长途通信、165 数据通信及 17911 VoIP 电话等。并在各地市建设城域网,为客户提供相应的网络互联业务,并提供电信增值服务。城域网同样需要安全系统建设。

安全需求分析

(1) 需要对地市城域网与省公司骨干传输网进行访问控制,防止来自外部互联网对城域网的攻击。城域网连接着中国联通的骨干传输网络,并与互联网连接。对于某省联通城域网来说,所有连接到联通骨干网的外部网络都是不可信任的,需要防火墙系统的保护。

(2) 需要对城域网的服务器进行保护。

每个地市城域网都有自己的内部网络和重要服务器。服务器都存在着安全隐患,如果不采取网络安全措施,服务器就可能遭受来自各个互联网络的攻击,因此需要防火墙系统的保护。

(3) 需要对城域网的客户进行有效管理。

城域网的客户比较复杂,不乏存在着不规范的上网行为甚至是恶意入侵行为,因此对城域网的客户进行管理非常重要。比如,通过防火墙的 NAT 地址转换、IP/MAC 地址绑定、访问日志的记录、审计等功能,可对城域网的客户进行有效的管理。

解决方案

1. 综述

公司通过在该省联通地市城域网上配置防火墙系统并设置有效的安全策略将达到以下目标:

(1) 保护基于某省联通的城域网业务不间断的正常运作,包括构成城域网网络的所有设施、系统以及系统所处理的数据(信息)。

(2) 该省联通地市城域网系统中的重要信息在可控的范围内传播,即有效地控制信息传播的范围,防止重要信息泄露给外部的组织或人员,特别是一些有目的的竞争对手组织。

2. 防火墙产品选型推荐

通过对该省联通城域网网络的应用情况及实际拓扑结构的了解,注意到城域网未来将提供越来越多的增值服务,如视频服务、在线游戏等。这些服务器资源使用非常集中,对时效性要求非常强,对网络的传输带宽要求很高,因此推荐的防火墙产品不能对网络的性能有较大的影响。

目前黑客(甚至某些计算机病毒)对网络的攻击往往利用服务器应用层协议的漏洞来入侵。例如黑客可以通过 HTTP 对 Web 服务器中的 IIS 程序发动攻击,一旦攻击成功后,可进一步在 Web 服务器上安装特殊的木马程序建立秘密的 HTTP 通道,整个内部网络就都暴露在黑客的面前。因此推荐的防火墙产品不仅仅具有包过滤的性能,同时更应具有防范应用层攻击的能力,即具有代理防火墙的安全性。

根据分析,选用了一套软硬件结合型防火墙的系统。该系统采用"流过滤"技术,同时具有状态检测包过滤与应用代理防火墙的优势,能够在交换模式与路由模式下工作,其性能、稳定性、安全性完全可以满足某省联通城域网网络的安全及未来发展的需求。

3. 该省联通地市城域网防火墙具体配置建议

(1) 放置在整个城域网与联通互联网的接口处,防范来自外部的攻击。

(2) 保证网络的性能不受较大影响。

(3) 将城域网业务服务器系统放置在防火墙的 DMZ 区中,只开放指定端口,这样可以更好地保证城域网服务器的安全。

建议在某省联通各地市城域网与互联网之间分别放置防火墙系统，将城域网服务器单独放置在防火墙的一个区域。考虑到某省联通城域网业务的迅猛发展，视频、在线游戏等增值业务是未来的发展方向，对网络带宽的要求会越来越高，因此建议配置千兆防火墙，并配置为双机热备方式。

项目效果

在防火墙外部仍然是包过滤的形态，工作在链路层或 IP 层，在规则允许下，两端可以直接地访问，但是对于任何一个被规则允许的访问在防火墙内部都存在两个完全独立的 TCP 会话，数据是以"流"的方式从一个会话流向另一个会话，由于防火墙的应用层策略位于流的中间，因此可以在任何时候代替服务器或客户端参与应用层的会话，从而起到了与应用代理防火墙相同的控制能力。例如在防火墙对 SMTP 协议的处理中，系统可以在透明网桥的模式下实现完全的对邮件的存储转发，并实现丰富的对 SMTP 协议的各种攻击的防范功能。

有了一套好的保护系统，在多次大规模爆发的蠕虫事件中，为用户有效地保护了网络资产。

13.4 数据备份与容灾管理

在前面几节中，表述了信息系统运行中可能存在的若干种风险预防方式，但主要是从风险产生的过程进行防范，这些基于过程控制的预防方式并不能消除所有对信息系统正常运行的威胁因素，例如可能出现的误操作就足以导致信息的失真，更不用说意外事故损坏存储设备所带来的后果。由于以上情况的存在，基于结果控制的安全维护办法——数据备份与容灾管理有其重要的作用。

正如本章前导案例所描述的，交行因为实际情况所迫而需要数据搬迁，由此而存在不安全的风险，为了防止数据搬迁可能对原来系统造成的毁坏，交行必须进行数据备份和数据恢复工作，并需要通过周密的部署和多次测试才能顺利完成。本节将阐述数据备份的一般类型以及数据恢复关键事项，主要介绍以下内容：

- 几种容灾备份的常见方式：数据容灾、应用容灾。
- 恢复措施与恢复执行。

13.4.1 容灾备份

容灾备份是通过在异地建立和维护一个备份存储系统，利用与原系统的分离来保证系统和数据对灾难性事件的抵御。在本节开头的案例中，交行为了避免数据迁移可能带来的风险，就先后备份了测试系统和演练系统，这样就避免了直接在原系统中操作的不确定性。

对于容灾备份的分类方式比较多，本书则根据容灾系统对灾难的抵抗程度分为数据容灾和应用容灾。数据容灾是指通过建立一个异地的数据系统对本地系统关键应用数据进行复制。当出现灾难时，可由异地系统接替本地系统而保证业务的连续性。应用容灾比数据容灾层次更高，即在异地建立一套完整的、与本地数据系统相当的备份应用系统（可以同本地应用系统互为备份，也可与本地应用系统共同工作）。在灾难出现后，远程应用系统迅速接管或承担本地应用系统的业务运行。

1. 数据容灾

数据容灾根据其功能可分为两个级别，第一个级别是通过人工或者自动方式将数据备份到可移动介质(如磁带、光盘、胶片等)上，或者通过远程网络异地直接备份数据。为了保证这些数据在灾难发生时能够被妥善的保存，并在系统重新安装或恢复后将介质上的数据恢复回去，较直接和简单的容灾方法就是将这些介质定期地收集起来，并选用最为妥善的介质保存。而这种容灾方式按照存储地点的差异分为两种：一种是本地保存，这种容灾备份，实际上没有灾难恢复能力，它只在本地进行数据备份，并且被备份的数据只在本地保存，没有送往异地；另一种是异地保存方式，即在本地将关键数据备份，然后送到异地保存(如图 13-6 所示)，或者是通过联网方式异地直接备份数据。灾难发生后，按预定数据恢复程序恢复系统和数据。这种方案成本低、易于配置。但当数据量增大时，存在存储介质难治理的问题，并且当灾难发生时存在大量数据难以及时恢复的问题。为了解决此问题，灾难发生时，先恢复关键数据，后恢复非关键数据。

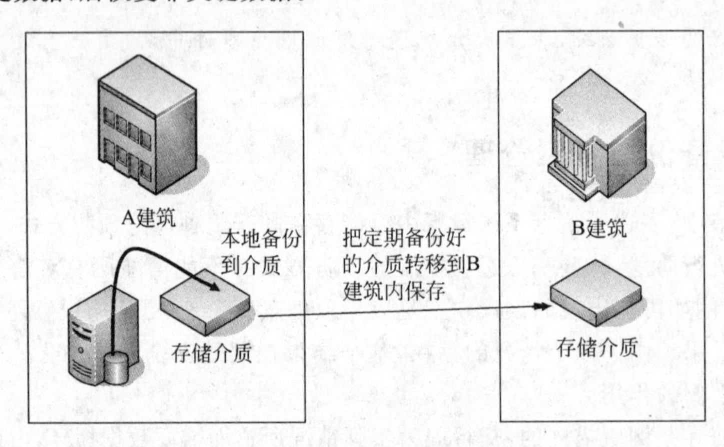

图 13-6 异地一般备份

第二个级别是在异地建立一个热备份点，通过网络进行数据备份。也就是通过网络以同步或异步方式，把主站点的数据备份到备份站点，备份站点一般只备份数据，不承担业务。当出现灾难时，备份站点接替主站点的业务，从而维护业务运行的连续性(如图 13-7 所示)。图中，在正常工作状态时，由生产中心的系统运作，容灾中心只承担备份任务；当生产中心出现事故时，容灾中心的系统即可启动运行代替原系统进行工作。

2. 应用容灾

应用容灾是在数据容灾的基础上，在异地建立一套完整的与本地生产系统相当的备份应用系统，可以是互为备份，因为该种方式有两个数据中心，有些教材又称其为“双中心容灾”。两个数据中心都处于工作状态，并进行相互数据备份。当某个数据中心发生灾难时，另一个数据中心接替其工作任务(如图 13-8 所示)。在图中，生产中心和容灾中心是两个真正意义的数据工作中心，两套系统互相独立运行，同时又互相备份，这样任何一个系统不能正常工作，另一个系统依然能完整地支持运行。

3. 容灾备份的技术

在建立容灾备份系统时会涉及多种技术，如 SAN 或 NAS 技术、远程镜像技术、基于 IP 的 SAN 的互联技术、快照技术等。这里重点介绍远程镜像、快照和互联技术。

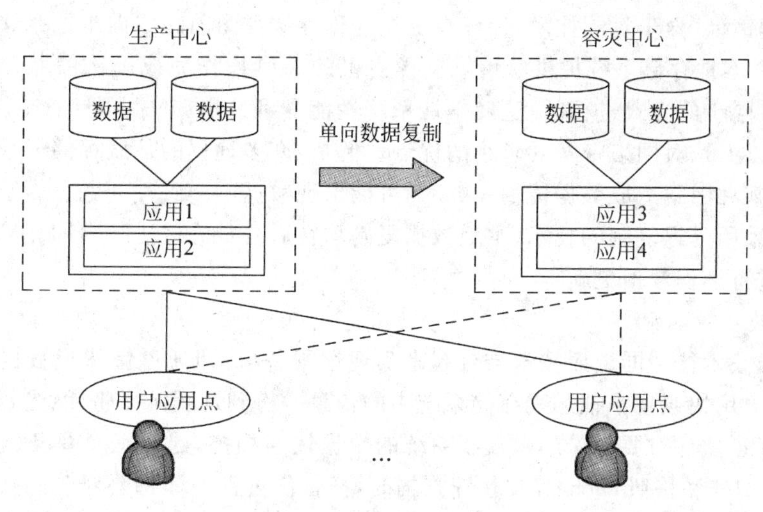

图 13-7 异地热备份

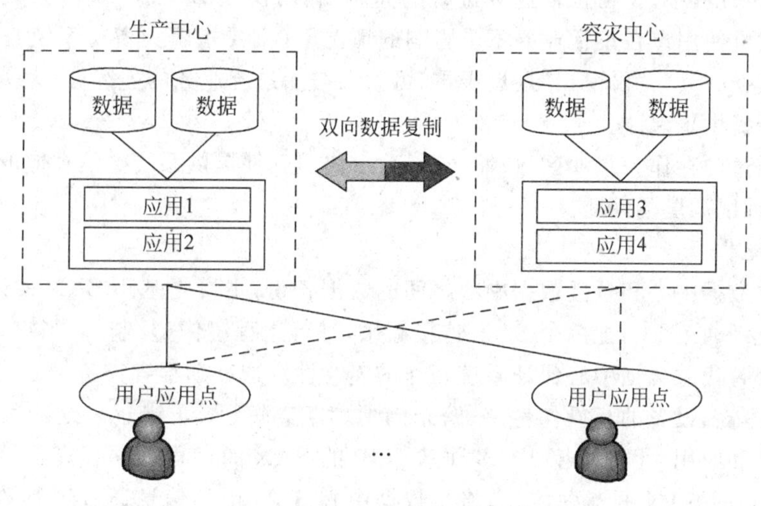

图 13-8 双中心容灾

1）远程镜像技术

远程镜像技术在主数据中心和备援中心之间的数据备份时用到。镜像是在两个或多个磁盘或磁盘子系统上产生同一个数据的镜像视图的信息存储过程，一个叫主镜像系统，另一个叫从镜像系统。按主从镜像存储系统所处的位置可分为本地镜像和远程镜像。远程镜像又叫远程复制，是容灾备份的核心技术，同时也是保持远程数据同步和实现灾难恢复的基础。远程镜像按请求镜像的主机是否需要远程镜像站点的确认信息，又可分为同步远程镜像和异步远程镜像。

同步远程镜像（同步复制技术）是指通过远程镜像软件，将本地数据以完全同步的方式复制到异地，每一本地的I/O事务均需等待远程复制的完成确认信息，方予以释放。同步镜像使远程复制总能与本地机要求复制的内容相匹配。当主站点出现故障时，用户的应用程序切换到备份的替代站点后，被镜像的远程副本可以保证业务继续执行而没有数据的丢失。但它存在往返传播造成延时较长的缺点，只限于在相对较近的距离上应用。

异步远程镜像(异步复制技术)保证在更新远程存储视图前完成向本地存储系统的基本I/O操作,而由本地存储系统提供给请求镜像主机的I/O操作完成确认信息。远程的数据复制是以后台同步的方式进行的,这使本地系统性能受到的影响很小,具有传输距离长(可达1000千米以上)、对网络带宽要求小的优点。但是,许多远程的从属存储子系统的写没有得到确认,当某种因素造成数据传输失败时,可能出现数据不一致性问题。为了解决这个问题,目前大多采用延迟复制的技术(本地数据复制均在后台日志区进行),即在确保本地数据完好无损后进行远程数据更新。

2) 快照技术

远程镜像技术往往同快照技术结合起来实现远程备份,即通过镜像把数据备份到远程存储系统中,再用快照技术把远程存储系统中的信息备份到远程的磁带库、光盘库中。

快照是通过软件对要备份的磁盘子系统的数据快速扫描,建立一个要备份数据的快照逻辑单元号LUN和快照cache。在快速扫描时,把备份过程中即将要修改的数据块同时快速复制到快照cache中。快照LUN是一组指针,它指向快照cache和磁盘子系统中不变的数据块(在备份过程中)。在正常业务进行的同时,利用快照LUN实现对原数据的一个完全的备份。它可使用户在正常业务不受影响的情况下(主要指容灾备份系统),实时提取当前在线业务数据。其"备份窗口"接近于零,可大大增加系统业务的连续性,为实现系统真正的7×24运转提供了保证。

快照是通过内存作为缓冲区(快照cache),由快照软件提供系统磁盘存储的即时数据映像,它存在缓冲区调度的问题。

3) 互联技术

早期的主数据中心和备援数据中心之间的数据备份,主要是基于SAN的远程复制(镜像),即通过光纤通道FC,把两个SAN连接起来,进行远程镜像(复制)。当灾难发生时,由备援数据中心替代主数据中心保证系统工作的连续性。这种远程容灾备份方式存在一些缺陷,如实现成本高、设备的互操作性差、跨越的地理距离短(10千米)等,这些因素阻碍了它的进一步推广和应用。目前,出现了多种基于IP的SAN的远程数据容灾备份技术。它们是利用基于IP的SAN的互联协议,将主数据中心SAN中的信息通过现有的TCP/IP网络,远程复制到备援中心SAN中。当备援中心存储的数据量过大时,可利用快照技术将其备份到磁带库或光盘库中。这种基于IP的SAN的远程容灾备份,可以跨越LAN、MAN和WAN,并且成本低、可扩展性好,具有广阔的发展前景。基于IP的互连协议包括FCIP、iFCP、Infiniband、iSCSI等。

容灾备份的目的就是要防患于未然,确保系统的持续运行。当然只有在少数情况下,才会启用备份系统来替代主系统。有时候,出现的问题比较复杂,使得系统保持正常运行是不易的事情,需要系统的恢复措施。

13.4.2 恢复措施

为了应对自然风险和人为风险,很多组织制定了一套完整的业务恢复计划或是业务连续性计划。在这套计划中,详细描述在信息系统崩溃、停运或者系统数据不可靠时应该如何持续业务。在本节开头处的交行案例中,交通银行为了能够顺利迁移数据,制定了详细周密的部署,从而顺利完成了如此复杂而又具有风险的恢复活动。

灾难恢复在银行、保险业、数据中心广泛应用，另外，很多应用信息系统的服务型单位和大型零售业公司也要非常重视信息系统的灾难恢复，因为这些单位所提供的产品和服务一旦不及时，很容易引起客户满意度的下降，在这些单位一旦系统不能正常运作，会导致公司职员无法正常工作，客户不能正常购买和支付，供应商不能正常获取原材料和服务的需求信息，不但导致短期收益下降，公司的声誉也会受到损失，从而引起收益的大幅降低。因此，制定完备的业务恢复计划显得非常重要。

对于如何制作合理的业务恢复计划，很多企业有不同的做法，但下面这个九步方法被大多数专家所认可。

第一步，获取高层管理的支持。开发一套完备的业务恢复计划方案需要很多财力和人力资源，高层管理人员必须认识到这个策略的重要性，认识到一旦系统发生灾难可能带来的严重后果。只有高管人员对此问题高度重视，才能给相关协调人员授权使得计划顺利开发。

第二步，成立计划委员会。协调人员负责构建计划委员会，委员会成员的选择一定是根据那些业务相关人员对信息系统具有较高程度的依赖性为原则，一般选取这些业务部门的负责人或者部门经理等人员，并且要求这些人员制定本部门的紧急应对程序。

第三步，进行风险评估和业务影响的分析。委员会首先要评估哪些业务可能受到系统灾难的损害，损害的程度有多大。而这种评估和分析必须通过与相关业务单元的主要负责人和业务骨干进行详细面谈。委员会负责编写关于最大可允许的系统停止时间，需要的备份数据、财务数据、运营数据等情况文档（包括收集业务过程的信息、技术基础架构的支撑环境、潜在的停机费用消耗、灾难类型以及其他公司使用的相应技术和策略等方面的内容）。

第四步，制定恢复需求的优先级。制定一旦发生系统灾难，各项业务恢复工作的优先次序，因为并不是所有的工作都是同等重要和同等紧急的。一般情况下，判断优先级的主要指标可分为如下几类：

- 危急：系统的功能无法用手工作业取代。
- 重大：系统的功能可以在主要时期内被手工系统所取代。
- 敏感：系统的功能可以在较长的时间内被手工系统所替代，这种手工作业方式能够被接受，但可能成本较高。
- 非危急：系统的功能可以在一定时间内中断，而且不会造成较大的成本，对组织的影响也较小。

制定计划要考虑的最基本问题就是设想最坏的场景。对运营系统而言，最坏的场景就是主要设备的损坏或者主要系统的崩溃。计划的制定就是基于这样一个前提，每一个灾难恢复计划都基于一组假定的设想。这些假定对计划所涉及的环境做了限制，这些限制定义了公司准备接受的灾难量级，它们可以通过以下问题来识别：

- 哪些设备被破坏？
- 中断的时间是多少？
- 哪些记录、文件和资料需要保护？
- 灾难发生时，哪些资源是可用的（如员工、设备、通信、传输、后备场地）？

第五步，选取一个恢复计划。从风险控制程度、成本高低、组织资源较好适应性等方面对所设计的多个方案进行优劣评估，从而选取适当的方案。

第六步，选取合作伙伴。有时考虑到人员的专业情况，如果由本单位内人员执行这种计划存在一定的难度,可以选择和专门的灾难恢复公司进行合作。一般情况下需关注这些公司的专业能力、成功经验、合作成本以及这些公司对本单位信息系统应用的可行度等方面。

第七步,开发并实施该计划。在这个计划中应该明确说明自己公司和合作伙伴的一系列责任和任务,并要对关键的作业程序指明具体责任人,并制定相应的实施培训计划,以便这些执行人员能够熟练操作。在开发和执行该计划时,一个强有力的组织管理制度是非常有必要的,而在制定该组织时应该责权清晰(如下例)。

灾难恢复计划可以按照组的形式来制定,特定的任务可以分配给特定的组。意外发生时的公司架构可能与现有的架构有所不同,那时通常是以组为基础,不同的组负责不同的功能领域,这些组可能包括管理组、业务恢复组、部门恢复组、计算机恢复组、损坏评估组、安全组、设备支持组、后勤支持组、行政支持组、用户支持组、计算机备份组、异地数据存储组、软件组、通信组、应用组、人力资源组、市场和客户关系组。

企业并不需要建立以上所有的这些组,但我们强烈建议与上述每个组相关联的功能都能被包含在其中。根据员工的技能和领导能力,可以将其选入不同的组。一般来讲,各组的成员所拥有的技能应与其平时的工作相一致。例如,计算机恢复组的成员应当包含系统管理员。组成员不仅要知道计划的目的,而且要知道执行恢复策略的过程。考虑到可能会联系不到某些成员的情况,成员的组建应基于"互有备份"的原则。同样,成员也应当了解其他组的目的和执行过程。每个组由组长领导,组长要负责本组的运行,承担同其他组的协调工作,向组员及时传达需要的信息,并在组内做决定。在灾难恢复计划中,最重要的组是管理组。他们在事故发生时负责协调所有组的工作。管理组一般由高级管理经理负责,例如CIO。

以下是各个组的主要职能:

- 负责计划的执行。
- 促进与其他组之间的交流,监督计划的测试和执行。
- 所有或是某一个成员可能领导特定的组。
- 协调恢复过程。
- 评估灾难,执行恢复计划,联系组长。
- 监控并记录恢复的过程。
- 最终决定优先级设置、各种政策和过程。

第八步,测试计划。测试是模拟在灾难发生的情况下,每个人员按照计划中的内容进行应对。负责测试计划的人员应该对在模拟灾难情况下计划执行的有效性进行评估。如果发现计划中存在问题,应该进行及时调整。

第九步,持续测试和评估。单位的相关人员应该非常熟悉该计划。因此,制定好的计划不能锁到箱子里不动,必须定期或者不定期进行模拟测试和训练;另外,由于一段时间公司的业务可能发生一定变更,或者又增加了应用系统的新功能,因此必须进行适时的测试、培训和评估,即使发现问题,及时对计划或者人员进行调整。测试时模拟真实场景是非常重要的,正如在本节开头的交行例子中,"三大演练"正是模拟真实环境验证计划的可行性,当然,很多时候,在并没有发生灾难等事件时,为了提升面对风险的应对能力,常常会采用假设场景进行测试(如下例),以验证计划执行能力。

在对灾难恢复计划进行测试时,可以借鉴以下典型的场景假定:

- 公司主要的生产设备被破坏。
- 拥有在可以执行计划之内的关键性功能的员工。
- 员工可以被通知到,并且可以到备份地点执行关键性的恢复和重建工作。
- 灾难恢复计划是可用的。
- 部分计划可用于恢复相应的环境中断。
- 备份设备是可用的。
- 在异地或别的设备中保存有足够多的备份。
- 备份地点可以处理公司的工作。
- 公司本地和远端的通信链路是可用的。
- 本地基本的传输是可用的。
- 灾难发生时,供应商应根据承诺对公司提供支持。

案例分析:S公司应急处理方案

S公司是一家中型物流企业。企业对IT的依赖性很强,按公司老总的话说"网络要是一断,每秒钟的损失就数以千计"。信息管理部管辖着公司本部近300台计算机、十几套信息系统以及本地网和城域网。

2009年下半年,公司各个部门都在制定自己的"应急处理预案"。用了不到半个月的时间,贺经理的"S公司信息系统应急处理计划"就摆在了公司老总的面前。该计划洋洋洒洒百余页,从应急战略、实体安全、运营安全到应急行动方案。例如,按照计划,在"数据安全"方面,对全公司的客户数据库、订单数据库、物料计划数据库、运输计划数据库等都应该定期异地备份,并且5天要进行全域数据"校核",以确认数据匹配无误。老总对这个计划非常满意。

"应急计划"是编制出来了,但在许多人脑子里的意识很淡漠。就像"火灾"的预警一样,不出事的时候,好像预防措施都是多余的,也没有足够的动力把预防措施真正"做到位";可对信息管理部来说,似乎一切照旧;此外,别的部门虽然也编制了相应的预案,但基本上也是"束之高阁"。

"一切正常的情况下,数据备份对很多人而言,显得多余",贺经理承认,这是他们实际工作中"真实的想法"。有一次误操作后,用了3天才把历史记录完全恢复过来,这个事情最后虽然解决了,但贺经理还是出了一身冷汗,"幸亏这不是'灾难恢复'事件,否则岂不造成重大损失。"

一旦出现数据不一致的情况,备份数据是最佳的数据校核源。但是,如果备份数据之间"混"进了由于管理不善、流程监督不严导致的少量"垃圾"数据,备份数据就失去了可靠性和可用性。"以前经常有这种情况",贺经理坦陈道,"比如备份日志显示数据表之间有'脏链接',也就是说没有及时更新的数据变动,这样就需要管理人员及时变更有关数据源。"这其实是信息管理部的"应急计划"的必要组成部分:建立完善的数据备份机制,确保数据在紧急情况发生时的完整性、可靠性和可用性。

S公司的应急计划最近经受了一次严峻考验。由于电源故障,导致一台主服务器的硬盘划伤了。紧急处理程序随即在很短的时间里恢复了备份数据。但是,由于某些备份数据版本记录有瑕疵,在数据最终确认的过程中,还是带来了一些不必要的麻烦。贺经理逐渐了解到，平时疏忽的代价是很大的，"一旦紧急情况真的出现了，恢复过来的数据竟然不可用，对企业的影响是致命的。"

此外，贺经理意识到一个问题，应急计划出台之后，信息管理部没有"趁热打铁"向相关部门和相关责任人进行完整的宣讲和培训。"培训工作其实很重要"，贺经理现在认识到了这个问题，如果不能把风险意识灌输到每个人的脑子里，让'风险防范'成为大家日常工作的组成部分，危机降临的风险并不会因为你有一套'应急计划'而减少。

案例思考题：

1. S公司信息系统应急处理计划是否可以信赖？应该如何改进？
2. S公司应急处理方案的主要弱点在哪里(与交行数据中心搬迁案例相比)？

本章习题

1. 影响信息系统运行维护质量的因素有哪些？
2. 实践中，运维管理流程化有什么作用和意义？
3. 信息系统安全隐患主要在组织内部还是外部？为什么？
4. 硬件与网络环境的维护外包有哪些优点和缺点？

本章参考文献

[1] Gort M, Lepper S. Time Paths in the Diffusion of Product Innovations. The Economic Journal, 1982, 92 (367): 630-653(生命周期).

[2] Graham P. CT Infrastructure Management. OCG, 2002, p. 7.

[3] IT Infrastructure Library. ITIL Service Delivery" and "ITIL Service Support", Office of Government Commerce, UK, 2003.

[4] IT Governance Institute. Cobit 4th Edition, 2006, http://www.isaca.org/cobit.htm.

[5] Johnston R. Operations: From Factory to Service Management, International Journal of Service Industry Management, 1994-5-1, 49-63.

[6] Laudon K C, Laudon J P. Management Information Systems. New Jersey: Upper Saddle River, 448-481.

[7] Levina N, Ross J W, From the Vendor's Perspective: Exploring the Value Proposition in Information Technology Outsourcing, MIS Quarterly, Vol. 27, No. 3 (Sep., 2003), 331-364.

[8] Markus M L, Tanis C. The Enterprise Systems Experience from Adoption to Success, R. W. Zmud (Ed). Framing the Domains of IT Research: Glimpsing the Future Through the Past, Pinnaflex Educational Resources Inc., Cincinnati, OH, 2000, 173-207.

[9] Sauve J, Reboucas R, Moura A, Bartolini C, Boulmakoul A, Trastour D. Business-driven Support for Change Management: Planning and Scheduling of Changes, in Proceedings of the 17th IFIP/IEEE International Workshop on Distributed Systems: Operations and Management, 2006.

[10] Van Bon J. IT Service Management, an Introduction Based on ITIL, itSMF Library, Van Haren Publishing, 2004.

[11] Verma D C, Service Level Agreements on IP Networks, PROCEEDINGS OF THE IEEE, VOL. 92, NO. 9, SEPTEMBER 2004.

[12] 胡敏. IT运维的三个故事. 中国计算机用户, 2005.

[13] 鲁春从. 电信运维管理发展研究. 当代通信, 2004.

[14] 王胜航. 服务管理白皮书. IBM中国技术支持中心.

[15] 钟啸灵. 交行数据中心搬家记. CIO Insight. 2007.
[16] 咨询日志. 朗新信息系统有限公司 EAM 项目.
[17] 左天祖. 中国 IT 服务管理指南. 北京：北京大学出版社，2004.
[18] http://baike.baidu.com/view/1209410.htm#11.
[19] http://www.itil.org.
[20] http://storage.ctocio.com.cn/news/449/6510949.shtml.
[21] http://www.knowsky.com/389265.html.
[22] http://cio.ccidnet.com/art/861/20031126/73203_1.html.
[23] 华北电网公司事故统计年报.